图灵教育

站在巨人的肩上

Standing on the Shoulders of Giants

站在巨人的肩上

Standing on the Shoulders of Giants

TURING 图灵程序设计丛书

Web性能实战

Web Performance in Action

[美] 杰里米·瓦格纳 著
张俊达 译

人民邮电出版社
北 京

图书在版编目（CIP）数据

Web性能实战 / (美) 杰里米·瓦格纳
(Jeremy Wagner) 著 ; 张俊达译. -- 北京 : 人民邮电
出版社, 2020.6
（图灵程序设计丛书）
ISBN 978-7-115-53832-1

Ⅰ. ①W… Ⅱ. ①杰… ②张… Ⅲ. ①网页制作工具－
程序设计 Ⅳ. ①TP393.092.2

中国版本图书馆CIP数据核字(2020)第067416号

内 容 提 要

在 Web 变得越来越复杂的时代，解决 Web 性能问题正当时。本书旨在帮助读者创建更加快速的网站，内容涵盖 Web 性能的基础知识、性能评估工具、CSS 优化、图像优化、字体优化、JavaScript 相关的内容、Brotli 压缩算法、资源提示、配置缓存策略、HTTP/2，等等。

本书适合熟悉 HTML、CSS 和 JavaScript 的前端开发人员阅读。

◆ 著　　　[美] 杰里米·瓦格纳
　译　　　张俊达
　责任编辑　岳新欣
　责任印制　周昇亮
◆ 人民邮电出版社出版发行　　北京市丰台区成寿寺路11号
　邮编　100164　　电子邮件　315@ptpress.com.cn
　网址　https://www.ptpress.com.cn
　天津翔远印刷有限公司印刷
◆ 开本：800×1000　1/16
　印张：20.25
　字数：479千字　　　　2020年 6 月第 1 版
　印数：1 - 3 500册　　　2020年 6 月天津第 1 次印刷

著作权合同登记号　图字：01-2017-8645号

定价：99.00元

读者服务热线：(010)51095183转600　印装质量热线：(010)81055316

反盗版热线：(010)81055315

广告经营许可证：京东工商广登字 20170147 号

序

有句褒贬难辨的老话是这样说的："愿你生活在一个有趣的时代。"这句话送给素不相识的你，我觉得 Web 就永远停留在有趣的时代。我们正在设计越来越多的移动设备，每一款都比我在职业生涯中拥有的大多数笔记本计算机更强大。我们也正在精心设计这个 Web，让它既可以运行在发达经济体老化的基础设施之上，也可以在年轻的新兴市场中服务于便宜的、低功耗的移动设备。

换句话说，今天的 Web 访问范围之广前所未有，而其脆弱程度也远远超出我们的想象。只要用户请求访问网页，都可能遭遇形形色色的问题：可能是连接断开，或者是网络延迟太高、无法加载资源，又或者是用户用完了当月的数据流量。

我们正在构建数字化体验——有些是响应性的，有些则不然——它们比 Web 历史上其他时间产生的一切都更美好。但我们也需要开始为**性能**而设计，为此，需要针对网络脆弱性和用户屏幕宽度创建更佳的网站和服务。

幸好，你已经开始阅读这本书了，它可以帮助你做到这一点。Jeremy Wagner 为现代 Web 开发人员编写了一份非常有价值的参考资料，运用通俗易懂的语言来阐明那些听起来最神秘的缩写、看起来最神秘的 Web 优化技巧。在这样一个有趣的 Web 时代，Jeremy 的指南必不可少。仔细读读这本书，你将获得确保网站既快速灵活又能提供良好带宽的技能。

Ethan Marcotte

设计师、*Responsive Web Design* 作者

前　　言

早先我没想过要写书，但一直以来我做所有的 Web 项目最优先考虑的就是网站要快。依我之见，慢网站不仅会带来不便，而且更会对用户体验产生致命影响。在加载完网站之前，谈不上用户体验，而加载完成的时间越长，用户就越能体会到这种缺失。

我在 2015 年向 Manning 出版社投稿，这时我已不是第一个写 Web 性能主题的人。之前许多作者都写过，我知道我是站在巨人肩上。我希望这本书能够为现在的 Web 开发人员提供参考，帮助他们构建更快的网站。我认为它实现了这个目标。

讨论 Web 性能时，通常会不可避免地涉及财务考虑。人们往往认为，性能不佳的网站会影响销售或广告收入。然而，我们还不够了解的是，这种网站对于受流量套餐限制的用户来说，代价有多么高昂。可以说，对于那些深陷于陈旧的互联网基础设施的人来说，网站速度慢是一个无法逾越的障碍。世界上有很多地方还很难上网。在等待基础设施缓慢改善的同时，作为开发人员，我们可以通过自身的努力，开发性能优先的站点，为用户带来点滴改善。

我编写这本书是为了帮助你实现目标，而 Manning 的伙伴则对其进行了完善。在 Web 变得越来越复杂的时代，解决 Web 性能问题正当时。我想这本书会帮助你实现最终的目标。

致　谢

除了作者之外，一本书的出版还需要很多人的努力。得益于 Manning 出版社的各位编辑，本书得以付梓。请大家留意这部分，因为其中充满了我的感激之情。

首先，我要感谢 Manning 与我对接的第一位编辑——策划编辑 Frank Pohlmann。我们在这本书的提议阶段花费了很长时间，Frank 指导我该做什么、不该做什么，最重要的是，他让我确切地知道我正在做什么。Frank，谢谢你在整个过程的前期对我的指导。

鉴于这是我的第一本书，我想向 Manning 的出版人 Marjan Bace 表示感谢，他认为应该给我这个机会。同意出版一本书是要冒风险的，尤其是要出版一个尚不出名的人写的书。冒这种风险需要一些勇气。谢谢你，Marjan。

每一位作者的背后都有一位编辑，负责督促他竭尽所能写出最好的初稿。Susanna Kline 是本书的项目编辑，在此，我对她在这个项目上的辛勤工作和不可或缺的指导表示衷心的感谢。Susanna 不仅扮演了编辑的角色，而且还是一位伟大的教练。她理解我面对这项艰巨而新颖的任务时所表现出的脆弱，尤其是在创作初期有诸多不确定性的时候。她的指导对本书的成功至关重要。Susanna，谢谢你的帮助。

当然，每本技术书还需要一位技术编辑。Nick Watts 做得很出色。他见多识广，提出了很多宝贵意见，并对我的主张和观点主动提出质疑，这些无疑都为提高最终的文本质量做出了贡献。谢谢你，Nick。

许多人在不同阶段对本书进行了审阅，包括 Alexey Galiullin、Amit Lamba、Birnou Sebarte、Daniel Vasquez、John Huffman、Justin Calleja、Kevin Liao、Matt Harting、Michael Martinsson、Michael Sperber、Narayanan Jayaratchagan、Noreen Dertinger、Omer Faruk Celebi、Simone Cafiero 和 William Ross。他们从读者的角度提供了宝贵的见解。我要感谢他们的意见和建议，正因如此，这本书比仅凭我自己努力的结果要更好。

对全书内容的润色也很重要。我要感谢 David Fombella Pombal 对初稿进行了全面和出色的技术校对，让我发现了本来会忽略的问题。Sharon Wilkey 细致梳理、审校并进一步完善了终稿，对此，我表示非常感谢。Elizabeth Martin 润色了原稿，修正了不规范的表达。最重要的是，Kevin Sullivan 很好地协调了前期和生产阶段。非常感谢你们。你们在本书的最后关键环节做出了出色的工作。

我还要感谢 Ethan Marcotte，他所做的工作已经永久地改变了我们开发 Web 的方式。当我联系 Ethan，问他是否有兴趣为本书写序时，他回了信，称有时间看初稿，这令我非常惊喜。序代表着对一本书的认可，具有举足轻重的地位。知道 Ethan 认可这本书的内容时，是我职业生涯中最自豪的时刻之一。谢谢你，Ethan。

我要感谢我的父亲 Luke 和母亲 Georgia，感谢他们支持我所做的和试图做的一切，甚至包括那些愚蠢的事情。我也要感谢我的哥哥 Lucas，他一直是我的榜样，我从他身上学到了“只要努力，一切皆有可能”。非常感谢。

最后，我要感谢我的妻子 Alexandria。她坚定的支持和无私奉献是我的力量源泉。她温柔的鼓励和信任对我的帮助超出了她的想象。

对于其他我可能忘记提及的人，你们也是本书出版过程中不可或缺的一部分，感谢你们。

关于本书

本书旨在帮助你创建更加快速的网站，你在本书中学到的技术也能够用于提升已有网站的性能。

读者对象

本书主要（但不只）关注在客户端提升网站性能。这意味着本书面向熟练掌握 HTML、CSS 和 JavaScript 的 Web 前端开发人员。你应当能够在工作中对这些技术运用自如。

本书偶尔会在合适的时机涉及服务器端的内容，例如一些使用 PHP 编写的服务器端代码示例。这些例子旨在说明某个概念，通常不是重点。第 10 章介绍服务器压缩，包括新的 Brotli 压缩算法，这需要服务器端配合进行。第 11 章解释 HTTP/2，这个新协议会影响网站优化方式，如果你对此感兴趣，这一章会对你大有帮助。

你还应该在一定程度上熟悉命令行操作，不过即使现在还做不到这一点，你仍然可以跟随提供的示例进行操作。接下来，我们来谈谈本书结构。

本书结构

本书和 Manning 出版的其他书不太一样，没有划分为几大部分，不过确实遵循了某种逻辑流程。第 1 章介绍 Web 性能的基础知识，比如代码压缩、服务器压缩等。如果你已经开始注重性能，那就不会对这些概念感到陌生，这一章是为那些不熟悉 Web 性能概念的前端开发人员准备的。第 2 章介绍性能评估工具，包括在线的和集成于浏览器的工具，其中主要关注 Chrome 的开发者工具。

接着，我们将进入 CSS 优化领域。第 3 章涵盖了关于如何精简 CSS 的各个主题和示例，介绍如何使用 CSS 原生功能提升网站对用户输入的响应能力。第 4 章介绍“关键 CSS”（critical CSS）的概念，这种技术能够提升网站的渲染性能。

之后将讨论图像优化。第 5 章重点介绍不同类型的图像及其使用方法，以及如何在 CSS 和内联 HTML 中以最佳方式将它们传输给不同设备。第 6 章介绍如何缩减图像的文件大小、自动生成雪碧图、使用 Google 的 WebP 图像格式，以及编写自定义的图片懒加载脚本。

随后，我们将焦点从图像转向字体。第 7 章介绍字体优化，内容包括使用最优的`@font-face`层叠来精简字体、使用 CSS 的 `unicode-range` 属性、压缩服务器上的传统字体格式，以及结合 CSS 和 JavaScript 控制字体的加载与显示。

第 8 章和第 9 章关注 JavaScript。第 8 章通过提倡使用浏览器内置特性代替 jQuery 和其他库，更详细地说明了 JavaScript 中简约主义的必要性。对于那些离不开 jQuery 的人，我会谈及兼容 jQuery 的替代方案，它们提供了 jQuery 的部分功能，并且开销更小。这一章还会讨论`<script>`标签的正确位置、如何使用 `async` 属性，以及如何使用 `requestAnimationFrame` 方法编写动画。第 9 章介绍 JavaScript Service Worker，你将学习如何为离线用户提供内容，以及如何使用该技术为在线用户提高页面性能。

第 10 章又是一个"大杂烩"，主题包括不合理的服务器压缩带来的影响、新的 Brotli 压缩算法、资源提示、配置缓存策略，以及使用 CDN 托管资源的好处。

第 11 章介绍 HTTP/2，包括它解决的性能问题、与 HTTP/1 优化实践之间的区别、服务器推送，以及如何调整网站的内容交付以同时兼容两个协议版本的概念证明。

第 12 章综合运用你所学的大部分知识，并使用 gulp 任务管理器将其自动化。你将学习如何从多个方面自动优化网站性能，这将会帮助你在编码时完成网站优化，从而节省宝贵的时间。

另外还有两个附录。附录 A 是一份工具参考，附录 B 重点介绍常用的 jQuery 函数，并展示如何通过原生方法完成相同的任务。

本书使用的工具

学习本书示例时，你可以自由选择喜欢的文本编辑器和命令行窗口。除此之外，有两个工具贯穿全书，需要先行安装。

Node.js

Node.js（有时简称 Node）是允许你在浏览器之外使用 JavaScript 的 JavaScript 运行时。它可以用在各种疯狂的场景中，几年前，几乎没有人会想象到 JavaScript 还可以这样使用。这包括任务管理器、图像处理器，甚至 Web 服务器。所有这些都是通过 Node 包管理器（`npm`）进行安装的。

本书的优化工作离不开 Node。比如，你经常需要使用它来在本地运行基于 Express 框架的 Web 服务器。在第 11 章中，你甚至需要运行一个本地的 HTTP/2 服务器；在第 6 章，你需要使用 Node 来批量优化图像；在第 12 章中，你将要通过它来运行 gulp，使常见的优化任务自动化。几乎每一章都要通过 Node 来实现某种功能。

如果你想掌握本书中的知识，就需要先安装 Node。如果尚未安装，可以访问 Node 官网并前往下载专区。不必因为不熟悉 Node 而感到惊慌和担心！官网已经详尽解释了每个部分，按照指引操作即可。如果你希望后续深入了解 Node 的工作原理，不妨看看《Node.js 实战（第 2 版）》[①]。但对于阅读本书来说，不需要对 Node 有非常深入的了解。

① 此书已由人民邮电出版社出版，详见 https://www.ituring.com.cn/book/1993。——编者注

Git

Git是一个版本控制系统，用来跟踪软件应用中的更改。你很可能已经用过了，但如果没有，可以在本书中使用它。Git可以用来下载本书托管在GitHub仓库https://github.com/webopt中的示例代码。

为什么要使用Git，而不是直接下载示例代码的zip文件包呢？其中一个原因是，在命令行使用Git这样的版本控制系统，更容易抓取并执行内容。不过最大的好处是，如果你陷入困境，或者只想看到最终的结果，通过Git可以很容易地跳转到已完成的示例代码。

如果你从未用过Git，不必担心。官网清晰描述了关于它的所有说明，只需要遵循步骤使用即可。如果你不喜欢使用Git，可以到https://github.com/webopt从每个仓库分别下载zip文件。

其他工具

本书使用的大多数工具都将由Node包管理器进行安装，因此它们都依赖Node。但是有两个例外，让你有机会使用Node以外的工具。

在第3章中，有个例子需要把DRY原则（Don't repeat yourself，不要重复自己）应用在CSS中，它需要在多个选择器之下组合冗余规则。这个例子使用了一个基于Ruby的工具来检测冗余，名为`csscss`。如果你有一台Mac，或者运行的是任何其他类UNIX的操作系统，可能能够直接使用它。如果你运行的是Windows系统，则必须下载Ruby。

在第7章中，有个例子需要精简字体使其体积更小。你需要使用一个基于Python的工具，名为`pyftsubset`。在类UNIX系统上，Python和Ruby类似，可能是开箱即用的。如果你使用的是Windows系统，则需要前往Python官网获取安装程序。

代码约定

本书中的代码是以一种大多数开发人员能接受的方式编写的。书中的所有源码都采用等宽字体，以区别于其他文本。在整本书的代码片段中，为了清晰起见，相关部分都进行了注释。对现有代码段的修改通常加粗显示。对于从GitHub下载的代码，缩进是使用Tab键完成的，你可以决定一个Tab字符对应多少个空格字符。我编写书中示例时，使用的是4格缩进，书中的代码片段也遵循了这个约定。

所有示例源代码都可以从图灵社区本书主页（https://www.ituring.com.cn/book/2011）下载。

作者在线

购买本书英文版的读者可以免费访问由Manning出版社维护的在线论坛，在这个论坛中，你可以针对本书发表评论、询问技术问题、从作者和其他用户那里得到帮助。要访问并订阅该论坛，请访问https://www.manning.com/books/web-performance-in-action。这个页面介绍了注册后如何访问论坛、可以得到什么帮助以及在论坛中的行为准则。

Manning 致力于为读者提供一个平台，让读者之间以及读者和作者之间能进行有意义的对话。但我们并不强制作者参与，他们在论坛上的贡献是自愿且免费的。我们建议你尽量问作者一些有挑战性的问题，免得他失去参与的兴趣！

只要本书英文版仍然在售，读者就能从出版社的网站上访问作者在线论坛和之前讨论话题的存档。

电子书

扫描如下二维码，即可购买本书中文版电子版。

关于封面图片

本书封面上的画像题为“来自克罗地亚萨格勒布附近的贝登加人”。这张图片取自19世纪中期由Nikola Arsenovic绘制的克罗地亚传统服饰图集的复制品，由克罗地亚斯普利特的人种志博物馆于2003年出版。这些图片由斯普利特人种志博物馆的一位热心的管理员提供，该博物馆位于戴克里先皇帝的宫殿（公元304年前后）遗址，这里曾是中世纪罗马帝国的中心。这本图集中有克罗地亚各个地区人物的图片，色彩斑斓，并附有对当地服饰和日常生活的介绍。

在过去的200年里，着装规范和生活方式都发生了变化，地区之间曾有的多样性已逐渐消失。现在已经很难区分不同大陆的居民了，更不用说仅相隔几千米的村庄或城镇。也许，文化多样性已经转变成了更加多样化的个人生活——当然，是更加多样化和快节奏的科技生活。

Manning出版社将反映两个世纪前各地区多彩生活的插图用作封面，来赞美计算机行业的活力和创新，也通过古老图册中的图片带领人们领略过去的风土人情。

目　录

第1章 理解Web性能

本章内容

- 为什么 Web 性能很重要
- 浏览器如何与服务器通信
- 网站性能欠佳会如何损害用户体验
- 如何使用基本的Web优化技术

你可能已经听说过“性能”这个词，它与网站息息相关。那究竟什么是“性能”呢？为什么我们都应该关注它？**Web 性能**主要指网站的加载速度。这很重要，因为缩短加载时间可以改善网站在任意互联网连接条件下的用户体验。用户体验提升后，网站就更方便让更多用户看到其提供的内容。这可以帮助你实现多重目标，小到提升网站访问量和内容阅读量，大到促使用户执行特定操作。速度慢的网站则很考验用户的耐心，甚至可能导致用户连内容都没看就关闭了页面。

如果网站是你的主要收入来源，那么做一做性能评估就是值得的。如果你有一个电子商务网站或者依赖广告收入的内容门户网站，那么网站加载速度慢绝对会影响你的收益。

在本章中，你将了解到 Web 性能的重要性、基本的性能提升技术，以及如何应用这些技术优化客户的单页面网站。

1.1 理解 Web 性能

身为开发人员，你或许听说过 Web 性能，但是对它了解不深；或许你已经使用过其中的一些技术快速解决了问题；又或许你已经很熟悉这个主题了，希望通过本书发现一些新的技巧，以进一步优化自己的网站。

别担心！无论你在这个领域是新手还是老将，本书都能帮助你更好地理解 Web 性能，了解提升网站性能的方法，以及如何将这些方法应用于你的网站。

不过，在讨论 Web 性能的细节之前，必须先透彻理解我们想要解决的问题。

1.1.1 Web 性能和用户体验

高性能的网站可以改善用户体验。你可以通过提高网站速度来加快内容的传输，从而改善用户体验。此外，当网站加载速度更快时，用户更有可能关注网站上的内容。没有任何一个用户愿意浏览加载缓慢的网站。

有数据表明，网站加载速度慢对用户参与度有明显的影响，特别是在电子商务网站上，近一半的用户希望加载在 2 秒内完成。如果加载时间超过 3 秒，40%的用户将会退出。页面响应每延迟 1 秒就意味着 7%的用户不再做进一步操作。这不仅意味着流量的损失，而且还会导致收入损失。

此外，网站性能不仅会影响用户，而且还会影响网站在 Google 搜索结果中的排名。早在 2010 年，Google 就指出：页面加载速度是影响网站搜索结果排名的因素之一。尽管网站内容的相关性始终是影响网站搜索排名的最重要因素，但页面加载速度确实也有一定影响。

让我们来看看“传奇音调”（Legendary Tones）网站的搜索排名。这是一个关于吉他和吉他配件的博客，很受欢迎，每月大约有 2 万名独立访问者。该网站通过自然搜索结果获取了其大部分流量，并且提供了优质内容。可以使用 Google Analytics 获得所有页面的平均速度数据，并将其与平均排名关联。图 1-1 显示了 2015 年某一个月的结果。

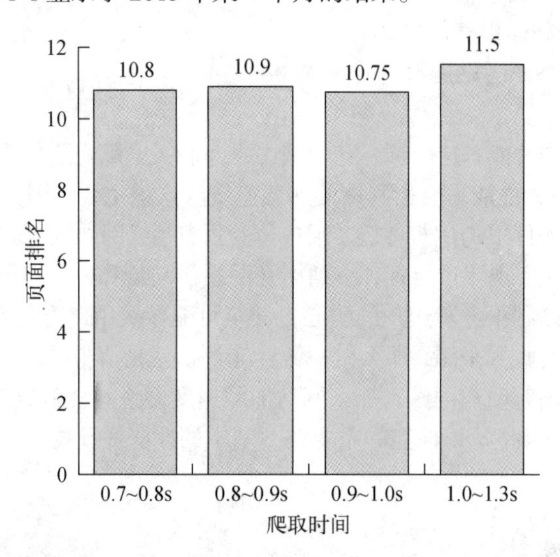

图 1-1 “传奇音调”网站上所有页面的平均排名与 Google 的页面下载时间之间的关系。数值越低，排名越好

由图 1-1 可知，各个页面的搜索排名基本保持稳定，但是当爬取时间超过 1 秒时，排名就会下滑。因此，我们需要认真对待性能问题。如果你正在运营一个内容型网站，例如博客，那么自然搜索排名就是你最重要的流量来源。缩短网站的加载时间是网站运营成功的重要因素。

既然知道了性能的重要性，那么我们可以开始讨论 Web 服务器如何进行通信，以及这个过程是如何使网站变慢的。

1.1.2 Web 浏览器如何与 Web 服务器通信

在理解 Web 优化的必要性之前，要先知道问题根源所在——浏览器和服务器通信方式的基本属性导致了这个问题，如图 1-2 所示。

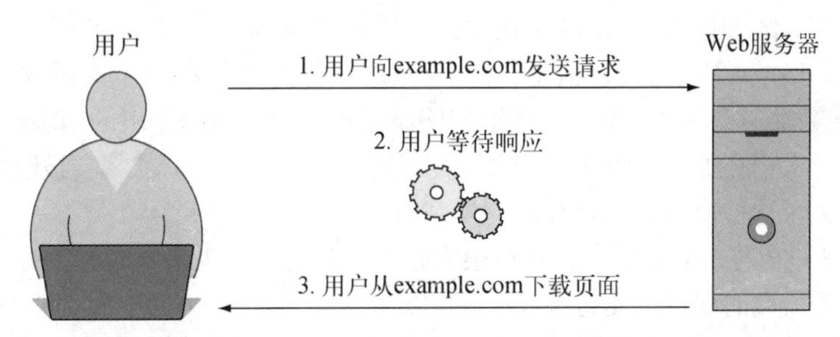

图 1-2　用户向 example.com 发送请求。用户通过浏览器发送网页请求，然后必须等待服务器响应并发送内容。服务器发送响应后，用户才能在浏览器中接收到网页

当人们说“Web 性能的重点是网站加载速度更快”时，他们的主要关注点是缩短加载时间。简言之，**加载时间**就是从用户请求网站到网站出现在用户屏幕上所经历的时间。其驱动机制也就是从用户请求内容到服务器响应到达用户所消耗的时间。

可以将这个过程想象为：你走进一家咖啡店，点了一杯深度烘焙咖啡，然后稍等片刻，你就可以享用到。从根本上看，点咖啡跟与 Web 服务器通信并没有什么不同：你请求了某些内容，最后得到了它。

当浏览器请求网页时，它使用一种被称为**超文本传输协议**（通常称为 HTTP）的协议和服务器通信。浏览器发出一个 **HTTP 请求**，Web 服务器回以一个 **HTTP 响应**，响应中包含了状态码和请求的内容。

在图 1-3 中，你可以看到向 example.com 发出的一个请求（这个网站是实际存在的，信不信由你）。动词 `GET` 要求服务器定位到/index.html。由于 HTTP 协议有好几个版本，因此服务器需要知道正在使用哪个版本的协议（在本例中是 HTTP/1.1）。最后，请求要指明需要哪个主机名的资源。

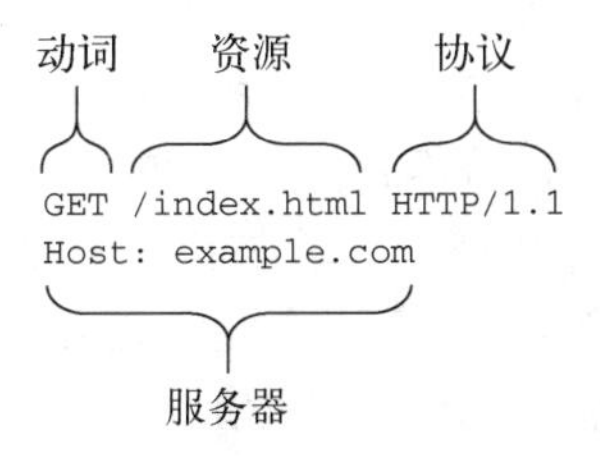

图 1-3　剖析对 example.com 的 HTTP 请求

发出请求后，会收到一个 200 OK 的响应码，这个响应码确认了请求的资源确实存在，且响应中还包含了 index.html 的内容。随后，Web 浏览器会下载并解析 index.html 的内容。

上述所有步骤都会产生所谓的**延迟**：包括等待请求到达 Web 服务器所花费的时间、Web 服务器汇集和发送响应内容所花费的时间，以及 Web 浏览器下载响应内容的时间。提高性能的主要目的之一就是减少延迟，即减少响应到达客户端所需要的时间。当单个请求（例如示例中的

example.com）发生延迟时，产生的影响可能微不足道。但实际上，加载任何一个网站都不仅仅是对单个内容的请求。随着这些请求数量的增加，用户体验越来越容易受到加载速度变慢的影响。

在 HTTP/1 服务器和浏览器的通信中，可能会出现一种被称为**队头阻塞**（head-of-line blocking）的现象。之所以会发生这种情况，是因为浏览器限制了单一时间点内发出的请求数（通常是 6 个）。当一个或者多个请求正在处理，而其余请求已完成时，对内容的新请求将会被阻塞，直到原先剩余的请求完成为止。这种行为会增加页面的加载时间。

HTTP/2 是 HTTP 的一个新版本，它在很大程度上解决了队头阻塞问题，并在浏览器中得到了广泛支持。服务器端的职责是支持协议实现，然而直至 2017 年 6 月，大约 15%的 Web 服务器使用了 HTTP/2[①]。由于 HTTP/2 能够使不支持 HTTP/2 的客户端回退到 HTTP/1，因此，仅支持 HTTP/1 的客户端仍然容易受到旧版本协议的影响。此外，任何与 HTTP/1 服务器通信的浏览器都会遇到相同的问题，不管其支持 HTTP/2 的能力如何。

我们所在的这个世界很复杂，所以目前仍需要同时兼容协议的两个版本。接下来，我们会讨论针对 HTTP/1 优化站点的方法，但你可能会惊讶地发现，其中的一些实践在 HTTP/2 上是起反作用的。如果想了解有关 HTTP/2 的更多信息，以及如何在一定条件下实现每个协议版本的最佳工作流，请参见第 11 章。

下一节将介绍网站如何加载内容，以及这个过程如何导致网站出现性能问题。

1.1.3　Web 页面如何加载

在一个单调的世界里，或许所有网站都会像 example.com 这样：一个网页没有任何图像和 JavaScript，样式也非常少。但在现实世界中，网站往往比单个 HTML 要复杂得多。网站作为视觉媒体的一种，可以为内容提供更多效果：样式表可以将设计运用于平淡的标记，JavaScript 可以将静态页面转换成具有复杂行为的应用。听起来似乎不错，但是上述这些特性是有成本的。图 1-4 展示了用户从 Web 服务器获取 index.html 的一个请求。

浏览器在下载 index.html 后，会发现一个链接到样式表的`<link>`标签、两个链接到 JavaScript 文件的`<script>`标签和一个引用图像的`<img>`标签。当浏览器发现这些对其他文件的引用时，就会代表用户发起新的 HTTP 请求，以检索它们。最初的一个网页请求最后变成了 5 个请求。尽管 5 个请求并不多，但一个典型网站的请求数通常很容易就能达到其 10 倍，而一个复杂的网站甚至可以拥有 100 个左右的请求。随着请求数的增加，需要下载的数据量也会增加。而随着请求及其附带数据的增加，页面加载所需的时间也会增加。

① 到 2019 年 11 月，这一比例达到了 42.1%。——译者注

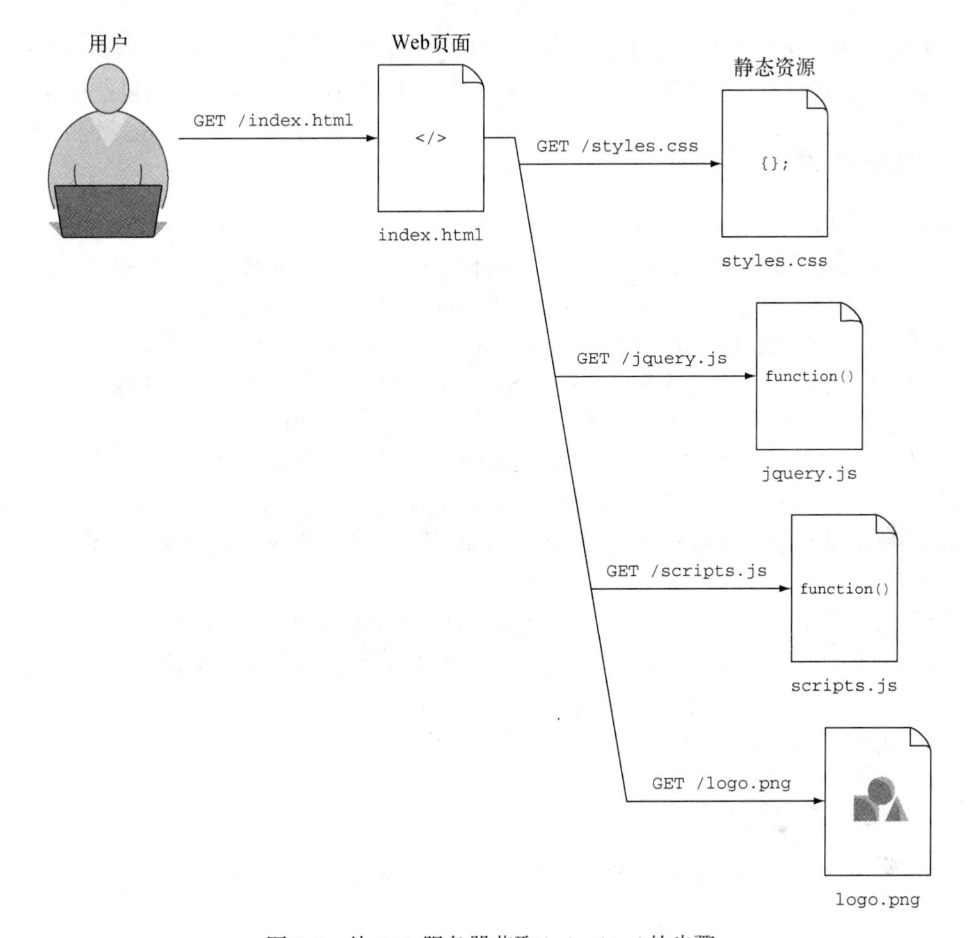

图 1-4 从 Web 服务器获取 index.html 的步骤

这就是提高网站性能的挑战：在现代网站自身的需求和尽快提供服务之间取得平衡。你需要了解性能提升技术，这样才能防止复杂 Web 体验影响用户体验中最有价值的部分：访问内容的能力。

1.2 上手准备

性能问题通常表明前端架构中存在问题。尽管某些问题可能源于配置欠佳的应用程序后端，但这些问题通常存在于某些特定应用平台（例如 PHP 或者.NET），不在本书讨论范围之内。本节将研究如何通过交互式练习解决常见的性能问题，从而提高客户的单页面网站的性能。

我们书中假定了一个客户是美国中西部的科伊尔电器维修公司。其负责人联系了你，向你咨询能否让他们的网站变得更快。在本章结束时，你将能够运用技术手段，帮助他们将网站加载时间减少 70%。

本节中,你需要在计算机上运行客户的网站,为此需要用到 Node.js 和 Git。你还会使用 Google Chrome 来模拟到远程服务器的网络连接，这样就可以用一种有意义的方式来衡量工作成果。

1.2.1　安装 Node.js 和 Git

Node.js（可以非正式地称为 Node）是一个 JavaScript 运行时，可以让 JavaScript 在浏览器之外运行。Node 用途广泛，但在这个例子中，你将使用一个小型 Node 程序，这个程序可以作为本地 Web 服务器运行客户的网站。你还将通过几个 Node 模块实现一些优化目标。

为简单起见，此处使用 Node 代替了传统 Web 服务器（例如 Apache）。你可以使用 Node 快速启动本地 Web 服务器，这样无须安装或配置 Web 服务器，就能够实现本书的练习内容。只需几分钟，你就可以使用 Node 重现并运行本书中的示例网站——即便没有任何 Node 经验。

要安装 Node，请访问 Node.js 官网，在下载专区找到你的操作系统对应的安装程序。运行安装程序时，记得选择标准安装选项，以确保 Node 包管理器（`npm`）能够被安装。`npm` 提供了 http://npmjs.com 的权限，让你可以访问广阔的 Node 软件包生态系统，客户网站的练习也需要用到它。

你还需要安装 Git 来拉取本章中的客户网站，以及本书后续出现的示例网站。可以通过使用 Git，在需要的时候从一个中心位置获取本书代码。如果你熟悉 Git 操作，那就太好了，但是跟随本书练习并不需要你有 Git 经验。要下载 Git，请访问 Git 官网，选择你的系统对应的安装程序并运行。安装好 Node 和 Git 之后，就可以继续下一步了。

1.2.2　下载并运行客户的网站

可以从 GitHub 下载本章的客户网站。从命令行将代码仓库下载到一个由你选择的目录中：

```
git clone https://github.com/malchata/ch1-coyle.git
cd ch1-coyle
```

以上命令会将练习文件从 GitHub 代码仓库下载到命令行所在的当前工作目录。如果没有安装 Git，或者不想复制存储库，可以在 https://github.com/webopt/ch1-coyle 以 zip 文件的形式下载这个练习，并在需要的位置解压。

下载练习后，需要使用 `npm` 下载 Web 服务器所需的软件包。在同一文件夹下，运行以下命令下载并安装所需的软件包：

```
npm install express
```

这条命令会将 Express 框架安装到当前目录。可以使用它创建一个简单的 Web 服务器，为本例和其他示例提供静态文件，这些示例将在你的计算机上本地运行。无须熟悉 Express 或者其工作原理，即可继续执行后续步骤。除了从计算机上提供静态文件外，本书所有示例都无须用到该框架的其他特性。

> **类 UNIX 操作系统的权限问题**
>
> 在大多数操作系统中，npm 安装软件包时通常不会遇到问题，但如果在 Mac 或者任何其他类似 UNIX 的环境中遇到问题，可以使用 sudo 运行 npm 命令，以解决任何权限相关的问题。在 Windows 中，以管理员身份打开新的命令行窗口，会有所帮助。

根据网络连接速度的不同，安装可能需要 10 秒或者更长时间。安装完成后，运行以下命令，启动本地 Web 服务器：

```
node http.js
```

运行该命令会启动一个本地 Web 服务器，可以通过在计算机上打开 http://localhost:8080/访问客户的网站，如图 1-5 所示。

图 1-5 浏览器查看从本地计算机运行的客户网站

如果在 8080 端口已经运行了另一个服务，那么可以在文本编辑器中打开 http.js 文件，修改第 8 行的端口号。要停止运行服务器，请按 Ctrl+C。

1.2.3 模拟网络连接

由于是在本地计算机上运行客户网站的，所以向本地主机发出请求不会出现延迟。但没有延迟就很难衡量任何性能提升，因为这种场景下不会存在网络瓶颈。

一种解决办法是，执行这些步骤时，将网站部署到远程的 Web 服务器。但是对我们的目标来说，这种办法可能过于麻烦。另一种更简单的办法是使用 Google Chrome 开发者工具。

首先打开 Chrome，启用开发者工具。在 Windows 下需要按 F12，在 Mac 下则要按 Command + Alt + I。此时开发者工具应该会出现在 Chrome 窗口中。另一种办法是选择 View ➤ Developer ➤ Developer Tools（视图→开发者→开发者工具）菜单。出现 Tools 菜单时，点击窗口顶部的 Network 选项卡，如图 1-6 所示。

图 1-6　Google Chrome 开发者工具窗口中 Network 选项卡的位置。可以通过节流菜单模拟互联网连接速度

在顶部附近，Disable cache 的右侧，有一个标记为 No throttling 的下拉菜单。这是网络节流菜单，单击它将显示选项列表。这些选项可以模拟各种环境，而这些环境有助于性能测试。现在，选择 Regular 3G 配置，它会模拟一个较慢的移动网络连接。

> **别忘了，用完即关掉！**
>
> 当你完成客户网站的优化之后，记得把下拉菜单切换回 No throttling。如果忘记这一点，那么打开开发者工具时，所有 Web 浏览都将被所选设置限制。

运行客户网站并设置网络节流之后，可以检查客户的网站，并使用 Chrome 的开发者工具创建瀑布图。

1.3　检查客户网站

要优化一个网站，你必须能够确定可改进的领域。这意味着需要分析页面上的请求数、页面包含的数据量以及页面加载所需的时间。此时，Chrome 网络工具就派上用场了。本节将学习如何使用这些工具创建瀑布图，以及如何量化客户网站的各个方面，从而确定优化的起点。

Chrome 的网络工具位于 Network 选项卡下，和网络节流配置处于同一位置。要分析一个网站，首先要确保 Record 按钮处于开启状态，如图 1-7 所示。

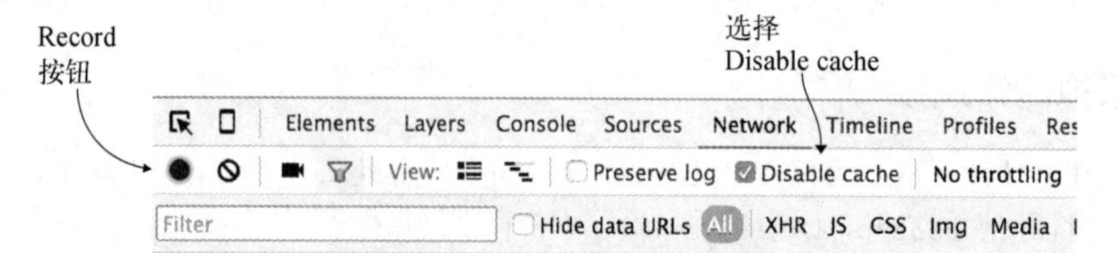

图 1-7　生成资源瀑布图之前，必须确保 Record 按钮处于开启状态（红色）。此外还应选中 Disable cache 复选框，以确保重新加载页面以衡量优化效果时不会进行缓存

在 Network 选项卡中，首先要确保选中 Disable cache 复选框。首次访问一个网站时，不会有任何资源缓存——这个场景才是你想要重现的，否则网站的资源将从缓存中提供。尽管有缓存时网站加载速度更快，但最好假设普通用户未曾缓存过你的网站资源。对于这样的未知站点，此类情况发生的概率更大。

在 Network 选项卡中，要确保左上角的 Record 按钮处于开启状态（见图 1-7）。按钮为红色代表已启用。如果还没有打开客户网站 http://localhost:8080，那么转到在你的计算机上运行的客户网站以生成瀑布图（如果你已经打开客户网站，请刷新）。页面加载完成后，即可看到结果。图 1-8 显示了客户网站的瀑布图。

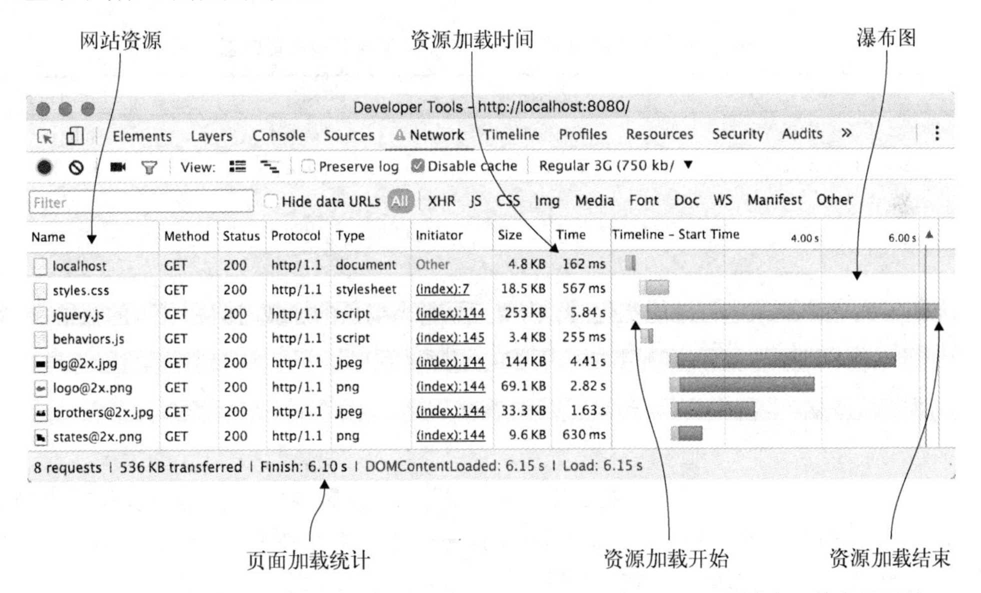

图 1-8 为客户网站生成的瀑布图。在顶端可以看到对 index.html 的请求，其次是网站的 CSS、JavaScript 和图像。每个条形代表对一个网站资源的请求。这些条形位于 x 轴，最左端对应开始请求的时间点，最右端对应完成下载的时间。条形的长短与 Web 浏览器请求和下载资源所需的时间长短相对应

为客户网站生成的瀑布图中显示了 8 个请求。虽然这个数字不是很吓人，但是 536 KB 的总数据量对于这样的小站点来说算是很大了。这些数据量使得在 Regular 3G 的节流配置下，网站大约要 6.15 秒后才能全部加载完毕，这意味着该网站在较慢的移动网络上的加载时间将比一部分用户预期的时间长得多。

由于这是一个响应式网站，因此我们要知道设备之间的加载时间是有区别的。通过被称为**媒体查询**（media query）的机制（网站 CSS 的一部分），**响应式网站**能够在不同屏幕宽度上显示不同内容。

第 3 章会更加详尽地介绍这些内容。但你需要记住，这个网站在三类设备（台式计算机、平板计算机和手机）上会呈现不同的效果。

此外，这些设备的屏幕不仅大小不同，而且显示密度（屏幕上每英寸的像素数）等功能参数也不同。例如，如果你用过苹果公司的产品，就见过高 DPI（dots per inch，每英寸点数）显示器的效果。要保持这些屏幕下的高视觉质量，需要提供比标准 DPI 显示器分辨率更高的图像集。有关这些屏幕类型和提供特定图像的方法的更多信息，请参阅第 5 章。

如果你现在还不理解关于 CSS 媒体查询和屏幕大小的所有讨论，别担心，我们关注的重点是，客户网站的加载时间不仅因网络连接质量而不同，而且还因设备本身的特性而不同。根据所访问的站点，显示密度较高的设备下载的数据可能比具有标准显示密度的设备多。表 1-1 根据设备类型和显示密度，列出了传输的数据量和网站加载时间。

表 1-1　不同设备的页面加载时间比较。结果因数据量和设备的显示密度而异

设备类型	显示密度	页面大小	加载时间
移动端（手机和平板计算机）	标准	378 KB	4.46 秒
移动端（手机和平板计算机）	高	526 KB	6.01 秒
桌面端	标准	383 KB	4.51 秒
桌面端	高	536 KB	6.15 秒

当你继续对客户网站进行性能优化时，需要记录每个场景的加载时间和减少的数据量，因为它和你选择的 Regular 3G 节流配置有关。下面进入正题吧！

1.4　优化客户网站

提高网站性能时，目标很简单：减少传输的数据量。这样做将减少站点在任何设备上加载的时间。这样做对 HTTP/1 和 HTTP/2 服务器上的用户都有好处。如果问有没有最重要的一条建议，那就是：传输更少的字节意味着更快的加载速度。

减少请求数是一种办法，下面介绍的一些性能提升技术也将鼓励你这样做。但请注意，这种方法最适合用于 HTTP/1 工作流。这个客户网站的请求已经比较轻量了，减少请求数并没有多大作用。

这些优化工作包括：首先要缩小网站资源，包括 CSS、JavaScript 和 HTML 本身；然后要在不损害其视觉完整性的前提下，优化网站上的图像；最后要在服务器上压缩文本资源。

想要跳过？

如果你在客户网站上工作时遇到任何问题（或者你很好奇这些内容是如何结合到一起的），可以使用 `git` 命令跳到最终的优化代码。在 Web 项目的根目录下，输入 `git checkout -f optimized`，优化后的网站就会下载到你的计算机上。请注意，每次执行这个操作都会覆盖你在本地完成的所有工作，所以一定要记得先备份！

1.4.1　缩小资源

缩小（minification）是从基于文本的资源中去除所有空白和非必要字符的过程，因而不会影响资源的工作方式。图 1-9 阐明了对 CSS 应用缩小的基本思想。

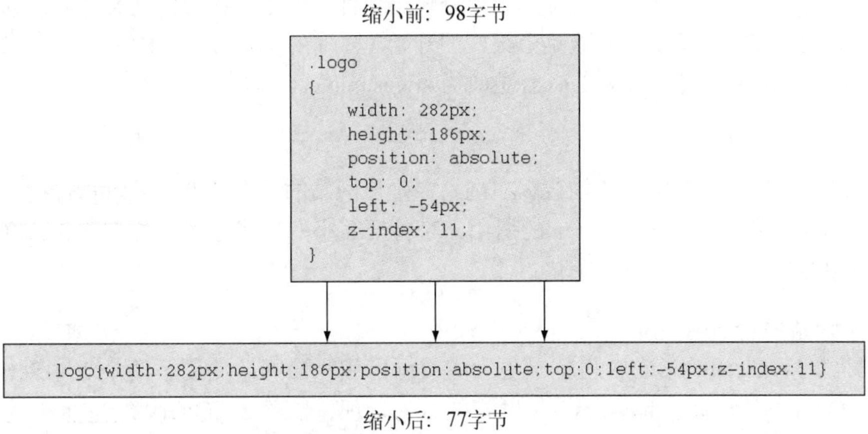

缩小前：98字节

```
.logo
{
    width: 282px;
    height: 186px;
    position: absolute;
    top: 0;
    left: -54px;
    z-index: 11;
}
```

```
.logo{width:282px;height:186px;position:absolute;top:0;left:-54px;z-index:11}
```

缩小后：77字节

图 1-9　缩小 CSS 规则。在这个例子中，CSS 规则从 98 字节缩小到 77 字节，减少了约 21%。当这个概念应用到一个网站上的所有文本资源时，减少的总字节数可能为几千字节

许多人类可读的文件，比如 CSS 和 JavaScript，都包含了开发者在开发过程中插入的空白和非必要字符。我们在 CSS 和 JavaScript 中使用换行符和缩进，使它们更容易阅读，并在源代码中使用注释进行文档记录。

Web 浏览器读取这些文件时不需要这样的帮助。这些文件中不必要的字符越少，Web 浏览器下载和解析它们的速度就越快。

提示　缩小文件时，必须保留原始的未缩小的源文件。缩小文件后，你很有可能必须再次编辑 Web 项目中的文件。第 12 章将提供这方面的一些信息。

本节首先要缩小网站的 CSS，然后是 JavaScript，最后是 HTML。在继续之前，先要使用 `npm` 下载几个包，以便在命令行中缩小文件：

```
npm install -g minifier html-minify
```

安装过程可能需要一分钟左右。软件包安装完成后，即可缩小网站资源。完成本节后，网站总大小可以减小 173 KB。

1. 缩小网站的 CSS

该网站的 CSS 大小是 18.2 KB，缩小后可以稍微减少页面的总数据量。要缩小网站的 CSS 需要做两件事：运行缩小程序，然后更新 HTML，指向缩小的新文件。在命令行中打开网站的

CSS目录，然后运行这条命令来缩小CSS：

```
minify -o styles.min.css styles.css
```

这条命令的语法很简单。它用`-o`参数指定输出文件（style.min.css）。这个参数之后是指定的输入文件名（style.css）。命令执行完成后，检查输出文件的大小，你会发现文件大小为15.6 KB，缩小了14%。缩小的量不算大，但这是个很好的开始。然后在index.html中更新这个文件的引用，方法是将`<link>`标签的引用从styles.css更改为styles.min.css，如下所示：

```
<link rel="stylesheet" type="text/css" href="css/styles.min.css">
```

接下来在Web浏览器中重新加载客户网站，确保网站的样式依然有效。可以通过检查更新的瀑布图，以及寻找对styles.min.css的引用，来验证缩小的样式是否到位。现在，客户网站的CSS已经成功缩小了！

2. 缩小网站的JavaScript

该网站的JavaScript比CSS占据了更大的数据份额。该网站使用了两个JavaScript文件：jquery.js（jQuery库）和behaviors.js（网站的行为处理，依赖于jQuery）。它们的大小分别是252.6 KB和3.1 KB。要缩小这些文件，可以像对网站CSS执行的操作一样，对其运行`minify`命令：

```
minify -o jquery.min.js jquery.js
minify -o behaviors.min.js behaviors.js
```

.js文件缩小后，检查输出文件的大小，并与未缩小的版本进行比较。你将看到behaviors.js减少了46%，只剩1.66 KB；jquery.js减少了66%，只剩84.4 KB。这是个巨大的改进，大大减小了网站的总大小（本节末尾将对其进行计算和比较）。

你需要在index.html中更新对jquery.js和behaviors.js的引用，修改为jquery.min.js和behaviors.min.js。找到引用这些文件的`<script>`标签，并将其更改为以下内容：

```
<script src="js/jquery.min.js"></script>
<script src="js/behaviors.min.js"></script>
```

然后重新加载页面，并检查Network选项卡，以查看缩小的文件是否被引用。确认无误后，你就可以缩小最后一个资源，即网站的HTML。

3. 缩小网站的HTML

网站的HTML是另一种可以缩小的资源，尽管缩小它没有缩小网站的JavaScript节省的数据量多。这一次，使用`htmlminify` Node包代替`minify`（后者用于CSS和JavaScript文件）。

> **缩小HTML的意外后果**
>
> 缩小HTML通常不会遇到任何障碍，但你会注意到，布局可能发生了细微的变化。这是由于空白对CSS `display`类型（如`inline`和`inline-block`）的影响。如果对HTML进行

缩进，这些 CSS `display` 类型在周围的空格被删除后，可能会产生一些不同的行为。如果影响很大，可能需要对 CSS 进行一些调整。还要注意所有按字面处理空白的属性或标签，例如 CSS `white-space` 属性或者 HTML `<pre>`标签。

缩小网站的 HTML 之前，需要将网站根文件夹中的 index.html 复制到一个名为 index.src.html 的单独的源文件中，以便保留原始文件并进行更改。复制完成后，可以使用 `htmlminify` 将其缩小，如下所示：

```
htmlminify -o index.html index.src.html
```

缩小后的文件比原来小 19%，从 4.57 KB 变为 3.71 KB。虽然减小得不多，但确实腾出了很多空间，而且没有费太多功夫。

随着网站资源的缩小，你已经为网站精简了 173 KB。由于网页在所有类型的设备上工作都需要这些资源，因此对于任何设备的用户来说，性能都得到了提升。图 1-10 比较了表 1-1 中所有设备类型在文件缩小前后的加载时间。

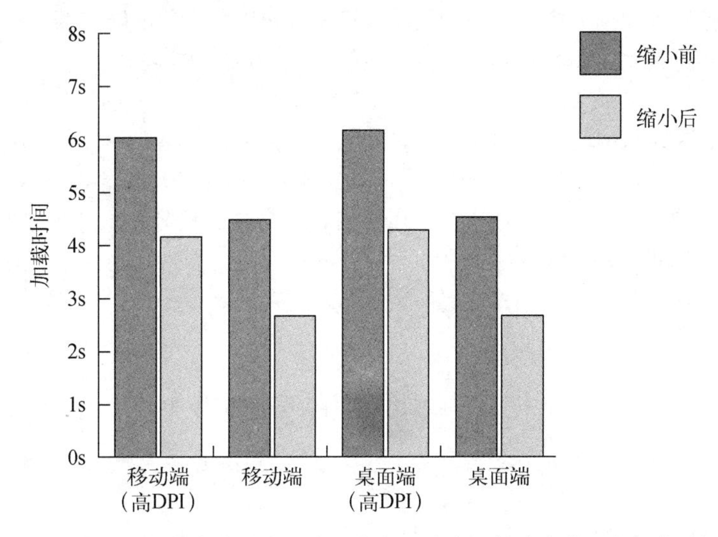

图 1-10 在 Regular 3G 网络节流配置中，客户网站在文件缩小前后的加载时间。根据访客设备的不同，优化范围为 31%~41%

通过适当的努力，你可以将加载时间减少 31%~41%！虽然进步不小，但下面还会取得更大的进步。下一节将通过名为**服务器压缩**的服务器端机制，进一步提高文本资源的收益率。

1.4.2 使用服务器压缩

你一定收到过包含压缩文件的电子邮件。这些文件通常用于在线通信，是将多个文件打包为单个文件的简便方法。压缩文件除了方便合并外，还可以减小文件体积。服务器压缩在减小文件体积方面的工作原理与之类似，Web 浏览器能够代表用户接受和解压缩内容，如图 1-11 所示。

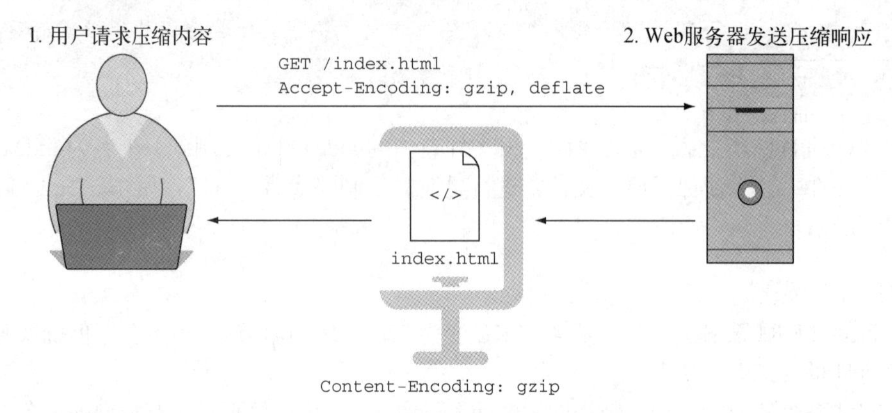

图 1-11　服务器压缩的过程

服务器压缩的工作方式是用户从服务器请求网页。用户的请求附带一个 `Accept-Encoding` 头部信息，向服务器告知浏览器可以使用的压缩格式。如果服务器能够按照 `Accept-Encoding` 头中的指示对内容进行编码，它将用一个描述压缩方法和压缩内容的 `Content-Encoding` 头部信息进行回复。

这非常实用，因为从网站下载的大部分内容往往是文本，可压缩性很好。几乎所有通用的浏览器都支持一种名为 gzip 的压缩方法，它在减小文本资源的体积方面非常有效。在优化客户端网站的这一步中，你需要配置服务器以提供压缩内容。通过这些努力，页面大小将减少 70 KB，加载速度将提高 18%~32%（具体取决于访问者的设备）。但是，执行此操作之前，请转到命令行并按 Ctrl+C 停止 Web 服务器。然后键入如下命令以安装 `compression` 模块：

```
npm install compression
```

安装完成后，在文本编辑器中打开 http.js，并添加代码清单 1-1 中的粗体文本行。

代码清单 1-1　配置 Node HTTP 服务器以使用 `compression`

```
var express = require("express");
var compression = require("compression");   ◁ 把 compression 模块导入脚本
var app = express();

// 运行静态服务器
app.use(compression());                      ◁ 脚本将 compression 模块挂载到 Web 服务器
app.use(express.static(__dirname));
app.listen(8080);
```

完成上述修改后，重启 Web 服务器。重新加载页面并查看瀑布图，以查看结果。表 1-2 比较了压缩前后的文本资源。

表 1-2 比较应用服务器压缩前后客户网站上文本资源

资源文件名	压缩前大小	压缩后大小	压 缩 量
index.html	4 KB	1.8 KB	55%
style.min.css	15.9 KB	3.1 KB	80.5%
jquery.min.js	84.7 KB	30 KB	64.5%
behaviors.min.js	1.9 KB	1.1 KB	42.1%
合计	106.5 KB	36 KB	66.2%

文件的体积显著减小：压缩前，所有文本资源的大小合计为 106.5 KB；压缩后，体积大约减小 66%，低至 36 KB！那么这对加载时间有什么影响呢？答案是影响不小。图 1-12 比较了不同设备的加载时间。

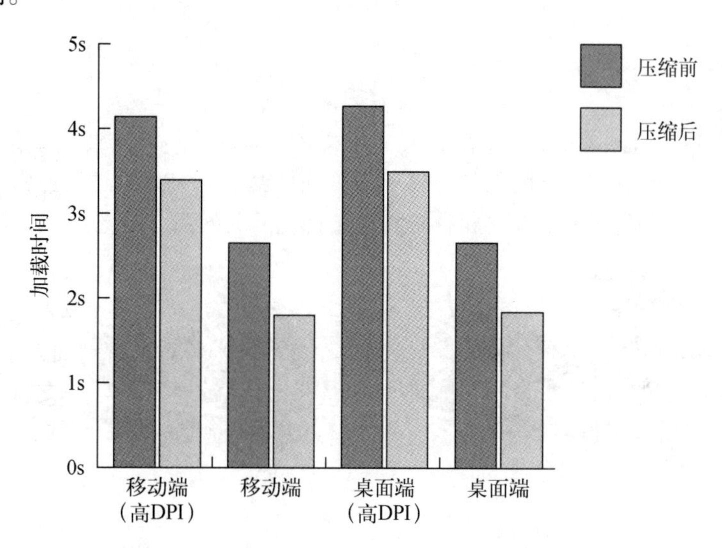

图 1-12 应用压缩前后，客户网站在 Regular 3G 节流配置下的加载时间。根据访问者的设备不同，加载速度提高 18%~32%

这个简单的操作显著提高了网站的加载速度。需要注意的是，不同的 Web 服务器需要不同的操作来配置资源压缩。代码清单 1-2 显示了如何在 Apache Web 服务器的 httpd.conf 配置文件中，为常见的资源媒体类型启用压缩。

代码清单 1-2 在 Apache Web 服务器上启用服务器压缩

检查是否已经加载了 **mod_deflate** 模块

压缩文件，这些文件匹配指定的内容类型

```
<IfModule mod_deflate.c>
    AddOutputFilterByType DEFLATE text/html text/css text/javascript
</IfModule>
```

在微软的 Internet 信息服务（IIS）中，可以通过 `inetmgr` 可执行文件进入管理面板，转到特定网站，并通过实用工具的 GUI 编辑压缩设置来配置压缩。无论使用哪种 Web 服务器，压缩带来的好处基本都一样。某些服务器的可配置项可能更丰富，也可能更少。

应用压缩并在客户网站上工作后，可以继续进行此优化计划的最后一部分：优化图像。

压缩小技巧

你试过压缩 JPEG 或 MP3 文件吗？这不仅不会缩小体积，而且最终的压缩文件可能会更大。这是因为这些类型的文件在编码时已经被压缩了。其压缩方式和 Web 上的内容没什么么不同。要注意避免压缩那些已经在编码时使用压缩的文件类型，例如 JPEG、PNG 和 GIF 图像，以及 WOFF 和 WOFF2 字体文件。

1.4.3　压缩图像

自从 Photoshop 的 Save for Web（存储为 Web 格式）对话框问世以来，图像优化发展已久。如今的图像优化方法在减小全色图像的文件大小方面非常高效，最终结果通常与源图像难以分辨。然而，缩小文件是非常重要的。图 1-13 比较了优化前后的两个图像。

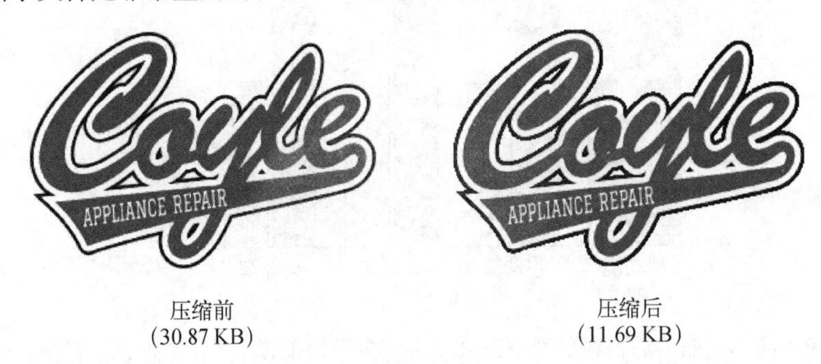

图 1-13　PNG 图像优化。这种图像优化方式使用了一种重新编码技术，该技术可以丢弃图像中不必要的数据，而不会明显影响图像的视觉质量

如果你看不出这两张图像之间的区别，那这种方法的使用目的就达到了。这种类型的优化背后的理念是尽可能保留源图像的视觉质量，同时丢弃不必要的数据。

这并不是说这种优化不会导致不合预期的结果。过度优化会导致明显的质量损失。第 6 章不仅会探讨 PNG 文件的图像优化，而且还会探讨 JPEG 和 SVG 图像的优化。经验法则是将任何优化的结果与原始图像进行比较，并确保你对结果满意。

有许多服务可以压缩图像，包括第 6 章和第 12 章介绍的一些命令行和自动化工具。为了简单起见，你可以使用名为 TinyPNG 的 Web 服务，如图 1-14 所示。

图 1-14 TinyPNG 压缩客户网站的图像，并报告成功将总大小减小 61%

尽管名字中带有 PNG，但这个网站不仅能压缩 PNG 图像，而且还能压缩 JPEG 图像。根据访问者的设备不同，桌面端视图中显示 4 个图像，而移动端视图中仅显示 3 个图像。这些图像的大小取决于查看它们的屏幕类型。高 DPI 屏幕（如苹果设备上的视网膜屏幕）需要更大的图像集来提供最佳的视觉体验，而标准 DPI 屏幕可以使用更小的图像集。第 5 章将介绍这些屏幕之间的差异，以及基于设备功能的服务方式。此刻，我们的目标是获取 img 文件夹中的所有图像，使用 TinyPNG 服务对其进行优化，并观察获得的效果。

要压缩这些图像，请将它们上传到 TinyPNG 网站，该网站将自动进行优化。完成后，下载所有文件，并将其复制到网站的 img 文件夹。出现提示时，为所有冲突选择 Overwrite（覆盖）选项。然后重新加载页面，在 Chrome 的开发者工具中再次检查瀑布图，以查看这些较小的图像所产生的差异。表 1-3 列出了优化前后的网站图像。

表 1-3 使用 TinyPNG Web 服务优化前后的图像大小

资源文件名	压缩前大小	压缩后大小	压 缩 量
bg.png	56.6 KB	32.0 KB	–43%
bg@2x.jpg	147.4 KB	29.4 KB	–80%
brothers.jpg	11.9 KB	9.7 KB	–18%
brothers@2x.jpg	33.8 KB	29.8 KB	–12%
logo.png	31.6 KB	12.0 KB	–62%
logo@2x.png	70.5 KB	25.2 KB	–64%
states.png	4.9 KB	1.8 KB	–63%
states@2x.jpg	9.6 KB	3.5 KB	–63%

表面看来，所有图像都在不同程度上受益于这种优化，当然，某些图像受益更多一些。但真正的问题是，这将如何影响页面加载时间？图 1-15 比较了这次图像优化工作前后的加载时间。

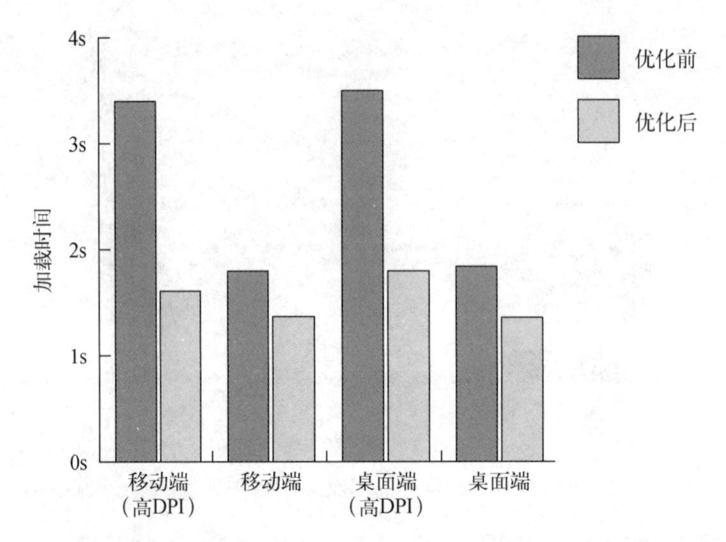

图 1-15 优化图像前后，客户网站在 Regular 3G 节流配置下的加载时间。根据访问者的设备不同，加载速度提高 23%~53%

优化图像对加载时间有显著影响。所有设备的加载时间都已减少到 2 秒以下，这是非常重要的，尤其是对于 3G 网络环境！完成优化工作后，下面看看总体的工作成果。

1.5 最终性能测试

表 1-4 比较了 4 个场景中优化前后的服务器数据传输量。

表 1-4 优化前后客户网站在各种设备类型上的页面大小

设备类型	优化前页面大小	优化后页面大小	压缩量
移动端（高 DPI）	526 KB	118 KB	77.5%
移动端	378 KB	87.4 KB	76.8%
桌面端（高 DPI）	536 KB	121 KB	77.4%
桌面端	383 KB	89.5 KB	76.6%

当然，你想看到优化是如何影响加载时间的。图 1-16 比较了优化前后的加载时间。

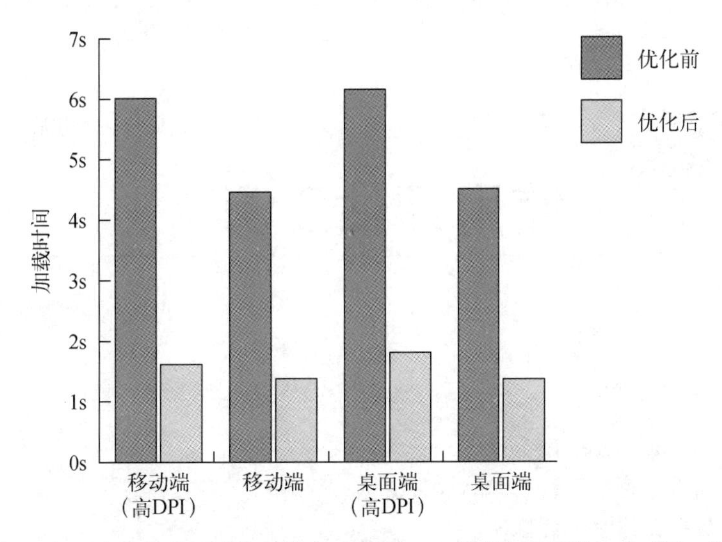

图 1-16 进行所有优化前后客户网站在 Regular 3G 节流配置下的加载时间。所有设备的访问者都节省了大约 70%的加载时间

无论用户使用哪种设备访问该站点，你的优化工作都已将客户网站的加载速度提高了近 70%。正如你所看到的，即使是基本的性能调优技术，也可以有效改善用户体验。目前我们只学习了一点皮毛，后续章节会展示更高级的技巧。

1.6 小结

本章我们首先学习了一些深层次的概念，指出为什么 Web 性能很重要。然后通过以下技术改进了客户的网站：

- 使用 Google Chrome 的开发者工具分析页面大小；
- 通过一个被称为“缩小”的过程，缩减基于文本的资源的大小，该过程在不影响资源功能的情况下，从资源中删除不必要的空白；
- 通过服务器压缩，进一步减小这些文本资源的大小；
- 衡量图像优化的有效性。

现在你已经入门了，但还有很多东西要学。下一章将学习如何在各种浏览器中使用开发者工具来评估性能。

第2章

使用评估工具

2

本章内容

- ❑ 使用 Google PageSpeed Insights
- ❑ 使用网络请求检查器查看资源的计时信息
- ❑ 使用渲染分析器诊断欠佳性能
- ❑ JavaScript 代码基准测试
- ❑ 模拟设备和互联网连接

我们已经掌握了 Web 性能的概念，并且优化了客户的网站，下面开始深入研究——从学习识别性能问题的工具开始。这些工具既有在线版本，也有在浏览器本地运行的，我们从 Google 的 PageSpeed Insights 开始，延伸到 Chrome 和其他桌面浏览器中可用的工具。

2.1 使用 Google PageSpeed Insights 进行评估

众所周知，Google 一直关注 Web 性能。早在 2010 年，Google 就在一篇博文中指出，性能是影响网站自然搜索结果排名的一个因素。如果你运行的网站由内容驱动，且大部分流量来自搜索引擎，这就会让你停下来。好在 Google 有一个评估工具：PageSpeed Insights。

2.1.1 评估网站性能

Google PageSpeed Insights 会分析网站，并就如何改进其性能和用户体验给出提示。当 Pagespeed Insights 呈现分析时，它会执行两次：第一次使用移动用户代理，第二次使用桌面用户代理。它分析性能时考虑两个关键因素：折叠线以上内容[①]加载所需的时间，以及整个页面加载所需的时间。图 2-1 说明了折叠线上下的概念。

① 用户不需要滚动窗口即可看到的内容。——译者注

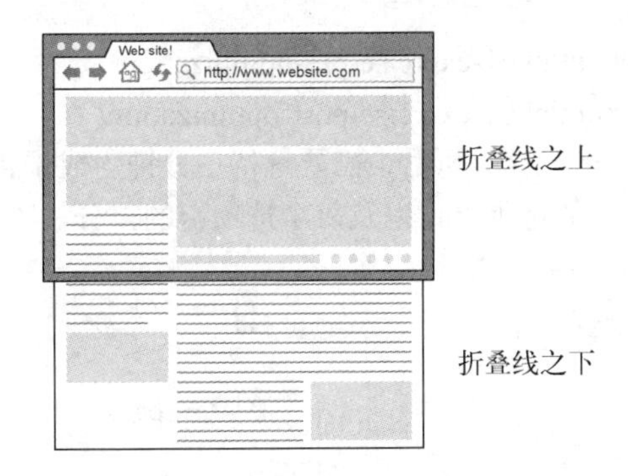

图 2-1 Google PageSpeed Insights 检查页面速度的两个方面：折叠线以上内容的加载时间（用户访问页面时立即看到的内容）和整个页面的加载时间

该工具会对两个用户代理分别给出 0~100 的分数，并根据发现的问题的严重性给出其推荐的颜色代码。黄色表示在时间允许的情况下应该修复的小问题，而红色表示必须修复的问题。通过的性能点则用绿色表示。图 2-2 显示了一份示例报告。针对 PageSpeed Insights 发现的问题，解决方案有很多，后面的章节都将介绍。在第 1 章中优化客户网站时，我们就采取过一些步骤，例如缩小资源、配置压缩和优化图像。

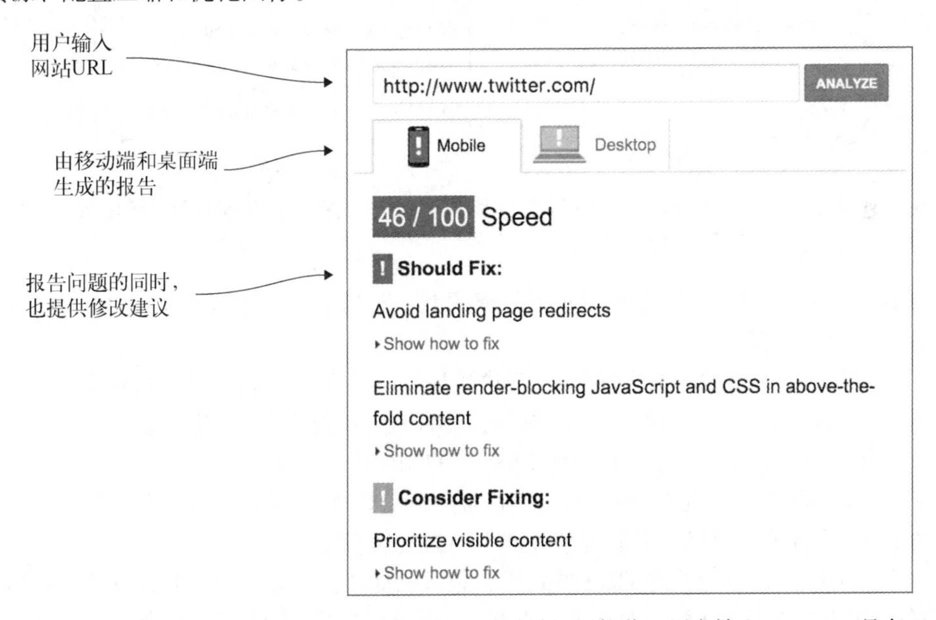

图 2-2 Google PageSpeed Insights 为网站的移动端视图打分。用户输入 URL，工具会根据问题严重性给出性能提示，并按照移动端和桌面端的状态进行分组

体验 Google PageSpeed Insights 的方法之一是在第 1 章的客户网站上运行它。由于 PageSpeed Insights 无法检查本地计算机上的 URL，所以我在公共 Web 服务器上托管了未优化版本和优化版本的客户网站。可以在 PageSpeed Insights 中输入以下 URL，并比较每个报告的输出结果：

- http://jlwagner.net/webopt/ch01-exercise-pre-optimization/
- http://jlwagner.net/webopt/ch01-exercise-post-optimization/

输入 URL 并单击 Analyze 进行分析后，需要等待一分钟生成报告。PageSpeed Insights 完成后，你将看到移动端和桌面端的选项卡，以及每个选项卡的得分。程序的输出如图 2-3 所示。

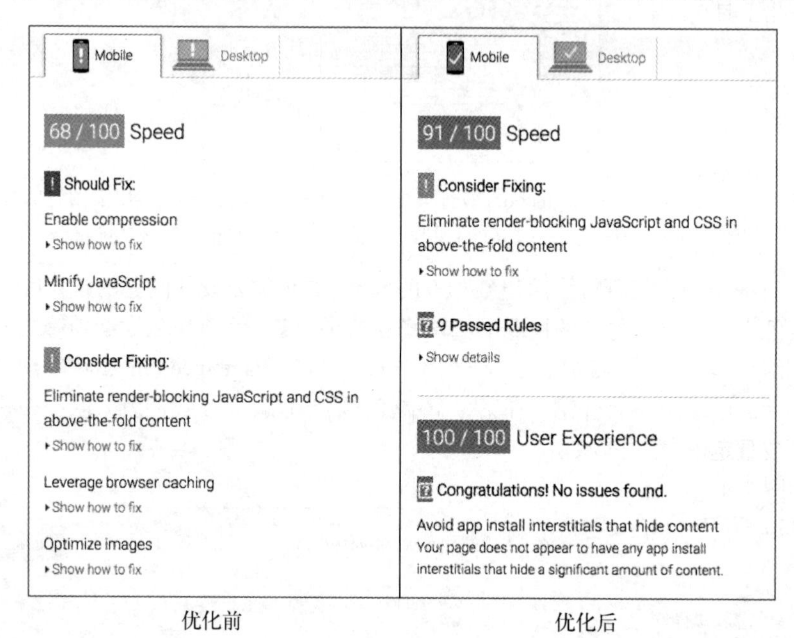

图 2-3 PageSpeed Insights 针对第 1 章中的客户网站给出的报告，分别为网站优化前（左）和网站优化后（右）

大多数建议是你在第 1 章中修复过的性能问题，包括缩小文本资源（如 HTML、CSS 和 JavaScript）、启用压缩等。

你可能会在报告中看到网站优化版本存留的问题，这会阻止你获得更高的分数，因为样式表加载完成之前，用于加载 CSS 块的`<link>`标签会一直阻止页面渲染。可以通过将 CSS 嵌入 HTML 的`<style>`标签来解决这一问题，从而使 CSS 与 HTML 同时加载。

一般来说，内联被认为是某种反模式，对缓存有不利影响。但它确实减少了 HTTP 请求，这对 HTTP/1 服务器是有好处的，并且能够提高文档的渲染速度。

第 4 章会介绍一种名为**关键 CSS** 的技术，它可以提高页面的渲染速度。对于 HTTP/1 的客户端/服务器端交互来说，这是一种有效的技术，但是 HTTP/2 中名为**服务器推送**的功能是这种反模式的替代方案。要了解更多信息，请参见第 10 章。

接下来，你将学习如何使用 Google Analytics 检索多个页面的 PageSpeed Insights 数据，从而更深入地理解整个网站的性能。

2.1.2 使用 Google Analytics 进行批量报告

如果你是专业 Web 开发者，那很可能使用过 Google Analytics。这个报告工具提供了网站访问者的数据，例如其位置、如何到达你的网站、在哪里花费了多少时间，以及其他统计信息。与本章相关的是此工具中提供的 PageSpeed Insights 数据。

如果你的网站上已经有 Google Analytics，那么你要做的就是登录并跟进。如果你尚未在网站上安装它，请使用 Google 账户登录 http://www.google.com/analytics，并按照说明进行操作。这个过程只需花费很少的时间，并且需要将一小段 JavaScript 代码粘贴到站点的 HTML 中。之后需要等一到两天，让 Google Analytics 收集数据。

法律问题

请注意，向网站添加 Google Analytics 会带来法律问题。安装跟踪代码时，你要接受法律协议的条款。如果你是网站的唯一拥有者，那么可以自行决定，否则一定要得到网站拥有者的同意。如果你是一家大公司的开发人员，这一点很重要，因为法律审查在大公司是常见的流程。

登录后将被重定向到网站的仪表板。转到左侧菜单中的 Behavior（行为）部分，展开它以显示子菜单，如图 2-4 所示。

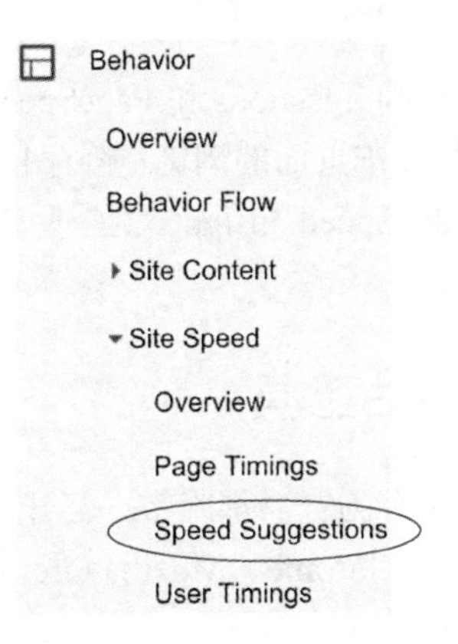

图 2-4 通过导航到左侧菜单上的 Behavior 部分，并点击 Speed Suggestions（速度建议）链接，可以在 Google Analytics 中访问 PageSpeed Insights 的报告信息

进入这个部分后，你将看到一个带有性能统计信息的仪表板，如图 2-5 所示。其中绘制了上一个报告周期内，网站所有页面访问的平均加载时间折线图，以及包含以下列的表格。

- Page——页面 URL。
- PageViews——报告周期内页面的浏览次数。报告周期通常是前一个月，但可以更改为自定义的时间段。
- Avg. Page Load Time——页面加载的平均用时，单位是秒。

- PageSpeed Suggestions——PageSpeed Insights 为提升相关页面 URL 的性能，给出的建议数量。单击这个值将跳转到一个新窗口，其中包含该 URL 的 PageSpeed Insights 报告。
- PageSpeed Score——PageSpeed Insights 报告给出的分数。该分数的范围为 1~100，分数低表示有改进的空间，分数高表示性能特征好。

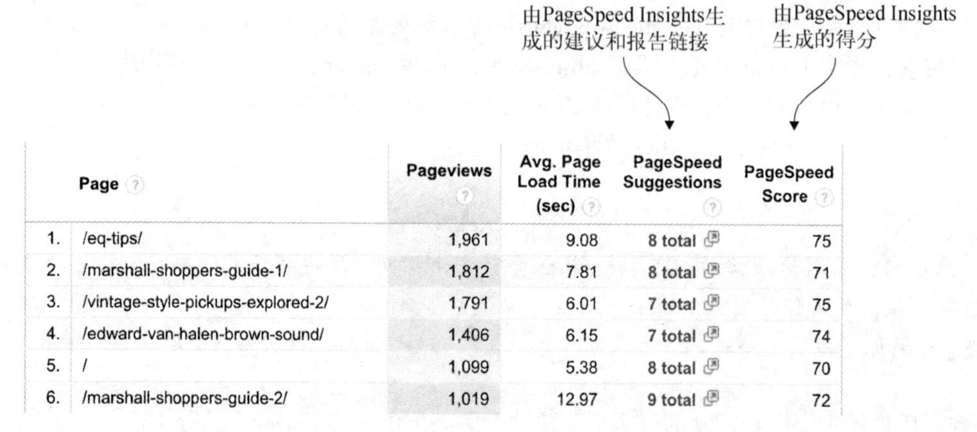

	Page	Pageviews	Avg. Page Load Time (sec)	PageSpeed Suggestions	PageSpeed Score
1.	/eq-tips/	1,961	9.08	8 total	75
2.	/marshall-shoppers-guide-1/	1,812	7.81	8 total	71
3.	/vintage-style-pickups-explored-2/	1,791	6.01	7 total	75
4.	/edward-van-halen-brown-sound/	1,406	6.15	7 total	74
5.	/	1,099	5.38	8 total	70
6.	/marshall-shoppers-guide-2/	1,019	12.97	9 total	72

图 2-5　Google Analytics 的性能统计报表。请注意最右边的两列是 PageSpeed Insights 特定数据和相关 URL 页面的报告链接

可惜的是，你不能对 PageSpeed Suggestions 和 PageSpeed Score 两列进行排序，但是可以对其他三列进行排序。解决问题时，可以按页面的浏览量降序排列，并修复最受欢迎的内容的问题。

现在，我们已经了解了关于 PageSpeed Insights 的一些知识以及用法，下面学习使用浏览器中的工具。

2.2　使用基于浏览器的评估工具

桌面浏览器提供了许多工具。所有浏览器都附带一套开发者工具，它们的功能大同小异，彼此可以取长补短。本节会提到 Google Chrome、Mozilla Firefox、Safari 和 Microsoft Edge 浏览器，其中会特别关注 Chrome 的开发工具。

跨浏览器开发工具的相似性

除非另有说明，否则在不同浏览器中访问类似功能与在 Chrome 中类似。以 Firefox 为例：和在 Chrome 中一样，你可以打开 Firefox 开发者工具，单击 Network 选项卡，点击瀑布图中的一个条目，然后找到时间细节。Microsoft Edge 中也是如此。

在任何浏览器中，打开开发者工具的方法都是相同的。在 Windows 系统上可以用 F12 键打开，在 Mac 上可以按 Cmd+Alt+I 打开。

本章并不是每一个浏览器开发工具的百科全书般的资源，会涵盖每一个细节，因为那样的资源很容易成为使用手册。相反，我们的目标是从 Chrome 开始，突出这些工具在所有浏览器中都可以使用的共性，同时突出其他浏览器中的一些显著差异。

2.3　检查网络请求

回想第 1 章，我们曾在客户网站中使用过 Chrome 的网络工具生成网站资源的瀑布图，并计算页面加载时间。浏览器中大多数网络检查工具的工作原理与 Chrome 类似，它们可以生成瀑布图，但这仅仅是基本功能。本节将介绍如何使用实用工具查看单个资源的计时信息，以及如何查看 HTTP 头部。

2.3.1　查看计时信息

在第 1 章开头，我们讨论了 Web 浏览器如何与 Web 服务器通信，以及数据交换中固有的延迟。图 2-6 中描述的所有步骤都会产生延迟。其中一个重要的度量标准称为**首字节时间**（Time to First Byte，TTFB），即从用户请求网页到响应的第一个字节到达之间的时间。这与加载时间不同，加载时间是资源完全完成下载所需的时间。图 2-6（和第 1 章中的图一样）说明了这一概念。

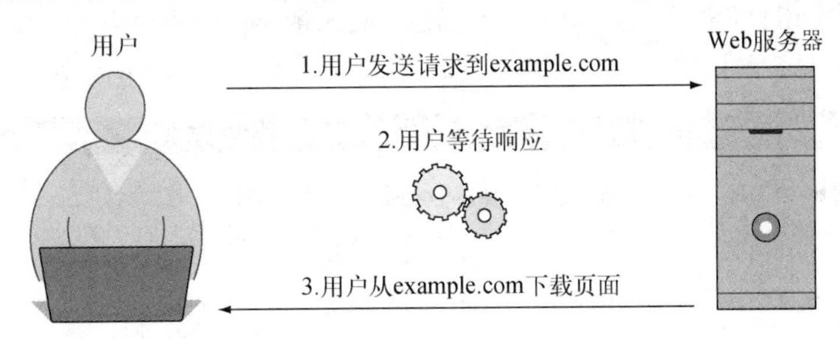

图 2-6　Web 浏览器请求 Web 服务器的过程。延迟发生在整个过程的每个步骤中。从用户发出请求到响应到达之间的时间，称为首字节时间（TTFB）

导致 TTFB 较长的原因有很多。这可能是网络条件造成的，例如服务器与用户的物理距离、服务器性能差或者应用程序后端出现问题。开始下载内容所需的时间越长，用户等待的时间就越长。

要了解一个请求所花费的时间，可以在 Chrome 中查看其完成情况。在大多数浏览器中找到这些信息的步骤是类似的（Safari 除外，稍后讨论）。首先，请打开 Chrome 开发者工具中的 Network 选项卡，然后执行以下步骤。

(1) 用数据填充瀑布图，如果你还没有这样做的话。可以在第 1 章中详细了解具体做法，但最简单的方法是：在开发者工具被打开且 Network 选项卡处于活动状态时，重新加载站点。

(2) 填充瀑布图之后，可以点击任何资源条目并查看其计时信息。

完成这些步骤后，你将看到如图 2-7 所示的内容。从图中可以看到，TTFB 值在 Chrome 中标记得很清楚。发出请求之前还会执行一些步骤，例如排队请求、DNS 查找、连接设置和 SSL 握手。

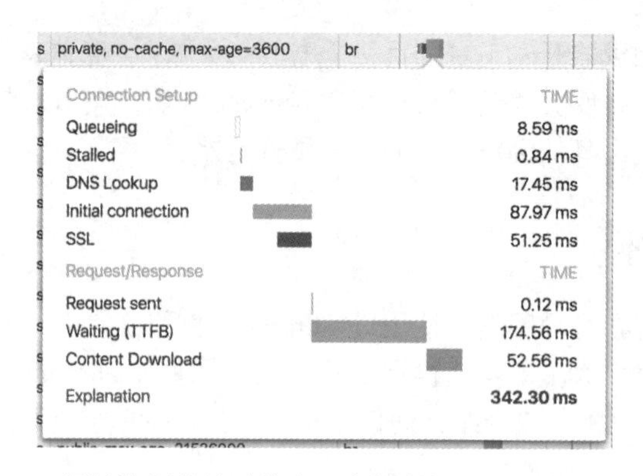

图 2-7　网站资源的计时信息。本例中的 TTFB 为 174.56 ms

> **有关 DNS 查找的说明**
>
> 为了消除 DNS 查找的延迟，浏览器会创建一个 DNS 查找缓存。如果一个域名的对应 IP 地址不在缓存中，则查找 IP 地址将导致延迟。但是重复请求时，IP 地址将被缓存以消除后续请求的延迟。

大多数浏览器允许以类似的方式访问此类信息，但 Safari 有点不同。首先你可能需要启用开发者工具。查看工具是否被启用的一个快速方法是，在屏幕顶部查找 Developer 菜单，如图 2-8 所示。

Safari　File　Edit　View　History　Bookmarks　Develop　Window　Help

图 2-8　只有当 Safari 的 Web 浏览器是当前活动窗口，且菜单栏中的 Developer 选项可见时，才能使用 Safari 开发者工具。如果没有看到此菜单，则必须启用开发者工具

如果 Developer 菜单不可见，请点击 Safari 菜单，然后点击 Preferences（偏好设置）。当窗口打开时，转到 Advanced 选项卡，并选中 Show Develop menu in menu bar（在菜单栏中显示 Develop 菜单）复选框，如图 2-9 所示。切换 Develop 菜单后，退出 Preferences 窗口，然后按 Cmd+Alt+I 打开开发者工具。

图 2-9　可以通过从菜单栏中选择 Safari➤Preferences，启用 Safari 开发者工具。在出现的窗口中，单击 Advanced 选项卡并选中复选框

在开发者工具中，可以单击 Network 选项卡，然后转到第 1 章优化后的客户网站。从图 2-10 中可以看到，虽然 Safari 版本的 Network 选项卡缺少瀑布图，但它显示了计时数据表。在这个例子中，可以看到 Latency、Start Time 和 Duration 列。

Name	Domain	Type	Method	Scheme	Status	Cached	Size	Transferred	Start Time	Latency	Duration
ch01-exercise-post-optimization	jlwagner.net	Document	GET	HTTP	200	No	3.71 KB	4.10 KB	0ms	389.7ms	8.971ms
styles.min.css	jlwagner.net	Stylesheet	GET	HTTP	200	No	15.60 KB	3.13 KB	397.3ms	115.5ms	2.477ms
jquery.min.js	jlwagner.net	Script	GET	HTTP	200	No	84.41 KB	84.82 KB	398.2ms	200.3ms	165.4ms
behaviors.min.js	jlwagner.net	Script	GET	HTTP	200	No	1.66 KB	1.10 KB	398.3ms	195.2ms	0.394ms
bg@2x.jpg	jlwagner.net	Image	GET	HTTP	200	No	28.68 KB	29.03 KB	515.8ms	95.71ms	72.47ms
logo@2x.png	jlwagner.net	Image	GET	HTTP	200	No	24.63 KB	24.98 KB	519.3ms	150.6ms	94.19ms
brothers@2x.jpg	jlwagner.net	Image	GET	HTTP	200	No	29.07 KB	29.42 KB	520.5ms	153.2ms	90.57ms
states@2x.png	jlwagner.net	Image	GET	HTTP	200	No	3.46 KB	3.81 KB	520.7ms	156.9ms	0.385ms
favicon.ico	jlwagner.net	XHR	GET	HTTP	200	No	—	266 B	808.6ms	151.3ms	0.318ms

图 2-10 Safari 开发者工具的 Network 选项卡中，网站的网络请求信息。请注意，此视图中缺少了瀑布图，但它提供了显示计时信息的列

Latency 列与其他浏览器工具中看到的 TTFB 值不同。TTFB 不包括诸如 DNS 查找等步骤和连接到 Web 服务器所花费的时间，只包括发出请求所需的时间以及资源开始下载的时间。而延迟包括 TTFB 加上发出请求前的所有步骤。

下一节将进一步使用浏览器的开发者工具，检查网站资源的 HTTP 头部，以查看内容请求中的详细信息，并了解服务器是如何响应这些请求的。

2.3.2 查看 HTTP 请求和响应头

所有浏览器开发者工具的另一个用途是检查 HTTP 头部，其信息会随浏览器对内容的请求和来自 Web 服务器的响应一起传输。在图 2-11 中，可以看到典型的请求/响应图，它显示了伴随请求和响应的 HTTP 头部（尽管该示例比实际中简单得多）。

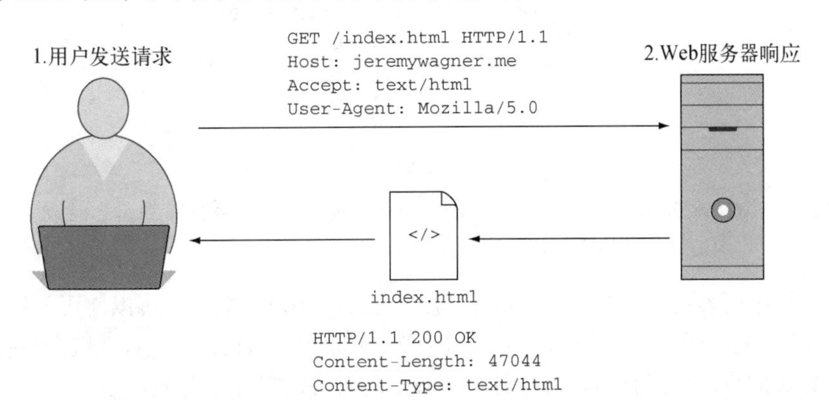
1.用户发送请求
GET /index.html HTTP/1.1
Host: jeremywagner.me
Accept: text/html
User-Agent: Mozilla/5.0
2.Web服务器响应
</>
index.html
HTTP/1.1 200 OK
Content-Length: 47044
Content-Type: text/html

图 2-11 HTTP 头部会随浏览器初始请求和服务器响应一起发送。本图显示了一组简化的头部信息。每个浏览器开发者工具中的网络检查工具都允许用户检查这些头部信息

这些头部包括了基本信息，如响应码、支持的媒体类型、请求的主机等。但头部也可以包括性能指标。图 2-12 显示了如何在 Chrome 中查看 HTTP 头部。在 Network 选项卡下，单击资源名称，右侧的单独窗格中将显示其请求和响应头部。

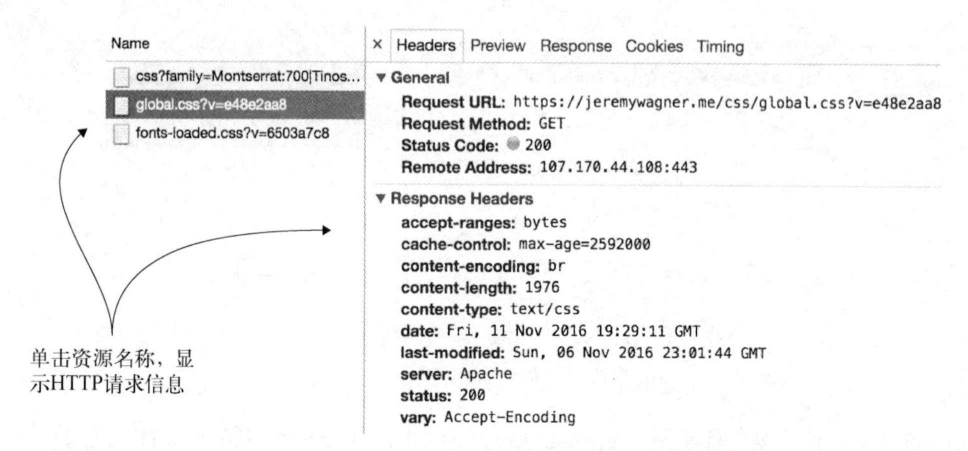

图 2-12　在 Chrome 的开发工具中查看 HTTP 头部。可以通过点击资源名称访问资源的 HTTP 头部。右侧会打开一个新窗格，头部信息包含在 Headers 选项卡中

一个性能相关的头部的例子是 `Content-Encoding` 响应头。这个头能够表明一个资源是否被 Web 服务器压缩了。

设置自己的服务器时，你可能知道是否启用了压缩。如果在不熟悉的主机环境中工作，并且不确定是否已经启用了压缩，就可以检查响应头。图 2-13 显示了优化后的客户网站中 jquery.js 的响应头。

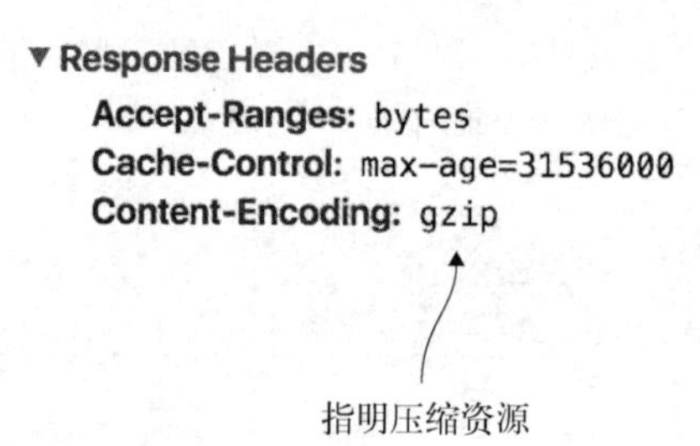

图 2-13　Web 服务器的 `Content-Encoding` 响应头可以用于确定资源是否已被压缩，以及所使用的压缩算法（本例中为 gzip）

当服务器压缩内容时，它会用 `Content-Encoding` 头进行响应。可以使用开发者工具检查响应，以查看其实际效果。当然，这并不是使用这个工具的全部目的。它对于检查与缓存、cookie 和其他信息相关的头部也很有用。可以将头部检查理解为诸多开发者工具之一！

其他浏览器中的大多数工具显示这些信息的方式都与 Chrome 相同。Firefox 的开发工具使用与 Chrome 相同的流程。Microsoft Edge 也使用相同的流程，但它不打开右侧的信息窗口，而是要

求用户通过单击一个小的切换按钮来显式地打开，如图 2-14 所示。

单击以显示
HTTP头部

F12 DOM Explorer Console Debugger Network Performance Memory Emulation Experiments

Content type

Find (Ctrl+F)

Name / Path	Protocol	Metho	Result / Description	Content type	Received	Time	Initiator / Type
http://jeremywagner.me/webopt/ch01-exercise-post-optimiz...	HTTP	GET	200 OK	text/html	3.5 KB	358.77 ms	document
loader.gif http://jeremywagner.me/webopt/ch01-exercise-post-optimization...	HTTP	GET	200 OK	image/gif	3.86 KB	132.19 ms	image
logo.png http://jeremywagner.me/webopt/ch01-exercise-post-optimization...	HTTP	GET	200 OK	image/png	8.94 KB	145.72 ms	image
marquee_cap.png http://jeremywagner.me/webopt/ch01-exercise-post-optimization...	HTTP	GET	200 OK	image/png	382 B	210.13 ms	image
brothers.jpg http://jeremywagner.me/webopt/ch01-exercise-post-optimization...	HTTP	GET	200 OK	image/jpeg	8.48 KB	480.93 ms	image
scripts.min.js http://jeremywagner.me/webopt/ch01-exercise-post-optimization...	HTTP	GET	200 OK	application/java...		555.67 ms	script
location_area_bg.jpg http://jeremywagner.me/webopt/ch01-exercise-post-optimization...	HTTP	GET	200 OK	image/jpeg	2.81 KB	353.9 ms	image

Headers Body Parameters Cookies Timings

Request URL: http://jeremywagner.me/webopt/ch01-e...
Request Method: GET
Status Code: 200 / OK
Request Headers
Accept: application/javascript, */*; q=0.8
Accept-Encoding: gzip, deflate
Accept-Language: en-US
Connection: Keep-Alive
Cookie: _cfduid=d00a9da819f836bf3308fde19ed786e...
Host: jeremywagner.me
Referer: http://jeremywagner.me/webopt/ch01-exercis...

图 2-14 在 Microsoft Edge 中查看 HTTP 头部，需要用户单击 Network 选项卡中窗口最右侧的一个小切换按钮

Safari 还要求用户通过一个小的切换按钮切换右侧窗格，位置与 Microsoft Edge 大致相同。这些工具的最终结果是相同的：你可以查看网站资源的 HTTP 头部，这对于排除故障非常有用。

下一节将讨论浏览器如何渲染网页，以及如何使用开发者工具审核页面，以发现渲染的性能问题。

2.4 渲染性能检查工具

尽管最小化加载时间是一个大问题，但是性能的另一个方面是页面的渲染速度。页面的初始渲染很重要，但渲染后与网页的交互是否顺畅也不容忽视。本节将介绍页面渲染的过程，还将学习如何使用 Chrome 的 Performance 面板、如何发现渲染性能不佳，以及如何使用 JavaScript 标记时间线中的点，最后会概述其他浏览器中的类似工具。

2.4.1 理解浏览器如何渲染网页

用户访问网站时，浏览器将解析 HTML 和 CSS，并将其渲染到屏幕。图 2-15 显示了这个过程的基本情况。

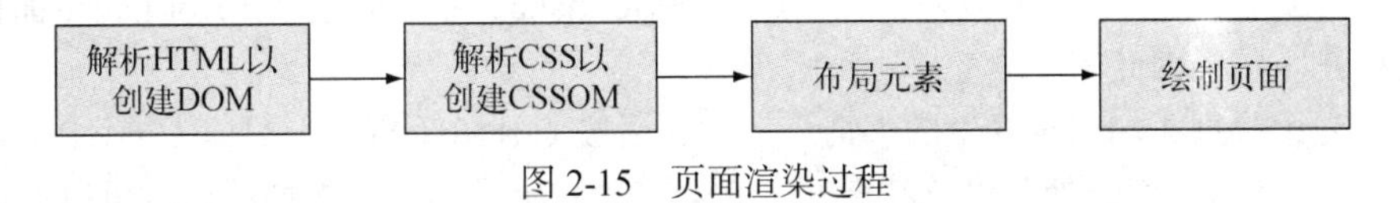

图 2-15 页面渲染过程

整个过程的具体步骤如下所示。

(1) **解析 HTML 以创建 DOM（Document Object Model，文档对象模型）**——从 Web 服务器下载 HTML 时，浏览器会对其进行解析以构建 DOM，这是 HTML 文档结构的层次表示。

(2) 解析 CSS 以创建 CSSOM（CSS Object Model，CSS 对象模型）——DOM 建立完成后，浏览器解析 CSS 并创建 CSSOM。CSSOM 与 DOM 类似，只不过它是用来表示将 CSS 规则应用于文档的方式。

(3) 布局元素——DOM 和 CSSOM 树组合创建渲染树。然后渲染树执行布局过程，在此过程中应用 CSS 规则，并在页面上布局元素以创建 UI。

(4) 绘制页面—— 文档完成布局过程后，页面外观将应用 CSS 和页面中的媒体内容。绘制过程结束时，输出转换为像素（光栅化）并在屏幕上显示。

许多站点的大部分渲染工作是在页面首次加载时完成的，但此后可能发生更多渲染。用户与页面上的元素交互时，页面可能发生变化。这些变化可以触发重新渲染。

接下来学习如何使用 Performance 面板分析页面活动，并识别页面上出现的不良行为。

2.4.2　使用 Google Chrome 的 Performance 面板

Chrome 的 Performance 面板可以记录页面的加载、脚本执行、渲染和绘制活动。乍一看会让人望而生畏，但本节将帮助你理解这个工具及其收集的数据，并使用它来识别性能问题。工具界面如图 2-16 所示。

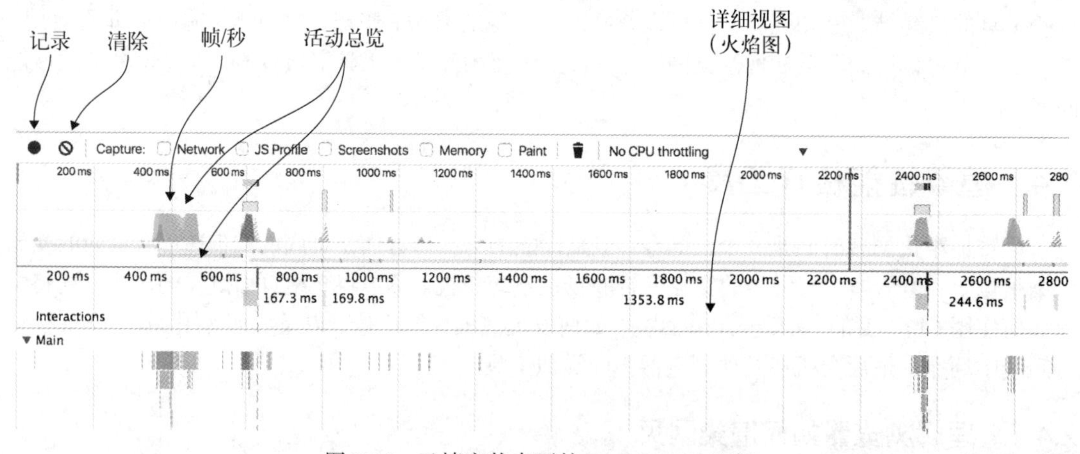

图 2-16　已填充状态下的 Performance 面板

图 2-16 的信息量很大，下面逐一分析。首先，我们要浏览第 1 章客户网站的在线版本并进行分析。页面加载之后，访问开发者工具，点击 Performance 选项卡访问 Performance 面板。你会发现时间线是空的，因此需要填充。

我们首先记录页面加载时发生的事情。为此，请按 Ctrl+R（Mac 上对应 Cmd+R）重新加载页面。当 Performance 面板处于可见状态时，它会自动开始录制。页面加载后，可以通过 Ctrl+E（Mac 上对应 Cmd+E）停止录制。完成上述步骤后，时间线就会填充数据。

你将在活动概述和火焰图中看到大量数据。巨大的信息量可能会令人感到无所适从，但我们可以从基础开始。该工具捕获 4 种特定类型的事件，每种事件都用一种颜色代表。

- **加载中（蓝色）**——网络相关事件，如 HTTP 请求。它还包括诸如 HTML 解析、CSS 解析、图像解码等活动。
- **执行脚本（黄色）**——与 JavaScript 相关的事件，包括特定于 DOM 的活动、垃圾收集、特定于网站的 JavaScript、其他活动，等等。
- **渲染（紫色）**——与页面渲染相关的所有事件，包括将 CSS 应用于网页 HTML 等活动，以及会导致重新渲染的活动，例如由 JavaScript 触发的对页面 HTML 的更改。
- **绘制（绿色）**——与将布局绘制到屏幕上相关的事件，例如层合成和光栅化。

深入研究火焰图之前，先看看事件摘要。事件摘要显示会话中上述每个类别花费的 CPU 时间量。可以在工具窗格底部的 Summary 选项卡看到摘要，如图 2-17 所示。

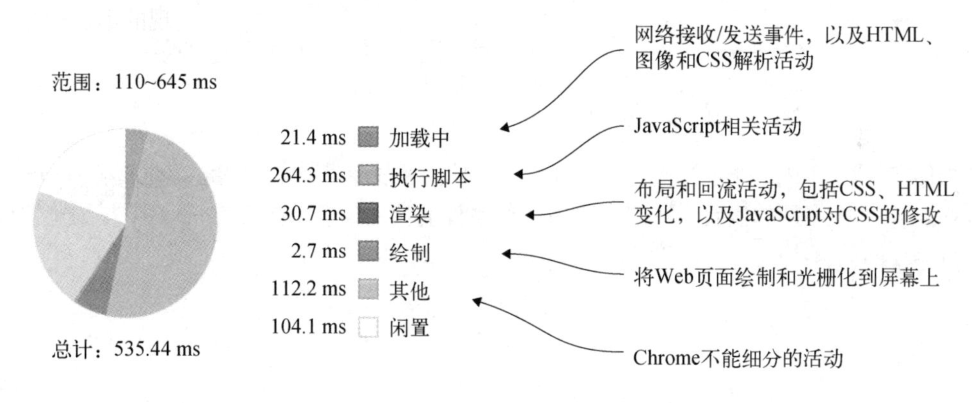

图 2-17 Performance 面板记录的会话活动细分

> **缩小范围**
>
> Performance 面板最初填充数据时，会自动选择时间范围。如果想调整范围，可以使用鼠标滚轮来收缩或展开，或者在活动概述面板中单击并拖动其边缘，如图 2-16 所示。调整范围时你会注意到火焰图和摘要也随之变化，以反映选定的活动部分。

摘要报告在每类事件中花费的 CPU 时间。在本例中，你会注意到，大部分时间花在脚本和其他活动上。其他类别与我们讨论的 4 种事件类型不同，它由 Chrome 无法分解并出现在火焰图中的 CPU 活动组成。

> **保持选项卡可见**
>
> Web 浏览器善于分配 CPU 时间。如果在当前不可见的浏览器选项卡中运行 Performance 面板，浏览器将不会花费时间渲染或绘制页面。因此，请确保要分析的页面选项卡处于当前可见的状态！

现在关注火焰图本身。**火焰图**用来表示计算机程序中发生的事件。在 Chrome 的 Performance

面板中，它将这些数据排列在一个调用栈中。对火焰图来说，**调用栈**是记录的页面活动的分层表示。图 2-18 显示了客户网站的 HTML 解析以及源自 HTML 的活动的调用栈。

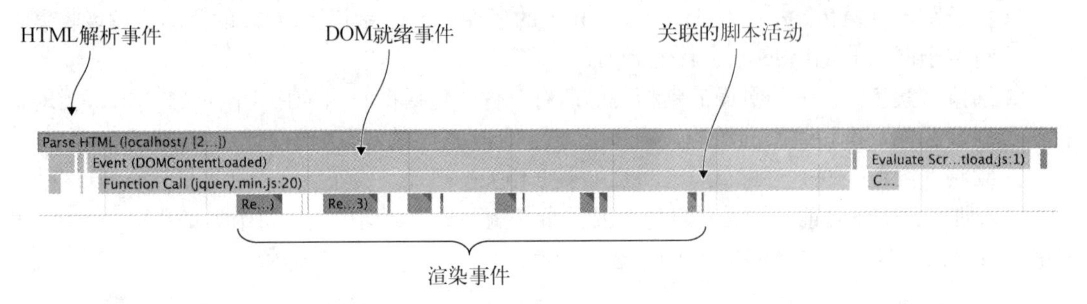

图 2-18　Performance 火焰图视图中的独立调用栈。顶端的事件是解析 HTML 的加载事件，下面是源于它的事件，例如当 DOM 准备好时触发的 `domcontentloaded` 事件，以及脚本和渲染事件

当你在火焰图中找到一个想要深入的调用栈时，可以通过点击它的层与之交互。点击层时，Performance 面板底部的摘要视图将会更新所选事件的特定信息。图 2-19 显示了与浏览器评估的 behaviors.js 网站脚本相关的信息。

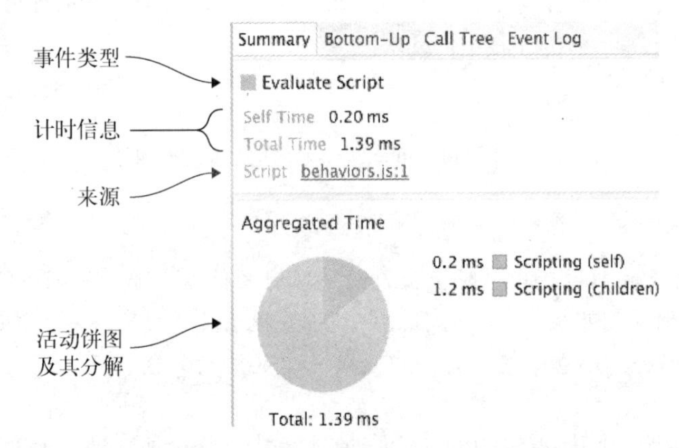

图 2-19　脚本事件的分解。可以看到与事件相关的信息，例如使用的 CPU 时间、事件类型及其来源。此数据还通过饼图进行可视化显示

有了这些信息，我们就可以看到浏览器在调用栈的这个特定部分中的工作。虽然这有助于熟悉浏览器在底层的工作方式，但它并没有展示如何识别页面上的性能问题。下一节将给出 Performance 面板在页面缓慢运行时提供的一些线索。

2.4.3　识别问题事件：jank 是元凶

确定性能问题之前，必须定义页面性能的主要目标。目标很简单：最小化浏览器加载和渲染页面的时间。要做到这一点，必须击败唯一的敌人：jank。

jank是指交互和动画效果卡顿，或未能顺利渲染。如果使用的编程技术欠佳，那么即使是从网络快速加载的页面，也会受到jank的影响。

那么，是什么导致了jank？当单一的帧中占用了太多CPU时间，就会发生这种情况。**帧**是浏览器在每秒显示时间内所做的工作量。这里的**工作**指的是前面描述的事件，例如加载、脚本执行、绘制和渲染。

如果许多帧中出现一个jank帧，并不会造成太大的麻烦，但当帧堆积起来时，帧速率就会下降。这可能是由于脚本触发太频繁、加载事件花费的时间太长，以及任何其他导致渲染和绘制操作效率低下的活动造成的。

发现jank

如果你不确定jank是什么样子的，就很难发现它。打印页的性质也不允许对动作进行有意义的视觉表示。好在Google开发人员Jake Archibald开发了一款实用的游戏*Jank Invaders*，可以帮助你训练肉眼识别jank。

典型显示的最佳帧速率为每秒60帧，但并非所有设备都能实现，这取决于设备的硬件功能和页面的复杂性。可以把这个数字视作目标，但要知道，不是每个设备都能实现这个目标。

大多数开发者工具会测量帧速率，但每个浏览器的表示方式不同。在某些浏览器中，帧速率显示为一个图（如Chrome中Performance面板顶部的活动概述），但其他浏览器可能只将其表示为一个没有视觉效果的数字。

Performance面板以毫秒为单位进行测量。由于一秒钟内有60帧和1000毫秒，因此可以简单计算出每帧有16.66毫秒的预算。因为浏览器在每帧中都有开销，所以Google建议每帧有10毫秒的预算。

开始搜索jank之前，先要在第1章中的客户网站上找到离开的地方。可以从GitHub下载新的起点，而不是继续使用第1章的代码库。在所选文件夹中键入以下命令：

```
git clone https://github.com/webopt/ch2-jank.git
cd ch2-jank
npm install
node http.js
```

然后导航到http://localhost:8080并记录新会话。记录会话时，单击页面上的Schedule Appointment按钮打开预约模态框。模态框滑入视图后，停止录制。Performance面板填充的内容应该如图2-20所示。

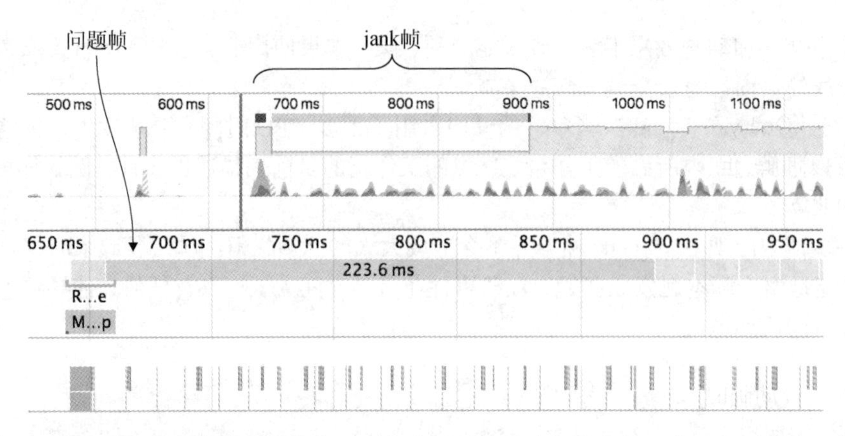

图 2-20　客户网站上打开的模态框的时间线记录。活动概述中的一系列 jank 帧用红色标记表示，在火焰图中以红色突出显示并可点击

停止录制后，你可能会在活动概述中看到一系列红色帧（取决于你的机器的处理能力），并且这些特定的帧在火焰图中以红色标记。如果你认为这是件坏事，那么你的直觉是对的。当在活动概述或火焰图上看到红色时，它就是低帧速率的一个指征，这是 jank 的前兆。在火焰图中，可以单击你看到的任何问题帧，页面底部的摘要将更新为关于 jank 的警告，如图 2-21 所示。

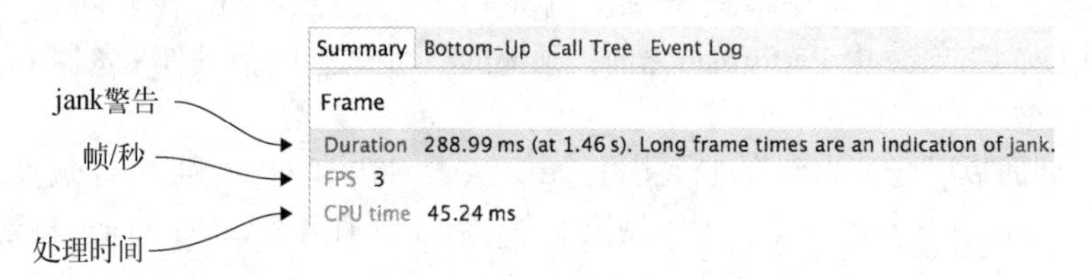

图 2-21　jank 帧的摘要视图

在这种情况下，该帧的平均速率仅为 3。当然，这需要解决，但如何才能找出问题的根源呢？我们知道模态是使用动画滑入位置的，所以这也许和它有关。要深入了解更多信息，可以单击图 2-21 所示的 Event Log 选项卡。点击事件日志时，将看到与帧相关的每个事件，如图 2-22 所示。

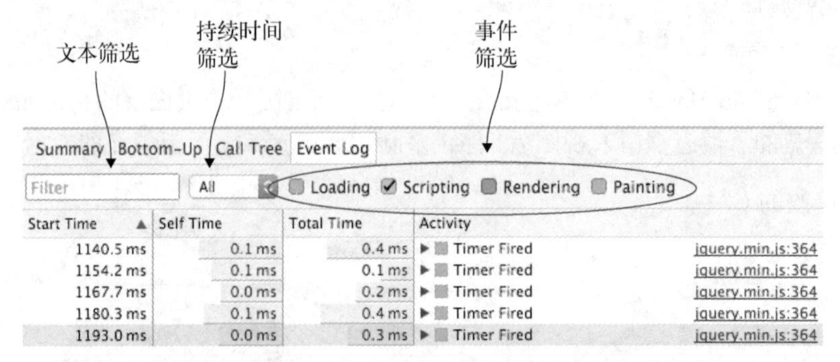

图 2-22　按脚本事件筛选的事件日志。文本框可用于按活动的内容筛选事件、按“持续时间”下拉列表中的特定时间长度筛选事件，或按事件类型筛选事件

转到事件日志时，你会看到一个或许多标记为 Timer Fired 的事件。每当记录 setTimeout 或 setInterval 调用时，都会记录一个 Timer Fired 标签。因为模态滑入时，你会看到这些事件，所以这可能是 jQuery animate 函数造成的。在确定事件的确切起始点时，Performance 面板有时可能有点难以理解，但你知道预约日程安排模态框元素绑定了一个 click 事件，它调用 animate 使模态框可见。在文本编辑器的 js 文件夹中打开 behaviors.js，并查找对 animate 方法的调用。你应该在第 10 行看到对这个方法的单个调用，它看起来如下所示：

```
$(".modal").animate({
    "top": topPlacement
}, 500);
```

为属性设置动画时，animate 会调用一个计时器，而正是这个计时器导致了一个相当小的 jank。所以你需要思考，还能用什么让这个工作更流畅一点。因为这是一个简单的线性动画，模态框是从顶部滑入的，所以当 CSS 过渡内置到浏览器中时，使用 jQuery 来添加动画似乎有点愚蠢。CSS 过渡是 CSS 的一项原生技术，非常适合线性动画。因为它们内置在浏览器中，所以也没有 jQuery 的开销，并且可以比使用 setTimeout 和 setInterval 的基于计时器的动画（如 jQuery 的 animate 方法）执行得更好。

如果你对 CSS 过渡一无所知，请不要担心，第 3 章会详细介绍。

想要跳过？

如果你感到困惑或者想提前跳到 CSS 过渡，可以输入 git checkout -f css transitionon，完整代码将会下载到你的计算机上。如果有任何更改要保留，请确保已备份了你的工作。

简言之，利用 CSS transition 属性可以在一段时间内动态更改 CSS 属性（例如 color 和 width）。要修复 jank，可以使用 CSS 过渡将模态框滑入视图，而不是使用 animate 方法。要做到这一点，可以使用一个 CSS 类，在添加或删除模态框时，为其位置设置动画。

首先在文本编辑器中打开 styles.css，转到第 557 行，这是用于桌面设备模态样式的 CSS 规则。在此规则中，执行以下操作。

(1) 修改 top 属性，将 top: -150%;改为：

```
transform: translateY(-150%);
```

(2) 在下一行添加这个属性：

```
transition: transform .5s;
```

(3) 在刚修改的 CSS 规则后面，添加新的 CSS 规则：

```
div.modal.open{
    transform: translateY(10%);
}
```

(4) 在第 1040 行附近的移动设备的样式断点内，需要添加为移动设备设置样式的相同规则的版本：

```
div.modal.open{
    transform: translateY(0);
}
```

回顾上述步骤：我们没有再使用 top 属性定位元素，而是将 translateY 方法应用到 transform 属性上。此 transform 方法与 top 属性一样，将元素重新定位到 Y 轴，但不同之处在于它的动画效果更好，jank 也更少，这也正是我们所追求的。

接下来添加 transition 属性，该属性用于元素的 transform 属性。transform 属性中的更改将以半秒的持续时间设置动画。最重要的是，对 transform 属性的更改限制在一个名为 open 的单独类中。当在 div.modal 元素上切换这个类时，模态框的位置将进行动画处理，从而达到在添加类时进入视窗，移除类时退出视窗。

剩下的工作就是更新 JavaScript，在模态框打开和关闭时添加和删除这个类。这涉及在 behaviors.js 中更改两段 JavaScript。

(1) 在 openModal 函数中，会看到以下对 animate 函数的调用：

```
$(".modal").animate({
    "top": topPlacement
}, 500);
```

(2) 这就是要修复的 jank 的 animate 调用。将其替换为：将 open 类添加到 div.modal 元素，这将导致 transition 属性启动并将模态框滑入视图：

```
$(".modal").addClass("open");
```

(3) 更新 closeModal 函数，从元素中移除 open 类，以便在用户消除模态框时，将效果反转。为此，请将下面的代码

```
$(".modal").hide(0, function(){
    $(".modal").removeAttr("style");
});
```

替换为下面这行代码：

```
$(".modal").removeClass("open");
```

接下来进行测试，以确保模态框仍然可用。然后在 Performance 面板中重新测试，以查看新代码的执行情况。结果应该如图 2-23 所示。

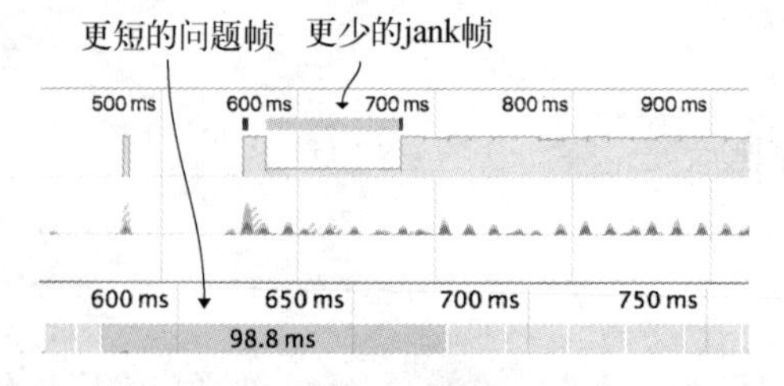

图 2-23　实现了 CSS 过渡后的模态框动画性能。jank 帧仍然存在，但比以前少了很多，整体体验得到改善

jank 帧是否仍存在于动画中？没错，但是减少了，而且动画也得到了全面的改进。此外，活动摘要显示 CPU 使用率降低了。图 2-24 显示了 jQuery 动画和 CSS 过渡的 CPU 使用情况。

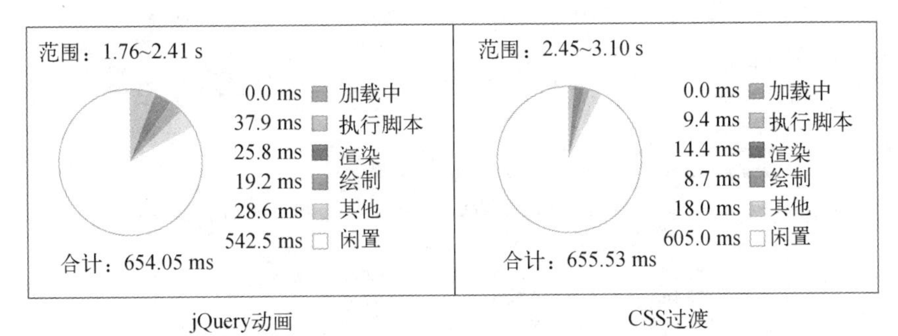

图 2-24 jQuery 动画（左）与 CSS 过渡（右）的 CPU 使用摘要

将 jQuery 动画转换为简单的 CSS 过渡，不仅解决了模态框的动画抖动问题，而且在转换过程中节省了 CPU 时间。

CSS 过渡是否**总是**动画需求的解决方案？非也。有时你的需求不是 CSS 过渡所能满足的，但是 CSS 过渡是线性转换的一个很好的解决方案。因为它们是 CSS 的一部分，所以不会产生额外的开销。第 3 章会更详细地介绍 CSS 转换。下面继续学习如何使用 JavaScript 在时间线中标记特定点。

2.4.4 用 JavaScript 在时间线中标记点

在有大量活动的网站上，用 Performance 面板很难找到想要的东西。如果一个站点没有太多活动，就比较容易找到特定的事件。但如果正在发生一系列的活动，要找到你想要的东西可能就不那么容易了。

值得庆幸的是，Chrome 的开发者工具允许通过 JavaScript 标记时间线的某些部分。这可以通过 `console` 对象的 `timeStamp` 方法实现，该方法接受一个参数，即在时间线上放置标记的字符串。它类似于高速公路上的里程标志。可以在控制台或网站的 JavaScript 中调用此方法。

要尝试这个方法，请打开练习的 js 文件夹中的 behaviors.js，转到第 33 行。该行应包含一个 jQuery `click` 事件绑定，负责打开调度模态框：

```
$("#schedule").click(function(){
```

在该事件处理程序的函数内部，添加以下代码：

```
console.timeStamp("Modal open.");
```

记录新会话时，该方法将在启动调度模态框时，在时间线上放置一个标记。停止录制并选择整个录制范围时，火焰图上方会出现一个黄色标记，如图 2-25 所示。

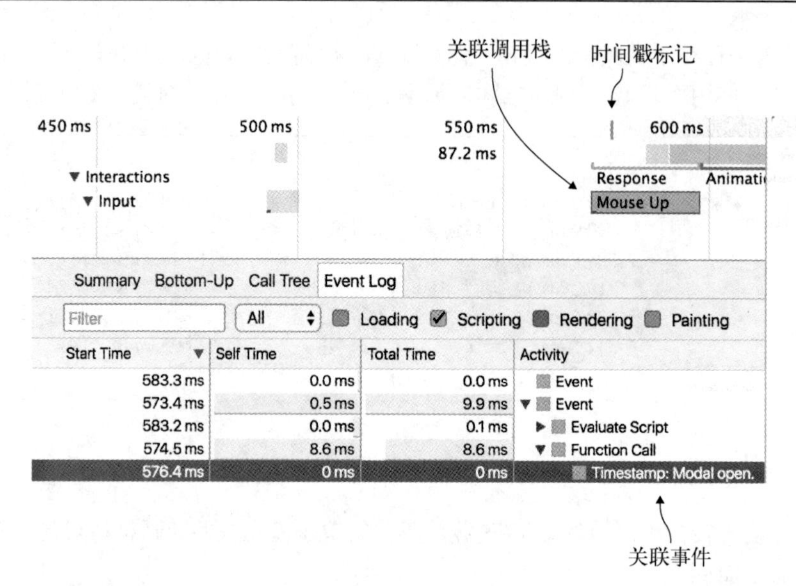

图 2-25　在时间线上添加的标记。选择关联的调用栈时，事件日志中会显示时间戳事件调用

在调用栈中这个标记的附近挖掘，可以在栈中找到相应的层，并在事件日志中找到标记事件。通过标记，可以将要查找的内容缩小到特定的时间范围，而不必费力地浏览整个数据集。

接下来快速浏览其他浏览器中的渲染分析器，并将它们与 Chrome 自身的分析器进行比较。

2.4.5　其他浏览器中的渲染分析器

其他浏览器和 Chrome 一样，也有自己的时间线工具。它们的使用方式通常是相同的：重新加载页面，或按组合键（Windows：Ctrl+E；Mac：Cmd+E）开始录制会话，再按一次以停止录制。

Firefox 的工具是类似的，使用方式也是一样的。时间线概述显示了应用的帧速率，以及有用的统计信息，如会话的最小、最大和平均帧速率。除了火焰图外，会话数据还可以以瀑布图方式查看。

Edge 的分析工具与 Chrome 和 Firefox 相似，但处于设计良好的用户界面中，它的特性更为独特，如图 2-26 所示。和 Firefox 一样，它也位于 Performance 选项卡下，并且有显示帧速率的时间线概述。主要的区别是 Edge 将性能分成若干段，这将显示 CPU 在每个渲染帧中所做的操作。Chrome 和 Firefox 没有使用这种方法，是为了更流畅地表示数据。

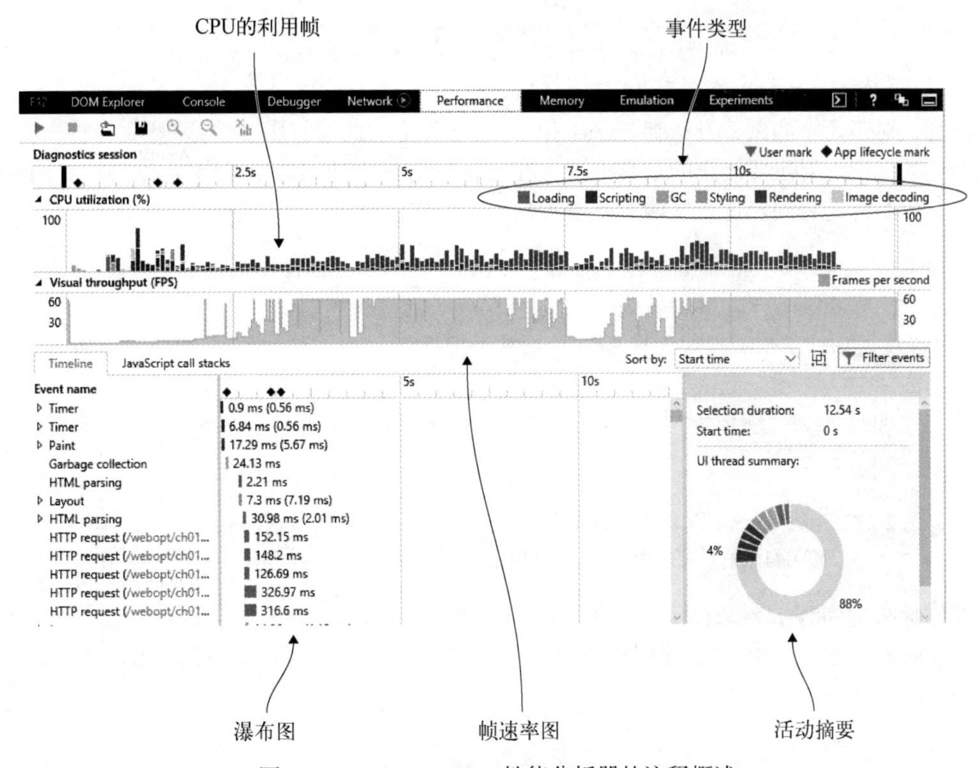

图 2-26　Microsoft Edge 性能分析器的注释概述

一个好消息是，本章介绍的所有浏览器都支持用于标记时间线的 `console.timeStamp` 方法。因此，无论使用哪种工具，都可以在会话中标记一个点，以帮助找到要查找的活动。接下来学习如何使用 Chrome 中的 `console` 对象，对 JavaScript 代码片段进行基准测试。

2.5 在 Chrome 中对 JavaScript 进行基准测试

JavaScript 基准测试能够比较问题的不同解决方法，并梳理出哪种方法性能最好。通过选择性能最佳的解决方案，你将创建渲染速度更快、对用户输入的响应速度也更快的页面。

大多数浏览器中的 `console` 对象让你能够使用 `time` 和 `timeEnd` 方法对代码进行基准测试。这些方法接受一个用于标记基准会话的字符串，类似于 `timeStamp` 方法。为了演示如何使用此功能，需要打开前面的 jank 练习，并在 Chrome 开发者工具的控制台中进行操作。要访问控制台，请点击 Console 选项卡。

`time` 和 `timeEnd` 的典型用例是比较两段代码的执行时间。本例中将比较 jQuery 选择 DOM 元素的速度与 JavaScript 原生的 `document.querySelector` 方法的速度。

重新打开之前的 jank 练习，并在控制台中批量运行以下两个命令：

```
1 console.time("jQuery"); jQuery("#schedule"); console.timeEnd("jQuery");
2 console.time("querySelector"); document.querySelector("#schedule");
  console.timeEnd("querySelector");
```

注意，对于每个测试，发送到 `time` 和 `timeEnd` 方法的字符串参数是相同的。输入的字符串是会话的标记。对于要终止的基准测试，在 `time` 方法中使用的字符串标记必须与 `timeEnd` 方法中使用的标记相同。运行这两个基准测试时，控制台输出应该如图 2-27 所示。

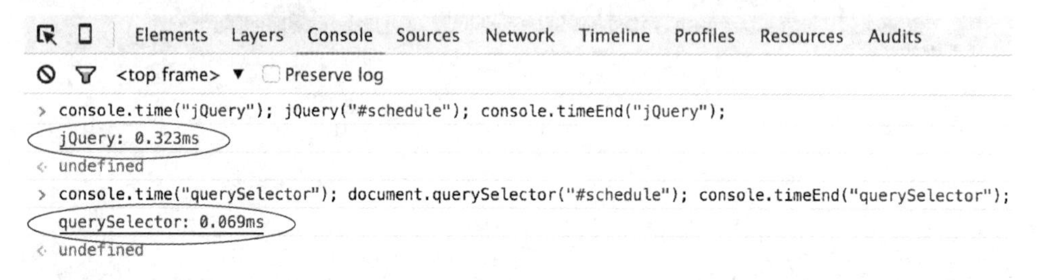

图 2-27　运行 jQuery 的 DOM 选择器与原生 `document.querySelector` 方法的两个基准测试的结果。图中已经圈出结果

如你所见，基准测试结果已经显示在控制台中。在本例中可以看到，`document.querySelector` 方法比 jQuery 自己的 CSS 选择器引擎更快。这并不奇怪，因为原生的 JavaScript 方法通常比用户定义的方法更快。

基准测试提示

进行基准测试时，要知道单个测试结果是不够的。应该运行多个会话并对结果取平均，以尽可能保证准确性。

控制台中的基准测试适用于小型测试，但是有更大的代码块需要评估时，这就不切实际了。要解决这个问题，请在应用的 JavaScript 中使用 `time` 和 `timeEnd` 方法，在代码执行时输出将显示在控制台中。同样值得注意的是，这种方法在本章介绍的 4 种浏览器中都可用，并且不管在哪个平台上，使用方式都是相同的。

接下来将学习如何使用 Chrome 的 Device Mode（设备模式）模拟各种设备（如平板计算机和手机）上网站的外观，以及如何检查物理设备上的页面并监控其行为。

2.6　模拟和监控设备

作为一名开发人员，你通常需要花费大量时间在桌面环境中对网站进行初始测试。但你还应该使用工具进行进一步的测试，这些工具可以模拟页面在移动设备上的外观，以及在实际物理设备上的外观。这种测试可以涵盖跨 CSS 断点的粗略样式检查，以及在真实设备上进行的性能测试。本节将学习如何同时执行这两项操作。

2.6.1 在桌面 Web 浏览器中模拟设备

检查网站外观的最简单方法是在桌面 Web 浏览器上使用设备模拟工具。这些工具仅涵盖了设备分辨率和像素密度等高层特征。

在 Chrome 中使用设备模式很容易。要想试用，可以跳转到一个网站，本例使用 Manning 出版社网站。打开开发者工具后，按 Ctrl+Shift+M 组合键（在 Mac 上为 Cmd+Shift+M），或者单击 Elements 选项卡左侧的移动设备图标。随后界面会发生变化，如图 2-28 所示。

2

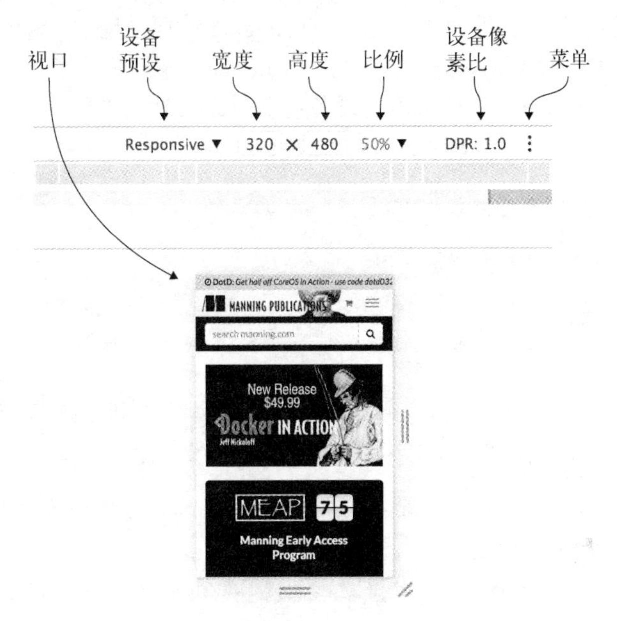

图 2-28 在 Chrome 中使用设备模拟模式查看 Manning 出版社网站

在此界面中，可以从预设下拉列表选择设备配置，并模拟当前页面中所选预设的特征。如图 2-28 所示，可以进行几方面的调整：切换到屏蔽的设备配置（例如 iPhone 或 Galaxy Nexus）、输入自定义分辨率、更改设备像素比以调试与高密度显示器相关的问题，等等。

其他 Web 浏览器也有类似的实用工具。Safari 有一个以 iOS 为中心的设备模拟实用工具，称为 Responsive Design Mode（响应式设计模式）。可以通过点击开发者菜单中的 Enter Responsive Design Mode，或者按 Alt+Cmd+R 调用此模式。该实用程序与 Chrome 类似，但具有不同的用户界面。Firefox 的 Responsive Design Mode 与 Chrome 类似，但总体上选项较少。Edge 也有类似之处，它专注于模拟以微软为中心的移动设备和 Internet Explorer。

尽管在桌面浏览器中模拟设备很有帮助，但不要忘记在移动设备上进行测试，以发现基于浏览器的工具可能遗漏的问题。接下来，我们将学习如何在桌面版的 Chrome 中连接 Android 设备，并监控其活动。

2.6.2 在 Android 设备上远程调试网站

有时候，我们需要在真实设备上测试自己的网站。基于浏览器的工具（如前一节介绍的工具）对于调试和性能分析非常有用，但是桌面设备比移动设备有更多的内存和更强的处理能力。因此，进行实际的测试也很重要，这样可以验证这些平台上是否存在性能问题。

要实现这一点，只需将移动设备连接到桌面计算机，并使用其中一个浏览器中的开发者工具对其进行调试。具体实现方式取决于你的设备。对于 Android 设备，可以使用 Chrome。

Chrome 把这个功能称为**远程调试**（remote debugging）。要使用它，请使用 USB 线将 Android 设备连接到计算机，并在移动和桌面设备上打开 Chrome。遵循这些指示后，你的 Android 设备将显示在桌面设备的 Chrome 远程调试器的设备列表中，如图 2-29 所示。

图 2-29　Chrome 设备列表，显示连接的 Android 手机上打开的网页

开始远程调试前，需完成以下步骤。

(1) **在 Android 设备上启用开发者选项**——需要选择 Settings➤About Device，并轻触 build number 字段 7 次（不是在开玩笑）。

(2) **启用 USB 调试**——在 Android 设备上，选择 Settings➤Developer Options，然后选中 USB Debugging 复选框。

(3) **允许设备授权**——在桌面设备的 Chrome 中，把 URL 转到 chrome://inspect#devices，并确保选中 Discover USB Devices 复选框。这使你能够在连接的设备上接收到 Chrome 内部的授权请求。然后点击 OK 确认。

(4) **检查设备上打开的网页**——如图 2-29 所示，设备出现在列表中后，单击列表中设备下面的 Inspect 链接。

经过这些冗长的步骤之后，开发者工具将在台式机上启动。弹出的窗口与经常看到的工具相同，只是左侧的窗格中显示的是设备的屏幕镜像，如图 2-30 所示。

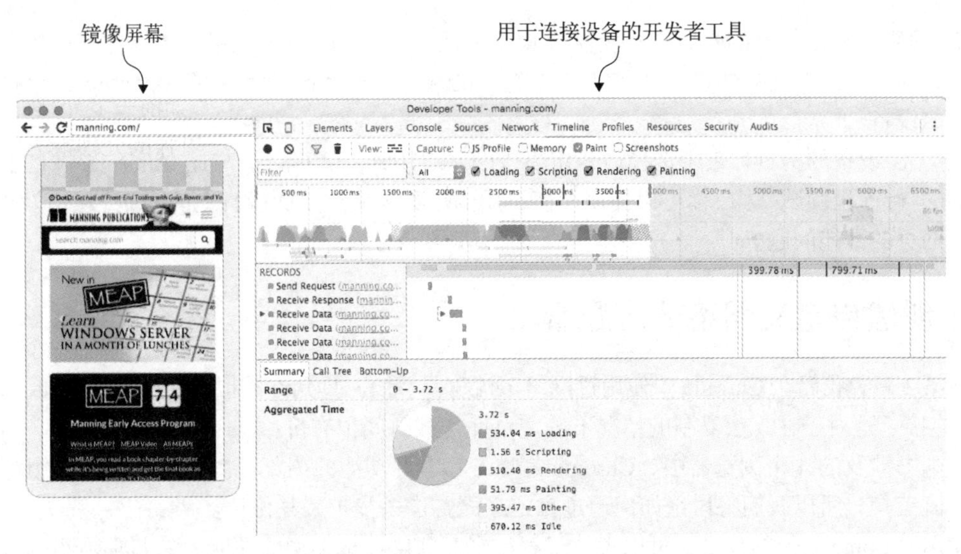

图 2-30　Android 手机上的开发者工具，分析了某个页面的渲染活动。在这个视图中，设备显示的内容被镜像投射到主机上，开发者工具分析的是设备的当前页面，而不是桌面浏览器上的活动会话

当远程调试会话处于活动状态时，可以在桌面会话上执行通常使用开发者工具执行的任何操作，但现在这些工具的上下文是 Android 手机上的会话上下文。

> **小提示**
>
> 当你的 Android 设备已连接，并且开发者工具在主机设备上打开时，请尝试对移动网络连接的加载时间进行基准测试，或使用 Performance 面板查看设备的性能等。现在你可以在连续的设备上做这些事情了，操作方式和本章针对 Chrome 介绍的方式是一样的。

接下来，我们将学习如何通过在 Mac 上使用 Safari，同时在 iOS 设备上使用 Mobile Safari 来调试移动设备。

2.6.3　在 iOS 设备上远程调试网站

你也可以在 iOS 设备上调试页面，这比在 Android 手机上远程调试网站要简单。首先使用 USB 线将 iOS 设备连接到 Mac，但不使用 Chrome，而是在桌面和移动设备上使用 Safari。在两个设备上都打开 Safari 后，请在连接的设备上访问 Manning 出版社网站，然后执行以下操作。

(1) **授权 Mac 访问你的设备**——在 Mac 上的 Safari 中转到 Develop 菜单，你将看到 iOS 设备的名称（例如 Jeremy 的 iPhone）。在该菜单下面可以看到 Use for Development 选项。点击此选项后，你将在 iOS 设备上看到一个提示：是否信任它所连接的计算机？点击 Trust 选项，将允许 Mac 与设备通信。

(2) **检查设备上打开的网页**——授权给 Mac 之后，返回 Develop 菜单，选择你的设备。在子菜单中，你将看到在连接的设备的 Safari 中打开的网页列表。选择焦点在 Manning Publications 页面上的设备。

从 iOS 设备的网页列表中选择后，将为该网站启用开发者工具。与在 Android 设备上使用 Chrome 进行远程调试一样，你可以使用任何可用的工具来调试桌面设备上的页面，从而发现 iOS 设备上网页的性能问题。

2.7　创建自定义网络节流配置

在第 1 章，我们在 Chrome 中使用过网络节流工具。该工具允许模拟某些互联网连接，如 3G 或 4G 连接。这对于在无法复制的情况下确定页面加载时间很有价值。

在本书涉及的 4 个浏览器中，Chrome 是唯一具有此功能的浏览器。因为第 1 章介绍了如何使用节流工具，所以我们将讨论如何通过自定义配置进一步扩展其价值。

使用 Chrome 附带的预设，可以大致了解许多互联网连接类型的性能。除非必须测试特定的场景，否则内置的节流预设足以满足大多数情况。它特别适用于在本地计算机运行的站点上进行性能测试，因为这些网站运行时没有网络瓶颈。

如果确实需要测试特定的场景，那么可以通过 Add 选项添加自定义配置，如图 2-31 所示。点击此按钮，你会看到 Network Throttling Profiles settings 屏幕，在该屏幕上，可以点击 Add Custom Profile 按钮，即可添加新的配置。执行此操作时，会出现如图 2-32 所示的屏幕。

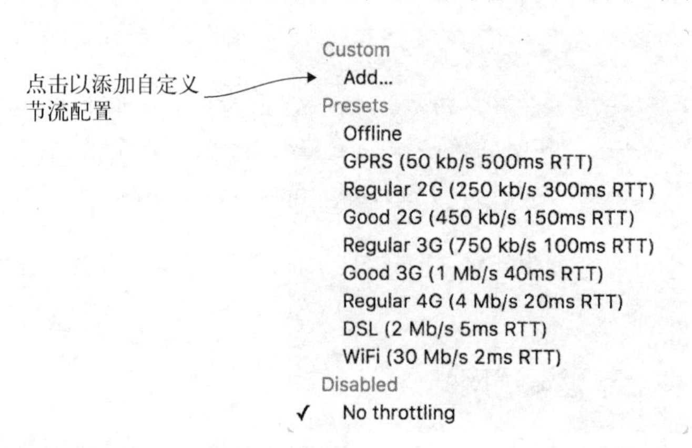

图 2-31　Chrome 附带的网络节流配置，带有添加自定义配置的选项

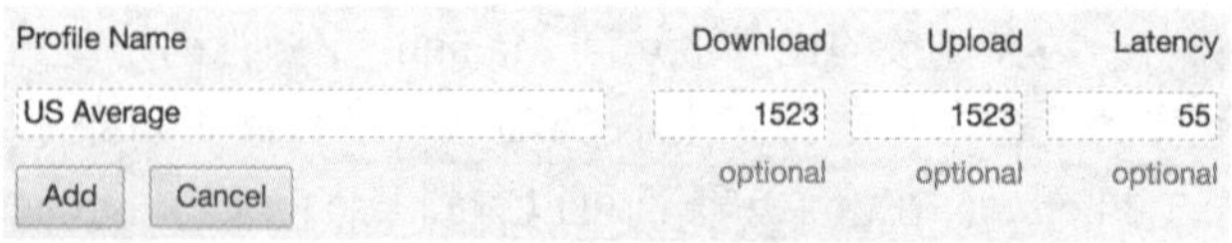

Profile Name　Download　Upload　Latency
US Average　1523　1523　55
optional　optional　optional
Add　Cancel

图 2-32　在 Chrome 中添加新的节流配置。配置需要四点信息：配置名、下载速度和上传速度（以 Kbits/s 为单位）、以毫秒为单位的延迟

屏幕显示如下区域。

- **配置名称**——配置的名称。节流配置下拉列表中将显示你输入的内容。
- **吞吐量**——以千字节为单位，显示配置的连接速度。
- **延迟**——以毫秒为单位，显示配置的连接延迟。

添加配置后，它将在下拉列表中可见，如图 2-33 所示。现在可以使用自定义配置，观察它会如何影响网站的加载时间。使用时，请在站点加载时查看 Network 选项卡，以查看正在运行的新配置。

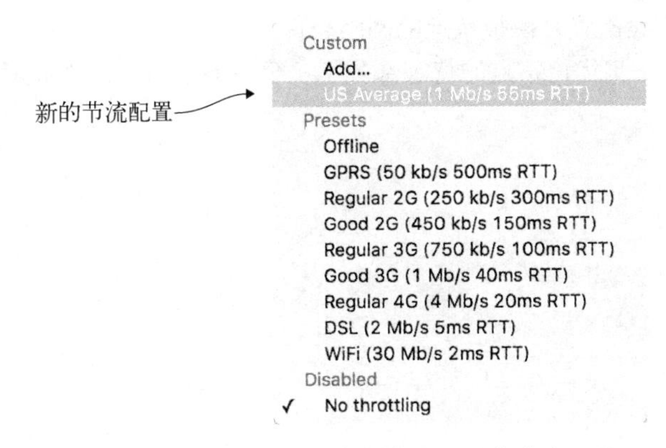

图 2-33　列表中显示了新的自定义网络节流配置

我们已经掌握了如何在不同浏览器中使用性能评估工具。本章最后将简要总结所学的技术。

2.8　小结

本章介绍了很多关于性能评估工具的内容，相信你一定已经掌握了！下面我们来总结一下。

- Google PageSpeed Insights 是一个有用的在线工具，它可以分析 URL，并为该 URL 提供性能问题列表。可以根据该列表采取行动，加快网站的速度。
- 尽管 PageSpeed Insights 很有用，但一次只能分析一个 URL。如果需要对网站进行大量的评估，可以使用 Google Analytics，它可以为特定网站上的所有页面提供 PageSpeed Insights 报告。
- 要收集有关网络请求的计时信息，可以使用大多数浏览器的开发者工具集。这些信息用于检查网站特定资源下载所需的时间，并将时间段分解为特定阶段，用于诊断服务器性能问题。
- 所有浏览器中的开发者工具都可以检查 HTTP 请求头和响应头。可以使用此信息检查请求和响应的许多方面，包括性能指标（比如服务器压缩头）。
- Chrome 的 Performance 面板可以记录并检查一段时间内发生的各种类型的活动。通过这些信息，可以确定导致性能问题的活动，然后在代码中修复问题。还可以使用 JavaScript 标记时间线中的特定点，以确定录制时间中要检查的点。

- 可以通过使用 JavaScript `console` 对象的 `time` 和 `timeEnd` 方法执行简单的基准测试，从而量化一段 JavaScript 所需的执行时间。
- 可以在各浏览器内部模拟移动设备的特性。使用这些工具可以快速了解任何给定页面在类似设备上的外观。
- 在 Chrome 和 Safari 中，可以分别检查 Android 和 iOS 设备上打开的页面。连接这些设备后，可以使用主机上的开发者工具查找和诊断性能问题。
- Chrome 的网络节流工具提供了实用的预设，但这些预设可能无法覆盖所有情况，你可以创建自己的自定义配置来模拟特定的网络条件。

现在，我们可以进一步优化站点的特定部分了。第 3 章将介绍一些优化网站 CSS 的有用提示和方法。

第3章

优化 CSS

3

本章内容

- 利用简写 CSS 属性和 CSS 浅选择器并贯彻 DRY 原则，减小 CSS 的大小
- 使用独特的页面模板分割 CSS
- 理解移动优先响应式 Web 设计的重要性
- 了解移动端友好页面的要素，及其对 Google 搜索排名的影响
- 通过避免不良实践，以及使用高性能的CSS选择器、flexbox布局引擎和CSS过渡，提高CSS性能

我们已经学习了如何使用浏览器提供的开发者工具评估性能，接下来可以开始学习如何优化网站的各个方面了。我们从优化 CSS 开始。本章，我们将学习如何编写高效的 CSS，了解移动优先响应式设计的重要性，以及提升 CSS 性能的技巧。

3.1 直入主题，保持 DRY

当你开始学习 Web 开发领域的一个新主题时，首先关注的可能是那些新技术和亮点。虽然 Web 性能这个主题确实为 CSS 带来了新的工具，但最好的建议是：编写 CSS 时尽可能简洁。这样做不需要新的工具，只需要学习更简洁的表达方式，并坚持使用即可。

本节将展现保持 CSS 属性和选择器简洁的重要性。作为 DRY（Don't repeat yourself，不要重复自己）原则的一部分，你将学习如何删除多余的 CSS，探索在网站上分割 CSS 的潜在好处，并通过自定义框架下载，尽可能保持网站框架简洁。

3.1.1 简写 CSS

使用简写 CSS，意味着尽可能使用最不冗长的属性和属性值。这种方法短期内不会节省很多空间，但如果在大型样式表中持续使用，累积效应会很可观。例如，在图 3-1 中，左边的规则使用了一组占用 94 字节的冗长的排版样式，而右边的规则将它们组合成占用 60 字节的单个 `font` 属性。

```
1 p{
2     font-family: "Arial", "Helvetica", sans-serif;
3     font-size: 0.75rem;
4     font-style: italic;
5 }
```

普通font属性

```
1 p{
2     font: italic 0.75rem "Arial", "Helvetica", sans-serif;
3 }
4
5
```

简写font属性（节约35%大小）

图 3-1 通过 font 属性简写 CSS

虽然节约 34 字节本身并不算什么，但是在具有大型样式表的项目中，持续使用这种方法可能会节省相当大的空间。节省空间相当于减少了通过线缆传输的字节，这意味着用户等待网站加载的时间更短。对于移动连接尤其如此，因为它往往比家里或办公室的宽带连接速度慢。

下面看一个可以通过简写属性进行改进的网站。我们回到前两章的科伊尔电器维修网站示例。将简写属性应用于其 CSS 时，会进一步将 CSS 减小 28%。

在选择的文件夹中运行以下命令，在本地计算机上下载并运行客户网站：

```
git clone https://github.com/webopt/ch3-css.git
cd ch3-css
npm install
node http.js
```

开始前，请打开 css 文件夹中的 styles.css。首先，使用几个易于使用和理解的简写属性。在样式表中，搜索 div.pageWrapper 选择器，如下所示：

```
div.pageWrapper{
    width: 100%;
    max-width: 906px;
    margin-top: 0;
    margin-right: auto;
    margin-bottom: 0;
    margin-left: auto;
}
```

你为这个元素设置了边距，看起来挺合理吧？其实还有一种更简洁的方式来表达相同的 CSS。要介绍的第一个简写属性是 margin 属性。图 3-2 显示了这个属性及其工作方式。

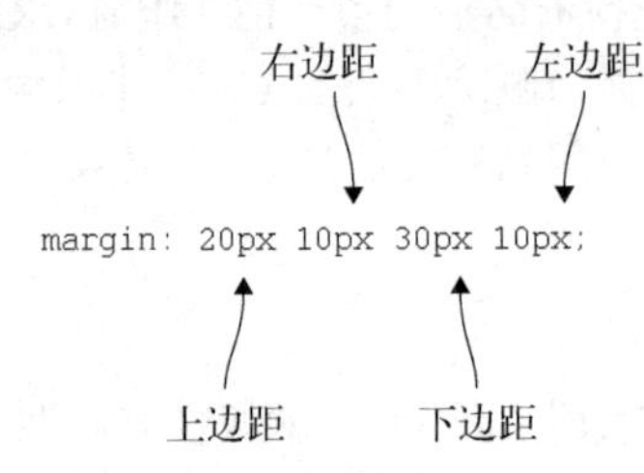

图 3-2 margin 简写属性包含 1~4 个值：margin-top、margin-right、margin-bottom 和 margin-left

margin 属性替换 margin-top、margin-right、margin-bottom 和 margin-left 属性。

padding 属性对其具体属性（例如 padding-top）的作用相同。对于诸如 margin、padding 这样的简写规则，4 个参数并非都是必需的。可以忽略的参数数目取决于非重复值的数目。简写属性使用此语法时的注意事项如下。

- 当元素的所有 4 个边具有相同的值时，使用一个值。如果元素的 4 个边都有 20px 的边距，则可以缩写为 margin: 20px;。
- 当 top/bottom 和 right/left 值相同时，使用两个值。如果元素的上下边距为 10px，左右边距为 20px，则可以缩写为 margin: 10px 20px;。
- 当只有 right/left 值相同，但 top 和 bottom 值不同时，使用 3 个值。如果元素的上边距为 10px，右边距和左边距为 20px，下边距为 30px，可以缩写为 margin: 10px 20px 30px;。
- 当所有值都是唯一值时，使用全部 4 个值。

通过这种方法，即可按照以下方式减少 div.pageWrapper 选择器的内容：

```
div.pageWrapper{
    width: 100%;
    max-width: 906px;
    margin: 0 auto;
}
```

此处有 4 个属性，目的是将 div.pageWrapper 元素的上下边距设置为 0，将左右边距设置为 auto，并将它们缩减为一个表示相同内容的属性。在 styles.css 中，应用此属性的一种非典型做法是：当 margin-right 和 margin-left 值相同，但 margin-top 和 margin-bottom 值是唯一的时，将该属性设置为 3 个值。以下面这个 CSS 为例：

```
header div.phoneNumber h1.number{
    font-size: 55px;
    font-weight: normal;
    color: #fff;
    margin-top: 0;
    margin-right: 0;
    margin-bottom: -8px;
    margin-left: 0;
}
```

上述规则可以更简洁地表达为：

```
header div.phoneNumber h1.number{
    font-size: 55px;
    font-weight: normal;
    color: #fff;
    margin: 0 0 -8px;
}
```

在这种简写形式中，可以省略最后的 0，因为左右边距的值是相同的。乍看起来可能不太直观，但随着实践，你很快就会习惯。

margin 和 padding 是最容易理解的简写属性，因为它们仅控制间距和大小。还有适用于视觉元素的其他简写属性，例如边框属性。以客户网站 CSS 中的 a img 选择器为例：

```
a img{
    border-top: 0;
    border-right: 0;
    border-bottom: 0;
    border-left: 0;
}
```

可以以更简洁的方式表达这些边框样式：

```
a img{
    border: 0;
}
```

将这些边框属性压缩为单个属性，不仅可以剔除不必要的规则，而且更方便。请注意，与 margin 和 padding 等简写属性不同，border 属性只能用于设置元素上的所有边框。如果元素的任何一侧需要不同的边框样式，则需要使用更具体的 border-top、border-right、border-bottom 和 border-left 属性。

覆盖和简写属性

在特定上下文中覆盖某元素简写属性的一部分时，你可能会尝试复制原始的简写属性，并只更改所需的值。这会降低代码的可维护性，应当避免。如果元素具有 margin: 20px 属性，并且需要在新的上下文中覆盖同一元素的下边距，则最好使用更具体的 margin-bottom。这样，对原始上下文中边距值的任何更改都将被新的上下文继承。

整理客户网站 CSS 时，需要使用的简写属性是 margin、padding、border、background 和 border-radius。这些只是其中的一小部分，你可以通过 Google 找到一个更完整的列表。

努力解决这些问题并尽可能缩小文件后，我能够将 CSS 从原来的 18.5 KB 减小到 13.33 KB。如果你遇到麻烦，想看看我是怎么做的，可以输入 git checkout -f shorthand，完成后的代码将下载到你的计算机上。

现在你已经知道如何使用简写属性编写更简洁的 CSS，并能够通过简单的准则精简 CSS 文件。接下来，我们将了解 CSS 浅选择器的重要性，以及它们如何为精简样式表做出贡献。

3.1.2　使用 CSS 浅选择器

写 CSS 时，浅显是一种优点。此处说的“浅显”，指的是 CSS 选择器的具体性。过于具体的选择器层次很深，而较浅的选择器则只指定匹配元素所需的内容。

在大型样式表中，保持 CSS 选择器简洁可以节省空间。通过降低复杂度，可以使样式表保持简洁并缩短加载时间，从而提高页面性能。在图 3-3 中，可以看到针对同一元素的一个过于具体的选择器和一个较浅的选择器。

```
div.mainContent div.genericContent div.listContainer ul.genericList{
    width: 202px;
    margin-right: 12px;
    float: left;
    display: inline;
    list-style: none;
}
```

过于具体

```
.genericList{
    width: 202px;
    margin-right: 12px;
    float: left;
    display: inline;
    list-style: none;
}
```

更简洁（减小82%）

图 3-3 一个过于具体的 CSS 选择器（左）与一个更简洁的 CSS 选择器（右）。左边的选择器是 67 个字符，而右边的选择器是 12 个字符

虽然这个示例只减少了 55 个字符，但这只是单个选择器。应用于整个样式表时，其优点会变得更加明显。

3.1.3 挑选浅选择器

检查过于具体的选择器的一种方法是，扫描 CSS 中包含超过一个元素的选择器。理想情况下，选择器深度应该仅限于目标元素。虽然这并不总符合实际，但是应当避免追求具体性。

从你离开的地方继续，打开 css 文件夹中的 styles.css 并大致浏览。如你所见，大多数选择器过于具体。CSS 的大小约为 13.3 KB。虽然并不庞大，但考虑到选择器的明确性，你可以缩减选择器。完成本节之后，可以将客户网站 CSS 减少 38%。

可以在 styles.css 中搜索 `div.marquelass` 选择器，从而找到一个不那么具体的选择器示例。这一行的完整选择器如下所示：

```
header div.phoneNumber h3.numberHeader
```

它可以重写为更短的形式：

```
.numberHeader
```

修改后，保存并重新加载页面。注意，页面样式看起来是一样的。在整个 CSS 文件中重复这个过程，消除选择器的所有特定性，同时不要破坏页面样式。无论何时进行实质性更改，请在浏览器中重新加载页面，并验证没有任何内容被破坏。如果你遇到问题或想查看最终结果，可以输入 `git checkout -f selectors`，完成的代码将下载到你的计算机上。

完成后，你可以使用名为 `uncss` 的 Node 程序从样式表中删除所有未使用的 CSS。使用以下两个命令进行全局安装，并对客户网站根文件夹中的 CSS 文件运行该程序：

```
npm install -g uncss
uncss http://localhost:8080 -i .modal.open > css/styles.clean.css
```

这条命令接受一个 URL 参数。在本例中，你告诉程序查看本地运行的客户网站。`-i` 选项是另一个参数，用于告诉程序应该保留哪些选择器。在这个例子中，我们希望 `uncss` 保留 `.modal.open` 类，这个类用于将模态框滑入视图。

`uncss` 完成后，可以将 index.html 中的`<link>`标签切换到新生成的 styles.clean.css，或者将其

内容复制到 styles.css 中。完成此步骤后，客户网站的 CSS 将减少 38%，从 13.24 KB 精简到 8.2 KB。

3.1.4　LESS 和 SASS 预编译器：简单就是美

CSS 预编译器在前端开发人员的工具包中占据重要地位。预编译器提供了纯 CSS 中不可用的特性，包括变量、用于重用样式的函数（称为 mixin）和帮助 CSS 模块化的导入功能。这些工具将用预编译语言编写的文件编译成浏览器可以理解的纯 CSS。流行的预编译器有 LESS 和 SASS。

如果使用这些工具来代替编写纯 CSS，那么你可能会用到选择器的嵌套功能。

代码清单 3-1　LESS 和 SASS 选择器嵌套

```
#main{                              <—— 父级选择器
     max-width: 1280px;
     width: 100%;

     #mainColumn{                   <—┐
            width: 65%;               │
            margin: 0 2% 0 0;         │
            display: inline-block;    │ 嵌套子选择器
            float: left;              │
     }                                │
                                      │
     #sideColumn{                   <—┘
            width: 33%;
            display: inline-block;
            float: left;
     }
}
```

看起来不错，但它对开发人员来说更像是一种服务。它更具可读性，因为模仿了 HTML 的层次结构，但这种便利性是以性能为代价的。当这段代码被编译成普通的 CSS 时，如代码清单 3-2 所示。

代码清单 3-2　编译后的 LESS/SASS 嵌套选择器

```
#main{
     max-width: 1280px;
     width: 100%;
}

#main #mainColumn{
     width: 65%;
     margin: 0 2% 0 0;
     display: inline-block;
     float: left;
}

#main #sideColumn{
     width: 33%;
```

```
        display: inline-block;
        float: left;
    }
```

编译后，原始 LESS/SASS 代码中的嵌套使 CSS 选择器过于具体。在这种情况下，#main 的每个子节点现在都太具体了。嵌套越深，问题越大。压缩和缩小确实在一定程度上缓解了这种情况，但这些过于具体的选择器也会延长渲染时间。要尽可能少用这个功能，因为看不到的东西会伤害你。

3.1.5　不要重复自己

前端开发人员在 CSS 中遇到的另一个问题是，选择器之间的属性经常重复。例如，多个选择器指定相同的背景色或字体样式。可以通过最小化属性声明的次数，减少代码膨胀，并使 CSS 更易于维护。

3.1.6　实现 DRY

DRY 原则很简单，就是试图在可行的情况下减少 CSS 中的冗余。图 3-4 展示了 DRY 的一个实例。

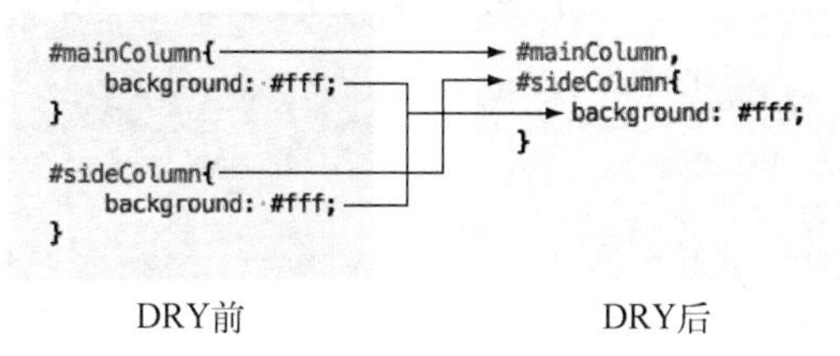

图 3-4　DRY 示例。两个选择器具有相同的 background 属性。为了节省空间和消除冗余，将选择器组合在一起使用 background 属性

这个例子说明了 DRY 的一个基本应用。两个选择器包含相同的 background 规则。DRY 要求将这些功能结合起来以节省空间，同时提供更高的可维护性。查找冗余的一种方法是，寻找通用的规则，并将它们组合到多个选择器下。

如果熟悉项目的 CSS，那么这种处理问题的方法尚能接受。你可以列出项目中的常用属性和选择器，并以有意义的方式对它们进行分组。命名方式取决于你的偏好。包括我在内的一些人喜欢使用描述内容的选择器名称（例如，#navigation 或 .siteHeader），而不是那些描述文档结构的选择器名称（例如 Bootstrap 的 .col-md-1、.col-md-offset-3 和类似的选择器名称）。HTML 5.1 规范草案鼓励开发者选择描述内容性质而不是其表现形式的选择器名称。

有些开发人员更喜欢表现式的风格。流行的 CSS 框架 Bootstrap 在其 CSS 中大量使用这种风格的选择器名称。不管你决定如何编写 CSS，好消息是，这两种方法都不能阻止你应用 DRY。

不幸的是，查找冗余本身可能是一项艰巨的任务，而这就是 CSS 冗余检查器的用武之地。

3.1.7　使用 csscss 查找冗余

csscss 是一个命令行工具，可以在 CSS 中查找冗余。这是重构 CSS 的一个好起点。要安装 csscss，需要使用 Ruby 的 gem 安装程序，它类似于 Node 的 npm 可执行文件，但用于安装 Ruby 包。OS X 预装了 Ruby。如果你安装了 SASS，即可使用 gem。

如果还没有安装 Ruby，那么要安装也很简单。而且 csscss 本身的价值也值得这么做。要在 Windows 上安装 Ruby，请访问 http://rubyinstaller.org/downloads，获取适合你系统的安装程序。安装软件的过程简单且有指导。安装 Ruby 之后，键入以下命令，使用 gem 安装 csscss：

```
gem install csscss
```

稍等片刻，gem 包管理器就会安装 csscss，你可以在一个 CSS 文件上运行它。尝试在客户网站的 styles.css 文件上运行：

```
csscss styles.css -v --no-match-shorthand
```

这条命令使用两个参数检查 styles.css 是否有多余的规则。-v 参数告诉程序要详细打印出匹配的规则。--no match-shorthand 参数使程序不会将任何简写规则（如 border-bottom）扩展为更明确的规则（如 border-bottom-style 样式）。如果要扩展这些规则，请删除这个开关。程序输出将显示跨元素间的所有冗余样式。以下代码是这些规则的一个示例。

代码清单 3-3　部分 csscss 输出

```
{#okayButton}, {#schedule} AND {.submitAppointment a} share 12 declarations
  - background: #c40a0a
  - border-bottom: 4px solid #630505
  - border-radius: 8px
  - color: #fff
  - display: inline-block
  - font-size: 20px
  - font-weight: 700
  - letter-spacing: -0.5px
  - line-height: 22px
  - padding: 12px 16px
  - text-decoration: none
  - text-transform: uppercase
```

这个规则是一个很好的开始，因为这些选择器的 CSS 在以上选择器中是一致的。此时可以从头到尾将这些内容清理一遍。这个简短的练习结束后，可以将 styles.css 再精简 10%。以代码清单 3-3 中的规则为例，执行以下操作。

(1) **合并选择器和规则**——将#okayButton、#schedule 和.submitAppointment a 这些选择器合成一个逗号分隔的选择器，并从程序输出中复制粘贴建议的规则。在 styles.css 末尾创建新规则时，内容应该如代码清单 3-4 所示。

代码清单 3-4 从 csscss 输出中合并 CSS 规则

```
#okayButton,
#schedule,
.submitAppointment a{
    background: #c40a0a;
    border-bottom: 4px solid #630505;
    border-radius: 8px;
    color: #fff;
    display: inline-block;
    font-size: 20px;
    font-weight: 700;
    letter-spacing: -0.5px;
    line-height: 22px;
    padding: 12px 16px;
    text-decoration: none;
    text-transform: uppercase;
}
```

(2) **清除单个选择器中的匹配规则**——返回代码前面，并将`#okayButton`、`#schedule` 和 `.submitAppointment a` 多余的规则移除。

(3) **重新运行 `csscss`，检查输出，并重复前面的步骤**——清理完旧选择器中的冗余规则后，重新运行 `csscss`，验证优化后的规则是否已从代码中删除。

在 `csscss` 提出的一些建议中，你可能注意到，规则会在不同的临界点中重复或相互冲突，因为这些元素的 CSS 随着屏幕宽度的变化而变化。代码清单 3-5 针对这个问题给出了建议。

代码清单 3-5 有问题的 csscss 输出

```
{.greyStrip} AND {.phoneNumber} share 5 declarations
  - position: absolute
  - position: static
  - right: 0
  - right: auto
  - top: auto
```

具有冲突冗余值的重复 **position** 属性

具有冲突冗余值的重复 **right** 属性

此规则返回相同属性的不同冗余。这是因为，`csscss` 在桌面 CSS 的一个临界点中看到冗余，然后在移动 CSS 中看到另一个冗余。可以尝试合并这些值，但这可能是一项艰巨的任务。对于响应式网站，最佳方式是组合临界点上所有通用的值。

缩减代码清单 3-5 并且使 `csscss` 没有任何建议后，就可以把 CSS 减少 10%，变为 7.42 KB。这个效果可能因项目而异，但节省 10%并不是一小数目。从本章开始到现在，经过你的努力，已经将网站的 CSS 从 18.5 KB 减少到 7.42 KB，降幅约为 60%。相当可观！在下一节，你将了解分割 CSS 的重要性。

3.1.8 分割 CSS

优化 CSS 的方法之一是进行分割。**分割**指的是根据特定页面模板拆分 CSS 样式。将网站的所有 CSS 合并到一个文件中是合理的，这样用户在第一次访问时就已经缓存了网站的所有 CSS。

然而，以这种方式提供 CSS 可能是一场赌博，因为用户可能永远不会跳转到子页面。一部分用户将被迫为他们永远看不到的页面下载 CSS。这样做会减慢用户初次访问网站时的速度。更安全的做法是将负担分散在几个页面上，但处理方式要明智，如图 3-5 所示。

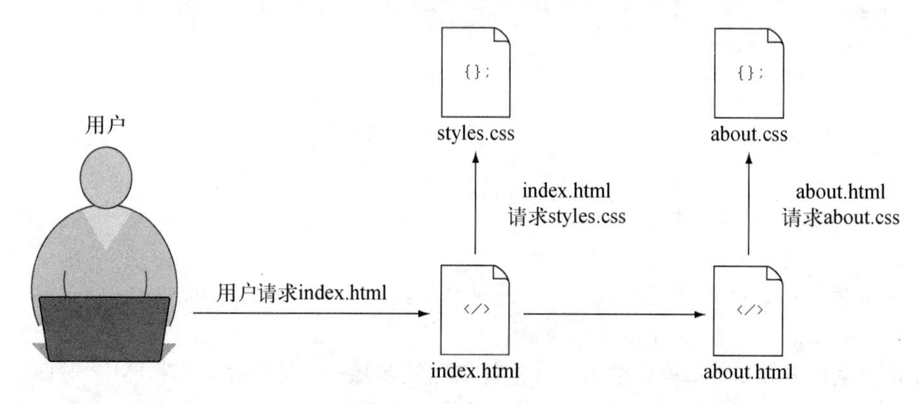

图 3-5 用户浏览页面的流程，其中的 CSS 按页面模板分割。浏览器只下载当前页面所需的 CSS

有一种数据驱动方法可以决定如何分割网站 CSS：查看其分析报告以及用户浏览网站的路径。有了 Google Analytics 这样的工具，你就可以将这些信息可视化，进而做出明智的分割决策。

如果已经为网站设置了 Google Analytics，可以通过登录 Google Analytics 访问此信息。然后导航到左侧菜单中的 Behavior 部分，并在子菜单中选择 Behavior Flow 选项，查找访客流信息，如图 3-6 所示。

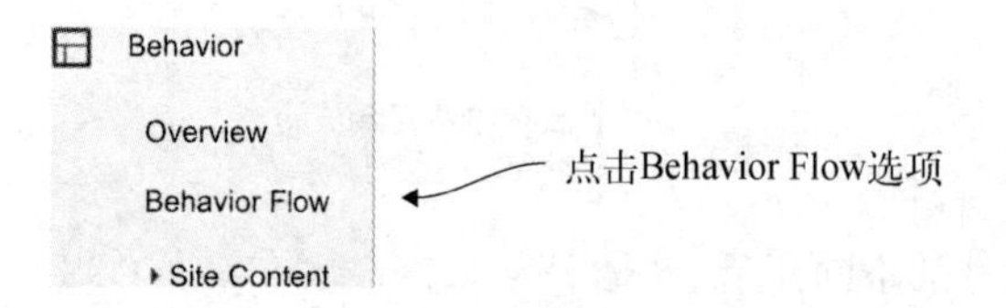

图 3-6 Google Analytics 中左侧菜单的 Behavior 部分。点击 Behavior 子菜单中的 Behavior Flow 链接，可以看到访客流

点击此选项后，将填充右侧窗格。在图 3-7 中，可以看到通过这个网站的一个简单用户流，大多数用户着陆到主页（index.html），很少有人进入子页面。

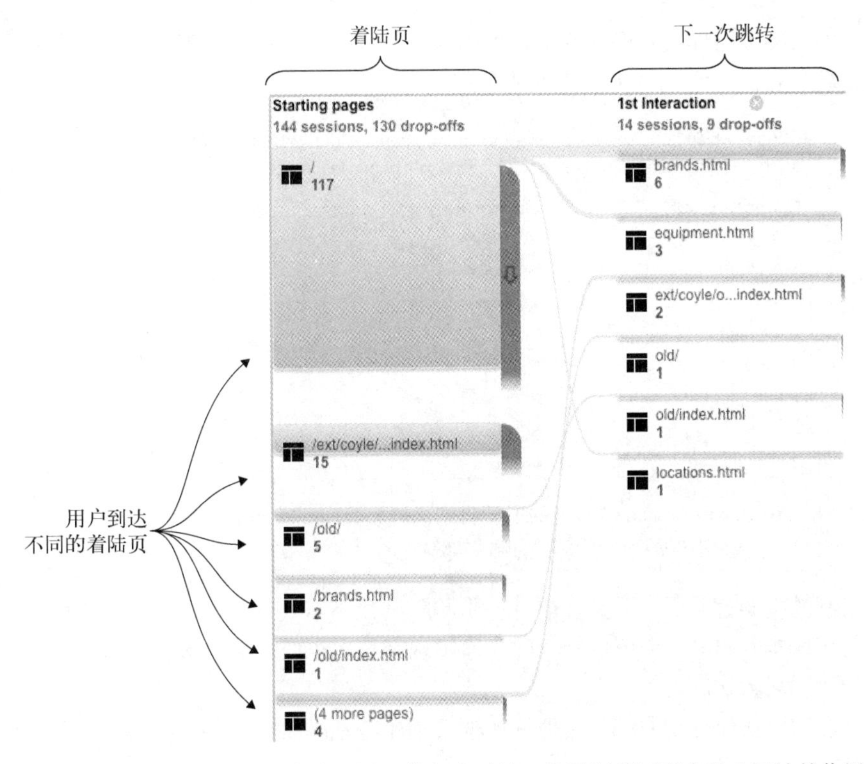

图 3-7　Google Analytics 的访客流程图。从左边开始，你可以看到用户进入网站的位置。这种情况下，绝大多数用户是从网站主页上进入的，很少有访客点击进入子页面

掌握这个信息后，分割网站 CSS 的任务就简单了，从而能够实现最佳传输。此时，将二级页面的样式从主样式表拉到单独的文件中就理所应当了。

如何实现这一点取决于网站本身以及具体的 CSS。如果大多数页面模板是相似的，并且样式是高度通用的，那么坚持使用一个样式表是有意义的。但是如果很多页面模板具有不同的特定样式，请检查用户的行为并据此做出决定。

假设网站有一个搜索结果页面，并且只有小部分用户访问它。逻辑要求应该分离特定于该页面的 CSS，并将其放在单独的文件中，然后将其包含在相关页面上。LESS 和 SASS 等现代工具使 CSS 模块化成为一项简单的任务，模块化带来的性能优势值得考虑。

3.1.9　自定义框架下载

CSS 框架是前端开发领域的一个重要部分，带来的好处也不少。CSS 框架可以节省时间，为开发者提供优秀的服务。如果使用 CSS 框架的好处能够转化为对用户的好处，那么就值得考虑它们。

虽然“多多益善”，但是也可以从这些库中删去不需要的内容。比如 Bootstrap 和 Foundation 这样的流行框架就允许开发人员定制下载，如图 3-8 所示。在 Bootstrap 中不需要打印媒体 CSS?

把它扔掉。不需要表格样式？删除它们。虽然这些特性很好，但当你强制用户下载代码而之后再也不使用这些特性时，它们就将成为性能负担。

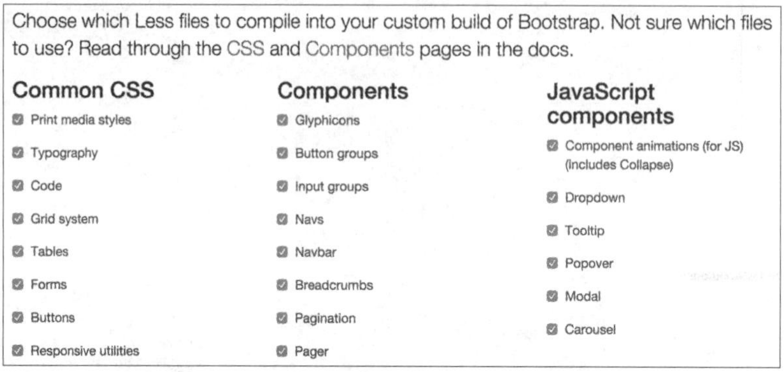

Choose which Less files to compile into your custom build of Bootstrap. Not sure which files to use? Read through the CSS and Components pages in the docs.

Common CSS
Print media styles
Typography
Code
Grid system
Tables
Forms
Buttons
Responsive utilities

Components
Glyphicons
Button groups
Input groups
Navs
Navbar
Breadcrumbs
Pagination
Pager

JavaScript components
Component animations (for JS) (includes Collapse)
Dropdown
Tooltip
Popover
Modal
Carousel

图 3-8　Twitter Bootstrap 网站上的下载自定义屏幕。Bootstrap 允许开发者在自定义下载中指定用户希望使用框架的哪些部分

下载定制的框架代码后，不要害怕进一步删除其他不需要的代码。这些框架可能会给用户带来很高的前期成本。如果一个项目结束时，你发现有很多东西可以删减，那么可以通过删除网站上不必要的代码来为访问者提供服务。

我们已经知道如何分割 CSS，并理解从框架中删减不必要代码的重要性，接下来讨论移动优先响应式 Web 开发的重要性。

3.2　移动优先即用户优先

过去几年间，前端开发的准则已经从“简单”变为“更加精细”。这在一定程度上是由于设计师 Ethan Marcotte 开创的响应式 Web 设计原则的出现。过去，开发人员会为移动设备创建单独的网站，这些网站的功能比桌面版本要少。现在这种方法已经不受欢迎，开发人员转而采用响应式 Web 设计。

响应式 Web 设计使用一系列标记，并根据设备的显示尺寸，通过 CSS 修改其表现形式。这些维度（通常是宽度）使用**媒体查询**进行检查，并根据最小宽度或最大宽度值进行计算。因为媒体查询非常灵活，所以出现了两种响应式 Web 设计方法：桌面优先和移动优先。本节将介绍这两种方法之间的区别，以及移动友好网站对于 Google 搜索排名的重要性。

3.2.1　移动优先与桌面优先

移动优先和桌面优先是响应式 Web 设计的两种方法，如图 3-9 所示。

这两种技术都是从一套基本的 CSS 开始的。这套 CSS 不包含在任何媒体查询中，它定义网站的默认外观。使用移动优先方法，默认外观就是站点的移动端版本；而在桌面优先网站中，默认外观是网站的桌面版本。

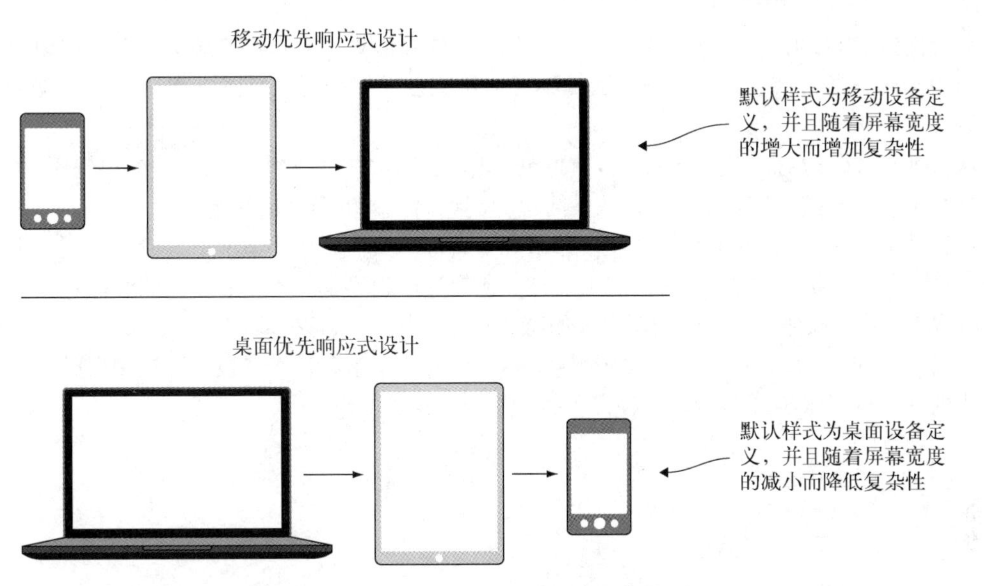

图 3-9 移动优先和桌面优先的响应式设计流程

应当以用户为中心选择使用哪种技术，而桌面优先的响应式设计不是用户优先的。使用移动优先方法，首先要构建最简单的网站外观，然后随着规模的扩大而增加复杂性，因为会有越来越多的用户使用移动设备访问 Web，如图 3-10 所示。

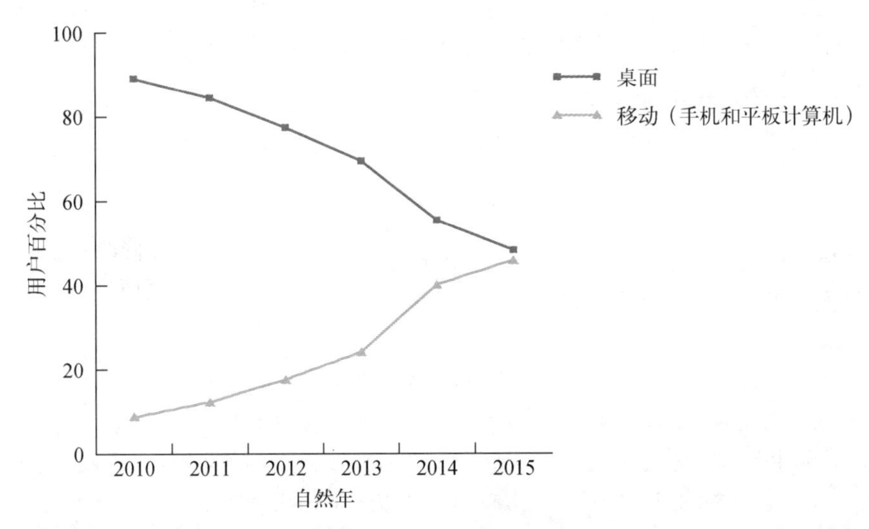

图 3-10 移动设备与笔记本计算机设备的互联网流量趋势。到 2015 年底，互联网上近一半的流量发生在移动设备上，而这一趋势仍在继续（来自 StatCounter 全球统计数据）

移动优先CSS的优势在于，你为最有可能使用网站的设备提供CSS服务。由于移动设备的处理能力和内存通常低于桌面设备，因此不必应用桌面样式和解释媒体查询，然后才应用移动样式。

从长远来看，这对开发人员来说也有好处：你可以随时扩大规模（而不是缩小规模）。相比于在缩小规模的时候移除某些内容，从最简单的起点出发，更容易进行优化。

从移动优先 CSS 开始很容易。大多数情况下，你的开发工作要适配三种设备类型：手机、平板计算机和台式机。除了基本的 CSS 之外，所有这些内容都位于它们自己的媒体查询（通常称为**临界点**）中。媒体查询是应用新样式的特定点。这一点通常是屏幕宽度的变化（尽管也存在高度的媒体查询）。在移动优先CSS的情况下，移动样式是基础，而平板计算机和桌面是布局发生变化的临界点。图3-11显示了三种设备类型上的一组临界点。

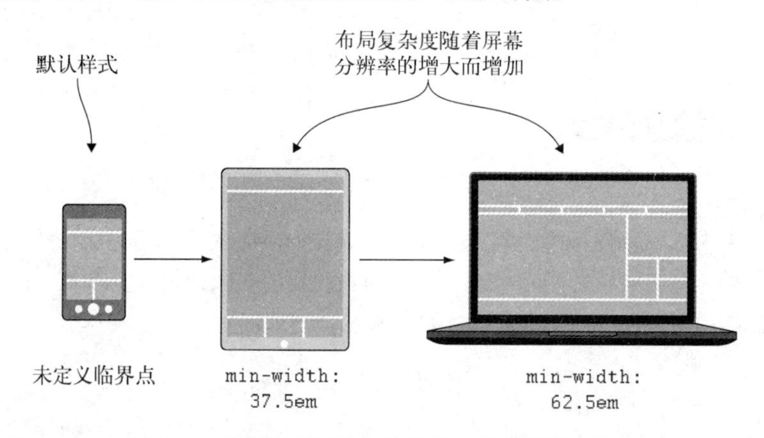

图3-11　移动优先网站上跨临界点的布局复杂性流

在图3-11中你会注意到：临界点是使用`em`单位而不是`px`单位设置的。`em`是根据文档的默认字体大小（通常为`16px`）计算的相对单位。可以使用一个简单的公式计算`em`值：

px / 默认文字大小 = em

此时，平板计算机的临界点`600px`，除以默认的文档字体大小`16px`，得到的值就是`37.5em`。`1000px`的桌面临界点使用相同的公式转换，得到的值就是`62.5em`。

em和rem的区别

`em`是特定于上下文的单位。在媒体查询中，上下文是HTML文档的默认`font-size`。在文档的层次结构中更深入地使用`em`时，它们的上下文可能发生变化。如果其父级元素的字体大小为`12px`，则`em`值是通过将原始`px`值除以12来计算的。`rem`单位类似于`em`，只是它的上下文总是依据文档根节点的默认字体大小，而不是其父元素的字体大小。`rem`有广泛的支持，但尚未通用。如果你的项目需要支持传统浏览器，请谨慎使用`rem`。

代码清单 3-6 显示了一个简单的移动优先响应式网站的起点。

代码清单 3-6 移动优先 CSS 样板

```
/* CSS 重置写在这里 */                          ← CSS 重置放在文档开头
html{
    font-size: 16px;                        ← 设置<html>元素的默认字体大小集
}

/* 移动样式写在这里 */                          ← 首先编写默认移动端样式

@media screen and (min-width 37.5em){ /* 600px / 16px */
    /* 平板样式写在这里 */                      ← 平板特定样式
}

@media screen and (min-width 62.5em){ /* 1000px / 16px */
    /* 桌面样式写在这里 */                      ← 桌面特定样式
}
```

在这个样板文件中，首先出现的是 CSS 重置。Eric Meyer 编写了一个流行的 CSS 重置。这些样式重置元素的 margin、padding 和其他属性，以规范浏览器之间不一致的默认样式。接下来是作为基本 CSS 的移动样式，然后是平板计算机样式，最后是桌面样式。

选择临界点

编写响应式网站代码时，你很容易会使用常见的设备宽度。要抑制住这样做的冲动，然后选择与设计相关的阈值。编写代码时，不要害怕添加次要的临界点。流行的做法是：调整浏览器窗口的大小，直到布局中断时，就添加另一个临界点，并修复新临界点内的布局问题。

现在，你要像往常一样在<link>标签中包含 CSS。为了确保设备正确显示新的响应式 CSS，还应该在<head>元素中添加以下<meta>标签：

```
<meta name="viewport" content="width=device-width,initial-scale=1">
```

这个<meta>标签告诉浏览器两件事：设备应该以与设备屏幕相同的宽度渲染页面，并且页面的初始比例应该是 100%。你可以指定其他行为，例如禁用缩放，但不要阻止用户执行此操作；这可能会为有视力问题的用户访问造成困难。

有了这个样板文件，你可以以极简主义的心态，实现响应式 Web 设计项目。要记住：你的用户是最重要的。开发视觉丰富和吸引人的网站不是犯罪，但开发缓慢的网站就是了！从极简开始设计，是确保即使网站复杂也能尽快加载的最好方法。

3.2.2 Mobilegeddon 算法

2015 年 2 月，Google 宣布改变搜索结果排名方法，两个月后生效。这一变化使得被视为移动友好的网站在移动端搜索结果中更占优势。

激励开发者和内容创造者提供良好的移动体验是有意义的。对许多人来说，Google 是访问内容的主要门户。Google 将用户体验放在首位，并通过强调内容在移动设备上传递方式的重要性体现了这一点。这就要求开发者为每个人提供这种体验。

3.2.3 使用 Google 的移动友好指南

Google 对移动友好网站的指导很简单。当 Google 查看你的网站时，它会寻找两个表明移动用户体验良好的指标。下面在 http://jlwagner.net/webopt/ch03-test-site 上打开我个人网站的一个版本，看看哪些特性在移动友好型网站中很重要。

- **正确配置 viewport 属性**——如前所述，浏览器使用`<meta>` viewport 标签调整设备屏幕的内容大小。图 3-12 显示了使用这个标签前后，我的网站在移动设备上的效果。

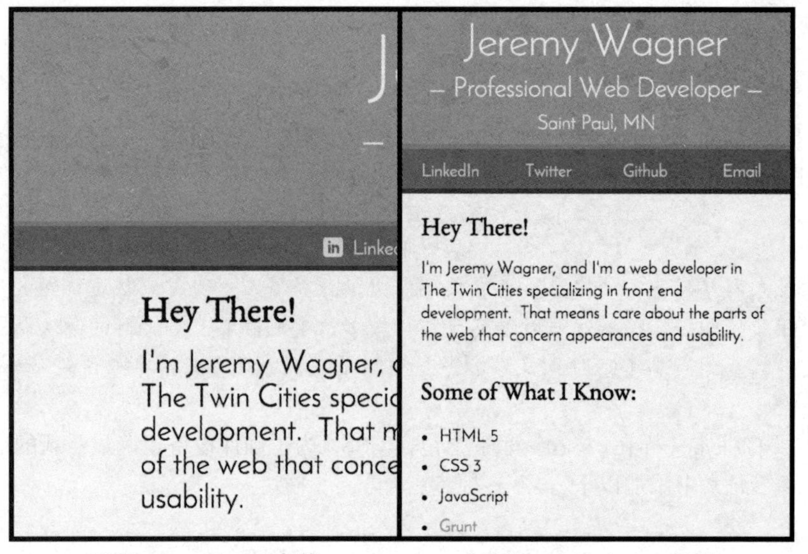

图 3-12　移动设备上的响应式网站，不带`<meta>` viewport 标签（左）和带上此标签（右）的对比。即使图中站点是一个移动优先的响应式网站，但如果没有这个关键的标签，它将无法在适当的临界点显示，用户将不得不缩小画面以查看整个网站

- **响应性**——网站需要在更改时响应视口的大小。用户使用垂直滚动没问题，但水平滚动通常是一种糟糕的用户体验。Google 通过水平滚动检查内容是否适合设备屏幕。尽管出于性能方面的考虑，你应该尝试使网站以移动优先的方式响应，但使用任何响应式设计方法都好过不使用。如果打开我的个人网站时调整浏览器窗口的大小，可以看到它会适应窗口。

Google 在确定移动友好性时，还会检查其他事项，比如清晰的字体大小和可点击目标的接近程度。但总的来说，上述两个标准是任何具有良好移动用户体验的网站的基本特性。

3.2.4 验证网站的移动友好性

Google 在宣布这一消息后，准确预料到企业将希望评估其网站的移动友好状态。为了帮助网站所有者，Google 开发了移动友好测试工具。如图 3-13 所示，此工具提示用户输入要分析的 URL。下面使用我的个人网站，看看如何使用这个工具并解释其输出。

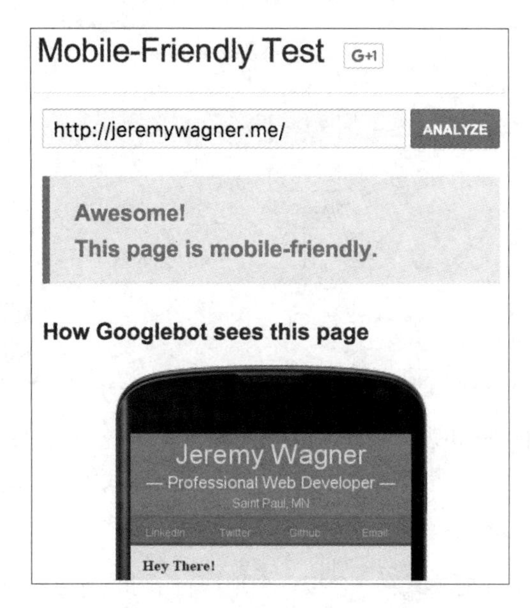

图 3-13 Google 的移动友好测试工具在检查网站性能后显示的结果页面

对网站进行分析之后，可以看到它通过了移动友好测试，并显示了一条成功消息。对于不适合移动端的站点，该工具将返回站点未通过测试的原因列表，以及纠正问题的步骤。如果你的网站不适合移动端，下一步将是向网站添加`<meta>` viewport 标签，并使网站能够响应所有设备。

在下一节，你将看到如何对 CSS 进行性能优化，以避免可能导致页面加载延迟的常见问题，从而改进网页渲染。

3.3 对 CSS 进行性能调整

除了编写简洁和移动优先的响应式 CSS 之外，还必须尽可能优化 CSS 的性能，使用户获得快速而流畅的体验。要实现这一点，首先要应用一套加快加载和渲染速度的技术。

3.3.1 避免使用 `@import` 声明

你可能见过`@import` 指令在 CSS 中的使用。应该避免这种做法，因为`@import` 指令与`<link>`标签不同，在下载整个样式表之前，不会处理样式表中的`@import` 指令。这种行为会导致网页的总加载时间延迟。

3.3.2 @import 串行请求

面向性能的网站的目标之一是尽可能多地并行化 HTTP 请求。并行请求是在同一时间（或接近同一时间）发出的请求。

串行请求则相反，一个接一个地发生。在外部 CSS 文件中使用时，`@import` 串行请求，如图 3-14 所示。

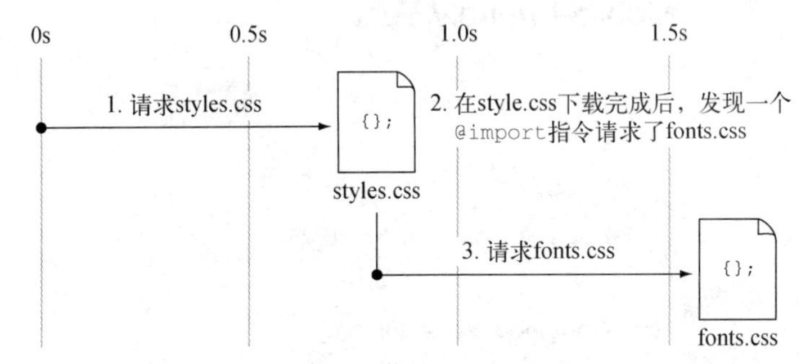

图 3-14　由于 styles.css 中的`@import` 指令请求了 fonts.css，两个样式表会串行下载

当`@import` 用于从外部样式表中加载 CSS 文件时，必须先加载对初始样式表的请求，然后浏览器才能在其中发现`@import` 指令。在图 3-14 对应的示例代码中，styles.css 包含以下行：

```
@import url("fonts.css");
```

结果导致了一个糟糕的性能模式：一个接一个地串行请求。这会增加页面的总体加载和渲染时间。理想情况下，应该尽可能多地打包相同类型的文件。但你的网站中包含的一些 CSS 可能来自第三方，打包不可行。此时应该依赖 HTML `<link>`标签，而不是使用`@import`。

3.3.3 <link>并行请求

HTML `<link>`标签是加载 CSS 的最佳原生方法。它不像`@import` 那样串行加载请求，而是并行加载请求。扫描 HTML 文档后，将加载在文档中找到的所有`<link>`标签，如图 3-15 所示。

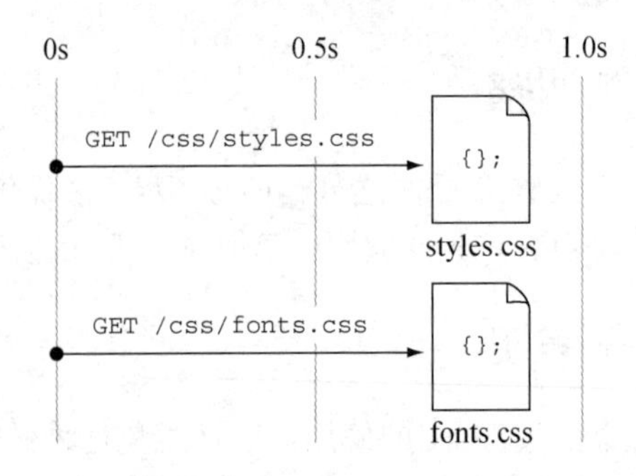

图 3-15　使用`<link>`标签对样式表发出两个请求。浏览器在下载 HTML 后找到`<link>`标签，并同时执行这两个请求

<link>标签在下载HTML文件后就能发现引用，这与CSS文件中@import 指令的行为不同，后者只有在下载样式表后才能发现对外部文件的引用。

从技术上讲，你可以在 HTML <style>标签中使用@import 而不会影响性能，但是将此方法与<link>标签混合使用，或者在 CSS 文件中使用@import，将导致串行请求。在实践中，最好坚持使用<link>标签，因为它的行为是可预测的，并且将把 CSS 导入 HTML 的任务降级。

LESS/SASS 文件中@import 的含义

在 LESS/SASS 中，@import 有不同的功能。在这些语言中，@import 由编译器读取并用于打包 LESS/SASS 文件。这样你就可以在开发期间模块化样式，并在编译为 CSS 时进行打包。本节中讨论的行为是关于在常规 CSS 中使用的@import。

3.3.4　在<head>中放置 CSS

你应该尽早在文档中放置对 CSS 的引用，最早可以加载 CSS 的位置是<head>标签。这样做可以缓解两个问题：无样式内容的闪烁问题，以及在加载时提高页面的渲染性能。

3.3.5　防止无样式内容闪烁

将 CSS 保留在 HTML <head>标签中的一个强有力的原因是，它可以防止用户看到你的网站处于无样式状态。这种现象被称为**无样式内容闪烁**（Flash of Unstyled Content）。当用户在没有应用任何 CSS 的情况下短暂（但很明显）看到你的网站时，就会出现这种现象。图 3-16 显示了这种紊乱的效果，因为 CSS 在文档中加载得太晚了。

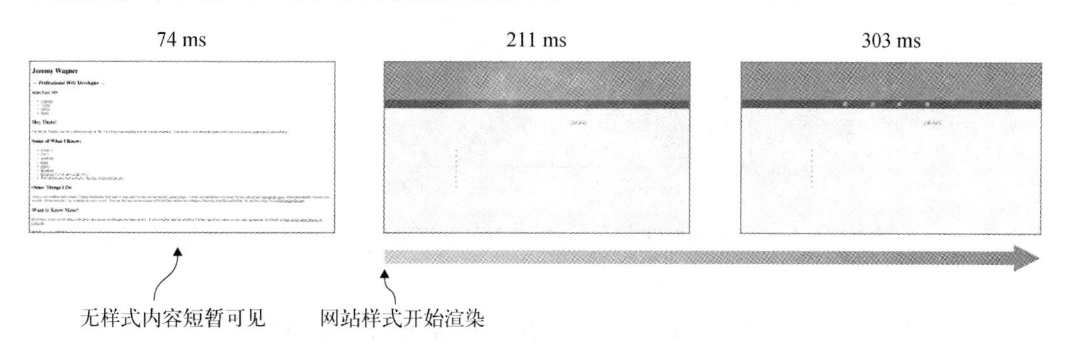

图 3-16　Chrome 中的渲染时间线，左侧显示了无样式内容的闪烁效果。文档最终会按预期渲染，但期间会短暂显示无样式内容。发生这种情况是因为样式表的<link>标签引用放置在文档末尾

之所以发生这种情况，是因为浏览器从上到下读取 HTML。当 HTML 文档被读取时，浏览器会找到对外部资源的引用。在 CSS 中，浏览器的渲染速度足够快，所以浏览器有机会在加载外部 CSS 之前渲染无样式页面。

缓解这个问题很容易：通过在 HTML 的<head>元素中使用<link>标签加载样式表，可以完全避免这个问题。

3.3.6 提高渲染速度

将 CSS 放在 HTML 的<head>标签中，不仅可以防止无样式内容出现，还可以加快网站在初始页面加载时的渲染速度。如果样式表稍后才包含在文档中，浏览器必须比在<head>中加载样式表时做更多工作，因为它必须重新渲染和绘制整个 DOM。

为了测试这一点，我把我的个人网站下载到我的机器上，在 Chrome 中打开，然后使用 DSL 节流配置。然后，我在文档的<head>标签中引入<link>样式表，运行了 10 次测试，之后使用页脚中的相同样式又运行了 10 次测试。我在 Chrome 的 Performance 面板中捕获了渲染摘要，并对结果进行了平均计算。图 3-17 显示了每个场景的渲染和绘制时间。

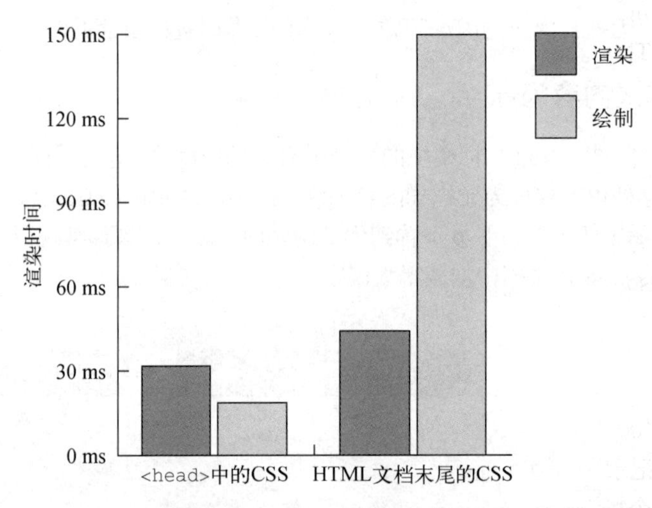

图 3-17　我的个人网站在 Chrome 中加载时的渲染性能，样式分别放在<head>中和文档末尾

因为一个小的 HTML 调整，就获得了巨大的回报。如果你在编写网站时在<head>标签之外看到<link>标签，请将它们重新放置到文档的<head>标签中。

3.3.7 使用更快的选择器

我们之前简化了客户网站中的 CSS 选择器。这不仅通过移除多余内容节省了空间，也有助于加快渲染速度。为了查看哪种选择器类型最快，我编译了一个基准测试，对它们进行了比较。下面介绍这个基准测试。

3.3.8 构建和运行基准测试

你需要一种合理的方法来判断浏览器的渲染性能。我创建了几个 HTML 文件，它们具有相同的通用标记结构和样式。在每个文件中，我使用不同类型的 CSS 选择器设置文档样式。图 3-18 显示了测试标记的大体结构。

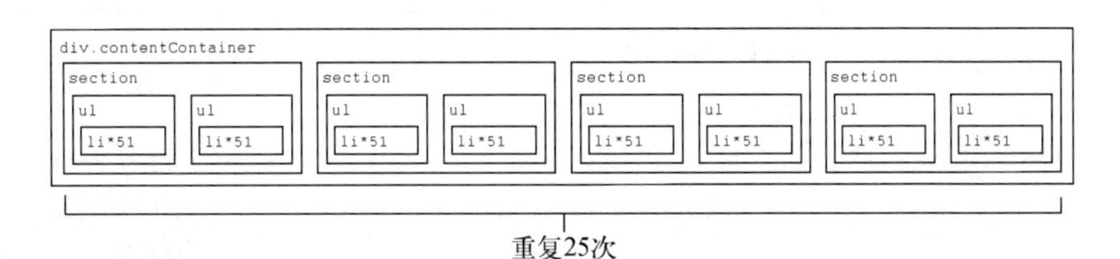

图 3-18 HTML 测试文档的结构。测试标记包含在 div.contentcontainer 中，其中 4 个 <section>元素 4 列并排，每列包含两个<ul>元素和 51 个<li>元素。然后将 4 个 <section>元素的块重复大约 50 次。每个测试文档中的元素总数约为 21 000 个

在图 3-18 中，可以看到测试标记数量庞大。每个文档都包含一份内联样式表，样式表使用各种选择器类型对 HTML 进行样式设置。尽管使用的选择器类型不同，但所有测试结果的最终外观都相同。

查看测试

可以在 http://jlwagner.net/webopt/ch03-selectors/中找到并查看测试代码，打开控制台执行 bench()函数，在每个测试页运行基准测试。可以使用 Performance 面板获取测试活动的数据。该页上还以 Microsoft Excel 格式提供了所有测试的数据。

这个基准测试是通过一个 JavaScript 函数完成的，该函数在加载文档时，将 div.contentContainer 元素的 innerHTML 保存到一个变量中。使用 setTimeout 链式调用，该元素的内容将被删除并重新插入 100 次。文档刷新会导致大量渲染计算。这个活动是使用 Chrome 的 Performance 面板记录的，并且记录了渲染和绘制时间。

这个过程在 8 个场景中使用不同的选择器分别重复了 10 次。表 3-1 列出了这些选择器及其使用方法。

表 3-1 测试中使用的选择器类型及其在测试中的示例

选择器类型	测试用例示例（目标元素<li>）
标签	li
后代	section ul li
类	.listItem
直接子元素	section > ul > li
过度定义	div.contentContainer section.column ul.list li.listItem

（续）

选择器类型	测试用例示例（目标元素<li>）
兄弟	`li + li`
伪类	`li:nth-child(odd), li:nth-child(even)`
属性	`[data-list-item]`

运行测试并记录结果后，下面对结果进行检查。

3.3.9 检查基准测试结果

运行测试并记录结果后，可以将渲染和绘制结果合并为一张图。我本来计划分开报告这两种情况，但发现 Chrome 在所有测试中花费的重绘时间平均约为 200 毫秒，仅占总时间的 1%~2%。渲染才是 CPU 最密集的，因此也是最有说服力的，如图 3-19 所示。

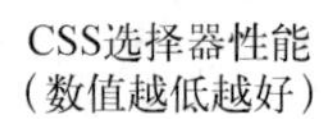

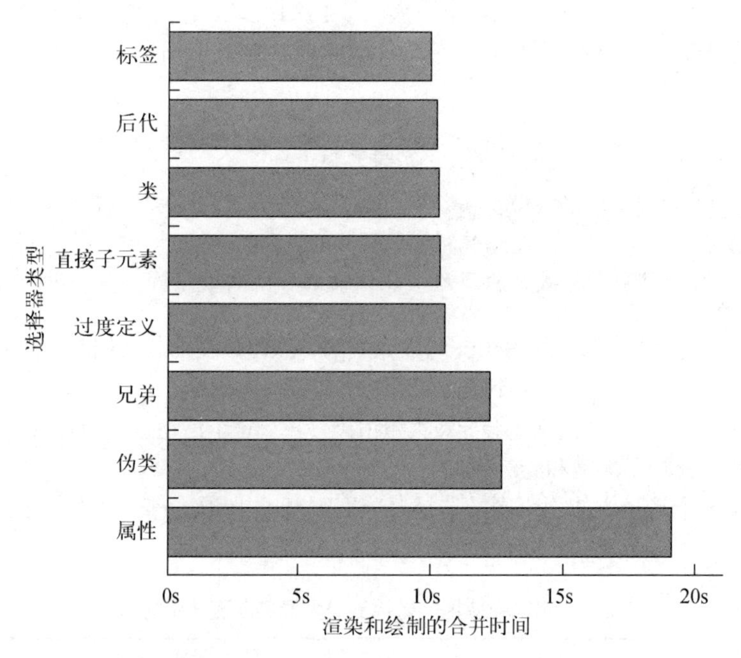

图 3-19　在 Chrome 中测试 CSS 选择器的性能。左边是选择器类型，底部是每个选择器类型完成测试所用的时间（秒）。所有值都是渲染和绘制过程的总和

由图可知，大多数选择器类型的总体性能相似，但专用的选择器类型（如兄弟选择器、伪类选择器和属性选择器类型）性能开销特别高。

对于要使用哪些选择器类型，这些测试应该被视为一个宽松的指导原则，但是实际的性能总

是更好的。可以用你选择的开发工具包分析网站的性能，然后决定如何改进。

ID选择器（例如#mainColumn）没有进行基准测试；具有ID的元素在实践中往往很少，因为它们在文档中是唯一的，而具有类的元素可以重复使用。

我们要继续努力提高CSS中的渲染性能，下面看看盒子模型布局和较新的flexBox布局引擎之间的性能差异。

3.3.10　尽可能使用flexbox

多年来，在Web上布局内容，指的是组合浮动元素、操作CSS display属性以及使用margin和padding。而flexbox是一个新的CSS布局引擎，可用于现代浏览器。flexbox简化了页面上元素的布局。它自动处理两个轴上的间距、对齐和补齐。它在页面上布局元素时更具鲁棒性，而且往往比传统方法执行得更好。

3.3.11　对比盒子模型和flexbox样式

测试flexbox渲染性能的方法与之前测试选择器渲染性能类似。有两个样式相同的测试文档，它们都是由列表项组成的四列图库。第一个文档使用盒子模型布局元素，第二个文档使用flexbox。HTML的结构是一个单独的<ul>元素，里面包含3000多个<li>元素。每个<li>包含一个<img>元素和一个<p>元素。基准测试运行10次，并对数据取平均值。

查看测试

访问http://jlwagner.net/webopt/ch03-box-model-vs-flexbox/查看测试。与前面的选择器测试一样，你可以通过在控制台和概要活动中运行bench()函数以运行基准测试，从而得出结论。

除了列表和列表项元素的样式，其他CSS是相同的。在盒子模型版本中，这些元素的样式如下所示。

代码清单3-7　盒子模型样式

```
.list{
    margin: 0 auto;
    width: 100%;
    font-size: 0;
}

.item{
    width: 24.25%;
    list-style: none;
    border: .0625rem solid #000;
    margin: 0 1% 1rem 0;
    display: inline-block;
    vertical-align: top;
}
```

```
.item:nth-child(4n+4){
    margin: 0 0 1rem;
}
```

这是典型的盒子模型样式代码。使用 margin 把所有东西都完美地隔开。使用一个:nth-child 选择器，每隔三个元素删除边距，以便每行所有元素的宽度和外边距加起来达到 100%。而在代码清单 3-8 中，元素使用 flexbox 等效地设置样式。

代码清单 3-8 flexbox 样式，粗体文字表示 flexbox 属性

```
.list{
    display: flex;                       ← 在.list 元素上应用 flexbox
    justify-content: space-between;      ← 子元素在容器中完全对齐
    flex-flow: row wrap;                 ← 子元素在必要时拆行
    margin: 0 auto;
    width: 100%;
}

.item{
    flex-basis: 24.25%;                  ← 子元素给定的默认宽度是 24.25%
    list-style: none;
    border: .0625rem solid #000;
    margin: 0 0 1rem;
}
```

在测试中，flexbox 被应用到带有 display: flex;规则的.list 元素。这将把代码中的每个<li>变成一个 flex 项。使用 flex-flow 属性，可以告诉浏览器将项目排成一行，并将它们转到新行。然后使用 justify-content 属性，根据 space-between 值，设置元素与容器边缘的距离。最后，flex-basis 属性替换了盒子模型版本中的 width 属性，并指示浏览器以特定宽度渲染项。可以看到此代码没有使用:nth 子选择器来每隔三项删除一次右边距。事实上，没有任何子项应用了右边距。flexbox 处理了所有这些问题。

学习更多 flexbox 内容

本节不打算详尽介绍 flexbox，而是介绍它可以提供的性能优势。想要快速了解这个布局引擎，请查看 Chris Coyier 的优秀文章："A Complete Guide to Flexbox"。

定义好测试环境后，查看结果！

3.3.12 检查基准测试结果

与 CSS 选择器测试中的基准类似，将渲染和绘制图形合并为一张图。在每次测试中，绘制大约花费 60 毫秒的时间，这只是 Chrome 整体工作的一小部分。测试在每个渲染模式下运行 10 次，然后对结果取平均值，绘图如图 3-20 所示。

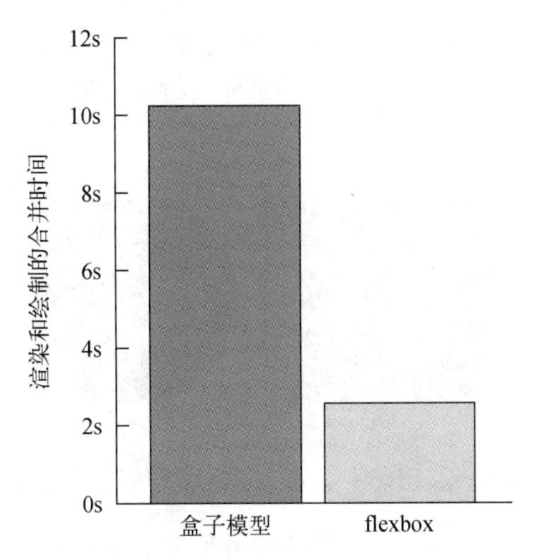

图 3-20　基准测试结果，左侧为盒子模型布局性能，右侧为 flexbox 布局性能。数值越低越好

由图 3-20 可知，渲染内容时，flexbox 往往是性能更优的解决方案。更好的消息是，它在没有特定于浏览器厂商前缀的情况下获得了广泛的支持。当与浏览器厂商前缀一起使用时，支持度有增无减。如果你的网站上还没有使用 flexbox，对其进行改造通常相当简单。

下一节将深入讨论 CSS 过渡。在第 2 章中，在使用 Chrome 渲染分析器时简要介绍过这个概念，本章将深入研究其他此前未涉及的概念。

3.4　使用 CSS 过渡

在第 2 章，我们使用 CSS 过渡修复了客户网站上的一个 janky 模态框窗口。本节将介绍如何使用 CSS 过渡，以及它可以提供的好处。

3.4.1　使用 CSS 过渡

CSS 过渡对于包含简单线性动画，且动画要求不多的网站来说是不二之选。这个原生 CSS 特性有以下优点。

- **广泛支持**——与过去不同，CSS 过渡已经得到浏览器的广泛支持。所有最新的浏览器都支持它们，大多数较旧的浏览器（如 Internet Explorer 10 及更高版本）则可以使用浏览器厂商前缀。
- **回流复杂 DOM 时，CPU 的使用效率更高**——在大型 DOM 结构中使用 CSS 过渡时，CPU 的使用效率更高。这是由于在密集的 DOM 回流过程中减少了抖动，并且 CSS 过渡不会产生脚本开销。我的测试表明，CPU 性能总体提高了 22%。
- **无额外开销**——CSS 过渡没有开销，因为它随浏览器一起提供。对于具有简单动画需求的网站来说，使用内置功能而不是将 JavaScript 库的开销添加到页面中，更为合理。

要体验CSS过渡，可以看看这个属性的一个简单示例。导航到http://jlwagner.net/webopt/ch03-transition/，你将看到一个带有蓝色方框的页面。将鼠标悬停在这个方框上，可以看到框变成一个圆，如图3-21所示。

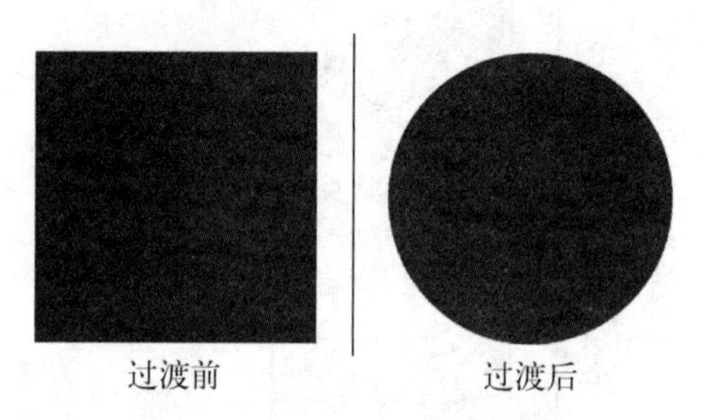

图3-21　页面上的`.box`元素在`border-radius`属性上应用过渡前后的效果

过渡效果是通过将`transition`属性应用在方框的`border-radius`属性上实现的。最初方框没有应用`border-radius`，但是悬停在其上时，`border-radius`值变为50%。代码清单3-9是驱动这种效果的CSS。

代码清单3-9　简单的CSS悬停状态过渡

```
.box{
    width: 128px;
    height: 128px;
    background: #00a;
    transition: border-radius 2s ease-out;       ← 过渡属性
}

.box:hover{
    border-radius: 50%;                          ← 触发过渡
}
```

应用这段CSS，当用户悬停在`.box`上时，`transition`属性将`.box`元素的`border-radius`设置为50%，持续时间为两秒。元素将从正方形变为圆形，并且使用`ease-out`时间函数控制速度，得到一个平滑的动画。

通过演示这个属性的基本用例，我们来进一步了解`transition`属性。该属性本身是简写属性，可通过以下格式同时设置多个CSS属性：

```
transition: transition-property transition-duration transition-timing-function
transition-delay
```

这个简写属性代表以下内容。

- `transition-property`——需要设置动画的CSS属性。值可以是任何有效的属性，如`color`、`border-radius`等。某些属性无法设置动画，例如`display`属性。
- `transition-duration`——完成过渡所需的时间。可以用秒或毫秒表示（例如，`2.5s`或`250ms`）。

- transition-timing-function——过渡期使用的缓动效果。可以使用预设(如 linear 或 ease)表示，也可以使用 steps 函数分段，或者通过 cubic-bezier 函数提供更细微的缓动行为。忽略此选项将使用默认的 ease 预设设置过渡动画。
- transition-delay——过渡开始前的延迟时间(以秒或毫秒为单位)。如果不需要延迟，则忽略此项。

还可以在元素上过渡多个属性。如果还希望过渡.box 元素的宽度和高度，则可以向 transition 属性添加更多内容：

```
.box{
    width: 64px;
    height: 64px;
    transition: width 2s ease-out, height 2s ease-out;
}
```

使用这些附加属性，元素将把.box 元素的宽度和高度属性过渡为添加到该元素悬停状态的任何新的宽度和高度值。

下面观察 CSS 过渡与 jQuery 驱动的动画的性能。

3.4.2 观察 CSS 过渡性能

我准备了一个动画基准测试，测试 CSS 过渡和 jQuery 驱动动画的性能。我创建了两个相同的 HTML 文档，每个文档都有一个<ul>元素，其中填充了 128 个列表项。每次测试中，我都设置列表项的动画，使其从 5rem 的宽度和高度增加到 24rem。在第一个测试中，我使用了 jQuery 的 animate()方法；在第二个测试中，我使用了 CSS 过渡。测试采用这种结构，以便引起大量的 DOM 回流。我使用 Google Chrome 的 Performance 面板测试了这些场景 5 次，并记录了每次运行的平均内存使用率、CPU 时间和平均帧速率。表 3-2 显示了平均结果。

表 3-2 在 Google Chrome 中，使用 CSS 过渡与 jQuery animate()方法的基准测试结果

过渡类型	jQuery animate()	CSS 过渡	性能收益
平均内存使用	5.10 MB	2.32 MB	+54.51%
CPU 时间	2011.53 ms	1572.02 ms	+22%
平均帧速率	44.4	41.1	+8%

这种场景下的性能优势是显而易见的，但并非所有情况下都如此。尽管 CSS 过渡有自己的使用场景，并且可以在无额外开销的情况下为用户提高动画性能，但它们只在简单的场景以及简单的 UI 效果上效果最好，例如悬停和非 canvas 导航过渡。你正在构建的网站可能需要更复杂的动画行为，此时，使用 JavaScript 解决方案——requestAnimationFrame()方法会获得更好的性能，我们将在第 8 章中介绍该方法。

但是，不要因此而不使用 CSS 过渡，因为它的性能很高。CSS 过渡用于简单目的时表现良好，并且不需要用户下载额外的数据。如果你的需求很简单，并且可以使用 CSS 实现高性能过

渡，而不是通过 JavaScript 动画库向页面添加更多负载，那就请使用 CSS 过渡吧。

下一节将介绍如何告知浏览器你打算使用 CSS 过渡设置动画的元素，以及这样做的好处。

3.4.3　使用 will-change 属性优化过渡

浏览器第一次执行 CSS 过渡时，它必须确定该元素的哪些方面将发生更改。这种情况发生时，浏览器必须在第一次执行过渡之前做一些工作。尽管这本身并不一定是次优的，但可能对渲染性能产生负面影响。

为了解决这个问题，开发者发现了一个 CSS hack，可以使用 translateZ 属性将目标元素提升到一个新的层叠上下文。当一个元素在浏览器中被赋予这种新的状态时，它可以以迂回的方式暗示浏览器：如果这个元素是用 CSS 设置动画的，那么这个元素的渲染应该由 GPU 处理。

然而，和任何有用的 hack 一样，translateZ 现在过时了，因为有了新的 will-change 属性。translateZ hack 的问题是，它告诉浏览器："这里会发生一些事情，但我不能告诉你是什么。"而使用 will-change 属性，你可以通知浏览器元素的哪些方面会发生变化。

可以将 will-change 这个属性视为对 transition 属性的补充。还记得使用 transition 可以指定目标元素的哪些样式属性将更改吗？例如 color、width 和 height。will-change 属性的语法也是类似的：

```
will-change: property, [property]...
```

will-change 接受任何有效的 CSS 属性，或以逗号分隔的属性列表，用来设置动画。但是要小心：误用它会影响设备上资源的分配方式。例如，你可能会尝试在所有 DOM 元素上激活此属性，以优化页面上的所有过渡，如下所示：

```
*,
*::before,
*::after{
     will-change: all;
}
```

别这样做，这可能会对页面性能产生负面影响，特别是在分层很多和复杂的页面中。如果你使用了它，那就是让浏览器做好准备，以防页面上的每个元素都发生更改。这显然对性能不利。will-change 属性是一个提示；与所有提示一样，应该谨慎使用它。

使用 will-change 时要考虑的另一件事是：需要给属性足够的时间工作。以下是 will-change 属性的不良用法：

```
#siteHeader a:hover{
    background-color: #0a0;
    will-change: background-color;
}
```

这样做的问题是，浏览器没有时间来应用必要的优化。此时要想更好地使用该属性，则应当将其应用于父元素的:hover 状态，以便浏览器可以预测将要发生的情况：

```
#siteHeader:hover a{
    will-change: background-color;
}
```

这为浏览器提供了足够的时间来为元素的更改做准备，因为当用户的鼠标进入#siteHeader元素并悬停在链接上时，其中的所有 a 元素都将在#siteHeader 元素悬停事件时准备好。

还可以使用 JavaScript 以编程方式按需添加 will-change。如果打开一个模态框，其中的<button>元素有背景色变换，则可以使用类似于以下代码的内容：

```
document.querySelector("#modal").style.display = "block";
document.querySelector("#modal button").style.willChange = "background-color";
```

关闭模态框后，可以从受影响的元素中删除 will-change 属性。使用此属性很难，但如果你很坚定，则可以以智能方式优化元素上的过渡，而不会影响整个页面性能。关于这个属性，需要记住的关键一点是，你可以预测元素的**潜在**更改，而不是假设它们会发生。

3.5 小结

我们在本章学习了以下内容。

- CSS 简写属性不仅方便，而且通过减少多余和冗长的规则为我们提供了一种减小样式表大小的方法。
- 使用 CSS 浅选择器也可以大幅减小样式表的大小，同时使代码更易于维护和模块化。
- 可以使用 csscss 冗余检查器应用 DRY 原则，通过移除多余的属性，进一步优化臃肿的 CSS 文件。
- 基于用户行为数据对 CSS 进行分割，可以确保用户第一次访问网站时，不会下载他们可能永远看不到的页面模板的 CSS。
- 移动优先的响应式 Web 设计很重要，从极简主义开始设计最适用于创建高性能网站。
- 移动友好型网站是影响 Google 搜索排名的一个因素。通过确保网站移动友好，可以避免对网站页面搜索排名的负面影响。
- 避免@import 声明，并将 CSS 放在文档<head>标签中，会对网站的渲染和加载速度产生积极影响。
- 使用高效的 CSS 选择器和 flexbox 布局引擎，可以提高网站的渲染速度。
- 使用 CSS 过渡可以实现高性能的简单线性动画，并且不会给最终用户带来实际开销，因为用 CSS 过渡不需要引入外部库。
- 使用 will-change 属性通知浏览器元素的状态更改，你可以有选择地提高某些元素的动画性能，但前提是要采用可预测的智能方式。尝试用 will-change 为所有元素优化动画不仅是一种浪费，而且对性能有潜在危害。

第 4 章将介绍关键 CSS，这是一种提高页面渲染性能的技术。这种技术可以加快首屏内容的渲染速度，并使用 JavaScript 异步加载其余页面样式，从而使用户感觉页面加载速度更快。

第 4 章

理解关键 CSS

本章内容

- 理解关键 CSS 及其解决的问题
- 理解关键 CSS 的原理
- 在项目中使用关键 CSS
- 了解关键CSS在实现前后的收益对比

我们已经学习了一些 CSS 优化技术，下面该学习高级 CSS 优化任务了。该任务通过优先渲染首屏内容加快页面的渲染速度，这种技术被称为**关键 CSS**。

4.1 关键 CSS 及其解决的问题

关键 CSS 是一项优化任务，它通过优先加载"折叠之上"内容的 CSS，重新思考浏览器如何加载 CSS。正确执行这项任务后，因为页面渲染更快，用户会感觉页面加载时间缩短了。但是理解关键 CSS 之前，需要理解什么是**折叠**。

4.1.1 理解折叠

谈到"折叠"这个词，我们会想到纸质媒体。用这种方式思考"折叠"是合理的，因为这正是"折叠"概念的起源。印刷报纸时，最重要的报道会印在头版顶部。这种内容策略确保当报纸被折叠、捆绑和分发时，人们依然可以在最上面看到头条新闻。

设计师、营销人员和内容策略师长期以来一直强调要将最重要的内容放在**折叠之上**，而开发人员的任务就是构建满足这一目标的网站。不过不同的是，纸质页面上的折叠总是静态放置的。当一个设计呈现在纸上后，内容适应媒介的工作就完成了。而网站页面折叠时，设计师需要随之适配。

Web 是一种截然不同的媒介。折叠的位置取决于设备的分辨率、方向，以及浏览器窗口的大小，如图 4-1 所示。

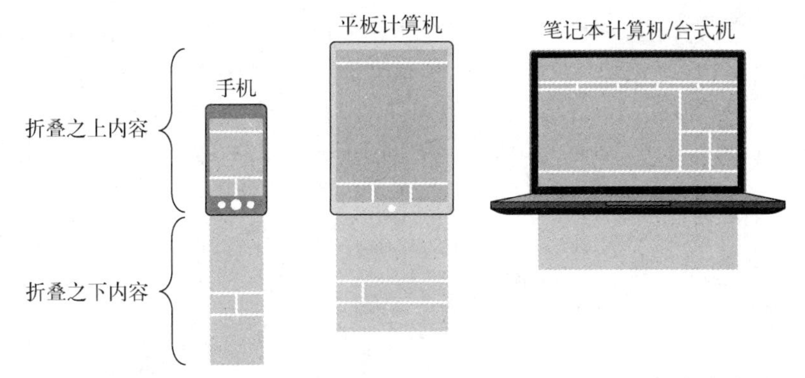

图 4-1　一系列设备上的折叠之上/下内容。折叠之上的内容从网站顶部开始到屏幕底部结束。浏览器视图之外的任何内容都在折叠之下

4

了解“折叠”在用户屏幕上的位置后，我们应当尽可能地预测用户屏幕的大小。了解常见的设备分辨率即可知道如何决定。

为什么了解这一点很重要呢？因为关键 CSS 技术根据折叠的上下方这一概念，将 CSS 分为两类。

- **关键 CSS，即折叠之上的内容**——这些是用户会立即看到的内容样式，需要尽快加载。
- **非关键 CSS，即折叠之下的内容**——这些是用户开始向下滚动页面之前看不到的内容样式。这种 CSS 也应该尽快加载，但不能在关键 CSS 之前加载。①

现在你已经知道了“折叠”的位置，以及如何根据这个概念对 CSS 进行分类，下面可以开始了解传统 CSS 传输的局限性了。接下来我会快速讲解当下载和解析样式表时，浏览器渲染是如何阻塞的。

4.1.2　理解渲染阻塞

渲染阻塞指的是阻止浏览器将内容绘制到屏幕的任何活动。这常常被认为是 Web 中不可避免的事实。但随着浏览器和前端开发技术的成熟，这种不受欢迎的行为渐渐可以避免。

对于 CSS，渲染阻塞的初衷是好的。没有它，无样式的内容就会闪烁，在应用 CSS 之前，我们会短暂看到一个未样式化的页面。但是，如果让渲染阻塞持续太长时间，则会延迟网站内容在屏幕上的显示。重要的是要知道渲染阻塞的时间，而且用户不会等待太久，因此应当尽量减少渲染阻塞。

根据 CSS 在文档中的位置和加载方法，渲染阻塞的程度会有所不同。使用`@import`指令或`<link>`标签加载外部 CSS 时，会发生渲染阻塞。我们在第 3 章学习了`@import`如何延迟渲染，并且了解到最好使用`<link>`标签。但事实是，尽管`<link>`标签是加载 CSS 的好方法，但它也会阻塞渲染。

① 为了方便理解，以下将“折叠之上内容”称为“首屏内容”，“折叠之下内容”称为“首屏以外的内容”。——译者注

要查看实际的渲染阻塞，请打开第 1 章中的科伊尔设备维修网站。当网站加载时，在 Chrome 的 Performance 面板中捕获活动（参见第 2 章）。在分析器填充数据后，转到窗口底部，点击 Event Log 选项卡，并筛选出除绘制事件之外的所有事件。如果你对“开始时间”（Start Time）列进行升序排序，将在页面上看到第一次绘制事件的时间，如图 4-2 所示。

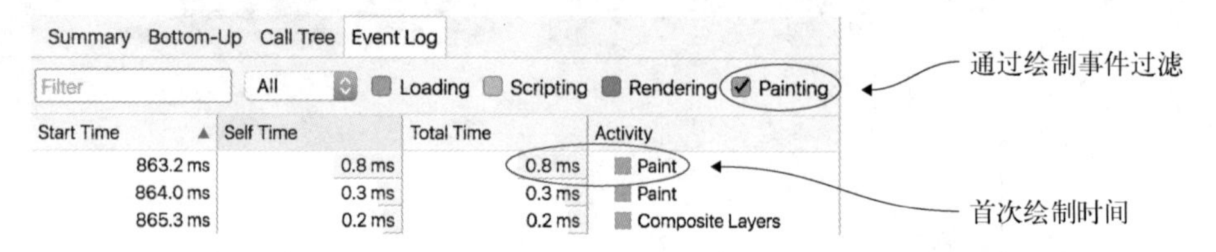

图 4-2　Chrome 的 Performance 面板显示文档的第一个绘制事件发生。可以在 Event Log 选项卡过滤除绘制事件以外的其他事件，进而找到该事件

等待大约 860 毫秒，文档才开始绘制，等待时间有点长。那怎么解决这个问题呢？首先，你可以将网站的 CSS 直接内联到 index.html 中的`<style>`标签。这可以减少内容开始渲染前所需的时间，如图 4-3 所示。

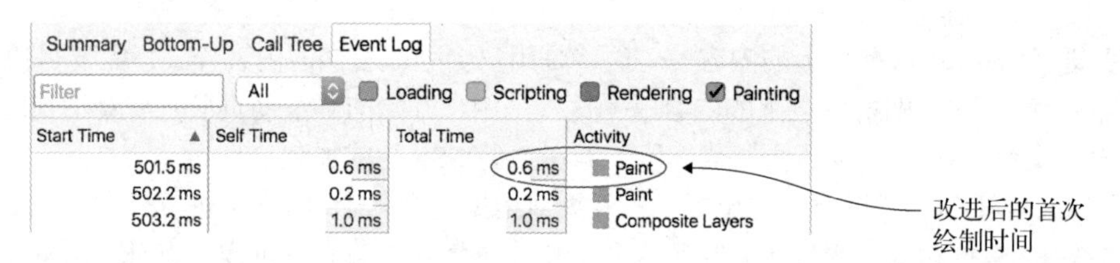

图 4-3　将网站的 CSS 内容内联到 HTML 后，Chrome 的 Performance 面板显示绘制时间的改进

这种方法有利有弊，问题是它只在单页网站上工作，在这些网站上去除单独的 CSS 文件是有意义的。而在更大、更复杂的网站上，这个解决方案还不足以让人信服。

内联和 HTTP/2

虽然内联对于 HTTP/1 服务器端和客户端是一种合适的实践，但它不应该用于 HTTP/2 服务器。这个功能可以通过使用 HTTP/2 的服务器推送特性来实现，同时保持可缓存性。要了解有关服务器推送和 HTTP/2 的更多信息，请参阅第 11 章。

4.2　关键 CSS 的原理

关键 CSS 将样式分为两类：首屏样式和页面其余部分的样式。本节将学习如何分别加载每个样式。

4.2.1　加载首屏样式

我们之前讨论了使用<link>标签时渲染阻塞的问题。如图4-4所示，通过将CSS内联到<style>标签，可以解决这个问题。

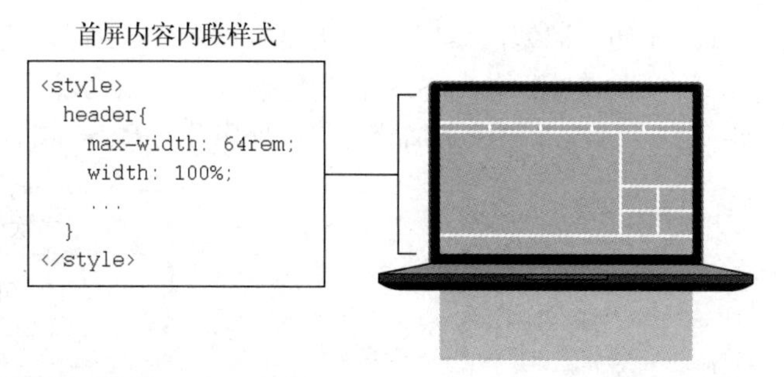

图4-4　为首屏内容加载的内联样式。首屏内容的CSS被内联到HTML中，以便更快地解析，从而缩短首次绘制时间

如果你已经将CSS从科伊尔设备维修网站内联到上一节的HTML中，那么恭喜你，你已经完成了将关键CSS技术用于更复杂的网站所需的一半工作。

内联CSS之所以如此有效，是因为浏览器不必等待太久。浏览器加载页面的HTML时将解析文档，并找到指向其他资源的URL。如果样式是通过<link>标签加载的，那么在浏览器必须等待CSS时，渲染就会被阻塞。但是当样式内联到HTML中时，用户只需要等待加载HTML的过程，随后浏览器就能解析CSS，页面就能渲染。

美中不足的是：当你以这种方式加载一个网站的所有CSS时，就会失去其可移植性。最后，每次加载页面时都会复制CSS，这意味着以后每次加载页面时都会出现无法有效缓存的情况。

其实，关键CSS在一定程度上已经解释了这一点。只将首屏样式存储到<style>标签中，并将其内联到HTML，剩下的样式将从外部文件加载。

这是否会使一些CSS在随后的页面加载中变得多余？确实，但只涉及网站首屏的一小部分内容。首次绘制的时间减少将抵消这种冗余的损害。即使使用的是CSS框架，你仍然可以内联用于特定页面的框架部分。当浏览器开始更快地绘制页面时，就会达到预期的效果，并且用户不会注意到少量冗余CSS对性能的损害。

4.2.2　加载首屏以外内容的样式

关键CSS的另一半是加载首屏以外内容的样式。这些样式是使用<link>标签加载的，但是你不是以常规的方式使用它，而是要使用`preload`资源提示加载CSS，同时不会阻塞渲染。你还将加载一个脚本，该脚本可以为不支持它的浏览器polyfill `preload`功能。

以上操作看起来有点烦琐，但它立竿见影，当与首屏内容的内联CSS结合时，尤其如此。浏览器立即渲染首屏内容的CSS，而`preload`资源提示会在后台获取页面其余部分的样式。

> **想知道更多关于资源提示的内容？**
>
> preload 资源提示只是有助于你微调资源加载的提示之一，而不只是关键 CSS。要了解有关资源提示的更多信息，请参阅第 10 章。

你可能会说：“JavaScript 也会阻塞渲染！”对于外部加载的脚本确实如此。不过在本例中，你可以内联一个由 Filament Group 开发的 1.5 KB 小脚本 loadcss 来完成这项工作。这样就可以在所有浏览器中使用同一种 preload 语法来加载首屏以外内容的 CSS，如图 4-5 所示。

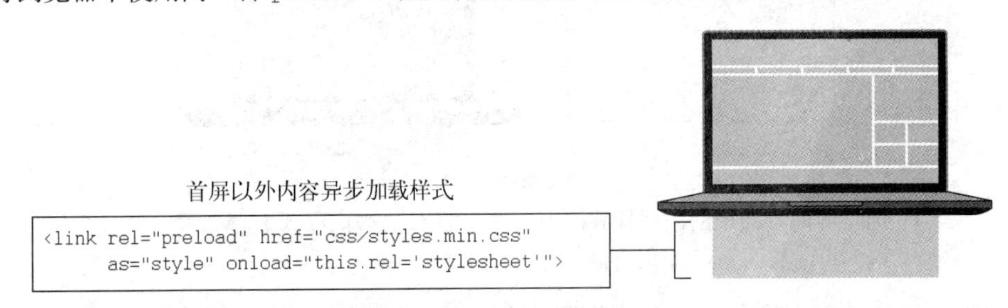
首屏以外内容异步加载样式
<link rel="preload" href="css/styles.min.css"
as="style" onload="this.rel='stylesheet'">

图 4-5　preload 资源提示加载首屏以外内容的外部 CSS。这种加载外部样式表的方式不会阻塞渲染。CSS 完成加载时，onload 事件会触发，并修改<link>标签的 rel 值使样式渲染

这种方法很巧妙。它不像你通常做的那样使用<link>标签加载 CSS，而是使用 preload 提示，如下所示：

```
<link rel="preload" href="css/styles.min.css" as="style"
onload="this.rel='stylesheet'">
```

这样可以在不阻塞渲染的情况下加载 CSS。CSS 完成下载时，标签上的 onload 事件处理程序将被触发。下载完成后，rel 属性的值就会从 preload 转换为 stylesheet。这将<link>标签从资源提示更改为普通 CSS 引入，后者将 CSS 应用于首屏以外的内容。JavaScript polyfill 作为兜底，以防浏览器不支持 preload 提示。就是这么简单！

现在你已经掌握了这两种分别用于折叠上/下内容的 CSS 加载方法，下面可以着手在客户的菜谱网站上实现该技术。

4.3　实现关键 CSS

下面学习如何在移动优先响应式菜谱网站的一个页面上实现关键 CSS。以下步骤将引导你完成网站所需工作：

(1) 设置网站在本地机器上的运行环境；

(2) 在每个临界点中识别首屏 CSS；

(3) 将首屏 CSS 和其余 CSS 分离，并将首屏 CSS 内联到 HTML；

(4) 使用 preload 加载网站其余 CSS，使其不会阻塞渲染。

4.3.1 配置并运行菜谱网站

要完成本章工作，你需要继续使用 `git`、`npm` 和 `node` 来下载和运行网站。另外，你会用到 LESS，这是一个流行的 CSS 预编译器。

> **写给 SASS 用户**
>
> 我知道有些开发者可能更喜欢 SASS 而不是 LESS，但是为了清晰起见，这个网站示例使用 LESS，而不是试图同时迎合这两个预编译器的用户。如果你用过 SASS，对于 LESS 代码也会感到熟悉。即使你从未使用过 CSS 预编译器，使用 LESS 也不会妨碍你的进度。使用哪一款预编译器对于本章目标来说都无关紧要。

1. 下载并运行菜谱网站

你有个朋友在运营一个菜谱网站，他向你咨询是否可以让网站渲染得更快。菜谱网站领域竞争激烈，因此速度对于保持网站访问者的参与度至关重要。这似乎正是关键 CSS 的工作！

首先，使用以下终端命令，通过 `git` 在本地 Web 服务器上下载并运行网站：

```
git clone https://github.com/webopt/ch4-critical-css.git
cd ch4-critical-css
npm install
node http.js
```

与前面的示例一样，这样做将会安装 Node 依赖包，并在本地计算机（http://localhost:8080）上运行网站。服务器启动并运行后，网站将如图 4-6 所示。

图 4-6 Chrome 中的菜谱网站，处于大约 750 像素宽的台式计算机临界点

在网站运行时，使用 Chrome 的 Performance 面板确定网站首次绘制的时间。因为你是从本地 Web 服务器运行的，所以需要使用网络节流工具模拟互联网连接。我们使用 Regular 3G 节流配置文件，这样你就可以以一致的环境来衡量性能提升。

首次绘制的时间不会因页面显示在哪个临界点上而有所不同。这取决于浏览器获取和处理 CSS 的速度，以及设备的功能。在这部分工作结束时，浏览器首次绘制页面所需的时间将缩短 30%~40%。

接下来，大致浏览网站的文件夹结构，以便熟悉网络资源的位置和作用。

2. 审查项目结构

大部分开发者应该不会对这个网站结构感到陌生。HTML 位于网站根文件夹，名为 index.html。js 目录包含几个相关的 JavaScript 文件，例如：scripts.min.js 包含了网站的一些简单行为，loadcss.min.js 和 cssrelpreload.min.js 是最小化的 `preload` 资源提示 polyfill。在 4.3.3 节，你会用到这个 polyfill。

less 目录包含项目的 LESS 文件。main.less 文件用于生成位于 CSS 文件夹的 styles.min.css 文件。该文件已通过 index.html 中的`<link>`标签加载。critical.less 文件用于生成 critical.min.css 文件，该文件将内联到 index.html。这些文件中的每一个都是在 components 子文件夹中获取组件化的、特定临界点的文件，分类如下。

- 全局组件——这些文件最初包含网站的所有样式：
  - global_small.less
  - global_medium.less
  - global_large.less
- 关键组件——最初是空的，但最后会包含首屏内容的 CSS：
  - critical_small.less
  - critical_medium.less
  - critical_large.less

我们已经知道了网站的结构和文件存放的位置，下面可以继续找出食谱网站的折叠的位置。

4.3.2 识别和分离首屏 CSS

本节将从主 CSS 中分离首屏的关键 CSS，并将其内联到 index.html。首先，要确定折叠的位置。

1. 识别折叠

要在文档中识别并提取首屏 CSS，只需要练习在浏览器中查看页面，并识别首次加载时在屏幕上可见的内容。任何可见的内容就是首屏内容。听起来是不是很简单？

理论上这是正确的，但实践要复杂一些。你使用的设备并不总和其他人的一样。如果使用分辨率为 1280×800，且窗口最大化的笔记本计算机，则折叠为 800 像素减去浏览器界面元素（工具栏、地址栏等）的高度。我们不能假设窗口大小固定，或者设备一定是笔记本计算机。用户可能正在使用 iPad 或者 Android 手机浏览网站。

所幸有个很棒的网站 mydevice.io 列出了各种设备的分辨率。要查看这些设备上的折叠位置，可以对 CSS 高度列进行排序，如图 4-7 所示。

Common Smartphones values

name	phys. width	phys. height	CSS width	CSS height
Leap	720	1280	390	695
iPhone 6	750	1334	375	667
Xperia P	540	960	360	640
Xperia S	720	1280	360	640
G4	1440	2560	360	640
G3	1440	2560	360	640

图 4-7 mydevice.io 上的常用设备分辨率表，按 CSS 高度降序排序。该网站还为手机以外的设备提供信息。物理分辨率与 CSS 分辨率的不同之处在于，为了保持一致性，它们都被规范为相同的比例

使用这些数据即可确定网站的折叠位置。为了帮助你可视化页面上的临界线位置，我制作了一个名为 VisualFold!的书签工具。要使用它，请将其拖到书签栏，点击书签工具，然后在需要画线的地方输入一个数字，如图 4-8 所示。也可以通过输入逗号分隔的数字代码，同时绘制多条参考线。

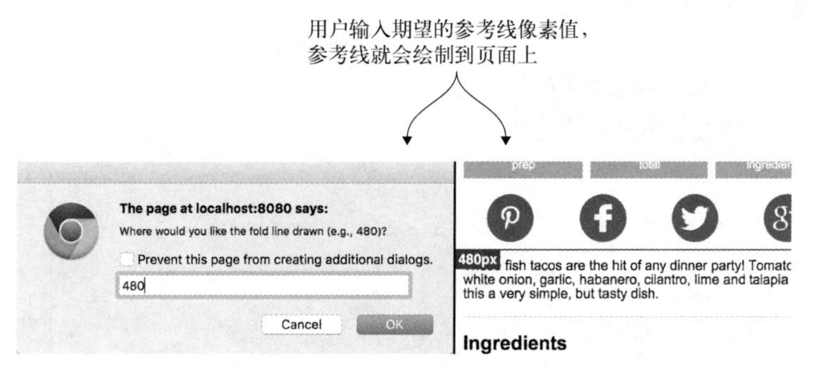

图 4-8 VisualFold!书签工具的效果。用户在对话框（左）中输入一个数字，指示要在页面上（右）绘制的参考线的位置。这有助于用户定位折叠线。通过调整窗口大小，用户即可看到内容相对于这条线是如何流动的

你可以借助此工具，在 480、667、768、800、900、1024 和 1280 像素的位置绘制参考线。这些是流行设备的常见垂直分辨率，并且大多数设备的分辨率包含在两者之间的任何位置。制作好这些参考线后，你需要调整浏览器窗口的大小，以查看内容在每个临界点上的位置。

可以看到，在所有临界点中，1280 像素线落在 recipe steps 部分的某个位置。在中、大临界点中，它也落在右边的列内容上。1280 像素似乎是合理的，因为它涵盖了内容在所有设备上的显示方式。

我们用这种方法为关键 CSS 设置了一个阈值，下面可以开始从主 CSS 中分离这些样式，并将它们放入关键 CSS。

2. 识别关键组件

下一步是检查每个临界点中的页面，并清点首屏出现的组件。这些组件中的一部分存在于所有临界点的折叠上方。

流程自动化

使用 Filament Group 的 CritcalCSS Node 程序，可以自动确定页面上的关键 CSS。本章不介绍此工具的用法，你可以学习自己识别关键组件。这个程序中的某些特性也可能破坏网站外观。如果你决定使用它，一定要检查输出！

首先，将视口调整到移动端临界点。如果还没有在 1280 像素的位置放置参考线，现在请使用 VisualFold!来放置。准备好后，在参考线上方的页面上清点关键组件，如图 4-9 所示。

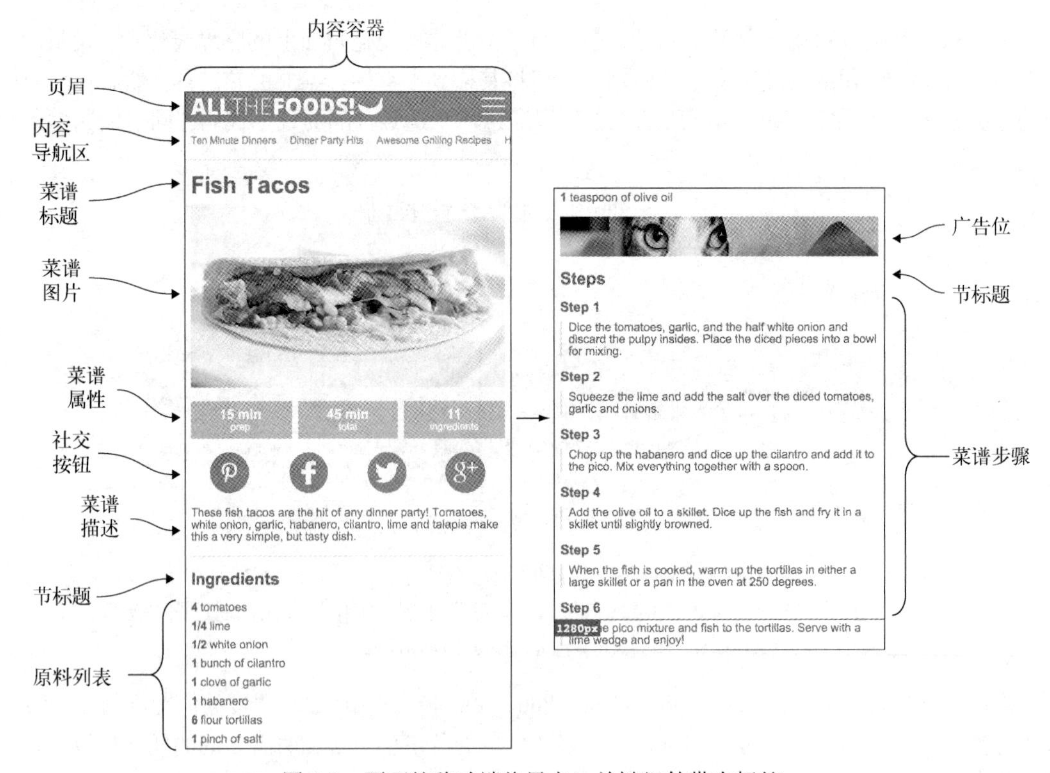

图 4-9　页面的移动端临界点，关键组件带有标签

图 4-9 的组件清单仅与此网站相关。当你为自己的网站这样做时，清单会有所不同。完成此步骤后，可以将窗口放大到更大的临界点中，并计入页面上新的关键组件，如图 4-10 所示。

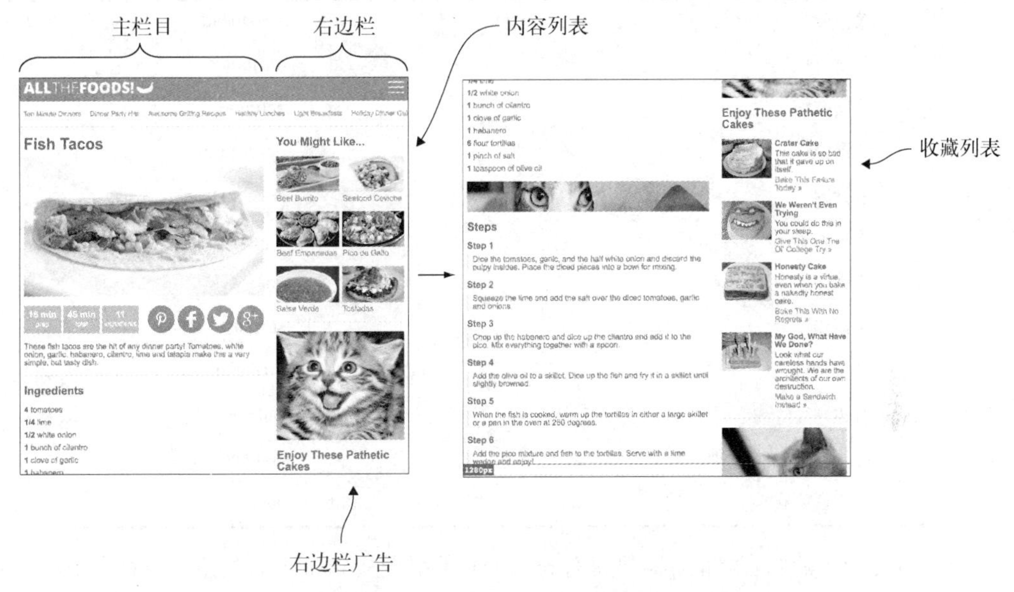

图 4-10　更大的临界点，其中标记了在移动端版本中首屏以外的组件

注意，当你进入大临界点时，内容将分成两列。图 4-10 突出显示了出现在移动端临界点首屏以外的另外 5 个关键组件。因此，它们将成为大屏幕上的关键组件。

通常你需要评估最大的临界点，但在本例中，此临界点中首屏以外不会出现新的关键组件。页眉会更改，但页面的其余部分会展开，直到满足页面容器的最大宽度 1024 像素为止。

现在我们已经拥有首屏组件的清单，可以继续分离关键 CSS 与主样式表。

3. 分离关键 CSS

确定关键组件后，可以从 main.less 引用的临界点特定引入中删除它们的相关样式，并放入 critical.less 引用的引入。对于这个移动优先的网站，大多数默认样式是在 global_small.less 文件中定义的，中临界点和大临界点也有涉及。表 4-1 列出了清单中的组件，以及与它们相关的父容器选择器。

表 4-1　关键组件及其相关的父容器选择器。这些选择器可用于搜索网站 LESS 文件中组件的样式

关键组件	相关的父容器选择器
网站页眉	header
内容导航区	.destinations
菜谱标题	.recipeName
内容容器	#content

（续）

关键组件	相关的父容器选择器
菜谱图片	#masthead
菜谱属性	.attributes
社交按钮	.actions
菜谱描述	.description
节标题	.sectionHeader
原料列表	.ingredientList
广告位	.ad
菜谱步骤	.stepList
主栏目	#mainColumn
右边栏	aside
内容列表、收藏列表	.contentList
右边栏广告	.ad

深入讨论表 4-1 的内容之前，需要将对 reset.less 的引用从 main.less 的第二行移到 critical.less 的第二行。reset.less 是从 Eric Meyer 的 CSS reset 继承的全局组件，它重置了许多元素的默认样式，以便在浏览器之间进行更一致的渲染。因为页面上的所有元素都继承自此组件，所以这些样式非常关键。

完成后保存两个文件，并编译 main.less。如何编译取决于操作系统。在类 UNIX 系统（如 OS X 和 Linux）上，在项目的根目录下运行 less.sh。在 Windows 系统上，则改用 less.bat。每次更改项目的任何.less 文件时，都要运行此脚本。

开始将样式移动到关键 CSS 组件文件之前，明智的做法是注释掉 index.html 的第 7 行。这是一行`<link>`标签引用，它引入了网站的样式。这样会使页面失去样式，但是当你开始将 critical.min.css 内联到页面时，它使可视化关键 CSS 更加容易。

将 CSS reset 模块移到 critical.less 后，下一步是对表 4-1 中列出的每个关键组件及其选择器重复这个过程。

从页眉组件开始，打开 components 文件夹中的 global_small.less 文件并找到 header 选择器。将其剪切并粘贴到 critical 文件夹中的 critical_small.less 文件，保存所有文件，然后重新生成 main.less。

重新编译 LESS 文件后，在文本编辑器的 CSS 文件夹中打开 critical.min.css，并将其内容复制到 index.html 的`<head>`中的`<style>`标签。此时页面应该如图 4-11 所示。

图 4-11 将页眉选择器 CSS 内联到 HTML 后的菜谱网站的外观。它拥有一部分样式，但仍有很多遗漏

显然你还缺少很多样式。页面上的`<header>`元素看起来有点样式，但它还有许多子元素，它们应该有自己的样式。为了将这个关键组件完全添加到关键 CSS，有必要深入到 HTML 中清点哪些元素是`<header>`元素的子元素，并找到相关的 CSS 选择器。以下是 global_small.less 中包含`<header>`元素子元素样式的选择器：

- `#logo`
- `#innerHeader`
- `nav`
- `nav:hover.nav`
- `#navIcon`
- `#navIcon>div`
- `.nav`
- `.show`
- `.navItem`

将这些元素的 CSS 从 `global_small.less` 剪切粘贴到 `critical_small.less` 并重新编译 `main.less` 时，你将看到如图 4-12 所示的内容。

图 4-12　将所有页眉样式内联到 index.html 后的关键 CSS

可以看出，现在的样式看起来更适合页眉。在小临界点把组件 CSS 移到关键 CSS 中后，还要在所有临界点上重复相同的任务。继续处理 global_medium.less 和 global_large.less 文件，并将与页眉相关的样式分别移到 critical_medium.less 和 critical_small.less 文件中。对每个临界点执行此操作后，重新编译 main.less 并将 critical.min.css 的内容重新内联到 `index.html`。

重复这些步骤，直到完成表 4-1 中所有关键组件的工作，每次都要重新编译关键 CSS，并将其内联到 index.html。完成后的页面应该像开始工作之前一样，而 1280 像素线以下的组件会缺少大部分样式。

> **想要跳过？**
>
> 如果你遇到困难，可以跳过并输入 `git checkout -f criticalcss`，查看关键 CSS 实现后的效果，完整代码将被下载到你的计算机上。如果你有任何更改要保留，请确保已备份。

关键 CSS 与全局 CSS 分离后，即可使用`<link>`标签的 `preload` 资源提示加载页面 CSS 的其余部分。

4.3.3　加载首屏以外内容的 CSS

最后一步是异步加载 styles.min.css 中首屏以外内容的 CSS。你可能想使用标准的`<link>`标签包含来实现这一点，但是正如 4.1.2 节讨论的那样，`<link>`标签会阻塞页面渲染。要避免这种情况，需要使用前面提到的 `preload` 资源提示。

1. 使用 `preload` 资源提示异步加载 CSS

如前所述，`preload` 资源提示指示浏览器尽快开始获取资源。在关键 CSS 的情况下，可以使用这个提示异步加载首屏之外不太重要的 CSS，而不阻塞页面的渲染。要对菜谱网站执行此操作，需要删除 index.html 中的所有`<link>`标签，并将代码清单 4-1 中的两行添加到内联 CSS 之后。

代码清单 4-1　使用 `preload` 资源提示异步加载 CSS 文件

CSS 文件的位置会被异步加载
这个<link>标签是一个 preload 资源提示
资源会被当作样式表
资源加载完成后，<link>标签的 rel 属性会变成 stylesheet
<link rel="preload"
href="css/styles.min.css"
as="style"
onload="this.rel='stylesheet'">
<noscript><link rel="stylesheet" href="css/styles.min.css"></noscript>

这段代码不仅异步加载了 CSS，还考虑了那些禁用 JavaScript 的用户，通过传统方式从`<noscript>`标签（如最后一行所示）加载非关键 CSS。这些用户将受到旧的 CSS 加载行为的阻塞渲染行为的影响，但他们不会得到无样式的页面。

2. polyfill `preload` 资源提示

并非所有浏览器都支持资源提示，该功能的支持通常仅限于 Chrome 和 Opera 等基于 Chrome 的浏览器。因此，这种方法对于很大一部分用户来说将会失败。为了解决这个问题，可以使用 Filament Group 提供的 polyfill，名为 `loadCSS`。

我将这个 polyfill 的脚本放在菜谱网站 GitHub repo 的 js 文件夹。文件包括 cssrelpreload.min.js（polyfill `preload` 资源提示功能）和 loadcss.min.js（当 `preload` 资源提示功能不可用时，提供异步加载 CSS 行为）。

要使用 polyfill 很容易。可以使用`<script>`标签按顺序包含 loadcss.min.js 和 cssrelpreload.min.js，但这会阻塞渲染，而我们一直试图避免这个问题。取而代之，应该按照单个`<script>`标签中指示的顺序内联这些脚本，并将内联脚本放在代码清单 4-1 所示的代码之后。执行此操作时，可以在不支持预加载行为的浏览器（如 IE）中测试加载行为。你会发现首屏以外的 CSS 应该渲染（在没有 polyfill 脚本之前 CSS 不会渲染）。

在菜谱网站中完全实现关键 CSS 方法后，你可以继续分析你的工作带来的好处。

4.4　权衡收益

开始之前，我声称你会看到首次绘制的时间减少 30%~40%。我使用 Chrome 在几个节流配置中评估了这个性能指标。你可以在图 4-13 中看到结果。

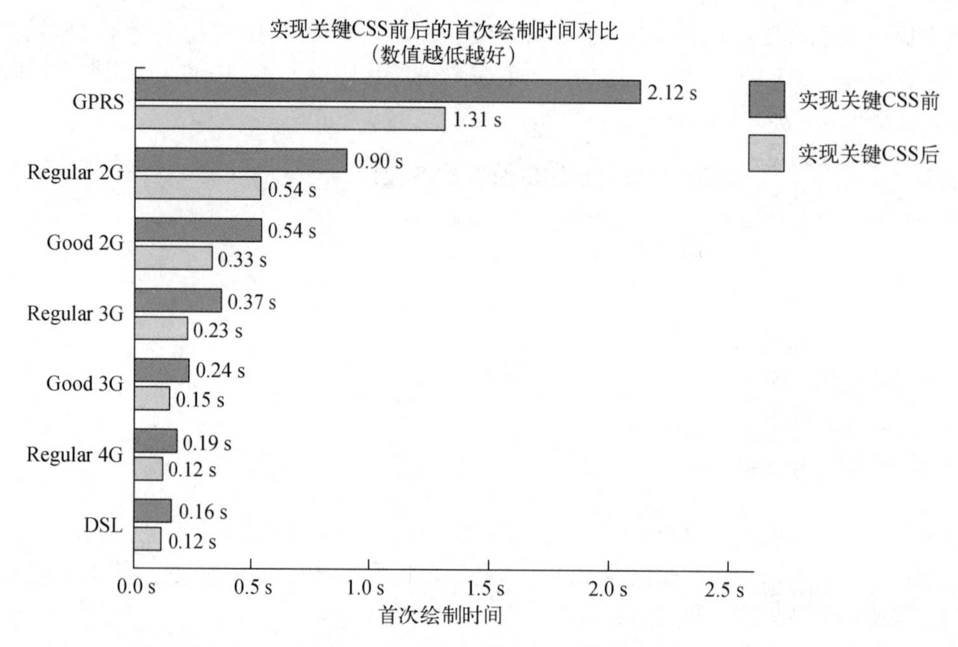

图 4-13 在 Google Chrome 中实现关键 CSS 前后的首次绘制性能对比

如你所见，随着连接速度增加和延迟减少，收益也会减少。你所做的任何一种前端优化都是这样的。并非每个连接都会创造同等收益，为那些最有可能使用低质量互联网连接的移动用户进行优化尤为重要。

对于从共享主机访问菜谱网站的移动设备来说，收益要稍微小一些，首次绘制时间大约减少了 20%，如图 4-14 所示。

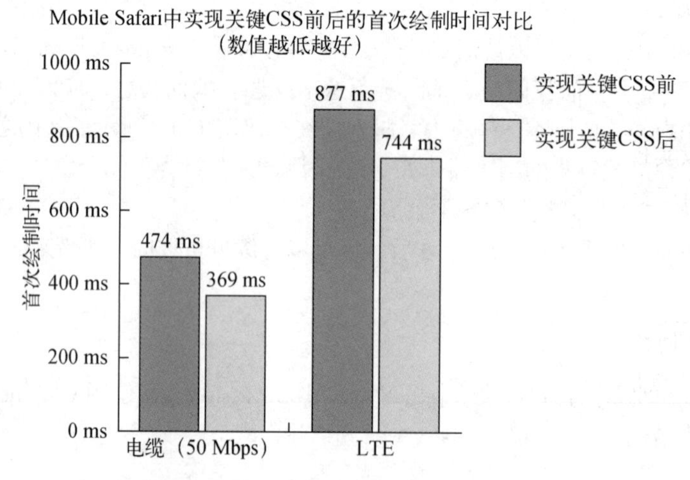

图 4-14 在 Mobile Safari 中实现关键 CSS 前后的首次绘制性能对比。设备为 iPhone 6S，通过远程共享主机连接

有一个统计数据需要记住：0.1 秒是用户感觉界面瞬间做出反应的极限。除了已经学过的其他技巧（以及以后要学的更多技巧）之外，减少首次绘制的时间也会让用户觉得网站反应很快。如果这对你很重要，那么就值得考虑在网站上应用关键 CSS。用户越早感觉到可与网站交互，他们就越有可能持续浏览你提供的内容。

4.5 提升可维护性

使用关键 CSS 的最大障碍是维护内联代码。每次文档发生更改时，将关键 CSS 复制并粘贴到文档的<head>中是很低效的。而且内联 polyfill 脚本也很麻烦。如果有什么变化，你必须重新内联修改后的代码。理想情况下，你需要既能维护独立文件，又能够将它们自动内联，这样即可获得资源内联为渲染带来的好处。

有一种方法可以减少复制粘贴代码的日常工作：使用服务器端语言将文件内联到 HTML。PHP 的 file_get_contents 功能就非常适合此任务。此函数从磁盘读取文件，并允许将其内联到文档。使用该函数在文档的<head>中内联关键 CSS 的方法如代码清单 4-2 所示。

代码清单 4-2 使用 PHP 内联样式表

```
<style>
    <?php echo(file_get_contents("./css/critical.min.css")); ?>
</style>
<link rel="preload" href="css/styles.min.css" as="style"
    onload="this.rel='stylesheet'">
<noscript><link rel="stylesheet" href="css/styles.min.css"></noscript>
<script>
    <?php
    echo(file_get_contents("./js/loadcss.min.js"));
    echo(file_get_contents("./js/cssrelpreload.js"));
    ?>
</script>
```

使用 file_get_contents 将关键 CSS 在服务器端内联

preload 资源提示 polyfill 也通过 file_get_contents 在服务器端内联

这种方法可以实现单个文件的模块化，同时还可以享受内联提供的好处。这一功能也不是 PHP 独有的。任何广泛使用的服务器端技术都会有一个等效的方法，可以获得相同的结果。

4.6 多页网站的注意事项

本章介绍了如何在一个页面上实现关键 CSS，那么对于多页面网站呢？方法是类似的，但如图 4-15 所示，关注点是模块化。

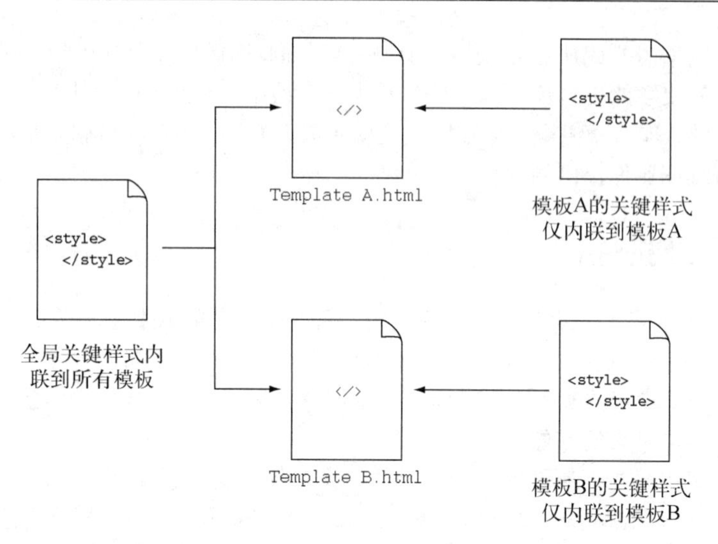

图 4-15　关键 CSS 的模块化方法。模板 A 和模板 B 都有自己的关键 CSS，它们只内联在各自的页面，但全局通用的关键样式是共同内联的

从图 4-15 中可以看到两个页面模板：模板 A 和模板 B。它们都是唯一的，因为它们的首屏内容对应了不同的 CSS。为了提高效率，将每个页面模板的关键 CSS 拆分为单独的文件是有意义的。然后这些文件只为需要它们的页面内联即可。

但是对于网站上每个页面都存在的组件，比如标题、导航、标题样式等，它们也有一些关键的样式。将这些样式单独存储起来，并将它们内联到整个网站的所有页面，也是有意义的。

在具有多个模板的大型网站上实现关键 CSS 时，其理念是避免为每个页面上的每个唯一模板组合关键 CSS。需要相应地存储这些样式，并仅内联特定页面所需的 CSS。

好消息是，这不会改变实现关键 CSS 的方式。你要为每个页面模板重复操作，其过程是相同的。而更重要的是，你需要研究你的网站分析报告，并考虑在高价值的页面上使用这种方法，这些页面的收益会更大。实现关键 CSS 需要付出很多努力，这与收益是成正比的，但你要优先考虑最重要的内容页。

4.7　小结

本章我们了解了关键 CSS 的重要性，这个广泛且重要的概念包含以下小概念和方法。

- 折叠是一个灵活的概念。它指的是内容在屏幕上不可见的分界点，它还会基于查看页面的设备发生变化。
- `<link>`标签会阻塞网页渲染，从而延迟文档的绘制。关键 CSS 可以缓解这种行为。
- 关键 CSS 的工作原理是优先加载折叠之上的首屏内容（而不是折叠之下的内容）。关键 CSS 内联到网站 HTML 中，而非关键的样式则以延迟的方式加载。延迟加载非关键样式后，即可避免渲染阻塞的影响。

- 实现关键 CSS 不仅让用户感觉页面加载速度更快，而且这种现象是可衡量的。使用关键 CSS 时，页面首次绘制的时间会减少。可以使用 Chrome 的 Performance 面板比较关键 CSS 对该度量的影响。

我们已经了解了如何实现关键 CSS，并看到了它为用户提供的好处。下面进入第 5 章，学习根据请求图像的设备能力提供服务的重要性。

第5章

响应式图像

本章内容

- 使用 CSS 媒体查询，为用户设备传输正确的背景图像
- 在 HTML 中使用 `srcset` 和`<picture>`元素传输响应式图像
- 使用 Picturefill 在特定浏览器中提供 `srcset` 和`<picture>`的 polyfill
- 在CSS和HTML中使用SVG图像

我们已经学习了有用的 CSS 优化技术，下面深入了解在网站上管理图像的重要性。

图像通常是网站总负载的最大组成部分，并且这种趋势没有任何改变的迹象。尽管互联网连接速度不断提高，但许多设备都配备了高 DPI 显示器。为了在这些设备上显示最佳效果，图像需要具备更高的分辨率。然而，由于我们仍然需要支持屏幕功能较差的设备，因此依旧需要较低分辨率的图像，并且必须关注图像传输到各种设备的方式。

图像传输的目的不仅是提供尽可能好的视觉体验，而且要提供适合设备功能的图像。知道如何正确传输图像后，就可以确保功能较弱的设备永远不会承受超出其承受能力的负担，同时确保功能最强的设备接收到尽可能好的体验。保持这种平衡即可确保视觉吸引力和性能的完美融合。

5.1 为什么要考虑图像传输

Web 性能中与图像相关的一个组成部分，就是将正确的图像大小和类型提供给最适合使用它们的设备。本节将介绍在 CSS 和 HTML 中正确传输图像的重要性。我们谈论图像传输时，其实是在谈论**响应式**地提供图像。

如果你关注网站的性能，就需要重视响应式图像。CSS 的响应式是很重要的，这关系到你的网站是否可以在尽可能多的设备上提供良好的浏览体验。缩放和文件大小这两个原因也使得图像的响应式很重要。

当图像满足响应式要求时，用户将获得其设备所能提供的最佳体验。例如，大图像虽然可以很好地在所有设备上按比例缩小，但这不是最佳选择，即使它看起来很适合所有设备。实际上，设备不得不获取一张超大图像，然后重新缩放以适应屏幕。此外，这种图像文件偏大，因此需要更多下载时间，这会导致网站性能降低。

更合理的做法是提供最符合设备需要的图像。这就需要维护多组图像，但这项工作是值得的，因为处理和下载图像的时间是最少的。图 5-1 显示了图像缩放的低效方法和高效方法。

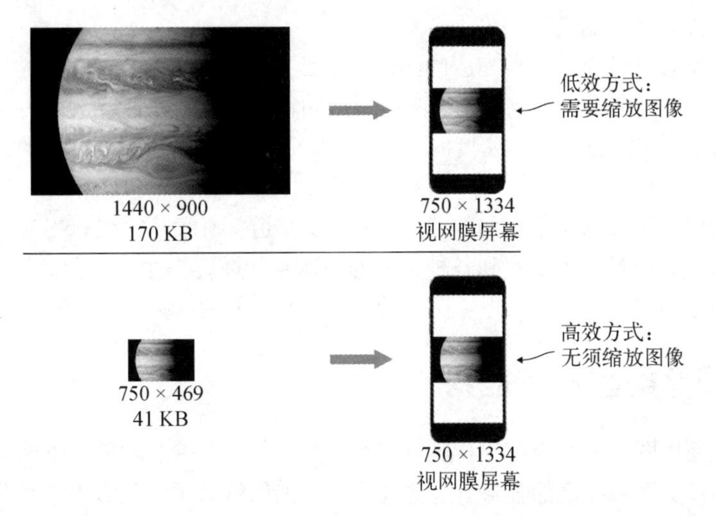

图 5-1 将图像缩放到手机上的两个示例。第一组图：宽度为 1440 像素的一张 170 KB 的图像，被缩小到手机高 DPI 屏幕的宽度。第二组图：宽度为 750 像素的一张 41 KB 的图像，无须缩放就可以传输到屏幕上。后一过程更高效

此外，你也必须检查响应式图像的性能影响。Google Chrome 的 Performance 面板再次派上用场，你可以用它来测量低效图像缩放与高效图像缩放的渲染和绘制性能。这个测试在每个场景下运行了 5 次，捕获了两个参数：渲染时间和绘制时间，如图 5-2 所示。

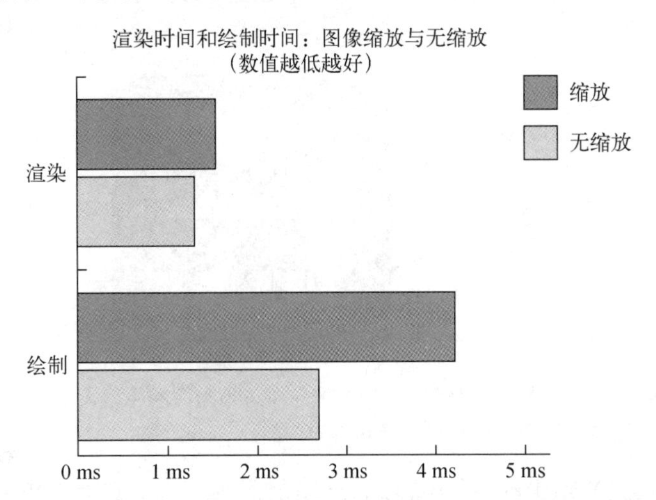

图 5-2 Chrome 中单个图像的渲染和绘制时间的比较。在缩放场景中，1440×900 的源图像被缩放至适合 375 像素宽的设备。而在无缩放场景中，已提前调整好大小的图像将适应设备，且不会触发缩放。显然，无缩放的渲染和绘制速度更快

在这个场景中，我观察到渲染时间减少了 15%，绘制时间减少了 36%。虽然改进只是毫秒级别的，但重要的是，这仅仅是单一图像的测量。通过在整个网站上实现响应式图像可以减少处理时间，帮助页面更灵敏地响应用户输入。

是否可以为所有设备提供完美缩放的图像？虽然一切皆有可能，但这样的目标并不现实。最佳的方式是，定义一个图像宽度的数组，覆盖所需的整个范围，并理解数组中的图像之间会存在一些重叠，以满足不同设备和显示密度的需要。一定程度的缩放是不可避免的，但你要尽量减少这种情况的发生。

如何使用响应式图像取决于它们的使用位置。要知道，图像通常在 CSS 和 HTML 中被引用。当你读完本章的其他内容，将了解到各种类型的图像及其最佳用途，以及如何在 CSS 和 HTML 中响应式地使用它们。

5.2　理解图像类型及其应用

在互联网上使用图像曾经很简单：虽然存在一些格式，但都是位图（也称为**光栅**）图像。有些图像比其他图像更适合特定的任务。这些规则在今天仍然适用，但形势已经发生了变化，应用场景也比以前更广。本节将讲解两种主要图像类型：光栅和 SVG。

5.2.1　使用光栅图像

如前所述，在 Web 上最常使用的图像类型是**光栅**，有时也称为**位图图像**。其典型的例子是 JPEG、PNG 和 GIF 图像，它们由二维网格上对齐的像素组成。图 5-3 显示了一个 YouTube 网站图标的例子。为解释光栅图像的概念，我们将这个图从 16 像素×16 像素放大到 512 像素×512 像素。

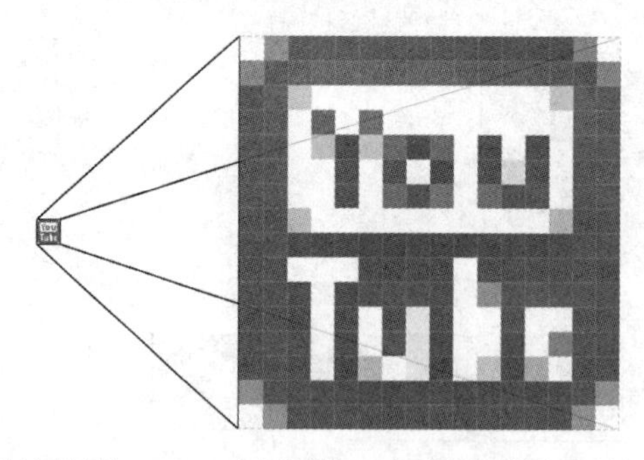

图 5-3　YouTube 网站图标的 16×16 光栅图像。左边是图像的原始大小，右边是其放大后的版本。每个像素都是二维网格的一部分

光栅图像用于描述 Web 上的各种内容：logo、图标、照片等。在 HTML 中，它们使用`<img>`标签显示。在 CSS 中，它们通常用于 `background` 属性，但也可以用于其他较少使用的属性，如 `list-style-image`。

光栅图像有几种格式，每种格式适合特定类型的内容。本节将按压缩方式对这些图像进行分类。我们在第 1 章使用服务器压缩来缩小样式表、脚本和 HTML 资源的文件。本节将了解光栅图像的压缩，光栅图像分为两类：有损和无损。

1. 有损图像

有损图像采用了丢弃未压缩图像源中数据的压缩算法。这些图像类型的实现思路是：可以接受一定程度的质量损失，以换取较小的文件。

数码相机就是有损图像的一个很好的例子。从数码相机的存储卡下载的照片通常是 JPEG 格式。当相机拍摄照片时，它将照片的未压缩版本存储在内存中，并使用无损压缩将未压缩的源转换为 JPEG 图像。

JPEG 图像在网络上几乎无处不在。在流行的照片共享网站 Flickr 上有一个使用 JPEG 格式的生动例子，如图 5-4 所示。

图 5-4 在流行的照片记录和共享网站 Flickr 上使用的 JPEG 图像。摄影内容最适合 JPEG 格式

这种格式有一个缺点：极端的压缩会变得很明显。如果这些文件类型不是从未压缩的源（如 PSD 文件）保存的，则它们也容易发生代际损失。当已经压缩的文件被重新压缩时，会发生代际损失，从而导致进一步的视觉效果退化。然而在实践中，如果小心使用压缩，退化应该不会很明显，而且这些图像类型是从未压缩的源保存的。

图 5-5 显示了一张照片的两个版本。左边的图像是未压缩的源，右边的图像是对其适量应用 JPEG 压缩后的副本。

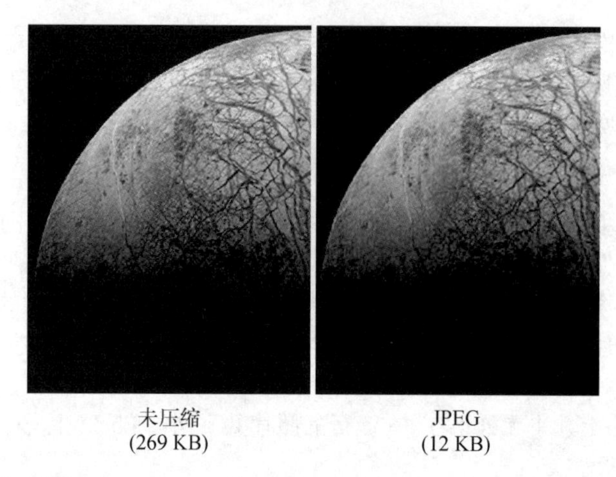

图 5-5　比较未压缩（TIFF）和压缩（JPEG）格式的同一图像及其各自的文件大小。JPEG 版本在 30 的质量设置下有细微的退化，但这种情况是可以接受的。图像来源：美国国家航空航天局喷气推进实验室

视觉质量可以反映从未压缩源到压缩后的 JPEG 的细微退化。考虑到 JPEG 版本比未压缩的 TIFF 版本小 96%，这种视觉质量的损失是一种可以接受的折衷方案。JPEG 算法的输出质量以 1~100 的刻度表示，其中 1 最低，100 最高。

JPEG 并不是 Web 使用的唯一一种有损图像格式，还有其他格式，比如 Google 的新的 WebP 图像格式（参见第 6 章）。下面学习无损图像类型。

2. 无损图像

另一类光栅图像是**无损图像**。这些图像类型使用不从原始图像源中删除数据的压缩算法。一个很好的例子是 Facebook 网站桌面版的标志，如图 5-6 所示。

图 5-6　Facebook 标志是一个 PNG 图像，这是一种无损的图像格式。PNG 图像非常适合无损格式

与有损图像格式不同，无损格式非常适合对图像质量要求比较高的场景。这使得无损格式成为图标等内容的最佳选择。无损图像类型通常分为以下两类。

- **8 位（256 色）图像**——包括 GIF 和 8 位 PNG 格式，这些格式仅支持 256 色和 1 位透明度。尽管它们的色彩比较局限，但对于不需要大量颜色或复杂透明度的图标和像素艺术图像来说，是最好的选择，比如。8 位 PNG 格式往往比 GIF 图像更高效。然而 GIF 支持动画，PNG 不支持。
- **全彩图像**——只有全彩 PNG 格式和无损版本的 WebP 格式支持 256 种以上颜色。两者都支持全 Alpha 透明度，最高支持 1670 万色。全彩 PNG 格式比 WebP 受到更广泛的支持。

这些图像类型广泛适用于图标和照片，但它们的无损特性意味着，除非必须全透明，否则照片内容通常最好保留为 JPEG 格式。

无损图像格式的效果取决于图像的主题。图 5-7 给出了无损图像压缩方法的广义比较。

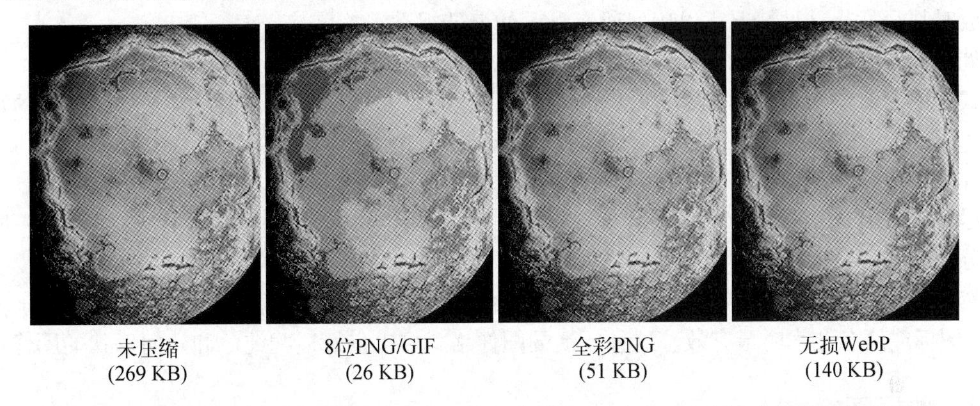

图 5-7 无损图像压缩方法的比较。未压缩、全彩 PNG 和 WebP 版本之间的差异是不可察觉的，而 8 位无损图像则被量化为 256 色。图像来源：美国国家航空航天局喷气推进实验室

各种无损格式在某些类型的内容中有优势，并且完全适用于线条艺术、图像学和摄影。要想找到合适方法，需要进行实验，但是基本的使用规则一般很简单：颜色少的简单图像应该使用 8 位无损格式；不适合有损格式或需要完全透明的图像应使用全彩 PNG 格式。

下一节将介绍与光栅图像完全不同的图像类别：可缩放矢量图形。

5.2.2 使用 SVG 图像

Web 上使用的另一种图像格式是**可缩放矢量图形**（Scalable Vector Graphics，SVG）。SVG 是一种矢量图格式。与光栅图像不同，它们由数学计算的形状和大小组成，所以可以缩放到任何大小，如图 5-8 所示。

图 5-8 一幅漫画矢量图的不同大小。请注意，较大的图形并没有因为被放大而损失任何视觉效果。这是矢量图之于光栅图最大的优势所在

矢量图因其渲染方式而缩放得非常好。尽管所有设备屏幕都是像素驱动的，因而所有的显示输出最终也以像素表示，但矢量图像显示在屏幕上时依然会经历一个不同于光栅图像的过程。它们被解析，并且评估数学属性，然后通过一个称为**光栅化**的过程映射到基于像素的显示。每次图像缩放时都会发生这种情况，以确保所有显示的最佳视觉完整性。

如果你熟悉矢量图的创建，那么一定熟悉 Adobe Illustrator 等程序。尽管这些程序的本地文件格式是用二进制表示的，但 SVG 格式是用 XML 表示的，XML 是一种文本格式。SVG 的媒体类型 `image/svg+xml` 反映了它是基于 XML 的。此特性允许你在文本编辑器中编辑 SVG 文件、将 SVG 文件内联到 HTML，甚至可以在 SVG 文件中使用 CSS 和媒体查询。

尽管 SVG 自 1999 年以来一直是 W3C 标准，但近几年才应用到网站中。SVG 可以在不同的设备分辨率和显示密度之间完美地工作，这使它成为一种流行的图像格式。

然而 SVG 并不是杀手锏，它的应用也受到了限制。SVG 图像不适用于照片，它在用于描述 logo、图标或线条艺术时最有效。这种灵活的图像格式可以良好适配纯色和几何形状的图像。

5.2.3　选择图像格式

当所有图像类型都可用时，很难判断哪种类型对某种内容最合适。虽然矢量图像是一个独立的类别，但 SVG 是主流格式，而光栅图像分为两类（有损压缩和无损压缩），它们又有多种格式。通过表 5-1，你可以了解最适合每种图像类型的内容类型。

表 5-1　你可以根据网站的内容类型选择图像格式。每种图像格式在颜色限制、图像类型和压缩类别方面都有所不同（全色表示 1670 万或更多颜色，24/32 位）

图像格式	颜色	图像类型	压缩	最适合的内容类型
PNG	全色	光栅图	无损	可能需要（也可能不需要）全部颜色的内容。质量损失是不可接受的，或内容要求完全透明。可适应任何内容类型，但不能像 JPEG 那样压缩照片
PNG（8 位）	256	光栅图	无损	不需要全部颜色，但可能需要 1 位透明度的内容，比如图标和像素艺术
GIF	256	光栅图	无损	与 8 位 PNG 相同，压缩性能稍低，但支持动画
JPEG	全色	光栅图	有损	需要全部颜色的内容，质量损失和缺乏透明度是可以接受的，例如照片
SVG	全色	矢量图	未压缩	可能需要（也可能不需要）全套颜色的内容，缩放时质量损失是不可接受的。最好是线条艺术、图表和其他非摄影内容。不必通过大量开发来优化所有设备上的显示
WebP（有损）	全色	光栅图	有损	与 JPEG 相同，但也支持完全透明，有可能获得更好的压缩性能
WebP（无损）	全色	光栅图	无损	与全彩 PNG 相同，具有更好的压缩性能

下一节将使用 CSS 优化网站顶部图像的传输。

5.3 CSS 中的图像传输

CSS 中的图像传输是一个很好的始点，因为它涉及 CSS 属性和功能。如果开发过响应式网站，你一定很熟悉这些属性和功能。用于正确传输图像的主要 CSS 功能是媒体查询。

这一次我们将优化“传奇音调”网站的顶部图像的传输，第 1 章介绍过这个网站，该网站向吉他手发布感兴趣的文章。这个网站的图像管理不善，导致大屏幕上的图像质量低下。你希望向这些用户提供更高质量的图像，但又希望无论用户使用何种设备都不会负担过大的图像。你还想确保具有高 DPI 显示器的用户在屏幕上获得尽可能好的体验。

首先下载这个网站并在本地运行。为此，需要在所选文件夹中执行以下命令：

```
git clone https://github.com/webopt/ch5-responsive-images.git
cd ch5-responsive-images
npm install
node http.js
```

网站下载完成后，可以在本地计算机上打开 http://localhost:8080。网站应该如图 5-9 所示。

5

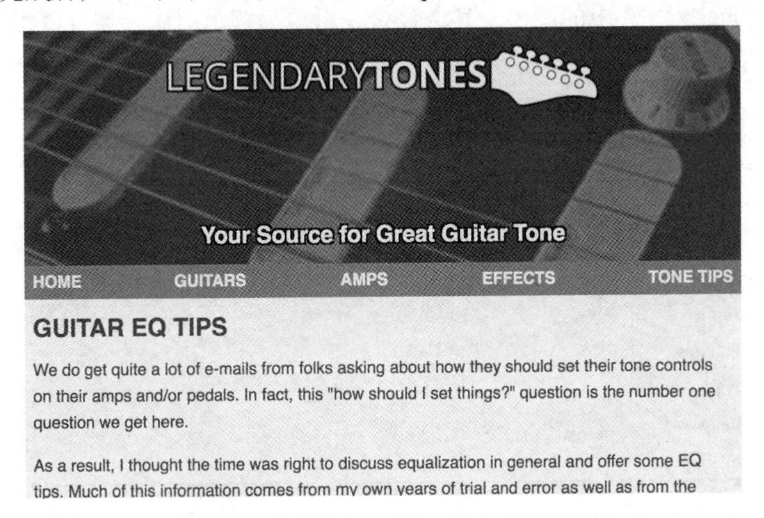

图 5-9　在浏览器中显示的“传奇音调”网站

网站在本地计算机上运行时，你可以通过分割图像，并根据设备宽度、设备 DPI 以及在 CSS 中使用 SVG 的方式，形成目标屏幕上的显示计划。

5.3.1 使用媒体查询在 CSS 中适配显示器

本节的目标是，通过使用 img 文件夹提供的背景图像，为所有设备创建最佳体验，从而提高“传奇音调”网站顶部图像的视觉质量。

使用 CSS 实现响应式图像时，最好的工具是媒体查询。通过媒体查询，可以决定为哪种屏幕宽度改变特定选择器的 `background-image` 规则。

在“传奇音调”网站上，只有一个选择器#masthead 设置了 background-image 属性。它设置页面顶部的样式，页面顶部有一个大的背景图像、logo 和网站标语。此选择器的 CSS 如代码清单 5-1 所示。

代码清单 5-1　“传奇音调”网站的#masthead 样式

```
#masthead{
    padding: .5rem 0 0;
    height: 10rem;
    background-size: cover;
    background-image: url("../img/masthead-xxxsmall.jpg");
    background-position: 50% 50%;
    position: relative;
}
```

确保无论容器大小如何，背景图像都能覆盖整个容器

顶部图像默认为移动优先

#masthead 元素横跨浏览器窗口的宽度，其 background-image 值为 mastheadxxx-small.jpg。如果在大屏幕上加载这个网站，你会立即注意到背景图像的视觉质量有多差。这是因为默认样式是移动优先的，所以为移动设备提供最小图像。

下面总结 img 文件夹中的图像，其中包含一组顶部背景图像，你可以将这些图像插入#masthead 的媒体查询临界点。表 5-2 列出了这些图像及其目标媒体查询。

表 5-2　网站 CSS 中的图像、分辨率和目标媒体查询临界点

图像名称	图像分辨率	媒体查询
masthead-xxxsmall.jpg	320 × 135	无（默认图像）
masthead-xxsmall.jpg	640 × 269	(min width: 30em)
masthead-xsmall.jpg	768 × 323	(min width: 44em)
masthead-small.jpg	1024 × 430	(min width: 56em)
masthead-medium.jpg	1440 × 604	(min width: 77em)
masthead-large.jpg	1920 × 805	(min width: 105em)
masthead-xlarge.jpg	2560 × 1073	(min width: 140em)
masthead-xxlarge.jpg	3840 × 1609	未使用

如你所见，每个图像都属于一个特定的设备分辨率范围，可在不拉伸到像素化的情况下进行缩放。第一张图像，masthead-xxxsmall.jpg 从 320 像素的宽度开始，一直拉伸到 479 像素。在 480 像素的临界点处，640 像素版本的图像开始生效，并放大到 703 像素的宽度。在 704 像素处，一个新的临界点出现，一个更高分辨率的图像被替换。这一直持续到最大分辨率为止。请注意，目前还没有使用 masthead-xxlarge.jpg 文件。稍后关注高 DPI 屏幕时才会用到它，现在可以忽略。

从文本编辑器打开 css 文件夹中的 styles.css 文件。注意，它是移动优先的示例，文件底部存在大量媒体查询。这些媒体查询中的样式用于更改网站 logo 的大小、网站标语副本和顶部容器的高度。在第 183 行 480px（或 30em，因为使用的是 em 而不是像素）设置的第一个临界点如代码清单 5-2 所示。

代码清单 5-2 媒体查询临界点

```
@media screen and (min-width: 30em){ /* 480px/16px */
    #masthead{
            height: 12rem;
    }

    #logo{
            width: 70%;
    }

    #tagline{
            font-size: 1.25rem;
    }
}
```

480 像素宽屏幕的媒体查询

在这个和后续的临界点需要添加背景图像的元素

我们希望这段代码能够用来修改`#masthead` 选择器的内容，以便在该临界点启动时，提供比 masthead-xxxsmall.jpg 的分辨率更高的背景图像。因此，继续操作并将`#masthead` 选择器的内容更改为：

```
#masthead{
    height: 12rem;
    background-image: url("../img/masthead-xxsmall.jpg");
}
```

为新图像添加 `background-image` 属性后，保存文档并重新加载页面。然后观察图像质量的改善情况，如图 5-10 所示。

添加背景图像之前

添加背景图像之后

图 5-10 顶部背景图像在 480 像素（30em）临界点的显示，其中左边为添加新背景图之前，右边为添加新背景图之后。可以注意到后者的图像视觉质量上提高了

接下来要做的就是对表 5-2 中列出的每个临界点重复这个过程。完成后应该能得到自适应的顶部背景图片，从手机的分辨率一直适配到大的桌面设备分辨率。

想要跳过？

如果你陷入困境或者想要跳过直接以查看最终效果，可以使用 `git` 切换到项目的完成状态并查看代码。在命令行中输入 `git checkout responsive-images -f` 即可跳过。如果有任何更改要保留，请确保先备份。

下一节将学习如何针对高 DPI 显示器，并使用媒体查询向那些屏幕更强的设备提供更高分辨率的图像。

5.3.2　通过媒体查询适配高 DPI 显示器

要实现响应式图像，必须兼容高 DPI 显示器（如 4K 和 5K 超高清显示器）。众所周知，苹果公司的视网膜显示器就是这种技术的一个例子，但这种技术当然不局限于苹果设备。现在大多数设备带有可视为高 DPI 的屏幕。从我们的顶部图片可以看到标准 DPI 显示器与高 DPI 显示器的比较，如图 5-11 所示。

图 5-11　标准显示器与高 DPI 显示器上的图形放大视觉表示

高 DPI 显示器提供了增强的视觉体验，但给开发者带来了新的挑战：如何高效传递这些图像。图 5-12 比较了正确传输到这些显示器上的图像。

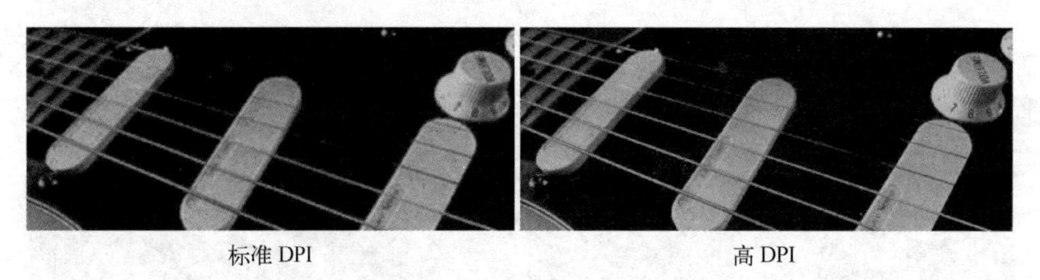

图 5-12　两个版本背景图像的比较，对应两种显示器类型。左侧：用于标准显示器的背景图像显示在高 DPI 显示器上。右侧：适当的分辨率图像用于高 DPI 显示器，创建了更好的视觉体验

我们之前实现了针对`#masthead`元素的背景图像，但这次针对的是高 DPI 屏幕。这不仅要像以前那样针对设备宽度，还要针对结合媒体查询的像素密度。下面是一个基本的高 DPI 屏幕媒体查询示例：

```
@media screen (-webkit-min-device-pixel-ratio: 2),
              (min-resolution: 192dpi){
    /* 在此放置高 DPI 样式 */
}
```

我们在此实际看到两个媒体查询：带有浏览器供应商前缀的`-webkit-min-device-pixel-ratio`媒体查询是 WebKit 实现的兼容旧浏览器的高 DPI 显示支持，而`min-resolution`媒体查询用于现代浏览器支持（虽然较新的浏览器往往也识别浏览器供应商前缀媒体查询）。

-webkit-min-device-pixel-ratio 媒体查询会检查像素密度的简单比率，其中比率 1 相当于 96DPI。这种情况下，在下载更高分辨率的图像之前，你要确保显示器的像素密度至少为 192DPI。而 min-resolution 媒体查询则采用更直接的值 192dpi。

此时，需要为每个新的临界点指定正确的背景图像。这意味着要重新设计表 5-2 中的背景图像，以调整#masthead 元素在高 DPI 屏幕上的背景图像。表 5-3 是调整后的结果。

表 5-3 **#masthead** 选择器在 CSS 中的背景图像，及其对应的分辨率和高 DPI 屏幕的媒体查询

图像名称	图像分辨率	标准 DPI 媒体查询	高 DPI 媒体查询
masthead-xxxsmall.jpg	320 × 135	无（默认）	未使用
masthead-xxsmall.jpg	640 × 269	(min-width: 30em)	(-webkit-min-device-pixel-ratio: 2), (min-resolution: 192dpi)
masthead-xsmall.jpg	768 × 323	(min-width: 44em)	(-webkit-min-device-pixel-ratio: 2), (min-resolution: 192dpi), and (minwidth: 30em)
masthead-small.jpg	1024 × 430	(min-width: 56em)	(-webkit-min-device-pixel-ratio: 2), (min-resolution: 192dpi), and (minwidth: 44em)
masthead-medium.jpg	1440 × 604	(min-width: 77em)	@media screen (-webkit-min-devicepixel-ratio: 2), (min-resolution: 192dpi), and (min-width: 56em)
masthead-large.jpg	1920 × 805	(min-width: 105em)	@media screen (-webkit-min-devicepixel-ratio: 2), (min-resolution: 192dpi), and (min-width: 77em)
masthead-xlarge.jpg	2560 × 1073	(min-width: 140em)	@media screen (-webkit-min-devicepixel-ratio: 2), (min-resolution: 192dpi), and (min-width: 105em)
masthead-xxlarge.jpg	3840 × 1609	未使用	(-webkit-min-device-pixel-ratio: 2), (min-resolution: 192dpi), and (minwidth: 140em)

比较表 5-3 与表 5-2，二者看起来很相似，只是每个图像都被上移了，这样高分辨率的图像就可以用于较小的屏幕宽度。你可能还记得，masthead-xxxsmall.jpg 被用作顶部的默认背景图像。对于更高分辨率的屏幕，它已经被提升为下一个更大的图像，即 masthead-xxsmall.jpg。标准 DPI 显示器没有使用 masthead-xxlarge.jpg 图像。而此图像现在已用在最大临界点，以覆盖大屏幕设备上的高 DPI 显示器。

要想开始使用高分辨率的背景图像，请在 styles.css 中找到高 DPI 媒体查询的开头。你将从 280 行开始看到一个媒体查询，如下所示：

```
@media screen (-webkit-min-device-pixel-ratio: 2),
              (min-resolution: 192dpi){ /* 高 DPI 默认状态 */
    #masthead{
    }
}
```

此媒体查询与移动优先的样式类似，只是它定义了高 DPI 屏幕上的页面的默认样式。在此媒体查询中，需要更改#masthead 选择器的内容，以包含新的 background-image 属性：

```
#masthead{
    background-image: url("../img/masthead-xxsmall.jpg");
}
```

完成修改后，质量很明显提高了，如图5-12所示。完成此调整后，只需遍历表5-3中的图像列表，并将它们应用于各自的媒体查询。

想要跳过?

如果你陷入困境或者想要跳过以直接查看最终效果，可以使用 git 切换到项目的完成状态并查看代码。跳转到运行的网站目录，并在命令行输入 `git checkout hi-dpi-images -f` 即可。如果你有任何更改要保留，请确保先备份。

下一节将讲解如何在CSS中使用SVG图像，并体会到在向所有类型的显示器提供高分辨率图像时，矢量图像格式相比于光栅图像的优势。

5.3.3　在CSS中使用SVG背景图像

有时，在背景图像中使用SVG可能更好，这取决于图像的内容。如前所述，如果有一个包含很多线条艺术的图像，那么使用SVG就很完美。在CSS中使用这些图像类型时，不需要通过媒体查询在所有分辨率和显示密度之间完美显示图像。

在img文件夹中，找到名为masthead.svg的SVG文件。在文本编辑器中打开styles.css，转到第66行的`#masthead`选择器，并将此选择器中的`background-image`属性修改为以下内容：

```
background-image: url("../img/masthead.svg");
```

然后从第180行开始，删除文档中的所有媒体查询，使这些媒体查询中的背景图像覆盖不会覆盖你设置的SVG背景。进行这些修改后，保存并重新加载页面，以查看新的背景图像。

新的SVG生效时，调整窗口大小，并观察图像在所有分辨率下如何完美地缩放。这就是SVG文件在实际应用中的主要优势。无须媒体查询，图像可在所有设备宽度和屏幕类型以及高DPI或其他情况下正确缩放。

需要再次强调的是，这种图像类型并非适合于所有类型的内容。JPEG和全彩PNG文件更适合照片，而SVG最适合用于logo、线条艺术和图案等内容。如果有疑惑，可以先试试SVG。一定要注意文件大小，看看它在预期的设备上是否高效。如果较小的光栅图可以更好地为用户服务，请考虑切换到光栅图。如果图像内容非常适合SVG格式，那么SVG通常是最高效的。

下一节介绍在HTML中实现响应式图像的各种技术。

5.4　在HTML中传输图像

虽然CSS可以以响应式的方式管理图像，但是它不能解决从HTML引用图像时使图像具备响应性的问题。自从HTML诞生以来，`<img>`标签一直是Web上图像的载体。因为响应式Web

设计无处不在，所以在 HTML 中使用图像时，应该有一个使图像具有响应性的解决方案。

本节将讲解在 HTML 中使用响应式图像的两种方法，这两种方法对于不同的场景都是有用的。它们分别是<picture>元素和<img>标签的 srcset 属性。虽然这些特性是 HTML 特有的，但并非在所有浏览器中都得到了支持，所以还需学习如何在不支持它们的旧浏览器中为这些功能提供 polyfill。

然而在开始之前，必须介绍一个重要的 CSS 规则，应该将其添加到样式表。

5.4.1 图像的全局 max-width 规则

对于任何一个网站，不管是否为响应式网站，CSS 中都应该有一个规则，如代码清单 5-3 所示。

代码清单 5-3 对所有 img 元素设置的全局 max-width 规则

```
img{
    max-width: 100%;
}
```


这条简洁的规则有很多好处，其一是使任何<img>元素都渲染为其自然宽度（除非超过容器）。超过容器宽度时，这条规则会将图像宽度限制为容器的宽度，如图 5-13 所示。

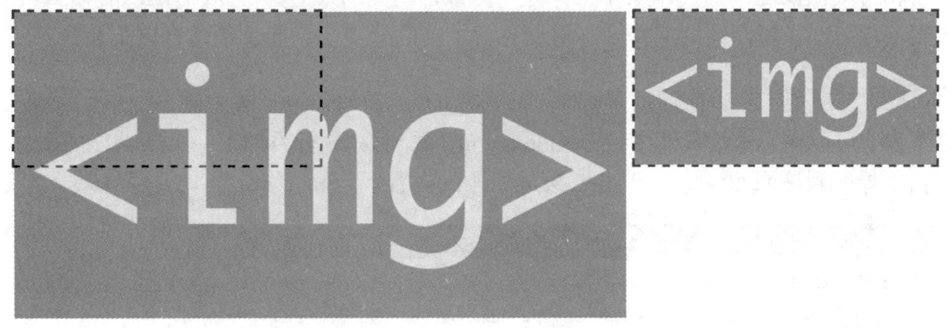

图 5-13 应用 max-width 规则前后的图像行为。左侧示例是默认行为：如果图像宽度大于其容器，将超出边界；右侧是 max-width 为 100%的图像，它将图像压缩到容器的宽度

有了这条规则，即可确保图像的行为与通常一样，除非它们比其父容器大。有了这个坚实的起点，下面可以真正在 HTML 中使用响应式图像了。

5.4.2 使用 srcset

显示响应式图像的方法之一，是在<img>标签中使用名为 srcset 的 HTML5 特性。<img>标签的这个可选属性不是替换 src 属性，而是对其进行补充。

1. 使用 srcset 具体说明图像

使用 srcset 的示例如下所示：

```
<img src="image-small.jpg"
     srcset="image-medium.jpg 640w,
             image-large.jpg 1280w">
```

在这个例子中，src 属性用于默认图像。在移动优先网站，默认图像应该是图像集合中最小的。这对不支持 srcset 的浏览器起到了回退的作用。此处的 srcset 属性引用两个高分辨率图像（在前面的示例中为粗体）。srcset 属性的格式是图像 URL 和图像宽度，由空格分隔。图像名称采用<img>标签的 src 属性中常用的格式，宽度使用后缀 w 表示。例如，宽度为 512 像素的图像将表示为 512w。可以添加其他图像和尺寸，只需用逗号分开！

srcset 的优点是，它不需要媒体查询就可以工作。浏览器获取给定的信息，并根据视口的当前状态选择最适合的图像。在给定<img>标签中所有图像具有相同的处理方式但长宽比不同的情况下，使用 srcset 非常适合。这一点很重要。如果提供的图像的长宽比不同，则 srcset 不是很适用，并且会产生意想不到的结果。如果需要一种响应式图像方法，以便在不同的屏幕大小下进行不同处理，那么可以在 CSS 中使用媒体查询，或者直接阅读<picture>元素。

本节将继续图像传输的优化工作，并在“传奇音调”网站上为文章图像实现 srcset。但首先，需要使用 git，将网站的工作副本更新到一个新的分支。为此，请运行以下命令：

```
git checkout srcset -f
```

接下来，可以在文本编辑器中打开 index.html，看到第 26 行添加了一个新功能的图像。如果在浏览器中导航到该网站，将看到如图 5-14 所示的内容。

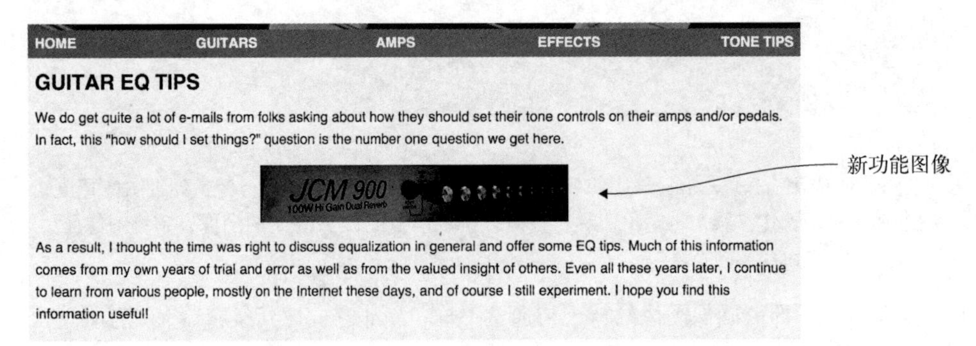

图 5-14　“传奇音调”网站上出现的新功能图像

图 5-14 中显示的带注解功能的图像保存在 img 文件夹中，文件名是 amp-xsmall.jpg。网站现阶段的目标是，将这个图像扩展到容器的宽度，同时保持合理的分辨率。开始使用 srcset 实现目标之前，盘点 img 文件夹中的图像及其宽度，以便设置 srcset 属性的值。清单详见表 5-4。

表 5-4 网站 img 文件夹中的图像及其宽度的清单，它们将用于 srcset 属性

图像名称	图像宽度（像素）
amp-xsmall.jpg	320w（已经在 src 属性中引用）
amp-small.jpg	512w
amp-medium.jpg	768w
amp-large.jpg	1280w

根据表 5-4 中的信息，就可以构建 srcset 属性的内容。在 index.html 的第 26 行，将<img>标签更改为以下内容：

```
<img src="img/amp-xsmall.jpg" class="articleImageFull"
    srcset="img/amp-small.jpg 512w,
            img/amp-medium.jpg 768w,
            img/amp-large.jpg 1280w">
```

使用这个 srcset 值，你将拥有一个兼容浏览器中所有临界点的功能图像。它最好的一点是，你不必编写任何媒体查询来实现这一点。浏览器会尽其所能做出最佳选择，并完成所有工作。

在优化方面，srcset 是高效的。这是因为浏览器只会下载最佳视觉质量所需的内容。本例中，如果在大屏幕上加载页面，浏览器将加载 amp-large.jpg；但如果缩小页面，浏览器将不会请求 amp-medium.jpg、amp-small.jpg 等。浏览器将调整已经加载的图像，这可以防止不必要的图像资源获取。优化成功！

如果以较小的屏幕加载页面并放大，浏览器将下载所需内容，以确保良好的图像质量。所以鱼与熊掌可以兼得。一言以蔽之：srcset 只在需要时获取它需要的东西。

2. 使用 size 控制粒度

你可能需要比 srcset 所能提供的更大的灵活性。也许需要图像根据屏幕的宽度改变大小，而这就是 size 属性的用途。

size 属性与 srcset 一样，也用于<img>标签。它接受一组媒体查询和宽度。媒体查询与典型的 CSS 媒体查询一样，定义了图像应该更改的临界点。媒体查询起作用时，它后面的宽度设置图像应显示的宽度。这些媒体查询和图像大小可以通过逗号分隔成多对使用。示例如下：

```
<img src="image-small.jpg"
     srcset="image-medium.jpg 640w, image-large.jpg 1280w"
     sizes="(min-width: 704px) 50vw, 100vw">
```

本例中，size 属性的内容有两个作用。在 704 像素和更宽的屏幕上，指示图像占据视口宽度的 50%。要告诉浏览器这一点，可以使用视口宽度（vw）单位，即视口当前宽度的百分比。之后的下一个逗号分隔规则（不带媒体查询）是图像的默认宽度。如果媒体查询都不匹配，将指示图像填充整个视口。由于 max-width: 100%规则（如前所述）在所有图像上起作用，所以图像永远不会超过其容器的宽度。要亲自尝试 size 属性，请将 index.html 第 26 行的<img>标签更改为以下内容：

```
<img src="img/amp-xsmall.jpg" class="articleImageFull"
     srcset="img/amp-small.jpg 512w,
             img/amp-medium.jpg 768w,
             img/amp-large.jpg 1280w"
     sizes="(min-width: 704px) 50vw, (min-width: 480px) 75vw, 100vw">
```

将 sizes 属性添加到这个<img>标签，图像行为会在不同的临界点中受到影响，如图 5-15 所示。

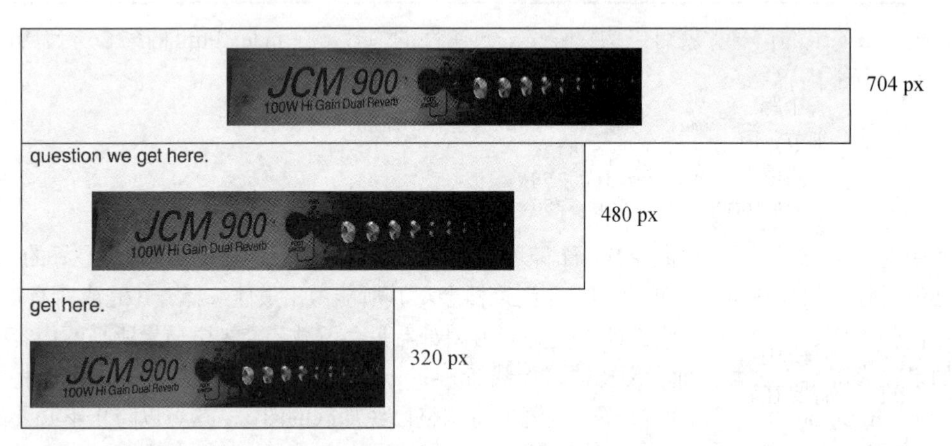

图 5-15　sizes 属性对 Google Chrome 中文章图像的影响。在 704 像素断点处，图像占视口的 50%；在 480 像素断点处，图像占视口的 75%；低于 480 像素的默认图像行为是占据整个视口

更改之后，调整浏览器窗口的大小，并查看图像在媒体查询中是如何渐进适应视口的。与其他响应式图像方法一样，调整会产生最佳结果。使用 sizes 时应当遵循的一条规则是：媒体查询应该与 CSS 中使用的内容一致。你可以修改，但一定要测试，测试，测试！

srcset（和可能的 sizes）通常应该是够用的，但在某些情况下，你可能需要一种响应式图像的方法，以便在不同的屏幕上进行不同的处理。此时<picture>元素就会派上用场。

5.4.3　使用<picture>元素

srcset 是个好功能，但当你的图像需要美术设计时，它就显得力不从心了。**美术设计**是一种应用于响应式图像的技术，指的是为不同的屏幕提供不同的裁剪和焦点的实践。例如，当一个针对大屏幕的图像对于较小的屏幕不是最优的时候，就可以这么做。图 5-16 是一个美术设计的例子，我把我有些神经质的猫作为图像集主角。

图 5-16 一个跨三端的美术设计例子。在最大的版本中，主角有更多的上下文和周围的细节，因为较大的屏幕可以容纳更多内容。随着屏幕宽度的减小，图像的裁剪方式也不同，因此主角在较小的屏幕上仍然可见

<img>标签上使用的 srcset 功能不适用于在不同临界点中需要不同处理的图像，因为它要求一组图像保持相同的长宽比。而<picture>元素没有这样的要求，它可以在定义的任何转换点显示任何图像。

开始学习如何使用<picture>元素之前，需要使用 git 切换到网站代码的新分支。如果有想保留的工作，需要在转换之前保存。然后运行以下命令：

```
git checkout picture -f
```

这条命令会为你切换到一个新的代码分支，在那里可以使用<picture>元素进行实验。你可以通过新代码开始使用<picture>元素，以在不同设备上对文章图像进行不同的处理。

1. 在“传奇音调”网站上使用美术设计图像

在浏览器中重新加载“传奇音调”网站并向下滚动，你将看到一个吉他扩音器的新文章图像，如图 5-17 所示。在小于 704 像素的屏幕上，图像位于段落之间，并在视口居中。在 704 像素和更宽的屏幕上，图像向右浮动，文本环绕图像。

图 5-17 “传奇音调”网站上的图像行为。在小屏幕（左）中，图像在视口居中，段落断开；在大屏幕（右）中，图像向右浮动，文本环绕图像

图 5-17 中的图像设置在<picture>元素中，可以在 index.html 的第 30 行找到它。

代码清单 5-4　“传奇音调”网站的<picture>元素

```
<picture>
    <img src="img/amp-small.jpg">
</picture>
```

picture 标签

如果浏览器不支持<picture>，则显示为此

我们想添加到这个设置中的是：为可使用更高分辨率图像的显示器提供这样的图像，并为较小的设备提供一种裁剪方案。为了实现这一点，可以在<picture>中添加一些<source>标签，从而定义更多图像供浏览器使用。添加到<picture>元素的代码随后被注释，如代码清单 5-5 所示。

代码清单 5-5　通过<picture>为不同设备添加新的图像处理

```
<picture>
   <source media="(min-width: 704px)"
           srcset="img/amp-medium.jpg 384w" sizes="33.3vw">
   <source srcset="img/amp-cropped-small.jpg 320w" sizes="75vw">
   <img src="img/amp-small.jpg">
</picture>
```

如果浏览器不支持<picture>，<img>依然可以正常使用

为了实现目标，可以为两个不同的图像分别添加<source>标签。第一个<source>标签包含一个 media 属性，该属性在屏幕为 704 像素或更宽时生效。满足此条件时，srcset 属性将提供一个 384 像素宽的图像，并以视口大小的三分之一渲染该图像。

当屏幕宽度小于 704 像素时，第二个<source>标签开始生效。这个<source>标签的 srcset 属性用于引入宽度为 320 像素的不同的图像处理，并将其大小调整为视口宽度的 75%。图 5-18 显示了新代码的效果。

小屏幕　　　　大屏幕

图 5-18　修改<picture>元素后网站的图像行为。请注意，小屏幕（左）会根据屏幕分辨率提供不同的图像处理

<picture>元素的威力并不一定在于其本身。它仅仅是其他元素的容器，这些元素决定了响应式图像的行为，它们是<source>和<img>元素。<source>元素是进行图像配置的地方，而

<img>标签是不支持<picture>元素的浏览器的回退。尽管<img>标签提供了回退行为，但它对于<picture>元素来说是必需的，不该被省略。

我们所做的工作对于一些低 DPI 的显示器来说已经足够好了，但是你应该更进一步，以便高 DPI 的显示器可以从高质量的图像中受益。

2. 针对高 DPI 显示器

可以轻松使用<picture>元素应对高 DPI 显示器。这需要对<source>标签上的 srcset 属性进行更多调整。对于这个网站，可以修改<picture>元素的内容，以便为这些显示器提供更好的体验。代码清单 5-6 中的修改以粗体显示。

代码清单 5-6　使用<picture>为高 DPI 显示器添加图像

这些小调整有两个作用：在大屏幕上，浏览器将在宽度为 384px 或 512px 的图像之间进行选择；在小屏幕上，浏览器将在适合低 DPI 显示器的图像（amp-cripped-small.jpg）和适合高 DPI 显示器的图像（amp-cripped-medium.jpg）之间进行选择。

为了告知浏览器哪种图像应用于哪种类型的显示器，在 srcset 属性中使用 x 值代替宽度值。可以把它想象成一个简单的乘数，1x 标记适合标准 DPI 屏幕的图像，2x 或更高的倍数表示适合于更高 DPI 屏幕的图像。如果愿意，甚至可以使用 3x 或更高的倍数，因为 5K 显示器已经逐渐普及了。

下面使用<picture>元素为不同的文件类型指定回退，并了解如何借此利用新图像格式，同时保持与不支持它们的浏览器的兼容性。

3. 在回退图像中使用 type 属性

<picture>元素还可以根据类型引用一系列回退图像。你想利用任何新的图像格式，又希望确保功能较弱的浏览器仍然能够使用通用格式时，它很有用。

Google 的 WebP 格式是一个很好的例子。WebP 很强大，它根据图像内容提供比等效格式更小的文件。

要在<picture>元素中创建一系列回退，可以在<source>元素上使用 type 属性。type 接受图像的文件类型作为 srcset 属性中指定的图像的参数。

继续使用<picture>中的 type 属性来优先使用 WebP 图像，并在不支持 WebP 的浏览器中回退到 JPEG 图像。在文本编辑器中，转到第 30 行，将<picture>元素的内容更改为以下内容：

```
<picture>
    <source srcset="img/amp-small.webp" type="image/webp">
    <img src="img/amp-small.jpg">
</picture>
```

现在两全其美：可以处理 WebP 的浏览器可以得到 WebP，不能处理的浏览器将回退到 JPEG。此外，由于<picture>元素中的<img>标签是回退标签，因此它可以在不支持<picture>本身的浏览器中工作，因此该方法可以使用任何格式而不必担心不兼容。

我们已经探索了<picture>元素的作用，接下来介绍如何使用 Picturefill 库，为较旧的浏览器 polyfill <picture>元素和 srcset 属性

5.4.4　使用 Picturefill 提供 polyfill 支持

尽管 srcset 和<picture>都很有用，但它们的浏览器支持并不是通用的。值得庆幸的是，可以通过一个名为 Picturefill 的 11 KB 小脚本，在不支持这些标签浏览器中使用它们。

1. 使用 Picturefill

和任何良好的 polyfill 一样，Picturefill 的强大在于它的透明度。你可以按照预期的方式使用新的浏览器功能，所有浏览器都表现很好。支持<picture>和 srcset 的浏览器将使用原生实现，而其他兼容性较差的浏览器将使用 Picturefill。

从 https://scottjehl.github.io/picturefill/下载 Picturefill 并将其放入项目。要查看 Picturefill 是如何使用的，可以输入以下命令，切换到已安装 Picturefill 的新分支：

```
git checkout picturefill -f
```

加载分支后，在文本编辑器中打开 index.html 并查看第 7 行和第 8 行。你将在<head>中看到下面两个<script>代码块：

```
<script>document.createElement("picture");</script>
<script src="js/picturefill.min.js" async></script>
```

第一个<script>块用于无法识别<picture>元素的浏览器，并防止在 Picturefill 完成加载之前，浏览器在 HTML 中解析它们时出现问题。第二个块加载 Picturefill 库，但使用 async 属性，因而不会阻塞页面渲染（关于 async 的详细内容，请参见第 8 章）。

使用 Picturefill 就是这么简单。脚本加载之后，那些不支持 HTML 中这些新的图像传输功能的浏览器，现在可以很好地支持它们了。

不幸的是，这种方法并不能阻止支持<picture>和 srcset 的浏览器额外下载 Picturefill。接下来，你将看到如何使用 Modernizr 检查<picture>和 srcset 支持，并仅为需要 Picturefill 的浏览器加载它。

2. 使用 Modernizr 选择性加载 Picturefill

Modernizr 是一个健壮的特性检测库，它为检测浏览器对某些特性的支持提供了一种简单的

方法。我在本节构建了一个 1.8 KB 的自定义 Modernizr，它只包含`<picture>`和 `srcset` 的特性检测代码。

使用 Modernizr 来避免在现代浏览器中加载 11 KB 的 Picturefill 库，方法是首先检查浏览器是否需要它。如果任意一个特性的检测失败，则加载 PictureFill；如果两者都成功，则不加载 Picturefill，这样也就省去了浏览器下载非必要代码的麻烦。

首先，删除 index.html 的第 8 行，这是加载 picturefill.min.js 的`<script>`块。然后在`</body>`结束标签之前添加以下代码：

```
<script src="js/modernizr.custom.min.js"></script>
<script>
    if(Modernizr.srcset === false || Modernizr.picture === false){
        var picturefill = document.createElement("script");
        picturefill.src = "js/picturefill.min.js";
        document.body.appendChild(picturefill);
    }
</script>
```


上述代码是通过包含定制的 Modernizr 构建开始的。然后，在独立的`<script>`标签中编写了一些代码，检查 `Modernizr` 对象中的 `srcset` 和`<picture>`支持。如果其中任何一个检查失败，则创建另一个`<script>`标签，将其 `src` 属性设置为指向 Picturefill，并将其注入 DOM。在不同浏览器中查看开发工具中的网络选项卡时，可以看到低版本的浏览器下载 picturefill.min.js，而现代浏览器则不加载它，如图 5-19 所示。

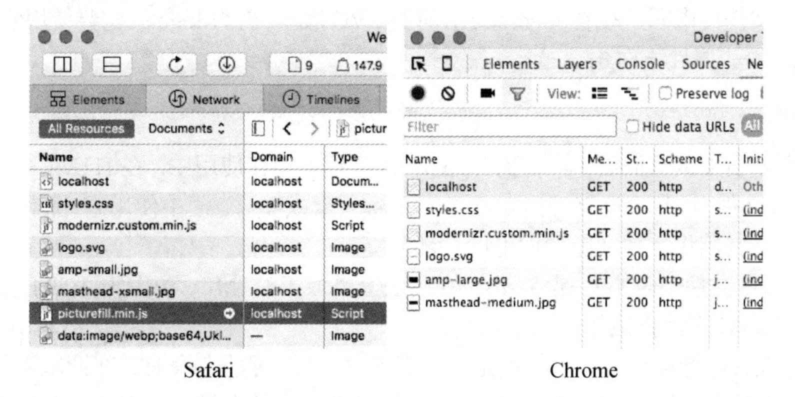

图 5-19 在两个浏览器的网络请求检查器中观察 Picturefill 的选择性加载。左边是 Safari 的一个版本，它不支持`<picture>`或 `srcset` 特性，因此会加载 Picturefill；右边是 Chrome，它完全支持这些特性，因此跳过加载 Picturefill

有了这部分代码，即可为那些使用更好的浏览器且不需要 Picturefill 的用户免去下载 Picturefill 的麻烦。更少的请求和更少的代码，意味着支持这些较新特性的用户具有更快的加载速度。

下一节将介绍如何在 HTML 中使用 SVG，以及使用响应式图像时，这种格式固有的灵活性。

5.4.5 在 HTML 中使用 SVG

假设你想要描述的内容能够很好地转换为 SVG 格式，那么在 HTML 中使用 SVG 是响应式图像的最佳选择，其行为方式与在 CSS 中使用时类似。

> **警告：本节讨论的是 HTTP/2 反模式！**
>
> 本节简要讨论内联 SVG，这种优化技术适用于托管在 HTTP/1 服务器上的网站，但在 HTTP/2 上应该避免使用。应始终确保所选择的优化技术适合网站运行的协议版本。

在 HTML 中使用 SVG 的优势与在 CSS 中一样，即这种格式的灵活性。如果图像内容适合这种格式，应该认真考虑使用这种格式，因为这样可避免配置多个图像源以在不同设备上进行最佳显示。这是一种通用的格式。

我们知道如何使用`<img>`标签，因此在 HTML 中使用 SVG 会很容易。在 HTML 中使用这种图像格式时，有两个几乎得到普遍支持的选项，而且这两种方法在响应式网页中的视觉质量和易用性方面，与将 SVG 放入 CSS 时相同。这两个选项如下所示。

- **使用`<img>`标签**——这是最简单的方法，你可以在 index.html 中尝试使用。顶部的 logo 原本是 PNG 版本：

  ```
  <img src="img/logo.png" alt="Legendary Tones" id="logo">
  ```

  而 img 文件夹中同时存在 logo.png 对应的 SVG 版本，名为 logo.svg。要使用它，请将`<img>`标签的 `src` 属性指向 `img/logo.svg`：

  ```
  <img src="img/logo.svg" alt="Legendary Tones" id="logo">
  ```

  更改并重新加载页面后，将看到 logo 的 SVG 版本正在使用中。在 HTML `<img>`标签中使用 SVG 文件时，几乎没有理由在`<picture>`元素或 `srcset` 中使用它，除非在`<picture>`元素中将其用作一系列图像回退的一部分。
- **内联 SVG 文件**——SVG 是 XML，在语法上类似于 HTML，并且与 HTML 兼容。因此，可以将 SVG 文件直接复制粘贴到 HTML。

第二种方式有优势也有劣势。优点是，内嵌 SVG 可以通过删除 HTTP 请求来帮助减少页面加载时间，前提是你的站点没有托管在 HTTP/2 服务器上。缺点是，这也使得资源在页面间的可缓存性降低。你可以谨慎权衡，看看哪种方法更好。作为示例，我们尝试将 logo.svg 的内容内联到 index.html。开始前，请用如下命令切换到 `inline-svg` 分支：

```
git checkout -f inline-svg
```

内联 SVG 图像很容易。对于这个网站，只需从文本编辑器打开 img 文件夹中的 logo.svg，将文件内容复制到剪贴板，并用 SVG 文件内容替换 logo 的`<img>`标签。确保仅复制`<svg>`标签及其内容。省去其他东西，比如`<?xml>`头部。最后的结果应该如代码清单 5-7 所示（节选）。

代码清单 5-7　在 HTML 中内联 SVG

```
<section id="masthead">
    <svg id="logo" xmlns=http://www.w3.org/2000/svg
        viewBox="0 0 216.7 34">...</svg>
    <h2 id="tagline">Your Source for Great Guitar Tone</h2>
</section>
```

logo.svg 的内联内容（为简短起见，节选了部分内容）

这个场景不是最理想的，但它说明了这个概念。内联 SVG 的一个很好的场景是，资源作为某些内容的一部分出现在一个页面上。例如，矢量化的信息图就是内联 SVG 的潜在用例。

即便如此，重要的是要记住，互联网连接的典型瓶颈是延迟。内联通过在较少的请求中分摊延迟来减少加载时间。不过，有效的缓存也很重要。请仔细权衡，看看怎么做对你的网站有意义。

5.5　小结

本章学习了将图像传输到最适合设备的重要性。这个概念包含以下相关主题：

- 使用媒体查询在 CSS 中传输响应式图像，将正确的图像源提供给适当的设备可以对加载和处理时间产生积极影响；
- 使用 `srcset` 属性和`<picture>`元素在 HTML 中传递响应式图像；
- 以最优方式为旧浏览器提供`<picture>`元素和 `srcset` 属性的 polyfill 支持；
- 在 CSS 和 HTML 中使用 SVG 图像，以及在所有设备上进行最佳显示时，这个格式固有的便利性和灵活性。

借助这些概念，我们逐渐优化项目，这样用户只下载他们需要的图像内容即可，同时还能确保得到最好的体验。接下来学习图像优化的概念和方法，如图像雪碧图、新的图像压缩方法，以及使用 WebP 格式。

第 6 章

图像的进一步处理

6

本章内容

- 使用自动化工具从多个图像文件创建图像雪碧图
- 在不显著降低图像视觉质量的前提下缩小图像文件
- 使用 Google 的 WebP 图像格式，并将其与旧格式进行比较
- 延迟加载（懒加载）不在视口中的图像

我们在第 5 章了解了最优图像传输的重要性。要实现这个目标，需要使用媒体查询，根据用户设备的功能在 CSS 中传输图像，并在 HTML 中使用新的功能。

本章将在处理图像方面更进一步，涉及以下内容：通过将图像组合成雪碧图来减少 HTTP 请求；通过新的压缩方法来减小光栅图像和矢量图像的大小；使用 Google 的 WebP 图像格式；理解延迟加载图像的好处。

6.1 使用图像雪碧图

前端开发人员一直在寻找提高网站性能的方法。由于图像占据了页面体积的很大一部分，所以“驾驭”这些图像并使它们更易于管理，是很有意义的。

警告：本节讨论的模式是 HTTP/2 反模式！

图像雪碧图会组合图像以减少 HTTP 请求，这是一种连接。尽管你应该在 HTTP/1 上使用图像雪碧图来提高页面加载速度，但是应当避免在 HTTP/2 上使用它们。详情参见第 11 章。

你肯定已经注意到，我们平时访问的网站上到处都是图标，比如表示等级的星星图标、社交媒体图标、鼓励用户分享内容的操作图标等。这些图像很有可能是所谓的**雪碧图**的一部分。

那么，什么是雪碧图？雪碧图就是把以往在整个网站中使用的单独的图像文件集合起来，组成一个图像文件。这些图像通常是图标等全局元素。雪碧图示例如图 6-1 所示。

雪碧图在创建后，被 CSS `background-image` 属性引用，并由 `background-position` 属性控制，该属性使得雪碧图在元素中只显示该图像的相关部分。元素的边界框将雪碧图的其余部

分从视图中排除，人们会以为元素只在背景中显示了一个图像。

图 6-1 不同社交媒体图标组合而成的雪碧图

这样做的好处是，你可以将大量图像缩减为单个图像。这样可以更加高效地传递资源，并通过减少到 Web 服务器的连接数来缩短页面的加载时间。

本节将为具有 6 个 SVG 图标的菜谱网站创建一个雪碧图，其中 4 个是社交媒体图标，另外两个是用于表示菜谱评分的星星图标。你将使用命令行实用程序生成一个雪碧图以及使用它所需的 CSS，然后将这个 CSS 放入项目，并用新的雪碧图替换所有图标，使页面的请求数从 25 减少到 20，这些图标的加载时间从大约 500 毫秒（使用 Chrome 的 Good 3G 节流配置）减少到 90 毫秒。完成以上工作后，你还将为不支持 SVG 的旧浏览器创建 PNG 回退。

6.1.1 准备工作

创建雪碧图之前，需要下载一个实用程序来生成它。然后要使用 `git` 下载网站代码。可以通过以下命令安装雪碧图生成器：

```
npm install -g svg-sprite
```

安装完成后，下载网站代码并在本地计算机上运行。在选择的文件夹中运行以下命令：

```
git clone https://github.com/webopt/ch6-sprites.git
cd ch6-sprites
npm install
node http.js
```

以上命令将会在 http://localhost:8080 启动运行菜谱网站的 Web 服务器。

想要跳过？

如果想跳到后面，查看在本节中雪碧图是如何生成和实现的，可以输入 `git checkout svg-sprite -f`。请注意，与往常一样，你将有可能丢失在本地仓库中进行的所有修改。

让我们正式开始吧！

6.1.2 生成雪碧图

img 文件夹中有一个名为 icon-images 的子文件夹，其中包含 6 个单独的 SVG 图像，可以组合成一个雪碧图，详见表 6-1。

表 6-1　菜谱网站中的 SVG 图标，可以将它们组合成一个雪碧图

图像名称	图像功能	图像大小（字节）
icon_facebook.svg	Facebook 图标	600
icon_google-plus.svg	Google Plus 图标	938
icon_pinterest.svg	Pinterest 图标	563
icon_star-off.svg	评分星星（非激活）	299
icon_star-on.svg	评分星星（激活）	302
icon_twitter.svg	Twitter 图标	759

这些图像代表 6 个请求。到本节结束时，你要将其缩减为一个请求。要想生成雪碧图，需从菜谱网站文件夹的根目录中使用 `svg-sprite` 命令，如下所示：

```
svg-sprite --css --css-render-less --css-dest=less
        --css-sprite=../img/icons.svg
        --css-layout=diagonal img/icon-images/*.svg
```

其中包含了很多操作。下面看看每个参数，如图 6-2 所示。

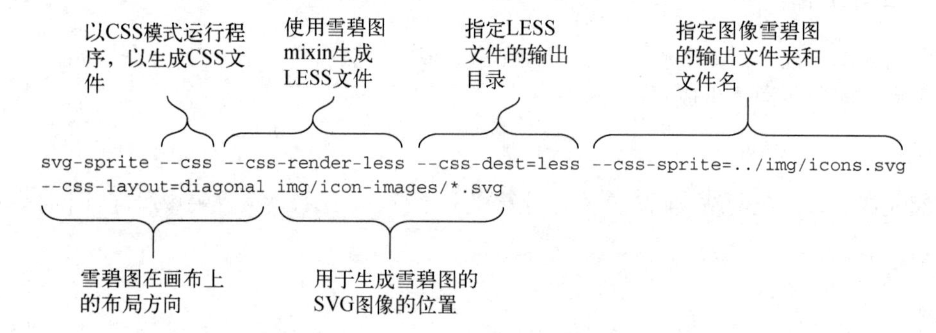

图 6-2　剖析 `svg-sprite` 命令，使用 LESS mixin 生成 SVG 雪碧图

这条命令完成后，生成的雪碧图将位于 img 文件夹，新 LESS 文件（名为 sprite.less）将位于 less 文件夹。生成的雪碧图应该如图 6-3 所示。

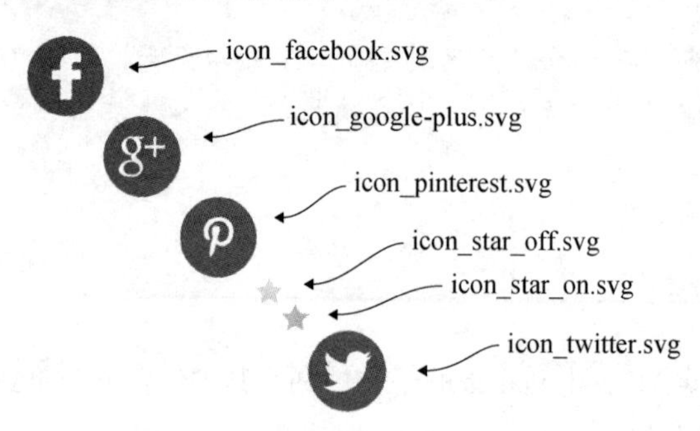

图 6-3　新生成的雪碧图，注释显示了添加到雪碧图之前的独立文件的名称

雪碧图不仅能用于图标（尽管这是该技术的常见用法），还可以对其他元素生成雪碧图，例如不可重复的背景、按钮图像，或其他不特定于内容的图像。完成此步骤后，即可继续更新菜谱网站的 CSS，以使用生成的雪碧图。

6.1.3 使用生成的雪碧图

下一步是将生成的 sprite.less 文件包含到 main.less 中，这两个文件都在 less 文件夹中。在 main.less 的开头添加下面这行代码：

```
@import "sprite.less";
```

这行代码为 CSS 添加了雪碧图的 LESS mixin。可以用这些 LESS mixin 替换单个图像图标引用，以使用雪碧图。你需要做 6 次修改。在文本编辑器中搜索 `.svg` 字符串，并用表 6-2 中相应的 LESS mixin 替换每个 `background-image` 引用。

表 6-2 图标图像以及用于替换它们的 LESS mixin

图 像 名	LESS mixin
icon_facebook.svg	.svg-icon_facebook;
icon_google-plus.svg	.svg-icon_google-plus;
icon_pinterest.svg	.svg-icon_pinterest;
icon_star-off.svg	.svg-icon_star-off;
icon_star-on.svg	.svg-icon_star-on;
icon_twitter.svg	.svg-icon_twitter;

为了帮助你上手，我将带你用新雪碧图替换其中一个图像。以表 6-2 第一行的 Facebook 图标图像为例，执行以下操作。

(1) 用文本编辑器搜索 global_small.less 中的 icon_facebook.svg，并用 `.svg-icon_facebook` mixin 替换它出现的行。在本例中，要替换的行如下所示：

```
background-image: url("../img/icon-images/icon_facebook.svg");
```

将这一行替换为 `.svg-icon_facebook` mixin：

```
.svg-icon_facebook;
```

(2) 编译 LESS 文件。在类 UNIX 系统上，运行 less.sh；在 Windows 系统上，运行 less.bat。

完成这些步骤后，重新加载页面，将看到 Facebook 图标和原来一样。现在，可以通过检查浏览器开发工具中的 image 元素，并检查其 CSS，查看是否正在使用雪碧图。

现在需要对表 6-2 中列出的其余图像重复此过程。完成后，可以将请求总数从 25 减少到 20，并将雪碧图资源的加载时间从大约 500 毫秒减少到大约 90 毫秒。

本例中虽然只有 6 个图标，效果并不明显，但是随着添加到雪碧图中的图像数量增加，对性能的积极影响也会增大。Facebook 网站就是一个使用雪碧图的例子，它使用雪碧图提供许多图像，例如整个网站使用的图标、按钮图像、背景等。如果所有这些图标都单独提供，性能可能会降低。

6.1.4 使用雪碧图时的考量

目前为止，我们已经学习了如何使用 svg-sprite 生成器创建雪碧图。创建雪碧图时，应该记住一些注意事项。

如前所述，雪碧图用于组合页面上的全局视觉元素（如图标等）。然而，为特定于内容的图像创建雪碧图不是一项卓有成效的工作。特定于内容的图像通常会降级到与其相关的页面，而全局图像则显示在网站的每个页面上。创建包含特定于内容的图像雪碧图，会迫使用户下载可能不使用它的页面的内容。图 6-4 显示了本节中为其创建雪碧图的菜谱网站，并标注了适合包含在雪碧图中的图像。

图 6-4 菜谱网站上的图像概述，说明了这些图像是否适合包含在雪碧图中。图标被标记为适合包含在雪碧图中，而菜谱图像和广告这样的图像则不适合

你不应该过于严格地判定什么是**全局**图像。有些图像可能不会在所有页面上使用，但这些类型的图像仍然应该包括在内，因为它们几乎不会显著增加雪碧图的文件大小。预先加载它们可以加快后续页面的加载速度，因为图像在使用时将在浏览器缓存中。每个场景都是独特的，所以可以列出一个图像清单，然后创造最适合你的网站的雪碧图。

6.1.5 使用 Grumpicon 回退到光栅图像雪碧图

我们之前使用命令行实用程序创建了一个 SVG 雪碧图。大多数情况下，创建雪碧图时，使用的图像（图标等）都是适合使用 SVG 的，因为它们往往与这个格式的功能相称。

尽管大多数浏览器支持 SVG，但可能仍有必要指定回退到一个受到更广泛支持的传统格式。这时 Grumpicon 就能派上用场。

Grumpicon 是一个基于 Web 的工具，它接受 SVG 文件，并生成带有回退选项的 PNG 版本的雪碧图。现在要将雪碧图 icons.svg 转换为用于旧浏览器的 PNG 版本。开始前，使用以下命令切换到新的代码分支：

```
git checkout -f png-fallback
```

新代码下载到计算机后，转到 Grumpicon 网站并从 img 文件夹上传 icons.svg。可以通过浏览计算机上的该文件，或者将文件拖曳到 Grumpicon 动物上来完成此操作，如图 6-5 所示。

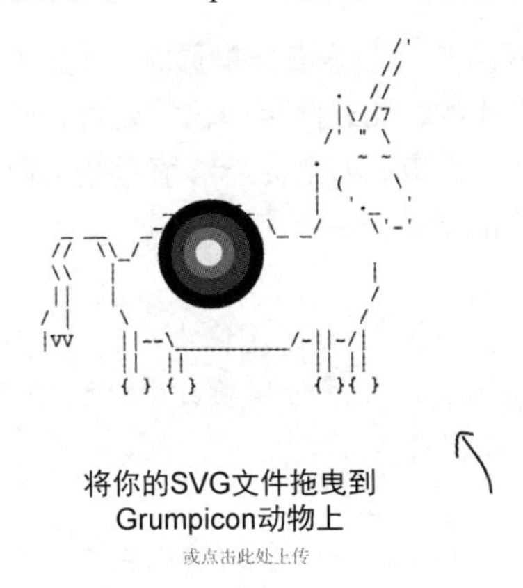
将你的SVG文件拖曳到
Grumpicon动物上
或点击此处上传

图 6-5 将 SVG 文件拖曳到 Grumpicon 动物上（或者浏览文件）可以将 SVG 文件转换为 PNG

上传 icons.svg 后，zip 文件将自动开始下载。打开此 zip 文件并转到其中的 png 文件夹，里面有一个名为 icons.png 的文件。将此文件复制到菜谱网站的 img 文件夹。

现在要调整 sprite.less 中的 LESS mixin，以便在不支持 SVG 的情况下回退到这个文件。实现此回退的方法是使用一系列 `background-image` 声明。在文本编辑器中，打开 sprite.less，并在第 1 行找到 `svg-common()` mixin。修改此 mixin 的内容，如代码清单 6-1 所示。

代码清单 6-1 对于不支持 SVG 的浏览器，回退到 PNG

```
.svg-common(){
    background: url("../img/icons.png") no-repeat;
    background: none, url("../img/icons.svg");
}
```

优先指定 PNG 版本的回退

带有 SVG 回退的多重背景图像引用

这段代码做了两件事：在第一个 `background-image` 声明中，指定回退到 `icons.png`。在下一行中指定多个背景，最后一个是 SVG 雪碧图。更改并包含回退图像后，运行 `less.sh`（Windows 系统上是 `less.bat`），重新编译 LESS 文件。

此回退之所以有效，是因为较旧的浏览器将读取第一个 `background` 属性并将其应用于页面。较旧的浏览器试图解释第二个 `background` 属性时，将会失败，因为较旧的浏览器无法解析多个背景。这些功能较弱的浏览器将默认为对 icons.png 的初始引用。功能更强的浏览器可以选择和使用 icons.svg，而忽略 icons.png 文件。这样做是因为浏览器预期不需要 icons.png，因为它被 icons.svg 的引用覆盖，并且浏览器将不会选择下载 PNG 文件。

我们已经了解了雪碧图及其优点，以及如何为所有浏览器创建它们，下面学习如何减小图像大小。

6.2　缩小图像

设想客户有一个网站，该网站有一个菜谱合集页面，里面存在大量图像内容。客户注意到，在所有设备上，即使图像是响应式的，加载此页面仍需要很长时间。这些页面很重点，能给网站上的其他页面带来流量，但是客户知道，如果你能够缩短此页面的加载时间，则可能会诱使那些不太耐烦的用户进一步访问客户的网站。

自动减小图像大小！

本节教你如何编写 Node 脚本，以便在示例项目中对图像执行批量优化。如果你对自动化本节所教的技术感兴趣，请参阅第 12 章。

这就是**缩小图像**的作用。这个过程减小了图像的文件大小，但没有大幅降低图像的视觉质量。许多图像编辑程序不能产生对 Web 最有利的输出。一个很好的例子是 Photoshop 中名为 Save for Web（这个名称很讽刺）的对话框。尽管 Save for Web 有一些有用的预设和选项，但它与现代的缩小图像算法相比并没有太大的优势。

开始前，需要下载客户的菜谱网站，并使用以下命令在计算机上运行该网站：

```
git clone https://github.com/webopt/ch6-image-reduction.git
cd ch6-image-reduction
npm install
node http.js
```

接下来，浏览 http://localhost:8080，应该会看到客户的菜谱网站，如图 6-6 所示。

图 6-6 客户的菜谱网站在平板计算机临界点时的状态

设置并运行网站后，使用名为 `imagemin` 的 Node 程序优化 JPEG 图像，然后进一步学习如何使用它优化 PNG 图像，最后了解如何使用 `svgo` Node 程序优化 SVG 图像。

6.2.1 使用 `imagemin` 优化光栅图像

`imagemin` 是优化该网站图像的首选工具，它是一个用 Node 编写的通用图像优化模块，能够优化 Web 上使用的所有类型的图像。本节将编写一个 Node 小程序，使用 `imagemin` 优化菜谱网站 img 文件夹中的所有 JPEG 图像。

> **注意你的角色**
>
> 不言而喻，你能否将这些技术应用到你工作的网站，取决于你所承担的责任。如果同时扮演设计师和开发人员的角色，你就有更多的选择余地。但是，如果你所在组织的角色分工细致，你的职责仅限于开发，那么请向项目设计师交代清楚你想做的优化。

此工具要求为 Node 编写一点 JavaScript，而不是运行 `npm` 安装的命令行工具，这与之前所做的工作不同。不过别担心！这个过程很简单，我会一步一步地教你。

1. 优化 JPEG 图像

开始之前，对项目图像进行清点。浏览网站的 img 文件夹，会看到 34 个菜谱图像以-1x.jpg 或-2x.jpg 结尾，也就是有 17 对 JPEG 图像。你可能已经猜到，这些图像分别表示用于标准 DPI 屏幕和高 DPI 屏幕的图像。这个页面使用我们第 5 章中了解到的 `srcset` 属性，根据设备的功能传输图像。

我们需要通过两个（而不是一个）基准衡量你的页面是由多少图像表示的。基准会根据屏幕类型和设备分辨率进行更改。表 6-3 列出了屏幕 DPI、总图像负载，以及 Chrome 网络实用工具中 Good 3G 网络节流配置下网站的加载时间。

表 6-3　屏幕 DPI、图像大小和页面总加载时间

屏幕 DPI	图像负载	加载时间
高	2089 KB	11.5 秒
标准	732 KB	4.38 秒

尽管带有标准屏幕的设备能以权宜之法加载站点，但高 DPI 设备肯定很难。让我们用 imagemin 给它们打一剂强心针。为此项目安装 imagemin，请运行以下命令：

```
npm install imagemin imagemin-jpeg-recompress
mkdir optimg
```

第一个命令安装两个包：imagemin 模块和 imagemin 的 JPEG 优化插件 jpeg-recompress。第二个命令创建一个名为 optimg 的新文件夹，imagemin 代码会将优化后的图像写入该文件夹。安装这些程序之后，编写一个 Node 小程序来完成工作。在网站的根文件夹中，创建一个名为 reduce.js 的新文件，并添加以下内容。

代码清单 6-2　使用 imagemin 优化目录中的所有 JPEG

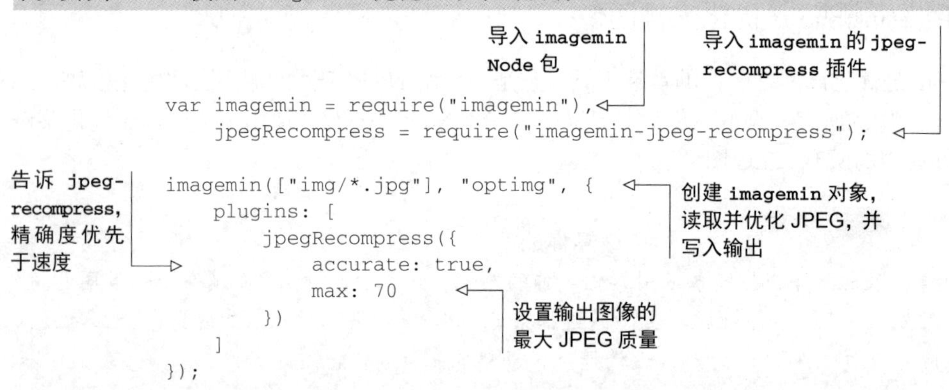


```
var imagemin = require("imagemin"),
    jpegRecompress = require("imagemin-jpeg-recompress");

imagemin(["img/*.jpg"], "optimg", {
    plugins: [
        jpegRecompress({
            accurate: true,
            max: 70
        })
    ]
});
```

上述代码很简单：require 语句导入 imagemin 模块。使用这些模块创建一个 imagemin 对象，该对象处理 img 中的所有 JPEG，并将优化的输出写入 optimg。完成后，保存 reduce.js 并使用 Node 运行它：

```
node reduce.js
```

这可能需要一点时间。在我的笔记本计算机上，这个命令大约需要 10~15 秒。如果脚本花费时间太长，可以将代码清单 6-2 中的 accurate 标志设置为 false，以缩短处理时间。

程序完成后，你将看到 optimg 文件夹中填充了优化的图像。对比每个文件夹中 chicken-tacos-2x.jpg 的未优化输出和优化输出，如图 6-7 所示。

图 6-7 chicken-tacos-2x.jpg 未优化版本（左）与优化版本（右）的比较。优化后的版本缩小了大约 55%，但是视觉上的差异极其微小

优化 JPEG 后，需要在 index.html 中指向它们。为此，可以将图像从 optimg 文件夹复制并粘贴到 img 文件夹，并选择覆盖所有冲突。此方法不涉及对 index.html 的更改。如果要保留未优化的文件，可以将`<img>`标签引用更改为指向 optimg 文件夹中的文件。

打开页面，并在 Chrome 的 Network 选项卡中检查其加载时间，你会注意到页面的加载速度有很大的提高，同时没有一张图像看起来与其未优化版本有明显不同。

使用 `imagemin` 脚本后，这两种类别的图像的文件大小都减小了 59%。性能改进如图 6-8 所示，这意味着页面加载时间减少了 50%。

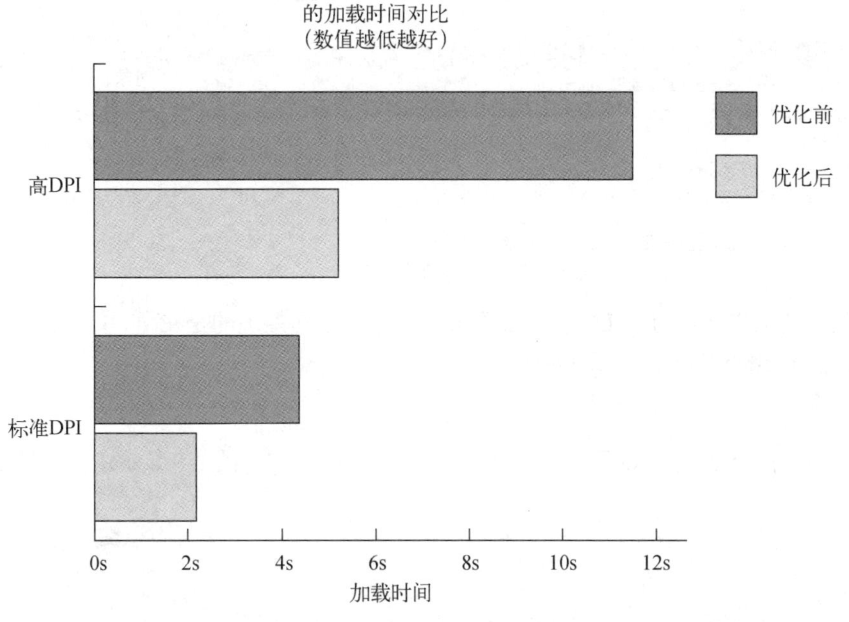

图 6-8 使用 Google Chrome 中 Good 3G 网络节流配置优化菜谱网站图像前后的网站加载时间

这些结果远远超出了客户的期望。除了最不耐烦的用户之外，所有人都应该对网站的改进性能感到满意，这使他们能够通过这个内容门户畅通无阻地访问更多菜谱。

在 reduce.js 中添加和调整 imagemin-jpeg-recompress 选项，可以进一步调整该程序的输出。所有选项都记录在 imagemin-jpeg-recompress 的 npm 包页面。请注意，激进的优化可能导致图像明显降级，因此要始终将优化的输出与未优化的输入进行比较，以确保结果符合你的标准。

此外，imagemin-jpeg-recompress 并不是唯一的 JPEG 优化库。

2. 优化 PNG 图像

使用 imagemin 优化 PNG 的方式与优化 JPEG 基本相同，但上手实践优化这些图像类型也是有好处的。开始前，输入以下命令创建新的代码分支：

```
git checkout -f pngopt
```

除了从本节前面引入优化后的 JPEG 之外，此命令唯一更改的是网站 logo，将其从 SVG 换成了 PNG 图像集。添加了两个 PNG 文件：logo.png 用于标准 DPI 屏幕，logo-2x.png 用于高 DPI 屏幕，其大小分别为 4.81 KB 和 8.83 KB。开始优化前，使用以下命令下载 imagemin-optipng 插件：

```
npm install imagemin-optipng
```

安装完成后，打开 reduce.js，对其进行的更改如代码清单 6-3 所示。

代码清单 6-3　使用 imagemin 优化 PNG

```
var imagemin = require("imagemin"),
    optipng = require("imagemin-optipng");

imagemin(["img/*.png"], "optimg", {
    plugins: [optipng()]
});
```

导入 imagemin 的 optipng 插件

导入 optipng 插件，处理 img 目录中的 PNG，并将输出写入 optimg 文件夹

这段代码的工作原理与 JPEG 优化器类似，只不过正在处理的是 PNG 文件。要测试它，请通过 Node 运行 reduce.js，如下所示：

```
node reduce.js
```

然后，应该能够在 optimg 目录中看到优化后的 PNG 文件。图 6-9 显示了优化器运行前后的文件大小。

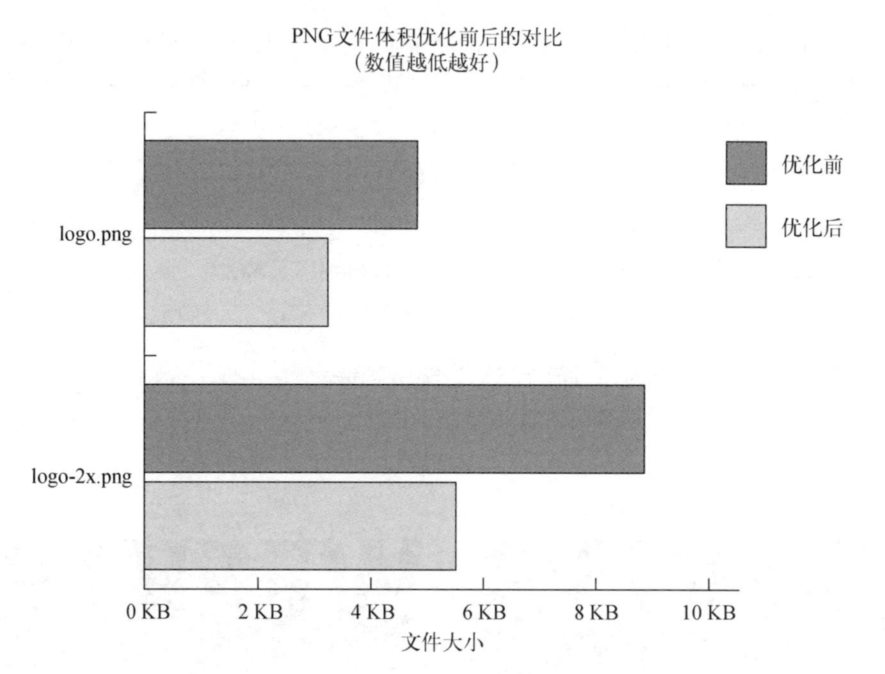

图 6-9 logo.png 和 logo-2x.png 文件优化前后的对比

经过优化，logo.png 和 logo-2x.png 的文件大小分别减小了 33%~37%。在这个过程中，图像的视觉质量没有受到影响。

通过使用 `imagemin-optipng` 插件中的 `optimizationLevel` 选项，可以从这个程序中获得更多好处。这个选项是该插件中唯一可用的选项，它接受一个 0~7 的整数。较高的值可以进一步减小文件大小。不过在某一点之后，这样做将无法产生更好的结果。`optimizationLevel` 的默认值为 2，即使在该实例中提升到最大值 7，也不会实现比默认值更多的增益。不同的图像可能会产生不同的结果，你可以通过实践验证。

6.2.2 优化 SVG 图像

优化 SVG 图像的机制与光栅图像有点不同。原因是，光栅图像是二进制文件，但 SVG 文件是文本文件，可以进行如最小化和服务器压缩等优化。

客户对你所做的工作很满意。同事感觉你现在有余暇，给你发来了电子邮件。她为一家名为 Weekly Timber 的木材和纸浆公司设计了 SVG logo，logo 很棒，但其大小为 40 KB。她想让你看看能不能做些优化。

幸运的是，名为 `svgo` 的 Node 命令行工具也可用作 `imagemin` 插件。由于你要优化的文件只有一个，所以使用命令行工具将比编写 JavaScript 程序更方便。要在系统上安装 `svgo`，请使用 `npm`：

```
npm install -g svgo
```

这条命令将在系统上全局安装 svgo，以便你在任何地方都能使用。然后需要从 http://jlwagner.net/webopt/ch06/weekly-timber.svg 获取 SVG。下载后转到它所在的终端文件夹，然后尝试以下命令：

```
svgo -o weekly-timber-opt.svg weekly-timber.svg
```

这个命令的格式很简单。它以-o 参数开始，该参数是 svgo 写入优化后的输出的文件名称。之后是未优化的 SVG 文件的名称。运行此命令时，将得到以下输出：

```
39.998 KiB - 28.4% = 28.656 KiB
```

还不错！svgo 的默认行为通过简化 SVG 的内容和缩小它实现了大幅优化。SVG 文件比原来小了大约 28%。下面在浏览器中打开优化后和未优化的版本并进行比较，了解对图像质量的影响，如图 6-10 所示。

优化前（39.99 KB）　　优化后（28.66 KB）

图 6-10　使用 svgo 默认选项优化前（左）和优化后（右）的 Weekly Timber logo

图像质量几乎不受影响。可以在 Photoshop 或 Illustrator 等程序中打开这两个文件并进行比较。如果没有图像处理软件，也可以在任何现代浏览器中打开 SVG。你应该不会注意到两者之间的区别，即使注意到有任何差异，也不会很明显。激进优化的 SVG 图像的特点是缺少精致的细节，特别是在贝塞尔曲线的质量方面。

svgo 程序功能强大，有很多选项。也许我们应该深入看看你是否可以进一步优化这个图像。键入 svgo -h 可以查看其他选项。值得留意的是-p 参数，可以使用它来控制浮点数的精度。尝试将此值设置为 1，并使用如下命令查看输出内容：

```
svgo -p 1 -o weekly-timber-opt.svg weekly-timber.svg
```

运行这条命令后，应该能看到如下输出：

```
39.998 KiB - 53.9% = 18.42 KiB
```

文件又缩小了 25%！不过，不要太仓促地宣布成功。应该观察输出，看看是否引入了任何异常。图 6-11 比较了原始未优化图像的输出和进一步优化后的版本。

优化前（39.99 KB）　　优化后（18.42 KB）

图 6-11 优化前（左）和优化后（将 svgo 设为 1 以降低小数精度后，右）的 Weekly Timber logo

更仔细地观察这些图像，可以看到一些差异，但区别仍然很小。图 6-12 进一步展示了从同一个未优化的 SVG 中去除所有精度后的情况。

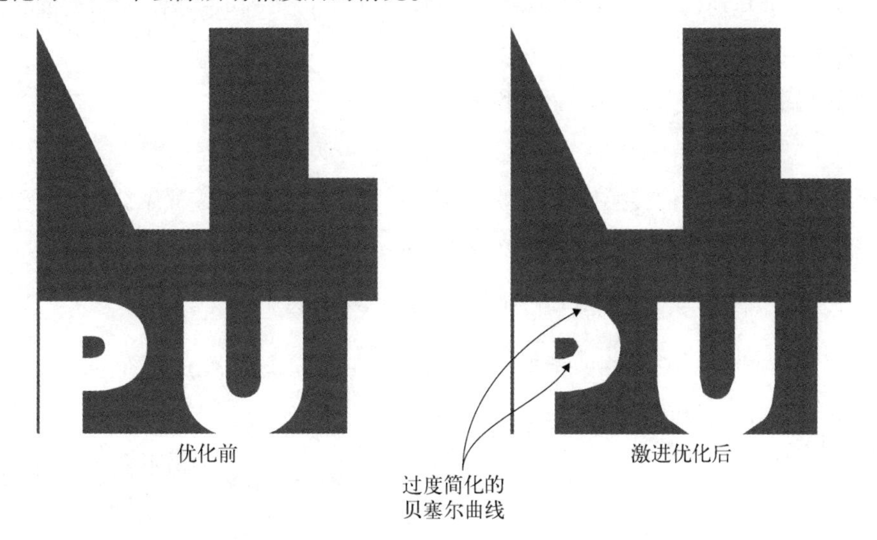

图 6-12 未优化的 logo.svg（左）与过度优化（右）的版本。SVG 图形中的所有精度都被去除，导致保真度损失，特别是贝塞尔曲线

这个版本的 SVG 大小是 10.81 KB，是目前最小的，但是较小的文件大小不值得降级。过于激进的优化会有缺点，因此，你始终要确保结果令你满意，尤其是令你的客户满意！通常可以放大图像并将其与未优化的版本进行比较，以确定 SVG 优化是否会带来任何负面影响。

了解了各种类型的网络图像的优化技术后，就会发现 Google 的 WebP 图像格式的实用性。

6.3 使用 WebP 编码图像

从商业互联网早期开始，光栅图像仅有的可用选项就是 JPG、GIF 和 PNG 格式。几乎再没有新的格式出现，直到几年前 Google 引入了 WebP。

菜谱网站的客户听说了这种新的图像格式，想知道使用它能否带来收益。客户希望你研究一下在菜谱集合页面上能获得哪些收益。

幸运的是，你一直在使用的 imagemin 程序有一个插件，可以将图像转换为 WebP 格式，这个插件被命名为 imagemin-webp。它使用的模式与你以前使用过的相同，所以这对你来说根本不是什么新鲜事。

与其他图像格式不同的是，WebP 同时支持有损和无损格式编码。本节将使用 imagemin-webp 插件对有损和无损 WebP 图像进行编码，还将使用<picture>元素为不支持 WebP 的浏览器提供回退。

6.3.1　使用 imagemin 编码有损 WebP 图像

使用 imagmin 编码有损 WebP 图像很容易，它与以前用于优化 JPEG 的模式相同。但在本例中，你要使用它将 JPEG 转换为 WebP 图像。开始前，使用以下命令切换到客户菜谱网站的新分支：

```
git checkout -f webp
```

此命令完成后，需要安装 imagemin 和 imagemin-webp 插件：

```
npm install imagemin imagemin-webp
```

现在要编写 WebP 的图像转换代码，这与你编写的其他 imagemin 程序类似。创建一个名为 reduce-webp.js 的文件，并在其中输入代码清单 6-4。

代码清单 6-4　使用 imagemin 将 JPEG 图像编码为有损 WebP 图像

```
var imagemin = require("imagemin"),
    webp = require("imagemin-webp");          ◁ 导入 imagemin-webp 插件

imagemin(["img/*.jpg"], "optimg", {
    plugins: [webp({
        quality: 40                           ◁ 将 WebP 编码器的质量设置为40,最大值为100
    })]
});
```

输入 node reduce-webp.js，运行这段脚本。运行之后，img 文件夹中的所有 JPEG 都将被编码为 WebP，并保存到 optimg 文件夹。接下来，比较 6.2.1 节中优化的一个 JPEG 与 WebP 输出的质量，如图 6-13 所示。

优化后的JEPG（79.41 KB）　　WebP（67.67 KB）

图 6-13　使用 imagemin 的 jpeg-recompress 插件优化的 JPEG（左）与质量设置为 40 时由未优化的 JPEG 编码而成的 WebP 图像（右）

似乎没有太大差异。WebP 有一些缺点，较低质量的设置会产生视觉瑕疵，但 JPEG 也是如此。将所有图像转换为 WebP 后，将 index.html 中对 JPEG 的所有引用切换到 WebP 文件。使用 Chrome 中的 Good 3G 节流配置，比较 WebP 文件与优化和未优化的 JPEG 文件的加载性能，如图 6-14 所示。

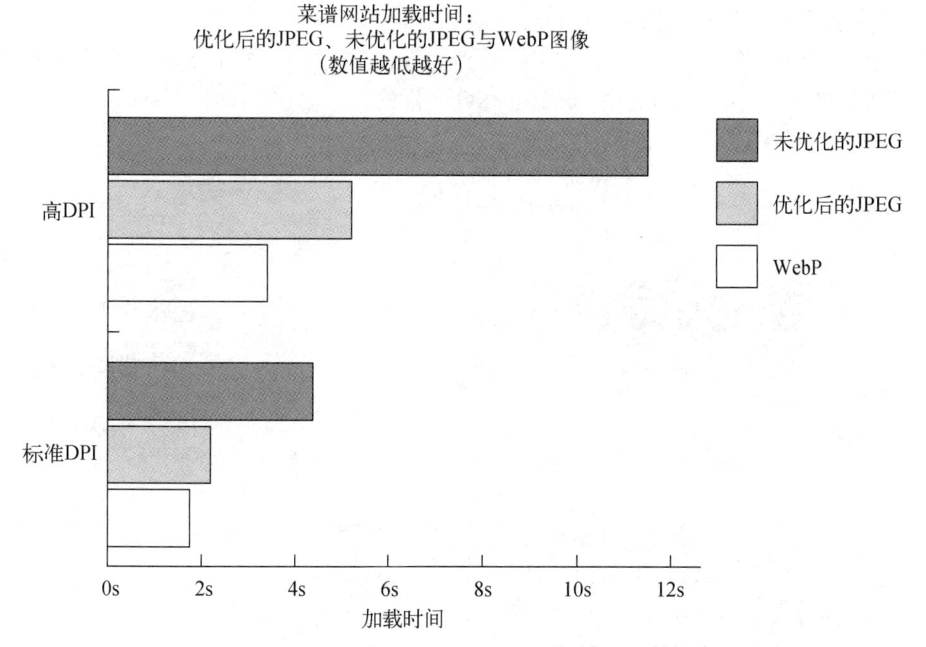

图 6-14　比较标准和高 DPI 屏幕上 JPEG 和 WebP 图像在菜谱网站上的加载时间。与优化后和未优化的 JPEG 图像相比，WebP 图像的加载性能更好

与优化后的 JPEG 相比，WebP 优化使高 DPI 和标准 DPI 屏幕上的页面加载时间分别减少了 35%和 20%。这无疑意味 WebP 值得我们为之努力，即使它并没有受到广泛支持。

但是我们还没有研究过 WebP 在无损图像方面的潜力。下一节将比较 WebP 与 PNG 文件。

6.3.2　使用 imagemin 编码无损 WebP 图像

WebP 还支持与全彩 PNG 格式类似的无损编码，支持 24 位全色和全透明。本节将把菜谱网站 logo 的 PNG 版本转换为 WebP。只需调整 reduce-webp.js 脚本的几个部分。修改的行在代码清单 6-5 中用粗体标注。

代码清单 6-5　使用 imagemin 将 PNG 图像编码为无损 WebP 图像

```
var imagemin = require("imagemin"),
    webp = require("imagemin-webp");

imagemin(["img/*.png"], "optimg", {
    plugins: [webp({
```

修改 imagemin 调用的第一个参数

```
        lossless: true          ← 将选项替换为 lossless
    })]                            选项，并设置为 true
});
```

此处所做的更改，就是将 imagemin 调用的第一个参数中的文件通配符修改为指向 img 文件夹中的 PNG 文件，并将 webp 对象中的选项替换为 lossless: true，该选项告诉 imagemin 对 WebP 图像进行无损编码。修改后重新运行脚本。

脚本完成 PNG 图像的转换后，图像将被放到 optimg 文件夹。图 6-15 比较了无损 WebP 文件与 6.2.1 节优化的 PNG 文件以及原始未优化 PNG 文件的大小。

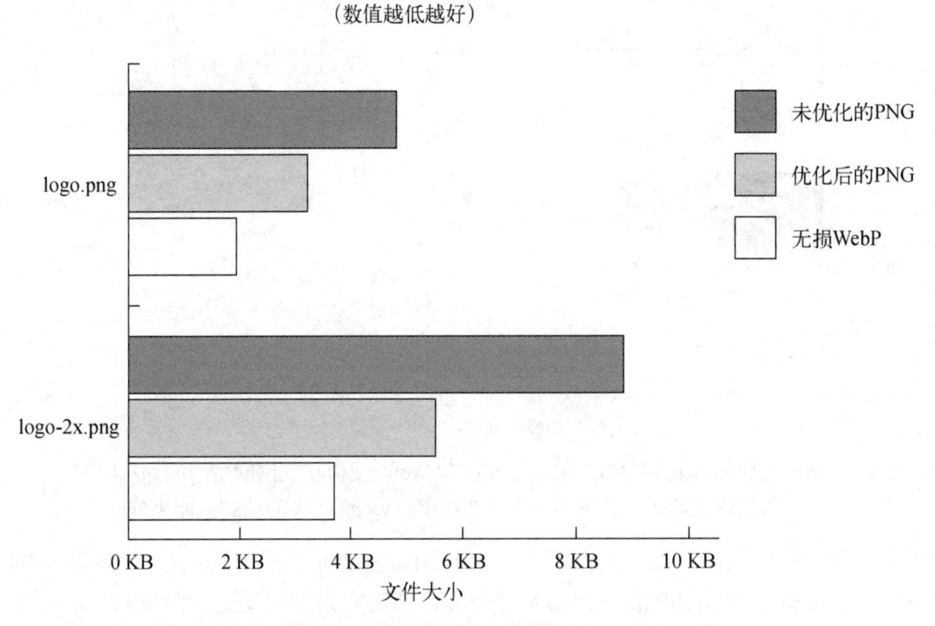

图 6-15　未优化的 PNG、优化后的 PNG 和无损 WebP 图像的文件大小

在不牺牲 logo 视觉质量的情况下，进一步优化了 logo.png 和 logo-2x.png，文件分别减小了 40%和 33%。接下来，我们学习如何指示不支持 WebP 的浏览器优雅回退到使用<picture>元素可以支持的图像。

6.3.3　支持不支持 WebP 的浏览器

尽管 WebP 是一种很好的图像格式，你也可以从现在开始使用它，但它的支持并不像成熟的图像格式那么广泛。如果你的用户依赖于 Firefox 或 Safari 等浏览器，他们将看到类似于图 6-16 所示的内容。

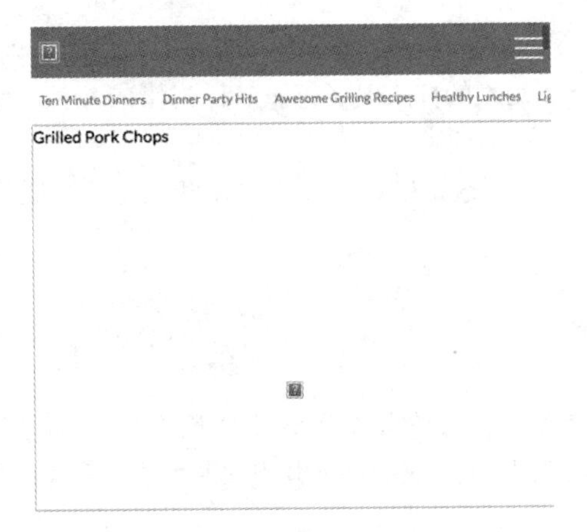

图 6-16 Safari 不能显示 WebP 图像

这可不行！你需要指定其他浏览器可以处理的回退。这时可以使用`<picture>`元素，它可以根据图像类型回退到图像。

我们在第 5 章中了解过这个方法，但是这里将把它应用到菜谱网站，以便支持 WebP 的浏览器能够受益。那些不能支持 WebP 的浏览器将回退到 JPEG 图像。首先，使用 `git` 切换到网站的新代码分支：

```
git checkout webp-fallback
```

下载代码后，在 Chrome 中打开该网站，然后在另一个不支持 WebP 的浏览器（如 Safari 或 Firefox）中再次打开该网站。你将注意到这些图像可以在 Chrome 中工作，但无法在其他浏览器中加载，如图 6-16 所示。

此时，在文本编辑器中打开 index.html，并查找对 logo.webp 文件的引用。代码如下：

```
<img src="optimg/logo.webp"
    srcset="optimg/logo.webp 1x, optimg/logo-2x.webp 2x"
    alt="AllTheFoods" id="logo">
```

根据这个`<img>`标签，使用带有 `type` 属性回退的`<picture>`元素对其进行修改，如代码清单 6-6 所示。

代码清单 6-6 使用`<picture>`元素建立回退

```
<picture>
    <source srcset="optimg/logo-2x.webp 2x, optimg/logo.webp 1x"
            type="image/webp">                                    ← 首选 WebP 图像来源
    <source srcset="img/logo-2x.png 2x, img/logo.png 1x" type="image/png">  ← 备份图像来源，指向 PNG 回退
    <img src="img/logo.png" id="logo">                            ← 不支持<picture>的浏览器的默认图像来源
</picture>
```

注意<img>元素仍然保留 logo 的 id 属性值。这只不过是为了确保 #logo 选择器的样式能应用于图像。设置<picture>元素的样式时，应该将样式指向<img>标签，因为<picture>会将所选<source>元素的图像分配给该标签。

可以在 index.html 中始终使用这种模式，并为主图和菜谱集合图像重新制作<img>标签。

> **想要跳过？**
>
> 如果想跳到后面查看最终结果，可以输入 git checkout -f webp-picture-fallback。

修改完 HTML 中的所有图像后，在每个浏览器的开发工具中打开 Network 选项卡，并注意重新加载页面时会发生什么情况。Chrome 将下载 WebP 图像，而 Firefox 将回到它支持的图像类型，如图 6-17 所示。

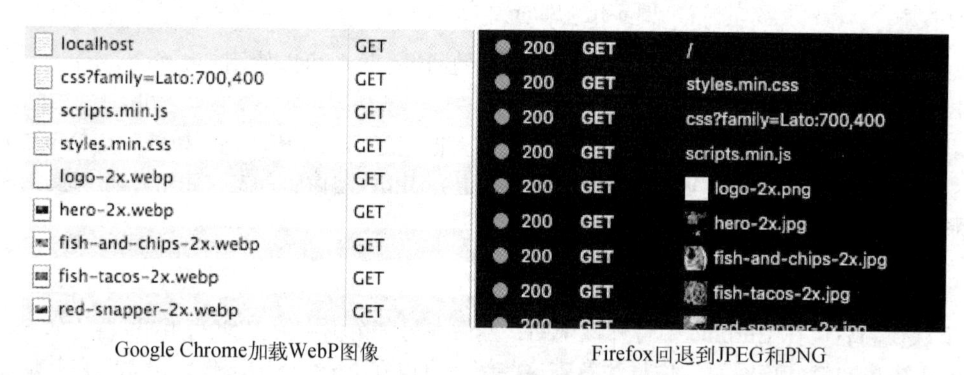

图 6-17　菜谱集合页面在两个 Web 浏览器中的网络请求检查器。Chrome（左）可以使用 WebP 图像，而 Firefox（右）不能，因此它可以回退到支持的图像类型[①]

我们在此做了两件事：在 Chrome 上为相当一部分用户提供一种有优势的图像格式，还为那些使用其他浏览器的用户提供图像内容。

现在你知道了如何使用 WebP 图像，以及如何向不支持它们的浏览器提供回退，接下来学习延迟图像加载（也称**懒加载**）。

6.4　懒加载图像

客户很欣赏你在优化网站图像方面取得的进步，但他们还有最后一个要求。客户已经注意到，竞争对手的网站只在图像位于视口中时才加载图像。他们想知道你是否也能做到这一点。

客户想增加这个功能，不仅仅是因为它是一个闪亮的新功能。这是一种成熟的技术，只在需要时加载图像。当你懒加载图像时，可以防止在用户甚至还看不到图像的情况下不必要地加载图像。这样可以节省带宽，并减少网站的初始加载时间。

① Firefox 自版本 65 开始支持 WebP。——译者注

本节将学习如何用 JavaScript 编写一个简单的懒加载程序，在客户的菜谱集合页面中实现它，然后为不支持 JavaScript 的浏览器添加基本功能。开始编写懒加载程序前，通过 git 下载一个新的代码仓库。运行以下命令下载代码，并启动本地 Web 服务器：

```
git clone https://github.com/webopt/ch6-lazyload.git
cd ch6-lazyload
npm install
node http.js
```

一切就绪后，开始在标记中定义图像的模式。如果遇到问题，可以键入 git checkout -f lazyload 查看完整的 index.html 和 lazyloader.js 文件。让我们从配置标记开始。

6.4.1 配置标记

为懒加载程序配置标记是任务中最省时的部分，但它至关重要。你需要一个阻止浏览器默认加载图像的模式。

首先，让我们看看页面应该懒加载哪些图像。首先观察页面的折叠位置，然后懒加载那些折叠之下或者**可能**在折叠之下的内容。要确定用户的折叠位置，请考虑使用第 4 章的书签小工具 VisualFold!。图 6-18 显示了你希望正常加载的图像，并对应该懒加载哪些图像给出了建议。

图 6-18 检查哪些图像懒加载有意义，而哪些没有

审核页面时，可以立即看到两个不适合懒加载的图像：logo 图像和大型主图像，用营销术语来说，这两个图像被称为**主图**（hero image）。不管怎样，它们都会在折叠之上。然而，.collection 元素中的菜谱集合缩略图非常适合懒加载；它们很可能位于大多数设备的折叠之下，因为大型主图占据了空间。即使它们位于折叠之上，当脚本初始化并加载它们时，懒加载程序也会在页面加

载时捕获它们。如有需要，稍后可以调整哪些元素需要懒加载。

页面上有4个.collection元素，每个元素在<picture>元素中都有4张图像缩略图。其中一个元素如下所示：

```
<picture>
    <source srcset="img/fish-and-chips-2x.webp 2x,
                    img/fish-and-chips-1x.webp 1x"
            type="image/webp">
    <source srcset="img/fish-and-chips-2x.jpg 2x,
                    img/fish-and-chips-1x.jpg 1x"
            type="image/jpeg">
    <img src="img/fish-and-chips-1x.jpg" class="recipeImage">
</picture>
```

你需要做两件事：将srcset和src属性移动到data属性，这样图像就不会加载；为需要懒加载脚本处理的<img>元素添加一个类。更改这个标记，如代码清单6-7所示。

代码清单6-7 为懒加载程序脚本准备图像

```
<picture>
    <source data-srcset="img/fish-and-chips-2x.webp 2x,
                         img/fish-and-chips-1x.webp 1x"
            type="image/webp">
    <source data-srcset="img/fish-and-chips-2x.jpg 2x,
                         img/fish-and-chips-1x.jpg 1x"
            type="image/jpeg">
    <img src="img/blank.png"
         data-src="img/fish-and-chips-1x.jpg"
         class="recipeImage lazy">
</picture>
```

指向懒加载的图像

指向懒加载的图像。src属性指向一个占位图

添加lazy类，这样懒加载程序会在后续对其进行处理

对标记的更改很简单。将<source>和<img>元素上的所有srcset和src属性更改为data-srcset和data-src属性。将图像URL存储在这些占位符属性中可以跟踪图像来源，同时防止它们加载，直到你希望加载为止。

然后，在<img>标签上创建一个新的src属性，指向具有灰色背景的16像素×9像素占位符PNG。这通过引入占用同等空间的占位符，使布局的变化保持最小。最后一步是将lazy类添加到<img>标签。这就是在需要加载图像时懒加载程序脚本的目标元素。

现在，需要对.collection元素中的每个<picture>元素进行相同的更改。完成后即可编写懒加载脚本。

6.4.2 编写懒加载程序

现在可以开始使用集合页上定义的标记模式编写懒加载程序脚本了。别担心，我将通过一系列代码解释过程中的每个步骤。我们开始吧！

1. 打基础

我们将从基础开始。这涉及为lazyLoader对象创建一个闭包，该闭包将脚本的作用域与

页面上的其他脚本隔离开来。

在 js 文件夹中，创建一个名为 lazyloader.js 的新 JavaScript 文件。然后在文件中输入代码清单 6-8。

代码清单 6-8 懒加载程序脚本起步

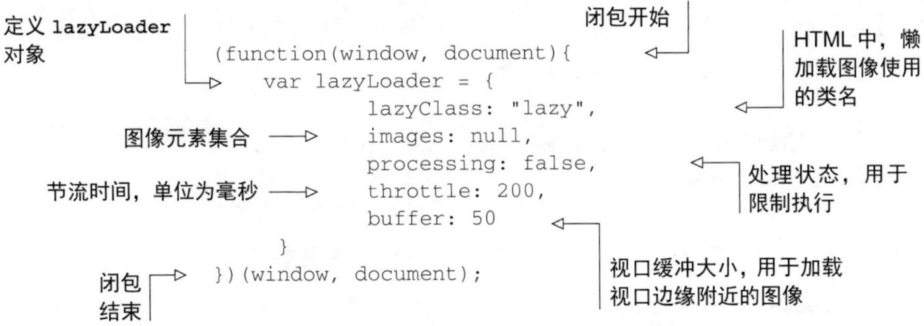

```
(function(window, document){
    var lazyLoader = {
            lazyClass: "lazy",
            images: null,
            processing: false,
            throttle: 200,
            buffer: 50
    }
})(window, document);
```


这段代码的信息量已经很多了。你正在为分配给懒加载程序脚本的 `lazyLoader` 变量构建一个对象，并将所有内容封装在闭包中。这个对象将是属性和函数的一个集合，这些属性和函数将促进懒加载行为。你将根据 `lazyClass` 属性的内容选择具有 `lazy` 类的所有图像元素，并在稍后的 `images` 属性中保存该集合。

`processing` 属性表示懒加载程序是否正在扫描文档中的图像，稍后将对其进行检查，以防止脚本活动过多。`throttle` 属性是懒加载程序再次扫描图像之前需要等待的时间（毫秒）。`buffer` 属性通过指定超出视口下边缘的像素数，触发特定图像的懒加载行为，如图 6-19 所示。

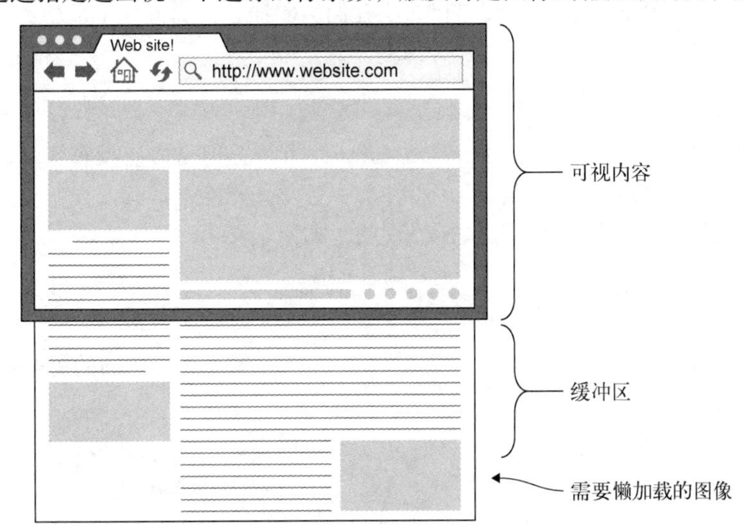

图 6-19 `buffer` 属性指定懒加载程序将在视口外寻找要加载的图像的距离。通过将懒加载程序查找的内容扩展到视口之外，可以在接近图像时开始加载图像，从而让浏览器有一个良好的初始体验

准备好这个结构的框架之后，即可构建构造和析构懒加载程序行为的方法。

2. 打造构造器和析构器

构造器和析构器是脚本的重要组成部分，如果没有它们，脚本就没有一个可以执行其懒加载功能的来源。如果没有函数来析构懒加载行为，脚本将继续运行，即使在加载所有图像之后，也会毫无用处地消耗 CPU 时间。

接下来，我们将编写两个新的对象属性 `init` 和 `destroy` 属性，分别绑定到一个构造和析构懒加载程序的方法。代码清单 6-9 放置在 `buffer` 属性的定义之后。

代码清单 6-9　构造函数和析构函数

```
buffer: 50,
init: function(){
    lazyLoader.images = [].slice.call(document.getElementsByClassName
    ➥ (lazyLoader.lazyClass));
    lazyLoader.scanImages();
    document.addEventListener("scroll", lazyLoader.scanImages);
    document.addEventListener("touchmove", lazyLoader.scanImages);
},
destroy: function(){
    document.removeEventListener("scroll", lazyLoader.scanImages);
    document.removeEventListener("touchmove", lazyLoader.scanImages);
},
```

开始懒加载行为

通过 **lazyClass** 属性定义的类名，获取所有元素

在初始化时运行 **scanImages**

在滚动时运行 **scanImages**

在触摸屏幕时运行 **scanImages**

从页面中删除懒加载行为

从页面中移除滚动事件

移除触摸屏幕的滚动事件

有了这些补充，可以说你已经打好基础了。我们为懒加载行为创建了框架，以便将懒加载行为附加到适当的图像元素中。下一个难题是 `scanImages` 方法。

3. 检查文档中的图像

前面的代码片段在许多地方引用了 `scanImages` 方法，但是你还没有编写该方法。此方法在 `scroll` 事件（移动设备：`touchmove` 事件）中触发，并检查带有 `lazy` 类的图像是否在视口底部边缘的 50 像素范围内。代码清单 6-10 说明了如何定义 `scanImages` 方法。

代码清单 6-10　定义 scanImages 方法

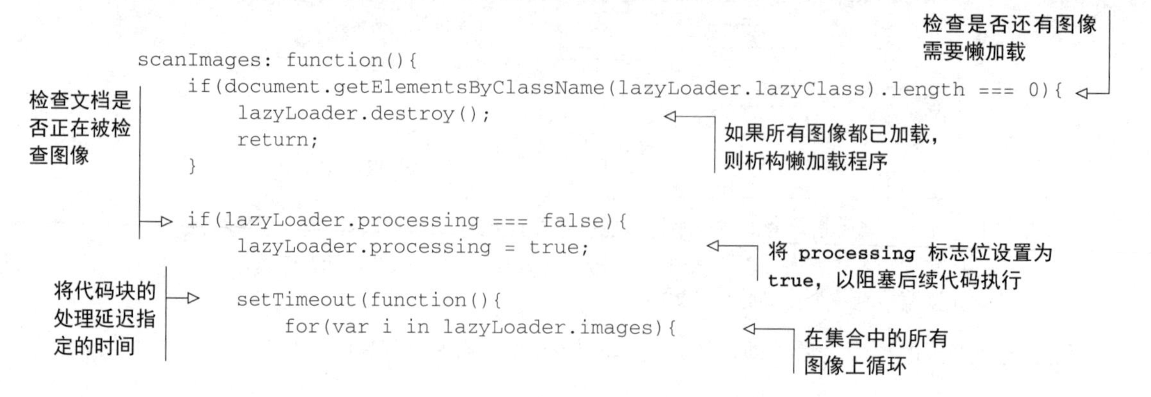

检查是否还有图像需要懒加载
scanImages: function(){
    if(document.getElementsByClassName(lazyLoader.lazyClass).length === 0){
        lazyLoader.destroy();
        return;
    }
    if(lazyLoader.processing === false){
        lazyLoader.processing = true;
        setTimeout(function(){
            for(var i in lazyLoader.images){
检查文档是否正在被检查图像
如果所有图像都已加载，则析构懒加载程序
将 processing 标志位设置为 true，以阻塞后续代码执行
将代码块的处理延迟指定的时间
在集合中的所有图像上循环

```
            if(lazyLoader.images[i].
            ➥ className.indexOf(lazyLoader.lazyClass) !== -1){
              if(lazyLoader.inViewport(lazyLoader.images[i])){
                  lazyLoader.loadImage(lazyLoader.images[i]);
              }
            }
          }

          lazyLoader.processing = false;
        }, lazyLoader.throttle);
    }
  },
```

检查图像是否在视口中

检查元素是否包含 lazy 类

将当前元素传递给 loadImage 方法

关闭 processing 标志位

通过 throttle 属性指定超时时间

该方法首先检查是否还有需要懒加载的图像。如果没有，则运行 destroy 方法并结束懒加载程序。如果还有更多图像要处理，则使用 for 循环运行 setTimeout 调用，该循环使用 inViewport 方法遍历所有图像，并查看它们是否在视口中。如果此方法对于图像返回 true，则加载图像。通过将 processing 属性设置为 true，可以防止来自 scroll 事件侦听器的过度调用。接下来，需要编写 scanImages 引用的 inViewport 和 loadImage 方法。

4. 编写核心懒加载方法

要触发懒加载行为，需要一个跨浏览器兼容的方法，确定给定的图像元素是否在视口中。这就是 inViewport 方法，如代码清单 6-11 所示。

代码清单 6-11　定义 inViewport 方法

```
  inViewport: function(img){
      var top = ((document.body.scrollTop ||
                 document.documentElement.scrollTop) + window.innerHeight) +
                 lazyLoader.buffer;
      return img.offsetTop <= top;
  },
```

inViewport 方法定义

寻找视口的位置和高度以及缓冲阈值

检查给定的图像是否在视口中

inViewport 方法很简单。它可以检查用户向下滚动页面的距离。它通过有条件地检查 document.body.scrollTop 或 document.documentElement.scrollTop 属性来实现这一点。之所以要检查，原因是 IE9 对于 document.body.scrollTop 有兼容性问题（始终返回 0），因此可以使用 || 运算符回退到类似的属性。然后将该值加上窗口的高度，得到用户视口的底部；之后添加一个额外的缓冲区值，以在图像接近（但不完全位于）视口时触发图像加载。图 6-20 显示了上述计算与浏览器视口和传递给 inViewport 的图像元素的关系。

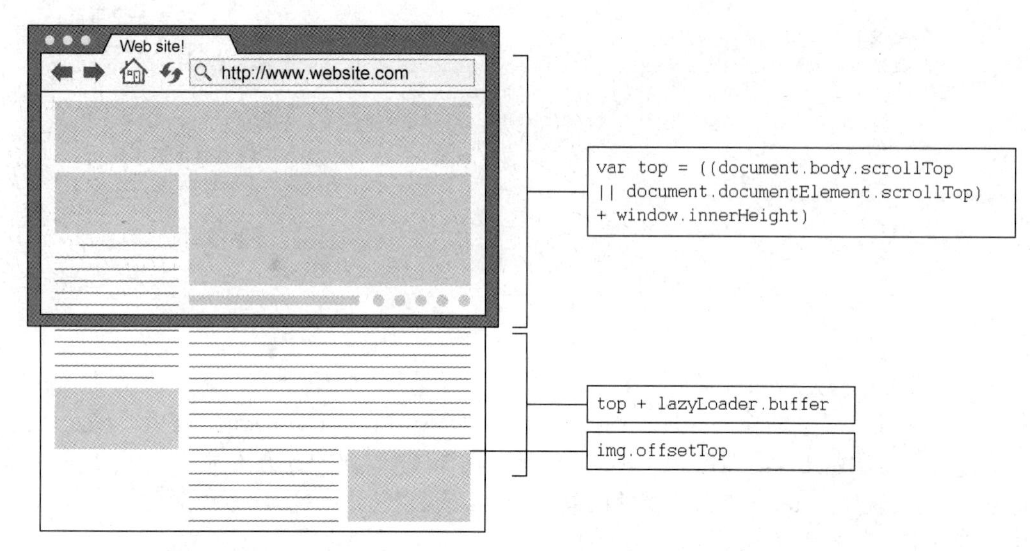

图 6-20　inViewport 方法的位置计算，以及它们与视口和目标图像元素的关系。在这种情况下，视口高度加上给定的缓冲区空间量超出了图像元素的上边界，因此返回值为 true

接下来，继续编写驱动懒加载行为本身的程序的核心部分：loadImage 方法，如代码清单 6-12 所示。

代码清单 6-12　定义 loadImage 方法

```
loadImage: function(img){                                      // loadImage 方法定义
    if(img.parentNode.tagName === "PICTURE"){                  // 检查图像元素的父节点是否是<picture>元素
        var sourceEl = img.parentNode.getElementsByTagName("source");   // 获取附近的<source>元素

        for(var i = 0; i < sourceEl.length; i++){              // 遍历<picture>元素中所有的<source>元素
            var sourceSrcset = sourceEl[i].getAttribute("data-srcset");   // 获取 data-srcset 属性，用于加载图像

            if(sourceSrcset !== null){                         // 检查<source>元素上是否存在 srcset 属性
                sourceEl[i].setAttribute("srcset", sourceSrcset);
                sourceEl[i].removeAttribute("data-srcset");    // 设置 srcset，并删除 data-srcset
            }
        }
    }

    var imgSrc = img.getAttribute("data-src"),
        imgSrcset = img.getAttribute("data-srcset");           // 从<img>中获取 data-src 和 data-srcset

    if(imgSrc !== null){                                       // 检查<img>元素上是否存在 data-src 属性
        img.setAttribute("src", imgSrc);
        img.removeAttribute("data-src");                       // 将<img>的 src 设置为 data-src 属性的值
    }
```

检查<img>元素上是否存在 data-srcset 属性

```
    if(imgSrcset !== null){
        img.setAttribute("srcset", imgSrcset);
        img.removeAttribute("data-srcset");
    }

    lazyLoader.removeClass(img, lazyLoader.lazyClass);
},
```

使用 data-srcset 的内容替换 srcset

移除<img>元素的懒加载类名

loadImage 方法首先检查它是否是<picture>元素的直接子元素。如果是，则扫描附近的<source>元素，并将其 data-src 和 data-srcset 属性转换为 src 和 srcset 属性。完成此操作后，将处理<img>元素的 data-src 和 data-srcset 属性，并将其转换为 src 和 srcset 属性。然后浏览器就会向 Web 服务器发送这些资源的请求。此函数的编写方式使得懒加载程序可以处理<picture>元素指定的图像，以及标准<img>和可选的 srcset 支持。更改属性并开始加载图像后，将使用新方法 removeClass 删除 lazy 类。你必须先定义这个方法，如代码清单 6-13 所示。

代码清单 6-13　定义 removeClass 属性

```
removeClass: function(img, className){
    var classArr = img.className.split(" ");

    for(var i = 0; i < classArr.length; i++){
        if(classArr[i] === className){
            classArr.splice(i, 1);
        }
    }

    img.className = classArr.toString().replace(",", " ");
}
```

定义 removeClass 方法

将 className 字符串转换成数组

循环这个数组

如果数组元素等于“lazy”类

将移除这个数组元素

将数组转换成字符串，并重新赋值

这个方法将图像元素的 className 字符串转换为数组，并对其进行循环。如果找到 lazy 类，则将其移除，并将数组转换回字符串，然后重新赋值给图像元素的 className 属性。

5. 开始运行脚本

既然对象里的内容已经全部定义，下面可以在 onreadystatechange 事件中触发 lazyLoader 的 init 事件，如下所示：

```
document.onreadystatechange = lazyLoader.init;
```

这个事件会等待 DOM 加载，加载完成后，懒加载行为将作用到指定的图像元素。剩下要做的就是，通过在 scripts.min.js 的引用后面放置一个引用 lazyloader.js 的<script>标签，加载脚本：

```
<script src="js/lazyloader.js"></script>
```

加载脚本后，假设没有语法错误，向下滚动页面时应该能够看到图像一边加载一边滚动到视图中。要查看懒加载程序的工作方式，请尝试打开正在使用的浏览器的 Network 选项卡，然后重新加载页面。等待页面加载并滚动页面。在图像懒加载时，应该能够看到瀑布图中出现新的网络请求，如图 6-21 所示。

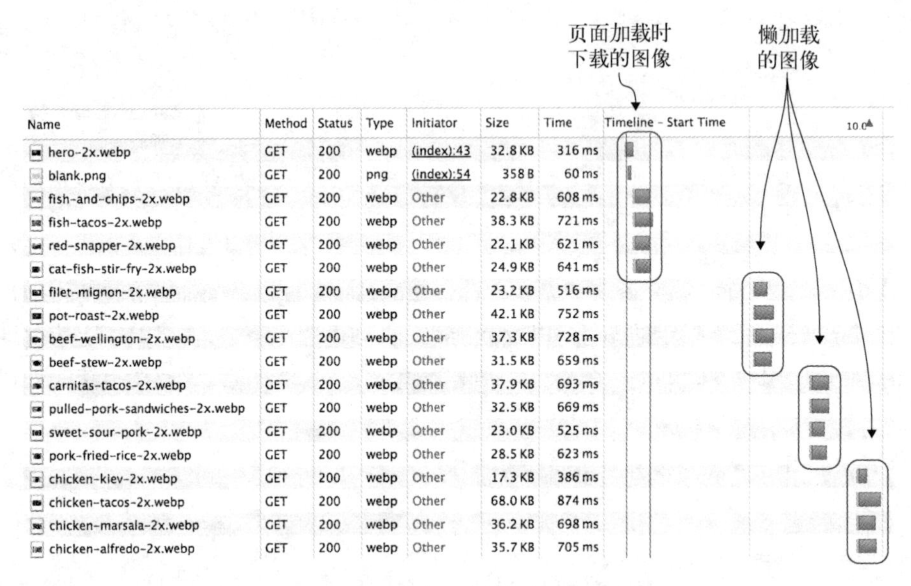

Name	Method	Status	Type	Initiator	Size	Time	Timeline - Start Time
hero-2x.webp	GET	200	webp	(index):43	32.8 KB	316 ms	
blank.png	GET	200	png	(index):54	358 B	60 ms	
fish-and-chips-2x.webp	GET	200	webp	Other	22.8 KB	608 ms	
fish-tacos-2x.webp	GET	200	webp	Other	38.3 KB	721 ms	
red-snapper-2x.webp	GET	200	webp	Other	22.1 KB	621 ms	
cat-fish-stir-fry-2x.webp	GET	200	webp	Other	24.9 KB	641 ms	
filet-mignon-2x.webp	GET	200	webp	Other	23.2 KB	516 ms	
pot-roast-2x.webp	GET	200	webp	Other	42.1 KB	752 ms	
beef-wellington-2x.webp	GET	200	webp	Other	37.3 KB	728 ms	
beef-stew-2x.webp	GET	200	webp	Other	31.5 KB	659 ms	
carnitas-tacos-2x.webp	GET	200	webp	Other	37.9 KB	693 ms	
pulled-pork-sandwiches-2x.webp	GET	200	webp	Other	32.5 KB	669 ms	
sweet-sour-pork-2x.webp	GET	200	webp	Other	23.0 KB	525 ms	
pork-fried-rice-2x.webp	GET	200	webp	Other	28.5 KB	623 ms	
chicken-kiev-2x.webp	GET	200	webp	Other	17.3 KB	386 ms	
chicken-tacos-2x.webp	GET	200	webp	Other	68.0 KB	874 ms	
chicken-marsala-2x.webp	GET	200	webp	Other	36.2 KB	698 ms	
chicken-alfredo-2x.webp	GET	200	webp	Other	35.7 KB	705 ms	

图 6-21　显示懒加载图像的网络瀑布图

懒加载程序编写完成后，目前仍然存在最后一个难题：为关闭 JavaScript 的用户提供回退。

6.4.3　考虑不支持 JavaScript 的用户

有些用户关闭了 JavaScript 或者无法使用 JavaScript（虽然占比似乎很小）。有了懒加载程序脚本，这些用户将不会看到除图像占位符以外的任何东西，如图 6-22 所示。

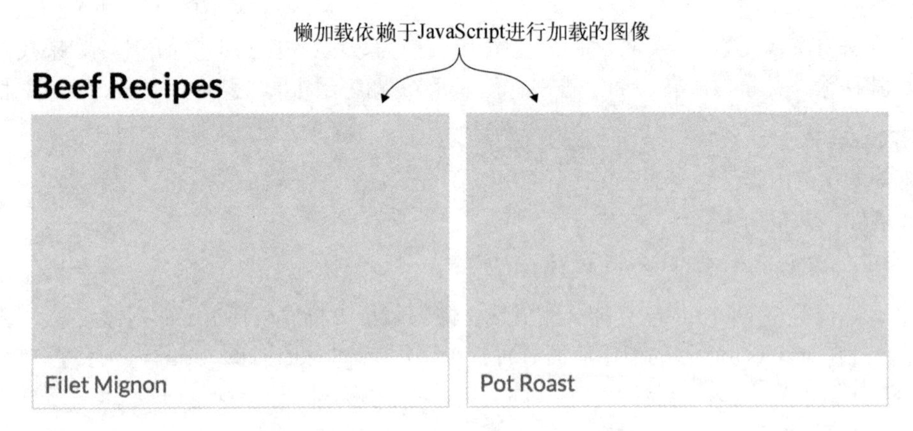

图 6-22　在关闭 JavaScript 的浏览器上懒加载脚本的效果。图像不会加载，因为 JavaScript 无法运行

这是不可接受的，即使它只影响一小部分用户。不过好消息是使用<noscript>来修复很容易。你可以修改你的标记，方法是添加<noscript>标签，在 src 和 srcset 属性中显式设置图像源，如下所示：

```
<noscript>
    <picture>
        <source srcset="img/fish-and-chips-2x.webp 2x,
                        img/fish-and-chips-1x.webp 1x"
                type="image/webp">
        <source srcset="img/fish-and-chips-2x.jpg 2x,
                        img/fish-and-chips-1x.jpg 1x"
                type="image/jpeg">
        <img src="img/fish-and-chips-1x.jpg" class="recipeImage">
    </picture>
</noscript>
```

你会注意到，<noscript>标签正是<picture>元素在懒加载程序修改它们之前的状态。添加此代码时，应该添加到懒加载的<picture>元素之后。试着在浏览器中关闭 JavaScript，然后重新加载页面，你将看到如图 6-23 所示的内容。

图 6-23 <noscript>标签的效果。图像占位符和在<noscript>标签中加载的图像都是可见的，因为禁用 JavaScript 时图像占位符不会隐藏

懒加载程序的图像占位符和通过<noscript>标签加载的图像都是可见的。这个效果不能提供给客户，因此需要确保在关闭 JavaScript 时隐藏图像占位符。解决这个问题的办法很简单。首先，在<html>元素中添加一个 no-js 的类：

```
<html class="no-js">
```

使用这个类定位到 CSS 标记中懒加载的目标图像。为此，请在 less/components 文件夹中的

global_small.less 结尾添加一个简单规则：

```
.no-js .lazy{
    display: none;
}
```

添加后，通过 `less.sh`（Windows 系统：`less.bat`）重新编译 LESS 文件。

发生了什么？通过在`<html>`标签中添加一个 `no-js` 类，并在 DOM 中添加一个隐藏`.lazy`元素的样式，即可确保在关闭 JavaScript 时，不会同时看到图像占位符和菜谱图像。

但这意味着占位符对于那些启用了 JavaScript 的浏览器是隐藏的！为了解决这个问题，需要添加一点内联脚本。当 JavaScript 可用时，它会从`<html>`标签中删除 `no-js` 类。在文本编辑器中打开 index.html，并在`</head>`结束标签之前添加一行脚本：

```
<script>document.getElementsByTagName("html")[0].className="";</script>
```

最终的结果是，使用 JavaScript 的浏览器将受益于懒加载，而那些禁用 JavaScript 的浏览器仍将显示图像。这些用户不会从懒加载脚本中受益，但他们将获得可接受的体验。

删除 HTML 元素类名的注意事项

前面的方法使用了“焦土政策”，通过清空整个`<html>` `class` 属性来删除 `no-js` 类。如果有其他需要保留的类（例如 Modernizr 类），可以使用 `removeClass()`这样的 jQuery 函数有选择地删除 `no-js` 类。更好的方法是考虑使用原生的 `classList` 方法（参见第 8 章）。

客户现在满意了。让我们总结所学，准备进入下一章。

6.5 小结

本章我们学习了以下图像优化技术，并了解了其性能优势。

- 雪碧图将多个图像连接为单个文件，从而减少 HTTP 请求。可以通过使用 `svg-sprite` Node 实用程序，从一组单独的 SVG 图像轻松生成 SVG 雪碧图。
- 并非所有浏览器都支持 SVG 图像。如果你的用户中有一部分不能使用 SVG，你可以使用 Grumpicon 在线实用程序，提供 PNG 回退。
- 在用户访问网站时下载的数据中，图像占很大一部分。可以通过 `imagemin` Node 实用程序以及特定于各种图像格式的 `imagemin` 插件，减小网站图像的大小。
- 如果有很大一部分用户使用 Chrome 或基于 Chrome 的浏览器，可以通过 Google 的 WebP 图像格式，提供具有同等视觉质量且体积更小的图像。使用 Node 中的 `imagemin-webp` 插件，还可以生成有损 WebP 版本来代替 JPEG，生成无损 WebP 版本来代替 PNG。
- 并非所有人都使用 Chrome，所以你不能仅仅把 Web 图像放到你的网站上，并期望它们对每个人都有效。可以结合使用`<picture>`元素与`<source>`元素的 `type` 属性，为不支持 WebP 的浏览器指定已有的图像类型回退。

- 延迟加载图像（懒加载）是缩短网站初始加载时间的一个好方法。此技术还通过避免加载访问者可能看不到的图像来节省带宽。通过编写懒加载脚本，你就可以在自己的网站上实现此行为。还可以通过使用`<noscript>`标签的解决方案，为关闭了 JavaScript 的用户做打算。

有了这些技术，你将能够确保网站在容纳丰富视觉内容的同时，不会牺牲访问速度和兼容性。下面进入字体的世界，学习如何优化字体的传输！

第 7 章

更快的字体

7

本章内容

- ❑ 通过选择限制字体数量
- ❑ 构建你自己的@font-face 级联
- ❑ 了解服务器压缩对较旧字体格式的好处
- ❑ 通过取子集限制字体大小
- ❑ 使用 unicode-range CSS 属性提供字体子集
- ❑ 通过JavaScript API管理字体的加载

我们在第 6 章学习了如何优化图像，但事实证明，页面的许多其他方面也能够从优化中受益。本章将探索网站中另一种常见的资源类型：字体。字体是许多网站中负载的一个重要部分，而它们的传输方式值得仔细推敲。

自从字体被引入开发人员的工具包以来，对字体的支持状态就始终不是很稳定。尽管 CSS @font-face 属性得到了普遍的支持，但对用于嵌入的字体格式的支持程度则参差不齐。

TrueType 和 Embedded OpenType 格式在旧式和现代浏览器中都得到了广泛的支持，所以你可能想随便使用其中的一种格式。但是这些字体格式对 Web 来说并不是最优的，因为它们并未压缩。较新的格式，如 WOFF 和 WOFF2，占用空间较小，最适合嵌入。即使这样，你也可以使用旧的字体格式。它们应该作为@font-face 级联的一部分，但只能作为不支持更新、更优格式的旧浏览器的最后的选择。

本章将从基础知识开始，学习如何为给定页面选择必需的最少字体和字体变体，以及如何创建最佳的@font-face 级联；还将探索服务器压缩如何减小旧字体格式的大小，以及如何通过取子集减小所有字体格式的大小。最后，使用 CSS font-display 属性控制字体的显示方式，并回退到 JavaScript 中的原生字体加载 API，然后回退到旧浏览器的 Font Face Observer 库。我们这就开始吧！

7.1 明智地使用字体

字体的最佳使用始于选择。尽管像 Google Fonts 和 Adobe Typekit 这样的字体提供商为帮助你选择字体做了很多工作，但有时你需要自己托管字体，或许是因为这些服务中没有你需要的字体，又或者是客户有特殊需求，因而不能使用它们。

说到客户，“传奇音调”这个客户又回来了。他们为一篇更受欢迎的文章买了广告，想用更漂亮的字体修饰那一页。本节将选择网站所需的字体和字体变体，将它们转换为适当的格式，并构建你自己的`@font-face`级联。开始前，需要下载客户网站，并使用以下命令在本地运行：

```
git clone https://github.com/webopt/ch7-fonts.git
cd ch7-fonts
npm install
node http.js
```

下载网站并运行 Web 服务器后，将浏览器转向 http://localhost:8080，你就可以开始了！

7.1.1 选择字体和字体变体

乍一看，客户网站的设计可以通过添加字体来改进。该项目的设计者推荐了一种很好的无衬线字体 Open Sans。为了提供帮助，设计师将 Open Sans 字体系列放在 css 文件夹的子文件夹 open-sans 中。浏览这个文件夹，你会发现 10 种样式。显然，我们需要谨慎选择，否则页面加载时间可能会显著增加。

7

想要跳过？

如果你陷入困境，并想跳到后面（或者你急于看到结果），可以使用 `git` 命令。键入 `git checkout -f fontface`，你将看到本节所做工作的最终结果。

那么，如何梳理出需要的字体变体呢？第一步很容易。Open Sans 字体系列有两种样式：斜体和普通体 。对于这个网站的内容，你只需要普通的、非斜体的变体，所以可以将选择范围缩小到 5 种不同粗细的字体，从 Light 到 Extra Bold。

5 种并不算多，但是你还可以去掉一些不必要的字体粗细。这需要与设计师交谈，以了解客户的需求。幸运的是，他们已经非常清楚自己的需求，并给了你一个小型示意图，告诉你应该使用什么样的字体变体。如图 7-1 所示，它注释了所有字体变体（在本例中是字体粗细）。

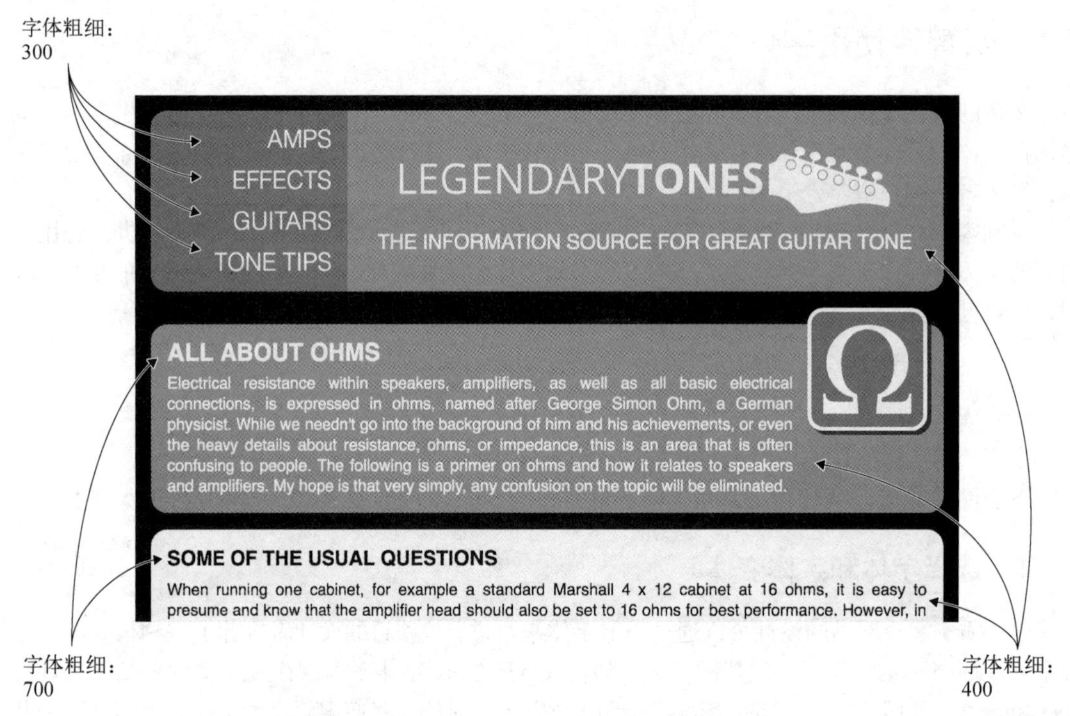

图 7-1　客户的内容页，已经注释了所有字体粗细

如你所见，变体由其 CSS `font-weight` 属性值决定。`font-weight` 指定受影响文本的"粗细"。此规范可以在预设值（如 `normal`、`bold`、`bolder` 或 `lighter`）中生成，也可以通过更具体的整数值（以 100 为增量，从最细的值 `100` 开始，到最粗的值 `900` 结束）生成。大多数元素的默认值是 `normal`，相当于值 `400`。表 7-1 将 `font-weight` 与其对应的 Open Sans 字体变体一一映射，并指示是否在页面上使用它们。

表 7-1　Open Sans 字体系列中可用的字体变体、其对应的 `font-weight` 值，以及页面上是否使用它们

`font-weight` 值	字体变体文件名	页面是否使用
`300`	OpenSans-Light.ttf	是
`400`	OpenSans-Regular.ttf	是
`600`	OpenSans-SemiBold.ttf	否
`700`	OpenSans-Bold.ttf	是
`800`	OpenSans-ExtraBold.ttf	否

现在知道你需要哪种字体变体了，就可以放弃那些不需要的，并使用这 3 种：OpenSans-Light.ttf、OpenSans-Regular.ttf 和 OpenSans-Bold.ttf。

通过挑选并且只选择需要的字体，即可通过提供必需资源来减轻用户的负担。字体资源有时很大，所以应该有所舍弃。完成后，你可以继续编写自己的`@font-face` 级联。

7.1.2 构建你自己的@font-face 级联

识别字体变体并选择相应的字体文件后，可以开始将它们嵌入客户的网站。但是编写 `@font-face` 声明之前，需要将 TrueType 字体文件转换为所需的其他格式。

1. 转换字体

因为只有 Open Sans 的 TrueType（TTF）字体可用，所以需要将它们转换为所需的其他 3 种格式。表 7-2 列出了这些格式及其浏览器支持。

表 7-2 字体格式及其文件扩展名和浏览器支持。Opera Mini 不支持自定义字体

字体格式	扩展名	浏览器支持
TrueType	ttf	除 IE8 及更早版本外
Embedded OpenType	eot	IE6+
WOFF	woff	除 Android 浏览器 4.3 及更早版本和 IE8 及更早版本外
WOFF2	woff2	Firefox 39+、Chrome 36+、Opera 23+、Android 浏览器 4.7+、Chrome/Firefox for Android，以及 Opera Mobile 36+

可以使用各种工具进行转换（通过 Web 服务或下载获取）。可以非常方便地使用 `npm` 获得一些命令行实用程序，具体如下。

- `ttf2eot`：将 TTF 转换为 Embedded OpenType（EOT）。
- `ttf2woff`：将 TTF 转换为 WOFF。
- `ttf2woff2`：将 TTF 转换为 WOFF2。

如果你的网站字体只有 OpenType（OTF）格式，则可以下载 `otf2ttf` Node 包，在继续之前将 OTF 文件转换为 TTF。但是在 Open Sans 这个例子里，你是从 TTF 开始的，因此不需要这个实用程序。要想全局安装这些实用程序，以便以在系统的任何位置使用它们，请运行以下命令：

```
npm install -g ttf2eot ttf2woff ttf2woff2
```

这可能需要一分钟左右的时间，具体取决于网络连接。完成后，你将能够从任何文件夹运行这些命令。`npm` 完成后，即可开始转换字体。

> **警告：留心许可协议！**
>
> 字体的使用条款可能因字体而异，因此需要阅读随附的许可协议。Open Sans 真正是免费的，并为其使用提供了明确的权限。其他字体创建者可能要求你购买使用权。即使进行了支付，嵌入也可能存在限制。一定要检查你想使用的字体的使用条款并遵守！

要转换 Open Sans 字体，请在终端打开 css/open-sans 文件夹，然后为 IE 生成 EOT 文件：

```
ttf2eot OpenSans-Light.ttf OpenSans-Light.eot
ttf2eot OpenSans-Regular.ttf OpenSans-Regular.eot
ttf2eot OpenSans-Bold.ttf OpenSans-Bold.eot
```

这将生成所需的所有 EOT 字体。要使用 ttf2woff 生成 WOFF 字体，过程和语法与 ttf2eot 相同：

```
ttf2woff OpenSans-Light.ttf OpenSans-Light.woff
ttf2woff OpenSans-Regular.ttf OpenSans-Regular.woff
ttf2woff OpenSans-Bold.ttf OpenSans-Bold.woff
```

最后，使用 tt2woff2 创建 WOFF2 文件。tt2woff2 的语法有些不同：

```
cat OpenSans-Light.ttf | ttf2woff2 >> OpenSans-Light.woff2
cat OpenSans-Regular.ttf | ttf2woff2 >> OpenSans-Regular.woff2
cat OpenSans-Bold.ttf | ttf2woff2 >> OpenSans-Bold.woff2
```

类 UNIX 系统与 Windows 系统

在前面的示例中，cat 命令用于通过管道操作符将字体文件的内容输出到 ttf2woff2 程序。而在 Windows 系统中，type 命令相当于 cat。

通过这些命令，你已经生成了最优@font-face 级联所需的所有字体。让我们继续嵌入这些字体！

2. 构建@font-face 级联

构建@font-face 级联的方式非常重要。如果操作正确，它会向浏览器提示哪些格式可用，并提供最佳格式。对于现代浏览器，你可以从高度压缩格式（如 WOFF 和 WOFF2）中获益；而对于较旧的浏览器，你可以安全地回退到次优的 EOT 和 TTF 格式。

SVG 字体注意事项

如果你有嵌入字体的经验，可能想知道 SVG 字体适合用在哪里。简言之，它们已经不再适用了。SVG 字体在主流浏览器的未来版本中已被弃用或正在被弃用，最好完全不要使用它们。

打开 css 文件夹中的 styles.css，开始编写@font-face 代码。代码清单 7-1 显示了需要的第一种字体的@font-face 代码，对应 Open Sans 的常规字号。需要将其放在 styles.css 的开头。

代码清单 7-1　Open Sans Regular 的@font-face 定义

```
@font-face{
    font-family: "Open Sans Regular";
    font-weight: 400;
    font-style: normal
    src: local("Open Sans Regular"),
         local("OpenSans-Regular"),
         url("open-sans/OpenSans-Regular.woff2") format("woff2"),
```

字体粗细

嵌入字体对应的字体系列字符串

字体样式

local()源会在下载远程文件之前检查用户系统上的字体

WOFF2 版本

WOFF 版本

```
        url("open-sans/OpenSans-Regular.woff") format("woff"),
        url("open-sans/OpenSans-Regular.eot") format("embedded-opentype"),
        url("open-sans/OpenSans-Regular.ttf") format("truetype");
}
```

TTF 版本　　EOT 版本

这个@font-face 级联中详细描述了从最佳情况到最坏情况的各种场景。我们看看 src 属性：这个属性接受指定字体的来源列表，以逗号分隔。来源会按指定的顺序加载。首先使用 local() 声明检查用户系统上的字体。这是最理想的结果，因为这种情况下浏览器不必下载任何内容。

如果找不到 local 源，浏览器将从本节前面转换的一组字体格式中下载一个。下载的格式取决于浏览器的功能。我们当然希望一开始就顺利，所以要从最好的格式开始，即 WOFF2 版本。为了获得更广泛的支持，需要在性能较差的浏览器中使用越来越不理想的格式。图 7-2 详细说明了这个过程。

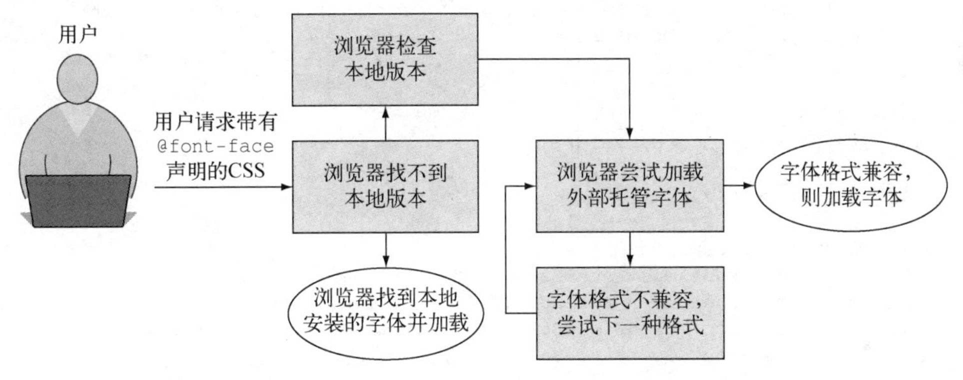

图 7-2　用户浏览器处理@font-face 级联的过程。浏览器先搜索本地安装的版本（如果指定），如果找不到，将遍历所有@font-face src()调用，以获得相同字体的各种格式

当请求 WOFF2 字体格式失败时，浏览器将检查列表中的下一个格式，即稍微不太理想的 WOFF 版本。到目前为止，大多数浏览器能够成功加载 WOFF 版本。而其余的浏览器将回退到 EOT 或 TTF 文件。

@font-face 声明编写完成后，需要修改 body 选择器上的 font-family 属性，将此字体作为文档的默认字体引用，如下所示：

```
font-family: "Open Sans Regular", Helvetica, Arial, sans-serif;
```

此属性会按优先次序指定多个字体。首先指定 Open Sans Regular，因此它是首选字体。接下来的几个是回退字体，以防所依赖的@font-face 无法加载。指定字体后，可以在不同的浏览器中重新加载文档，你会注意到，该字体已经在使用了。

如果在不同浏览器中查看 Network 选项卡，将看到 Firefox 和 Chrome 使用 WOFF2 文件。Safari（在一些旧版本的 macOS 上）使用 WOFF 文件。IE8 这样的旧浏览器则下载 EOT 文件。如果将 TTF 字体文件安装到系统上，你会注意到根本没有下载字体，而是从计算机引用。可以通过删除所有 local()源来规避此行为，但这种方法对生产环境的网站并不是最佳方法。应该始终确保通过删除所有 local()源引用来测试远程字体文件是否正常工作，并在将网站部署到生产环境之前重新添加它们。

我们需要做的最后一件事，是为其他两种粗细的字体创建@font-face，如代码清单 7-2 所示。

代码清单 7-2　其余 Open Sans 字体变体的@font-face 声明

```
@font-face{
    font-family: "Open Sans Light";
    font-weight: 300;
    font-style: normal;
    src: local("Open Sans Light"),
         local("OpenSans-Light"),
         url("open-sans/OpenSans-Light.woff2") format("woff2"),
         url("open-sans/OpenSans-Light.woff") format("woff"),
         url("open-sans/OpenSans-Light.eot") format("embedded-opentype"),
         url("open-sans/OpenSans-Light.ttf") format("truetype");
}

@font-face{
    font-family: "Open Sans Bold";
    font-weight: 700;
    font-style: normal;
    src: local("Open Sans Bold"),
         local("OpenSans-Bold"),
         url("open-sans/OpenSans-Bold.woff2") format("woff2"),
         url("open-sans/OpenSans-Bold.woff") format("woff"),
         url("open-sans/OpenSans-Bold.eot") format("embedded-opentype"),
         url("open-sans/OpenSans-Bold.ttf") format("truetype ");
}
```

编写完这些@font-face 之后，需要在 styles.css 中搜索值为 300 和 700 的 font-weight 属性。对于 font-weight 属性为 700 的选择器，添加以下规则：

```
font-family: "Open Sans Bold";
```

对于 font-weight 属性为 300 的选择器，添加以下规则：

```
font-family: "Open Sans Light";
```

现在，该网站具有的 Open Sans 字体系列足以通过不同的字体粗细显示文档中的所有文本。祝贺你！你通过优选最小、性能最佳的字体格式，嵌入了字体，这样可以减少用户的加载时间。即使旧的浏览器得到的格式不太理想，它们仍然会显示自定义字体。当然，加载这些旧格式并不容易，而这就是服务器压缩的用武之地！

7.2　压缩 EOT 和 TTF 字体格式

回想一下，@font-face 级联开头使用的格式性能很高（如 WOFF2 和 WOFF），而之后的两种格式虽然得到了很好的支持，但并不那么理想。这背后的原因是：WOFF2 和 WOFF 格式是内部压缩的。压缩算法是这些格式的固有特性，它们不需要服务器压缩。

TTF 和 EOT 字体格式没有压缩，因此是服务器压缩的最佳候选格式。服务器压缩二进制文件类型可能会带来开销，但是为了加快这些优化程度较低的格式的传输，这个过程是值得的。

默认情况下，将本地 Node Web 服务器与 `compression` 模块一起使用时，会压缩这些格式。但是其他 Web 服务器可能默认压缩这些格式，也可能不压缩，需要进一步配置。例如，Apache Web 服务器需要使用 `mod_deflate` 压缩这些文件。代码清单 7-3 显示了 Apache 服务器配置的一部分，这些配置指定 TTF 和 EOT 字体的压缩。

代码清单 7-3 配置 Apache 服务器，压缩 TTF 和 EOT 字体

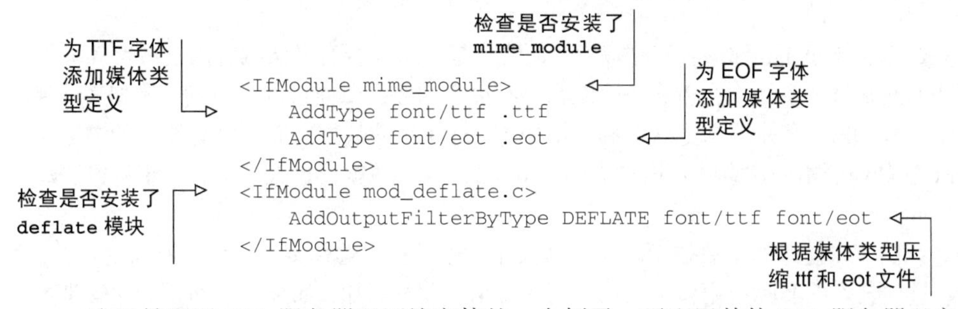

```
<IfModule mime_module>
    AddType font/ttf .ttf
    AddType font/eot .eot
</IfModule>
<IfModule mod_deflate.c>
    AddOutputFilterByType DEFLATE font/ttf font/eot
</IfModule>
```


这只是配置 Web 服务器以压缩字体的一个例子。要配置其他 Web 服务器以启用相同功能，尚需要进一步研究。本节的重点是指出压缩这些文件类型能带来性能提升。压缩这些格式的好处如图 7-3 所示，其中比较了 OpenSans-Regular.ttf 和 OpenSans-Regular.eot 字体文件压缩前后的情况。

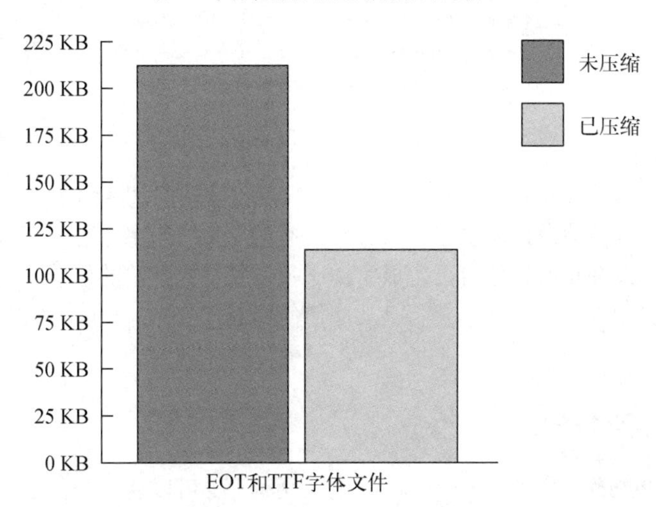

图 7-3 压缩前后 Open Sans Regular 字体的大小变化。在本例中，与未压缩版本相比，压缩收益约为 45%，从 212.26 KB 减小到 113.76 KB。EOT 的压缩比与之相似

在这些旧格式上使用服务器压缩有明显的好处。压缩它们可以获得约等于 WOFF 的文件大小，因此对于不支持 WOFF 的浏览器来说，这是一种均衡器。WOFF2 仍然胜过压缩的 TTF 和 EOT 文件，但同样，并非每个浏览器都支持 WOFF2。我们的目标是尽可能为每个浏览器提供最好的结果，这是更接近实现该目标的另一种方法。

对于较小的资源来说，压缩是有效的，但是对于较大的资源（例如 TTF 和 EOT 字体），压缩可能需要更长的时间，从而导致 TTFB 更长。一定要测试哪种情况会使加载时间较短。对于较小的文件，压缩处理时间几乎可以忽略。

7.3 取字体子集

这个网站看起来更出色了，你的客户很高兴。但客户想知道是否有办法减轻因这些字体而增加的负担。向任何网站添加字体都会造成一个结果：有更多的数据要通过网络传输。添加 3 种字体之后，你在下载 WOFF2 字体的浏览器上额外增加了 185 KB 的数据。而不太有能力的浏览器则回退到 WOFF 和其他版本，这意味着增加大约 260 KB 的额外数据。这太多了，一定有办法规避的。

幸运的是，我们可以使用取子集技术减小字体大小。**取子集**只选择字体文件中所需的字符，丢弃其余字符。这项技术的实际应用包括按语言对字体取子集。例如，如果一个网站的内容是英语，那么拉丁字符就足够了。如果你使用过 Google 字体，那么你已经利用过取子集技术，因为选择字体后，它是服务设置对话框的一部分，如图 7-4 所示。

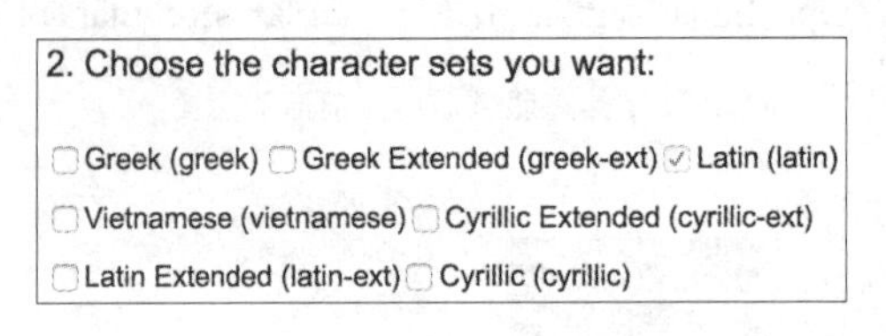

图 7-4　根据语言分类的 Google 字体子集

尽管 Google Fonts 和 Adobe Typekit 等服务提供了子集，但某些情况下，你可能不能使用第三方服务，特别是当网站的设计需要字体服务中没有的字体，或字体需要订阅时。由于这些和许多潜在的其他原因，最好知道如何自己生成字体子集，以掌控网站的最佳字体传输。本节将学习如何使用命令行工具手动生成字体子集，以及如何使用 `unicode-range` CSS 属性为多语言网站提供字体。

7.3.1 手动生成字体子集

使用一组基于 Python 的名为 `fonttools` 的实用程序，可以在命令行上生成字体的子集。本节还将了解 Unicode 范围、安装 Python（如果未预装），并使用 `pip` 包管理器安装 `fonttools` 库。我们还将使用 `pyftsubset` 命令行实用程序为字体生成子集。

1. 理解 Unicode 范围

要理解字体子集的工作机制，需要知道 Unicode 是什么，以及各种语言的字形在预定义的 Unicode 范围中的情况。

如果你是有经验的 Web 开发者，想必你听说过 Unicode，但也许不知道它到底是什么。Unicode 是规范所有语言字符表示方式的标准。针对各种语言中的字符，目前有超过 120 000 个 Unicode 保留位，并且该标准在不断发展，以容纳更多字符。

Unicode 的设计理念不仅是为了容纳如此广泛的字符，更是为了在使用 Unicode 字符集时，以一致的方式为它们保留空间。广泛使用的 Unicode 字符集的最佳例子是 UTF-8，它是 Web 上使用的事实标准。使用 Unicode 字符集时，所有文档中为字符保留的空间都是相同的。例如，小写 p 总是位于 U+0070 的 Unicode 码点。图 7-5 中的表单显示了这个码点及其附近的码点。

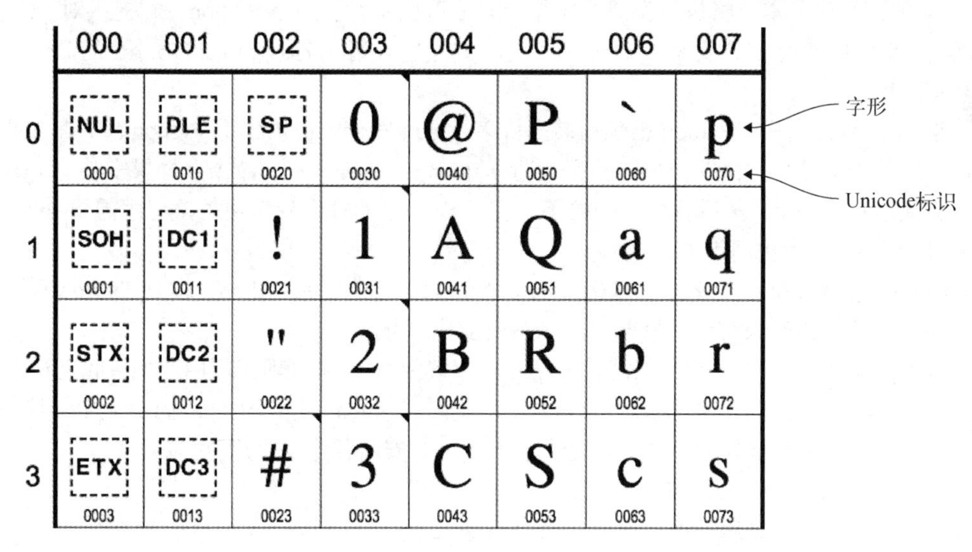

图 7-5 Unicode.org 的 Unicode 字符表的一部分，显示了字形及其码点。小写的 p 通过其 Unicode 码位 U+0070 标识

你需要了解 Unicode 字符，因为字体使用了 Unicode 码点为特定字符保留空间。

还可以使用 Unicode 码点生成字体子集。有些字体包含的字符远远多于大多数用例所需的字符。如果只用英语编写内容，那么就不需要字体可能提供的西里尔字符。通过生成字体子集只导出适合网站内容的字形，就会得到较小的字体文件。正如你现在知道的那样，较小的资源就意味着较短的页面加载时间。

生成字体子集的典型方法是使用 **Unicode 范围**。范围可以通过两个 Unicode 码点表示，其中包含了它们之间的所有码点。一个流行的 Unicode 范围是基本的拉丁范围，它包括英文字母表中的小写和大写字符、数字 0~9，以及大量特殊符号（如标点符号）。这个范围对应 U+0000 到 U+007F。将此范围输入子集工具时，它会将指定的范围导出到较小的文件中。

寻找其他 Unicode 范围

Unicode 联盟的 Unicode 标准官方网站包含了该标准为之保留空间的所有语言的详尽列表。要查找 Unicode 范围，请转到 http://unicode.org/charts 并浏览列表。单击要查找的语言，该语言的 PDF 图表在文档的左上角和右上角提供了范围。例如，亚美尼亚字符的范围是 U+0530-058F。

本节稍后将通过一个名为 pyftsubset 的命令行工具为 Open Sans 字体生成基本的拉丁文 Unicode 范围子集。pyftsubset 是 font-tools 库的一部分。但使用这个工具之前需要先安装。

2. 安装 fonttools

要安装 fonttools 很容易。我们在第 3 章下载并安装了 Ruby，以便使用 gem 包管理器安装 uncss 实用程序。本节将执行类似的操作，只是这次要安装的是 Python，它提供对 pip 包管理器的访问。可以使用 pip 安装 fonttools 包，这个包托管了名为 pyftsubset 的命令行字体子集实用程序。

如果你是 Mac 用户，Python 已预安装。许多 Linux 发行版也预装了 Python。要查看系统上是否已经安装了 Python，最简单的方法是运行 python --version 命令。如果安装了 Python，版本号将显示在屏幕上，然后就可以开始了。fonttools 的开发者声明了该程序需要 Python 2.7 或者 Python 3.3，或者更高版本。

Windows 系统未预装 Python，但这只是一个小麻烦。要安装 Python，请到 Python 官网获取安装程序。安装过程已经简化，只需完成一系列步骤即可。

安装 Python 后，需要在命令行键入 pip -V 以确保 pip 包管理器可用。如果收到错误信息且没有看到版本号，则需要安装 pip。由于此时 Python 是可用的，因此可以通过运行 easy_install pip 命令轻松解决此问题。完成后，pip 安装程序将可用，可以键入 pip install fonttools 安装 fonttools 包。

安装 fonttools 之后，可以通过在命令行输入 pyftsubset --help 检查 pyftsubset 实用程序是否可用。如果屏幕缓冲区中有帮助文本，则该实用程序已安装，下面可以开始生成字体子集了。

3. 使用 pyftsubset 生成字体子集

既然 fonttools 已经安装，pyftsubset 也开始工作了，是时候进入正题了。因为网站内容全是英文的，所以需要对基本的拉丁文 Unicode 范围生成子集。此范围包含英文字母表中使用的所有字母和数字，以及你需要的所有符号，如标点符号。在 Unicode 官方网站上查找基本拉丁文范围时，你会发现该范围是 U+0000 到 U+007F。这就是你将提供给 pyftsubset 实用程序以生成子集的信息。

要使用此实用程序开始生成字体子集，请打开一个终端窗口，并转到客户网站文件夹中的 css/open-sans 目录。pyftsubset 中需要输入 TTF、OTF 或 WOFF 文件。为了简单起见，对原始 TTF 文件生成子集，并使用 7.1 节中的转换器，将 TTF 字体子集重新转换为所需的其他格式。

找到正确的文件夹后，首先使用以下命令设置 OpenSans-Regular.ttf 字体文件：

```
pyftsubset OpenSans-Regular.ttf --unicodes=U+0000-007F
--output-file=OpenSans-Regular-BasicLatin.ttf --name-IDs='*'
```

这条命令中做了很多事情，我们对其进行分解。图 7-6 列出了每个选项。

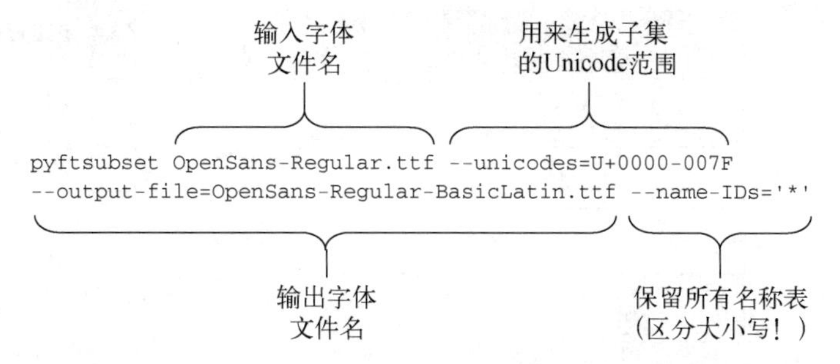

图 7-6 用 pyftsubset 生成字体子集。首先指定输入文件，然后指定输入字体中子集字符的 Unicode 范围，之后指定输出文件名。最后一个选项用于保留名称表中的所有条目，从而确保与字体转换器更好地兼容

稍等片刻后，程序将完成并输出 OpenSans-Regular-BasicLatin.ttf，正如`--output-file`标志中指定的那样。查看这个文件与 OpenSans-Regular.ttf，你会发现已经缩小了大约 90%，从 212.26 KB 缩小到 17.68 KB，大大缩减了字体的整体大小。而且，这甚至不是最佳的字体格式。Open Sans 中有很多字符，因为它广泛支持多种语言。你不一定总能从字体子集中得到这样的收益，但是花时间去看看有什么可能还是值得的。

宣布“胜利”之前，仍然需要使用以下命令，将此字体子集转换为 EOT、WOFF 和 WOFF2 格式：

```
ttf2eot OpenSans-Regular-BasicLatin.ttf OpenSans-Regular-BasicLatin.eot ttf2woff
OpenSans-Regular-BasicLatin.ttf OpenSans-Regular-BasicLatin.woff cat
OpenSans-Regular-BasicLatin.ttf | ttf2woff2 >>
    OpenSans-Regular-BasicLatin.woff2
```

转换完所有字体后，使用 `pyftsubset` 对 OpenSans-Bold.ttf 和 OpenSans-Light.ttf 重复相同的字体子集生成过程，并将这些文件转换为各自的 EOT、WOFF 和 WOFF2 版本。然后需要更新 styles.css 中的`@font-face`源，以引用新的子集字体文件。

关于特殊符号

生成字体子集时，请记住应用该字体的网站内容。一个关于咖啡和咖啡产品的网站可能会使用其他语言的单词，比如 café，它有一个带重音的字符。基本的拉丁文范围缺少这些字符，因此需要注意包括以后可能需要的字形。

通过这项工作，我们已经大小缩小了字体文件。根据字体的格式不同，可以将字体大小缩小 85%~90%。如图 7-7 所示，这意味着页面加载时间有了相当大的改进。

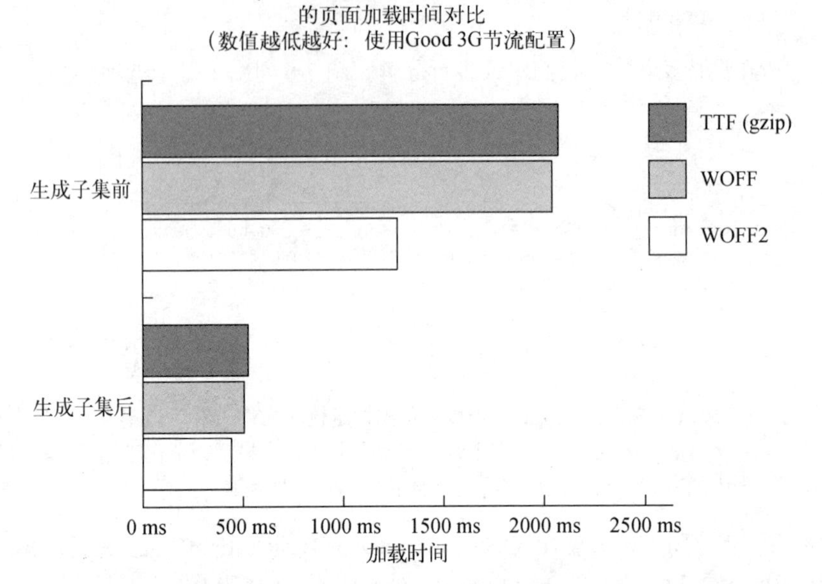

图 7-7　生成字体子集前后的加载时间对比。加载时间改进了 200%以上。加载时间包括网站所有资源的时间。在这些测试中，服务器压缩了 TrueType 字体（EOT 由于不兼容而省略；EOT 文件大小几乎与 TTF 相同）

到目前为止，你可能觉得进展已经势不可挡了。下一个挑战是使用`@font-face` 级联中的 `unicode-range` 属性，根据语言进行子集设置。使用此属性，可以通过 Unicode 范围以特定语言为目标，就像对 `pyftsubset` 所做的那样。

7.3.2　使用 `unicode-range` 属性传输字体子集

客户希望以多种语言呈现内容。这个网站在一些欧亚国家特别受欢迎，尤其是俄罗斯（不管是什么原因）。

这有点困难，因为客户需要翻译内容。但是你可以在内容翻译人员工作的同时工作，因为客户已经给了你俄文占位符的副本。

问题是，这个网站需要能够提供俄语使用的西里尔字符。可以通过以下两种方式之一实现此目标：

- 提供整个字体文件，以便无论情况如何，所有语言都可以随意使用所需的字符；
- 只提供该网页所需的子集。

哪种方式更好？如果你猜是第二种，那就对了。正如在 7.3.1 中所看到的那样，提供完整的字体会妨碍性能，因此，我们希望适当地为其他语言提供子集。在这种情况下，你不想强制英语用户下载字体的西里尔字符子集。

这就是 unicode-range CSS 属性的作用。此属性是在@font-face 定义中指定的，其值是 Unicode 代码点的范围和/或集合，格式与输入 pyftsubset 程序的格式相同。如果浏览器检测到页面内容包含此范围内的字符，它将下载字体，否则不会下载。

这个属性没有受到普遍的浏览器支持，要想使用，可能需要通过回退策略。目前 unicode-range 没有完善的 polyfill，所以回退通常需要替代方法而不是 polyfill。本节稍后会演示另一种方法。

本节将学习如何使用 pyftsubset 生成包含所需西里尔字符的新字体子集。转换后将它们嵌入新的@font-face，并使用 unicode-range 属性通知浏览器关联的@font-face 要应用于哪些字符。然后讨论使用 JavaScript 的回退方法。

开始这个字体子集的练习前，需要使用 git 切换到新的代码分支。输入命令 git checkout -f unicoderange。首先会看到有两个 HTML 文件：一个是以前看到的文章的英文版本（index-en.HTML），另一个是使用西里尔字符的俄文版本（index-ru.HTML）。让我们开始吧！

1. 生成西里尔字体子集

使用 unicode-range 将适当的字体子集传输给俄语用户之前，需要使用 pyftsubset 创建这些字符的子集。

正如你可能猜到的那样，使用此程序生成西里尔字符子集的方法与生成基本拉丁文子集的方法几乎相同。唯一的区别是，需要不同的 Unicode 点范围来获取字符。

基本拉丁文 Unicode 范围很简单，而西里尔字符 Unicode 范围很复杂。它包含了 3 个不同的逗号分隔范围，并且都需要传递给 pyftsubset 的--unicodes 选项。在本例中，我将提供这些范围，你也可以自己在 Unicode 网站上找到它们。要为 OpenSans-Regular.ttf 字体文件创建西里尔字符子集，请在命令行的 css/open-sans 文件夹中键入以下命令：

```
pyftsubset OpenSans-Regular.ttf --unicodes=U+0400-045F,U+0490-0491,U+04B0-
    04B1 --output-file=OpenSans-Regular-Cyrillic.ttf --name-IDs='*'
```

此命令与用于生成 Open Sans Regular 基本拉丁文子集的命令之间的区别在于，传递给 --unicodes 选项的 Unicode 范围以及输出的文件名。完成后，你将在该文件夹中看到一个名为 OpenSans-Regular-Cyrillic.ttf 的新文件。与以前一样，需要将此字体转换为 EOT、WOFF 和 WOFF2 版本：

```
ttf2eot OpenSans-Regular-Cyrillic.ttf OpenSans-Regular-Cyrillic.eot
ttf2woff OpenSans-Regular-Cyrillic.ttf OpenSans-Regular-Cyrillic.woff
cat OpenSans-Regular-Cyrillic.ttf | ttf2woff2 >> OpenSans-Regular-
    Cyrillic.woff2
```

上述这些转换完成后，依次重复这个过程，为 OpenSans-Light.ttf 和 OpenSans-Bold.ttf 生成对应的西里尔字母子集 OpenSans-Light-Cyrillic.ttf 和 Open-Sans-Bold-Cyrillic.ttf。然后将这些文件转换为相应@font-face 定义所需的格式。现在，你可以开始学习 unicode-range 属性并在新的西里尔文@font-face 中使用它了！

2. 使用 `unicode-range` 属性

在 CSS 中使用 `unicode-range` 属性，与在 `pyftsubset` 中使用字体子集时将 Unicode 范围传递给`--unicodes` 选项没有太大区别。在文本编辑器中打开客户网站 styles.css，并查看`@font-face` 声明，你将注意到 `unicode-range` 已用于基本拉丁文子集：

```
unicode-range: U+0000-007F;
```

这个属性的格式简单但灵活。它接受任意数量的单个 Unicode 代码点、范围和通配符。代码清单 7-4 显示了此属性变体的使用。

代码清单 7-4　`unicode-range` 值

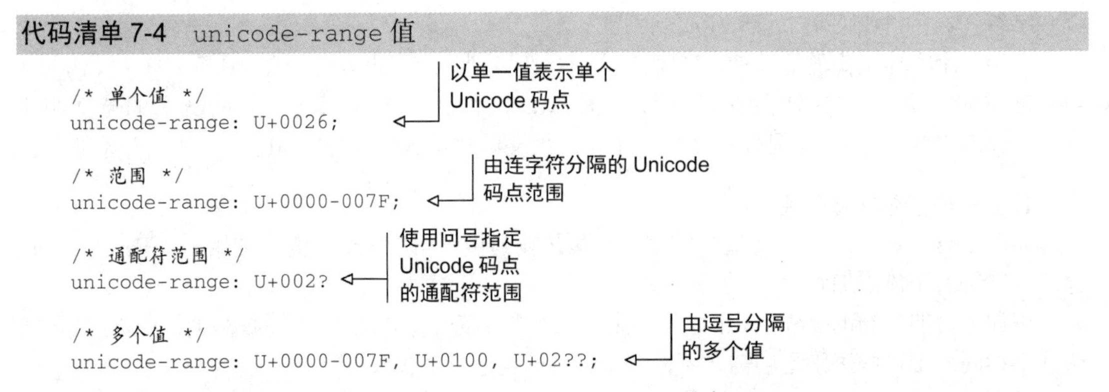


```
/* 单个值 */
unicode-range: U+0026;

/* 范围 */
unicode-range: U+0000-007F;

/* 通配符范围 */
unicode-range: U+002?

/* 多个值 */
unicode-range: U+0000-007F, U+0100, U+02??;
```

如果为拉丁文子集指定 Unicode 范围，那么在浏览器中访问该页的俄语版本，基本拉丁文子集根本不应该加载，对吗？如图 7-8 所示，情况并非如此。

Name	Method	Status
index-ru.html	GET	200
styles.css	GET	200
logo.svg	GET	200
ohm.svg	GET	200
OpenSans-Light-BasicLatin.woff2	GET	200
OpenSans-Regular-BasicLatin.woff2	GET	200
OpenSans-Bold-BasicLatin.woff2	GET	200

加载的字体（指最后三行）

图 7-8　尽管已将 `unicode-range` 属性设置为仅对显示基本拉丁字体子集中的字符的页面使用这些字体，但基本拉丁字体子集依然在页面的俄语版本上加载

“等等！发生了什么？”这可能是你的第一个想法，但事实上，这个版本的网站使用的是你创建的基本拉丁子集中的字符。这个字体子集包含的内容不仅在英语中很常见，在俄语中也很常见，比如标点符号和数字字符。由于许多原因，基本拉丁语 Unicode 范围内的字符在许多语言中

都很常见。因此，这个示例中的 unicode-range 属性工作正常：它只在需要时获取字体子集！

你要做的是，防止西里尔字体子集被下载到不需要它们的页面上。为此，需要为每个新的西里尔字母字体子集建立一个新的@font-face，并使用它们自己的 unicode-range 值。代码清单 7-5 显示了 Open Sans Regular 西里尔子集的@font-face 声明，要将其添加到 styles.css 中。

代码清单 7-5 Open Sans Regular 西里尔子集的@font-face 声明

```
@font-face{
    font-family: "Open Sans Regular";
    font-weight: 400;
    font-style: normal;
    src: local("Open Sans Regular"),
         local("OpenSans-Regular"),
         url("open-sans/OpenSans-Regular-Cyrillic.woff2") format("woff2"),
         url("open-sans/OpenSans-Regular-Cyrillic.woff") format("woff"),
         url("open-sans/OpenSans-Regular-Cyrillic.eot")
            format("embedded-opentype"),
         url("open-sans/OpenSans-Regular-Cyrillic.ttf") format("truetype");
    unicode-range: U+0400-045F,U+0490-0491,U+04B0-04B1;
}
```

可以在同一字体系列中使用多个字符集

西里尔字体子集的源格式

字体应用在以下 unicode-range

将这个新字体添加到 styles.css 后，还要为 Open Sans Light 和 Open Sans Bold 的西里尔字母子集添加其余的@font-face 声明。添加时，请确保适当更新 font-family 和 local()的源名称。它们的值与这些字体变体的基本拉丁子集相同。

完成剩下的@font-face 声明后，将能够看到 unicode-range 如何影响字体传输。我们已经打开了 index-ru.html，所以只要在另一个选项卡中打开 index-en.html，并在 Chrome 开发者工具中检查每个页面的网络实用程序。英文版和俄文版页面的 Network 选项卡输出如图 7-9 所示。

俄文版

Name	Method	Status
OpenSans-Light-Cyrillic.woff2	GET	200
OpenSans-Regular-Cyrillic.woff2	GET	200
OpenSans-Bold-Cyrillic.woff2	GET	200
OpenSans-Light-BasicLatin.woff2	GET	200
OpenSans-Bold-BasicLatin.woff2	GET	200
OpenSans-Regular-BasicLatin.woff2	GET	200

英文版

Name	Method	Status
OpenSans-Light-BasicLatin.woff2	GET	200
OpenSans-Regular-BasicLatin.woff2	GET	200
OpenSans-Bold-BasicLatin.woff2	GET	200

图 7-9 俄文版页面（左）与英文版页面（右）下载的字体（即使它们都使用相同的样式表）。unicode-range 属性会检测文档中的所有字符是否存在于定义的范围内，如果是，则提供相关的@font-face 资源

你会注意到，俄文版页面拉取了基本拉丁字符的西里尔字符子集，而英文版页面不需要西里尔字符，依据 unicode-range 属性忽略了西里尔子集。

这种技术对于任何多语言网站（含有使用不同字符范围的语言）都很有用。大多数西方语言，如德语、西班牙语和法语，使用一个更广泛的拉丁文子集就足够了，但希腊语和俄语等语言由于

字母表的不同而需要更多子集。亚洲语言尤其受益于这种方法，因为亚洲语言可以有数千个字符。

并非所有浏览器都支持此属性，所以你需要考虑如何回退到与旧浏览器更兼容的方法。

3. 旧浏览器的回退方案

尽管 `unicode-range` 是一个很好的特性，但是它并未得到普遍的支持。虽然在较新的 WebKit 浏览器和 Firefox 中得到了很好的支持，但在你阅读本文时，其他浏览器可能还不支持它。这些浏览器将忽略 `unicode-range` 属性并下载 CSS 文件中的所有字体子集，而不会进行判断。图 7-10 显示了 Safari 9 中英文版页面上的行为；所有字体都加载在页面上，仿佛 `unicode-range` 属性不存在。

Name	Domain	Type	Method
OpenSans-Regular-Cyrillic.woff	localhost	Font	GET
OpenSans-Regular-BasicLatin.woff	localhost	Font	GET
OpenSans-Light-Cyrillic.woff	localhost	Font	GET
OpenSans-Light-BasicLatin.woff	localhost	Font	GET
OpenSans-Bold-Cyrillic.woff	localhost	Font	GET
OpenSans-Bold-BasicLatin.woff	localhost	Font	GET

图 7-10　不考虑 `unicode-range` 属性，加载到英文版页面上的西里尔文子集。该图片显示的行为发生在 Safari 中

那么，对于不支持 `unicode-range` 的浏览器，我们能做些什么呢？一种可能的方法是，如果字形数量的增加不会对页面性能造成太大的损害，就创建更广泛的子集。这两个版本的页面仍然会下载额外的字符，但是与对 3 种字体变体的 6 个请求不同，大小将分布在对 3 种字体变体的请求上。

这种方法不适用于日文等语言的内容。在日文中，字形的数量可以大幅增加字体文件的大小。虽然用这些语言为网站编写代码的开发人员可能期望有大量的网站负载专用于字体，但将这些子集推送给不需要它们的用户是不对的。这对你的访客来说不是一件好事。因此，解决方案在于 JavaScript。

对于多语言网站，开发人员使用`<html>`标签的 `lang` 属性定义文档的语言。这些语言代码符合 ISO 639-1 标准。在 index-ru.html 中，代码类似于`<html lang="ru">`。可以编写一点内联 JavaScript 来检查此标签中的语言代码。如果查找到的是需要的语言代码，则加载一个单独的较小样式表，其中包含要延迟加载的子集的`@font-face`声明。

要为俄语内容实现这一点，首先要将西里尔文`@font-face`定义移到一个名为 ru.css 的单独的 CSS 文件中，然后使用`<link>`标签引用 ru.css，该标签包含一个存储其位置的占位符 `data-ref` 属性，以及一个存储其目标内容语言代码的 `data-lang` 属性。这将完全阻止加载 CSS，直到它被下面的`<script>`块求值。如果脚本确定`<html>` `lang` 属性的值与`<link>`标签的 `data-lang` 属性的值匹配，它将立即下载并解析该样式表。代码清单 7-6 显示了这个机制的作用。

代码清单 7-6 使用 JavaScript 延迟加载字体子集

```
<!doctype html>
<html lang="ru">
    <head>
        <title>Легендарные Тонизирует-Этого не случится.</title>
        <link rel="stylesheet" href="css/styles.css" type="text/css">
        <link rel="stylesheet" data-href="css/ru.css"
              data-lang="ru" type="text/css">
        <script>
            (function(document){
                var documentLang = document.querySelector("html")
                ➥.getAttribute("lang"),
                  linkCollection = document
                      .querySelectorAll("link[data-href]");

                for(var i = 0; i < linkCollection.length; i++){
                    var linkLang = linkCollection[i]
                        .getAttribute("data-lang"),
                        linkHref = linkCollection[i]
                        .getAttribute("data-href");

                    if(documentLang === linkLang){
                        linkCollection[i].setAttribute("href", linkHref);
                    }
                }
            })(document);
        </script>
        <noscript>
            <link rel="stylesheet" href="css/ru.css" type="text/css">
        </noscript>
    </head>
```

- **lang** 属性设置为语言代码“**ru**”（俄语）
- 西里尔字符子集的字体被移动到另一个 CSS 文件
- 将 **<html>** 标签的 **lang** 属性保存到变量中
- 遍历 **<link>** 标签的集合
- 将带有 **data-href** 属性的 **<link>** 标签保存到变量中
- 获取 **<link>** 标签的 **data-lang** 属性
- 获取 **<link>** 标签的 **data-href** 属性
- 检查 **data-lang** 属性以查看它是否与文档语言匹配
- 将合适的 **<link>** 标签的 **data-ref** 属性更改为 **ref** 属性
- **<noscript>** 回退，用于下载字体子集

由于这个`<script>`块接近文档的开头，浏览器几乎会立即发现它，所以它执行得更快。这样可以将延迟降到最低。

这段脚本还可以处理多个遵循 `data-href` 模式的`<link>`标签。这为代码提供了灵活性，以包含对附加字体子集所需的多个`<Link>`标签的引用。可以将此代码放在多语言网站每个页面的`<head>`中，这样只会加载该页面语言所需的 CSS 和字体子集。

还应该考虑禁用 JavaScript 的用户。为了解决这个问题，我们通过嵌套在`<noscript>`元素中的`<link>`标签来提供字体子集。这个回退不是最佳的，因为它不会基于`<html>` `lang` 属性的值进行区分，但它可以确保用户获得页面所需的字体子集。

这样，客户网站才能在每个浏览器中获得与 `unicode-range` 属性相同的最终结果。图 7-11 说明了这个脚本对 Safari 加载的文章的俄文版和英文版的影响。

Name	Name
index-en.html	index-ru.html
styles.css	styles.css
logo.svg	ru.css
ohm.svg	logo.svg
OpenSans-Regular-BasicLatin.woff	ohm.svg
OpenSans-Light-BasicLatin.woff	OpenSans-Regular-Cyrillic.woff
OpenSans-Bold-BasicLatin.woff	OpenSans-Regular-BasicLatin.woff
	OpenSans-Light-Cyrillic.woff
	OpenSans-Light-BasicLatin.woff
	OpenSans-Bold-Cyrillic.woff
	OpenSans-Bold-BasicLatin.woff
英文内容页	俄文内容页

图 7-11 Safari 中英文版（左）和俄文版（右）内容页上 Network 选项卡的内容，每个页面上都启用了回退脚本。英文版只下载它需要的字体，而俄文版则获取额外的 ru.css 和其中包含的字体子集

这个解决方案远比 `unicode-range` 更优吗？非也！它只是说明如果真的需要，可以精心设计 JavaScript 解决方案。可以为更简单的场景编写简单的 JavaScript 解决方案。服务器端方法可能对你也更有意义。例如，可以将语言代码保存在 cookie 中，并使用服务器端语言（如 PHP）根据条件将字体子集的`<link>`元素注入文档。

随着时间的推移，`unicode-range` 将获得更多支持，直到最终为较旧的浏览器提供不太理想的体验更为可取。如果 `unicode-range` 不受某个浏览器的支持，以上这个想法是你可以选择的方案之一。

7.4 节将学习如何通过 CSS 和 JavaScript 机制控制字体的显示方式。

7.4 优化字体加载

在网站上加载任何资源都会遇到陷阱，这些陷阱根据资源类型的不同而有所不同。例如，使用`<link>`标签加载 CSS 会阻塞渲染，直到下载和解析样式表并将样式应用于文档。引用外部 JavaScript 文件的`<script>`标签，被放置在文档顶部时，也会阻塞页面渲染。

字体也不例外，加载它们会导致一些问题，这些问题会对网站的可读性产生影响。本节将了解字体加载时可能出现的视觉异常，然后学习如何使用 `font-display` CSS 属性控制字体的显示方式，之后在 `font-display` 不可用时回退到使用基于 JavaScript 的字体加载 API。如果两种方法对浏览器都不可用，我们将讲解如何回退到第三方脚本以获得相同的结果。

7.4.1 理解字体加载的问题

“传奇音调”的负责人发来一封电子邮件说，虽然他们对字体的外观很满意，但他们注意到页面上的文本在慢速连接时似乎需要一段时间才能渲染出来。虽然这是可以理解的，但现实是，

一些浏览器在下载字体时就是这样工作的。客户所指的现象称为**不可见文本的闪烁**（Flash of Invisible Text，FOIT）。

不可见文本的闪烁类似于**无样式内容的闪烁**（Flash of Unstyled Content，FOUC）异常，只是前者发生在文档的字体完全加载之前，处理的是不可见的文本，而不是无样式的内容。如果密切注意页面，那么即使是快速连接也会很明显。随着连接速度的降低和网络延迟的增加，这个问题会变得更加明显。慢速移动网络（如 2G 和 3G）上的移动设备更容易受到这种现象的影响，如图 7-12 所示。

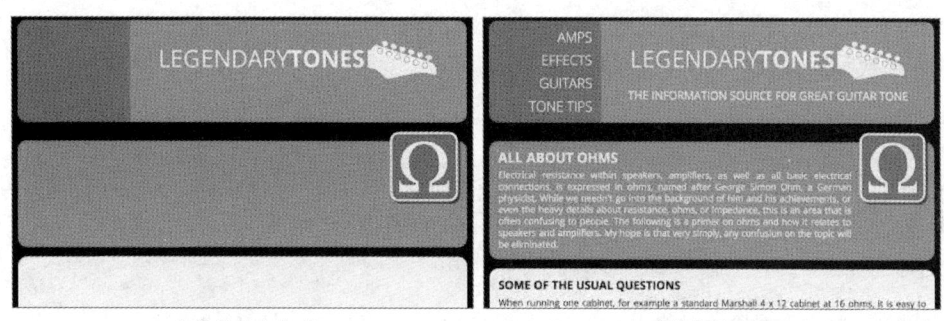

字体依然在加载　　　　字体加载完成

图 7-12　页面加载嵌入式字体时，文本最初是不可见的（左），直到字体完全加载后，使用这些字体的样式文本才出现

这似乎是一个恼人的 bug，但这是浏览器的设计行为。浏览器下载字体时会等待渲染文本，以避免出现**无样式文本的闪烁**（Flash of Unstyled Text，FOUT）。FOUT 与第 3 章中讨论的 FOUC 类似，只是文本（而不是没有样式的页面）最初通过系统字体加载，然后突然用应用的自定义字体重新渲染。加载字体时，浏览器将只在这段时间隐藏文本，超过这个时间段，无样式的文本将在字体加载完成之前显示。加载字体后，设置无样式文本的样式，如图 7-13 所示。

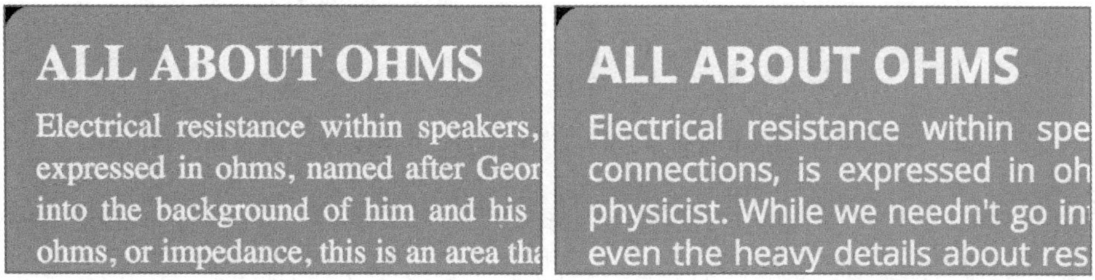

无样式文本　　　　带样式文本

图 7-13　字体的下载时间太长时，文本最终将变为可见，但由于仍在加载字体资源而未设置样式（左）。加载所有字体后，文本将带有样式（右）。这就是所谓的 FOUT

浏览器的本意是好的，但是如果连接中断，用户可能要等待 3 秒或更长时间才能在页面上看到文本。在 Safari 等浏览器中，如果请求暂停，则内容可能永远不会显示。如果用户中止加载页面或者字体资源加载失败，则在刷新页面之前，内容可能始终不可见。即使网站的开发人员在

font-family 属性中指定了系统字体的回退，这种情况也是存在的。较新版本的 Chrome 试图自动缓解这个问题，但它并不完美，也不是每个浏览器都试图在底层解决这个问题。

我们能做什么呢？你可以在页面加载时接受 FOUT 并使用 CSS font-display 属性。此属性能够确保内容尽快显示，并且不会让用户陷入文本隐藏的困境。我们开始吧！

7.4.2　使用 CSS font-display 属性

CSS 中的 font-display 属性提供了一种便捷的办法，可以用最少的工作量控制字体的显示。尽管这种方法在撰写本文时仅限于 Chrome 浏览器，但它是控制字体显示的首选方法。首先，使用 git 切换到网站代码的一个新分支：

```
git checkout font-display
```

想要跳过？

如果你遇到麻烦，或者想直接跳到后面查看已完成的字体加载 API 代码及其行为，可以在命令行中输入 git checkout -f font-display-complete。

从 GitHub 将代码下载到计算机后，在文本编辑器中打开 index.html 和 styles.css。

控制字体显示的方式和时间

首先打开 Chrome 中的开发者工具，将网络节流配置更改为 Regular 3G，就很容易看到 FOIT 的效果。一般来说，连接越慢，这种效果就越明显。要精确定位字体在屏幕上可见的时刻，可以在 Network 选项卡中切换 Capture Screenshots 按钮，如图 7-14 所示。

图 7-14　在 Chrome 开发者工具中切换“捕捉截图”的按钮

切换此按钮并重新加载页面后，将在网络请求瀑布图上方填充一卷页面加载的屏幕截图。然后，你就可以精确定位字体出现在页面上的确切时刻。选择 Regular 3G 节流配置文件后，文本直到页面开始下载大约 875 毫秒后才会出现。这还算可以接受，但根据连接速度和延迟，结果可能出现波动。我们的目标是让用户尽快看到内容。

通过 Web 进一步学习 font-display 属性！

你可以查看我写的文章“font-display for the Masses”，进一步了解 font-display 属性，包括如何检测浏览器对该属性的支持。

控制此行为的一种方法是使用 CSS 中的 `font-display` 属性。虽然不受普遍支持，但此属性可以使你在很大程度上控制字体的显示方式。该属性需要放在`@font-face` 声明中，并接受以下值之一。

- `auto`——默认值。在大多数浏览器中，这类似于 `block`。
- `block`——阻塞文本的渲染，直到关联的字体加载完成。这是上一节中描述的效果，也是你试图克服的。
- `swap`——首先显示回退文本。加载字体后，将字体切换为自定义字体。
- `fallback`——`auto` 和 `swap` 的折衷方案。短时间内（大约 100 毫秒）文本是不可见的。如果之后字体仍未加载，则会显示回退文本。加载字体后，将字体切换为自定义字体。
- `optional`——几乎和 `fallback` 一样，只是浏览器有更大的自由来决定是否下载或应用字体。用户的网络连接足够慢时，此设置生效。该设置对于自定义字体完全可选的网站特别有用。

在“传奇音调”文章页面上，我们将使用 `font-display` 的 `swap` 值。若要设置此属性，请打开 css 文件夹中的 styles.css，并在文件顶部找到`@font-face` 声明。在第一个`@font-face` 声明中，添加 `font-display` 属性，如代码清单 7-7 所示。

代码清单 7-7　使用 `font-display` 属性

```
@font-face{
    font-family: "Open Sans Light";
    font-weight: 300;
    font-style: normal;
    src: local("Open Sans Light"),
         local("OpenSans-Light"),
         url("open-sans/OpenSans-Light-BasicLatin.woff2") format("woff2"),
         url("open-sans/OpenSans-Light-BasicLatin.woff") format("woff"),
         url("open-sans/OpenSans-Light-BasicLatin.eot")
             format("embedded-opentype"),
         url("open-sans/OpenSans-Light-BasicLatin.ttf") format("truetype");
    font-display: swap;  <-- 在@font-face 声明中使用的 font-display
}
```

设置该属性后，在较慢的网络节流配置下重新加载页面，将看到文本逐步显示，而不会被浏览器隐藏。

想要控制传输字体的 CSS 时，这个设置代表了控制字体渲染的最简单的可能的解决方案，但它在浏览器中没有得到广泛支持，也不允许你控制从第三方提供商（如 Typekit 或 Google Fonts）引用字体时显示字体的方式。这时，我们可以回退到更广泛支持的 JavaScript 解决方案，也称为字体加载 API。

7.4.3　使用字体加载 API

字体加载 API 是一个基于 JavaScript 的工具，用于控制如何加载字体。它的开放性为你提供了很大的自由度来决定如何将字体应用于文档，无论这些字体是托管在你自己的服务器上，还是来自 Google Fonts 等字体提供商。要使用之前讨论的 `font-display` CSS 属性，需要控制提供字体的 CSS。而使用第三方字体提供商时，这个方案不可行。字体加载 API 提供了一种类似的能力，可以通过 JavaScript 而不是 CSS 控制字体的显示，且不必考虑字体的来源。

开始前，需要使用 `git` 切换到新的代码分支。进入终端窗口，输入 `git checkout -f font-loader-api`。完成后，进入下一步。

想要跳过？

如果你想跳到本节末尾查看结果，可以键入 `git checkout -f font-loader-api-complete`。

开始前，请在 styles.css 中查找使用自定义字体的 `font-family` 定义。对于此网站，有 3 种字体变体：Open Sans Light、Open Sans Regular 和 Open Sans Bold。表 7-3 列出了这些 `font-family` 定义及应用它们的选择器。

表 7-3　嵌入式字体的 **`font-family`** 属性值及其相关的 CSS 选择器

font-family	**相关的 CSS 选择器**
Open Sans Light	.navItem a
Open Sans Regular	body
Open Sans Bold	.articleTitle .sectionHeader

我们可以用这些信息做两件事。首先是用系统字体替换所有这些字体的 `font-family` 属性。对于本网站，你将为表 7-3 中的关联选择器使用以下属性和值：

```
font-family: "Helvetica", "Arial", sans-serif;
```

这将从页面删除 Open Sans 字体系列，这样可以立即看到内容，因为这些字体不是从 Web 服务器下载的。

然后将这些选择器嵌套在一个类下，加载字体后，该类将放在`<html>`元素上。但是编写字体加载脚本之前，将这个类应用于`<html>`元素之后，将编写用于应用 Open Sans 字体的 CSS，如代码清单 7-8 所示。

代码清单 7-8　使用 `fonts-loaded` 类控制字体显示

```
.fonts-loaded body{
    font-family: "Open Sans Regular";
}

.fonts-loaded .navItem a{
    font-family: "Open Sans Light";
}

.fonts-loaded .articleTitle,
.fonts-loaded .sectionHeader{
    font-family: "Open Sans Bold";
}
```

在 styles.CSS 的末尾放置这一段 CSS，可以控制何时应用通过字体加载 API 加载的字体。因为我们已将系统字体指定为初始字体集，所以页面首次渲染时，未设置样式的文本将立即可见，自定义字体将在加载后应用。

在文本编辑器中打开 index.html，开始编写字体加载脚本。在导入 styles.css（导入我们的字体）的`<link>`标签之后，添加代码清单 7-9。

代码清单 7-9 使用字体加载 API

```
(function(document){
    if(document.fonts){                                  ← 检查字体加载API是否存在
        document.fonts.load("1em Open Sans Light");      ← 字体加载API使用 load()方法加载字体
        document.fonts.load("1em Open Sans Regular");
        document.fonts.load("1em Open Sans Bold");

        document.fonts.ready.then(function(fontFaceSet){     ← ready.then 方法在所有指定的字体都加载后运行
            document.documentElement.className += " fonts-loaded";   ← 将 fonts-loaded 类添加到<html>元素上
        });
    }
    else{
        document.documentElement.className += " fonts-loaded";   ← 如果字体加载 API 不可用，则直接将 fonts-loaded 类添加到<html>元素
    }
})(document);
```

因为要管理 3 种字体变体，所以需要启动一个单独的调用来加载每个字体。用于实现此目的的字体加载 API 的核心属性是 `font` 对象的 `load` 方法。与使用 API 通过 URL 显式加载字体不同，我们依赖 CSS 为文档定义`@font-faces`。但仅仅定义`@font-faces` 并不意味着浏览器会下载这些字体。浏览器行为得到了很好的优化，现代浏览器将检查文档以查看是否正在使用任何已定义的`@font-faces`。如果是，它们才会被下载，但由于你最初将所有 `font-family` 值设置为使用系统字体，因此将不会下载任何字体变体，除非通过代码清单 7-9 中所示的 `load()`方法告诉浏览器这样做。

所有字体都已加载后，`fonts-loaded` 类将添加到`<html>`元素中。这会破坏浏览器的初始 FOIT，在加载文档并应用 CSS 后会立即读取内容。然后，字体在可用时会应用到文档。这确保无论用户端发生什么，文本都将尽快可见，如果字体无法加载，文本就保持当前这种方式。

这种方法的一个缺点是，它确实会导致在页面上重新绘制文本元素，但也提升了可访问性。如果选择与自定义字体类似的系统字体，则可以最小化文档回流。

1. 为回访用户进行优化

我们的解决方案非常适合首次访问的用户，但是当字体已经在用户的浏览器缓存中时，我们需要为重复访问进行优化。使用现在的代码，即使是在缓存中有字体的情况下，在后续的页面访问中也会出现 FOUT。可以通过使用 cookie 并稍微修改字体加载代码来克服这个问题。

下面修改之前代码中的两个部分。在检查字体加载 API 的行上，添加一个条件以检查是否存在 cookie：

```
if(document.fonts && document.cookie.indexOf("fonts-loaded") !== -1){
```

此更改将添加对稍后定义的 cookie 的检查。这个 cookie 的名称是 fonts-loaded，它没有特定的值。可以使用字符串的 indexOf 方法检查它是否存在，如果没有找到搜索字符串，返回值为–1（有点反直觉）。这将确保只有当字体加载 API 可用且未设置 fonts-loaded cookie 时，字体加载代码才会运行。

但现在需要在某个地方设置 cookie。要做到这一点，在将 fonts-loaded 类添加到<html>元素的行之后，添加如下代码：

```
document.cookie = "fonts-loaded=";
```

这将为当前域添加一个空 cookie，名为 fonts-loaded。设置此 cookie 后，用户导航到后续页面时，字体加载代码不会再次运行。因此 else 条件会立即生效，并将字体加载类添加到<html>元素中。

这将重新引入 FOIT，但由于字体位于用户的浏览器缓存中，因此 FOIT 影响的风险现在已经降低。只要确信字体会被加载就没问题。既然字体在缓存中，就可以保证该影响不会阻止用户查看页面上的内容。

JavaScript 是检查 cookie 和应用 fonts-loaded 类的好方法。如果真的想加快速度，可以使用后端语言（例如 PHP）修改文档，以便在服务器发送内容时，字体加载类就位于<html>元素上。删除在 JavaScript 中添加类的 else 条件，并通过检查后端的 cookie 来修改输出。代码清单 7-10 显示了如何在 PHP 中完成这些操作。

代码清单 7-10　通过 PHP 有条件地添加 fonts-loaded 类

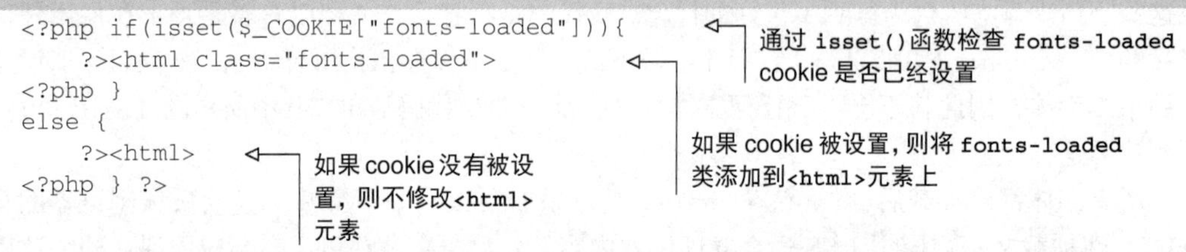
通过 isset()函数检查 fonts-loaded cookie 是否已经设置
如果 cookie 被设置，则将 fonts-loaded 类添加到<html>元素上
如果 cookie 没有被设置，则不修改<html>元素

```
<?php if(isset($_COOKIE["fonts-loaded"])){
    ?><html class="fonts-loaded">
<?php }
else {
    ?><html>
<?php } ?>
```

通过使用后端语言修改响应，可以在将<html>元素发送到客户端之前对其进行更改。也就是说，因为 JavaScript 解决方案也是可用的，所以这两种方法都很合理。使用哪种方案完全取决于可用的工具、你的技能，以及你可用的时间。

2. 考虑禁用 JavaScript 的用户

与往常一样，网站页面也会提供给禁用 JavaScript 的用户。你开发此解决方案的方式使得你指定的@font-faces 将永远不会生效，因为字体加载脚本永远不会运行，也不会将 fonts-loaded 类应用于文档。因此，将使用指定为第一个显示的系统字体显示内容。

如果你或你的公司不在乎这一小部分用户永远看不到新字体，那就别担心了。但你或公司可能会对此感到愤懑，所以我们来回顾一个涉及我们的老朋友<noscript>标签的快速解决方案。可以使用<noscript>触发默认的浏览器加载行为，方法是嵌套一个内联<style>标签，该标签将 Open Sans 字体系列作为默认值，如代码清单 7-11 所示。

代码清单 7-11 替代 JavaScript 字体加载的<noscript>方法

为禁用 JavaScript 的用户，将样式封装在 **noscript** 标签中

忽略 **fonts-loaded** 类，直接将字体分配给元素

```
<noscript>
    <style>
        body{
            font-family: "Open Sans Regular", "Helvetica", "Arial", sans-serif;
        }

        .navItem a{
            font-family: "Open Sans Light", "Helvetica", "Arial", sans-serif;
        }

        .articleTitle,
        .sectionHeader{
            font-family: "Open Sans Bold", "Helvetica", "Arial", sans-serif;
        }
    </style>
</noscript>
```

为禁用 JavaScript 的用户，将样式封装在 **noscript** 标签中

通过添加这一点内联 CSS，即可让禁用 JavaScript 的用户看到浏览器的默认字体加载行为。这意味着尽管他们无法从字体加载 API 中获益，但至少可以使用基本功能。下面来了解 Font Face Observer 库，用于 polyfill 字体加载 API 提供的功能。

7.4.4 使用 Font Face Observer 作为回退

不幸的是，字体加载 API 还没有得到普遍支持。现代浏览器大力支持它，但有些浏览器（例如 IE）还不支持它。如果你能让更多的浏览器获得最佳的字体加载体验，客户将不胜感激。此时，诸如 Font Face Observer 这样的 polyfill 就派上用场了。

Font Face Observer 是丹麦开发者 Bram Stein 开发的一个字体加载库。虽然它不是直接的 polyfill，放到页面中也不能让你现有的字体加载 API 代码顺利工作，但是它给开发者提供了类似的字体管理能力。

本节将编写一个脚本，该脚本会在字体加载 API 不可用时启动，并加载两个外部脚本：一个 Font Face Observer 脚本以及一个通过 Font Face Observer 加载字体的脚本。开始之前，需要从 GitHub 下载新代码。输入 `git checkout -f fontface-observer`，下载完代码后，你就可以开始了！

1. 有条件地加载外部脚本

使用 `git` 下载新的分支之后，你会注意到一个 js 文件夹，其中包含两个脚本：fontfaceobserver.min.js（压缩后的 Font Face Observer 库）和 fontloading.js（包含一个空闭包，可以在其中放置可选的字体加载行为）。由于你不想在所有浏览器中引入调用 Font Face Observer 脚本的开销，

所以只想在字体加载 API 不可用时加载它以及具有回退加载行为的脚本。为此，请在检查 document.fonts 对象的初始 if 条件和 fonts-loaded cookie 以及随后的 else 条件之间，添加代码清单 7-12。

代码清单 7-12　有条件地加载 Font Face Observer 和字体加载脚本

```
else if(!document.fonts && document.cookie.indexOf("fonts-loaded") === -1){
    var fontFaceObserverScript = document.createElement("script"),
        fontLoadingScript = document.createElement("script");

    fontFaceObserverScript.src = "js/fontfaceobserver.min.js";
    fontLoadingScript.src = "js/fontloading.js";
    fontFaceObserverScript.defer = "defer";
    fontLoadingScript.defer = "defer";

    document.head.appendChild(fontFaceObserverScript);
    document.head.appendChild(fontLoadingScript);
}
```

检查字体加载 API 是否不可用，以及是否未设置 fonts-loaded cookie

将 src 属性设置为两个脚本的位置

创建新的<script>标签，用于加载 Font Face Observer 和字体加载脚本

设置 defer 属性，以延迟脚本解析

将<script>元素添加到<head>标签的末尾

上述代码很简单。如果字体加载 API 不可用并且 fonts-loaded cookie 尚未设置，则可以为 Font Face Observer 和字体加载脚本创建新的<script>元素，并将它们的 src 属性设置为各自的位置。为了确保它们不会阻塞页面渲染，你还为两者设置了 defer 属性。要让所有内容生效，请通过将这些脚本附加到<head>元素的末尾，指示浏览器加载它们。

2. 编写字体加载行为

在文本编辑器中打开 js/fontloading.js，你会注意到这个文件的内容是一个空的 JavaScript 闭包。从第 2 行开始，将代码清单 7-13 的内容添加到文件中。

代码清单 7-13　使用 Font Face Observer 控制字体加载

```
document.onreadystatechange = function(){
    var openSansLight = new FontFaceObserver("Open Sans Light"),
        openSansRegular = new FontFaceObserver("Open Sans Regular"),
        openSansBold = new FontFaceObserver("Open Sans Bold");

    Promise.all([openSansLight.load(),
                 openSansRegular. load(),
                 openSansBold. load()]).then(function(){
        document.documentElement.className += " fonts-loaded";
        document.cookie = "fonts-loaded=";
    });
}
```

等待 DOM 就绪

指定要在此文档中使用的字体源

等待所有字体加载的 promise

将 fonts-loaded 类添加到<html>元素中，渲染自定义字体

fonts-loaded cookie 是为后续页面加载设置的，因为字体将被缓存

Font Face Observer 的语法与字体加载 API 大同小异。为要加载的每个字体变体定义 `FontFaceObserver` 对象，然后通过 JavaScript promise 等待所有字体都加载完毕。加载字体后，将 `fonts-loaded` 类应用于`<html>`元素，并设置 `fonts-loaded` cookie。这样你就可以重用控制（在字体加载 API 中使用的）字体显示的机制。

这项工作的结果是一种有效且广泛兼容的方法，它在适当的时候使用原生 API，但随后又回退到有能力的 polyfill。有了这些代码，客户当然会对字体渲染很满意。“客户为本”的道理，你懂的。

7.5 小结

本章我们学习了以下字体优化和传输技术。

- 通过只选择所需的字体变体，可以减小页面大小。虽然似乎是常识，但审核字体的选择是值得的。这样可以提高网站的加载速度。
- 构建一个最优的`@font-face` 级联可以帮助你提高网站的性能，方法是优先选择本地安装的字体，然后回退到一组最优格式，再到最差的格式。
- 通过在服务器上压缩 TTF 和 EOT 格式，可以在一定程度上弥补它们的缺点。
- 通过将字体文件限制为网站内容语言所需的字符，生成字体子集可以减小字体文件的大小。
- 在现代浏览器中使用 `unicode-range` 属性有助于你根据网站内容的语言仅选择必要的字体子集。
- 可以使用 CSS 中的 `font-display` 属性控制字体的显示方式。当 `font-display` 不可用，或者你无法控制提供字体的 CSS（例如涉及 Google Fonts 或者 Typekit 等第三方字体提供商）时，可以使用字体加载 API 控制字体的显示方式。
- 如果字体加载 API 不可用，仍然可以通过使用第三方 Font Face Observer 库控制加载和显示字体的方式。

现在你已经熟悉了这些技术，可以继续开发你的 Web 项目，并应用它们为客户带来收益（当然，需要团队的支持）。下一章将学习如何利用各种技术优化应用程序的 JavaScript，比如控制`<script>`元素的加载行为、使用高性能的原生 JavaScript API、使用更精简的 jQuery 替代方案等。

第 8 章

保持 JavaScript 的简洁与快速

8

本章内容

- 影响<script>标签的加载行为
- 将 jQuery 替换为更小、更快、API 兼容的替代方案
- 使用原生 JavaScript 方法替换 jQuery 功能
- 使用requestAnimationFrame方法实现动画

JavaScript 世界充满了各种库和框架，为我们开发网站提供了很多选项。但在兴奋地学习和使用它们的过程中，我们却常常忘记，通往快速网站的最可靠的途径是拥抱极简主义。

这并不是说这些工具在 Web 开发领域没有一席之地。它们非常有用，可以节省开发人员编写代码的时间。然而，本章旨在为了用户而在网站的 JavaScript 中推行极简主义。

本章，我们将深入了解如何改进网站上脚本加载的性能，还将学习与 jQuery 兼容的库。这些库可以实现 jQuery 的大部分功能，但文件较小且性能更好。我们将进一步研究如何用浏览器内 API 来替换 jQuery，这些 API 提供了 jQuery 的大部分功能，但没有额外开销。最后将学习使用 requestAnimationFrame 方法编写高性能动画。下面就开始吧！

8.1 影响脚本加载行为

<script>标签与加载 CSS 时的<link>标签一样，可能会阻碍页面的渲染，这取决于标签在文档中的位置。还可以通过元素的 async 属性修改脚本加载行为。下面看看脚本加载的这些方面，并了解它们如何影响性能。我们重新访问科伊尔家电维修网站。使用以下命令，从 GitHub 下载并运行该网站：

```
git clone https://github.com/webopt/ch8-javascript.git
cd ch8-javascript
npm install
node http.js
```

我们首先试验<script>标签的位置。

8.1.1 合理放置<script>元素

你可能还记得，在第 3 章和第 4 章加载 CSS 时，<link>标签的位置（甚至是其存在）会阻塞页面的渲染。<script>标签也会导致这种行为，但是因为脚本不像 CSS 导入这样会影响页面的外观，所以你在放置<script>标签时有更大的灵活性。图 8-1 显示了这种行为。

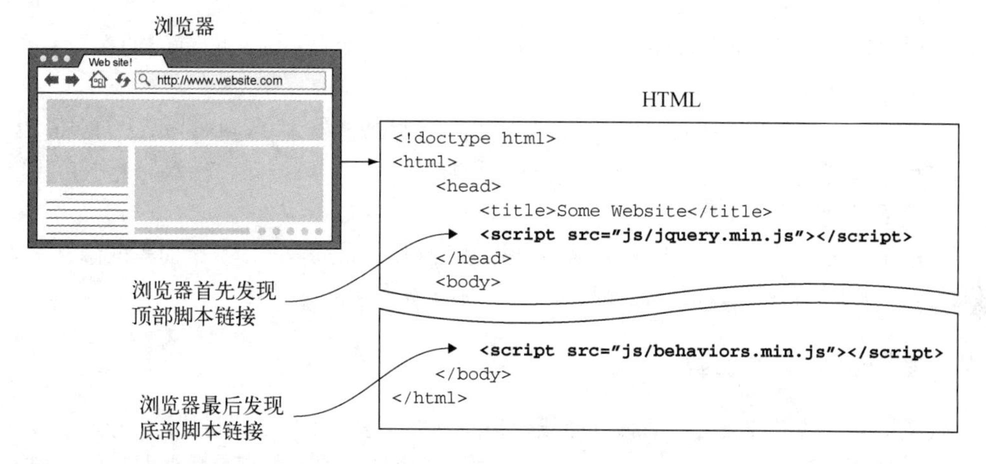

图 8-1 浏览器自上而下读取 HTML 文档。找到外部资源链接时（例如本例中的脚本），浏览器将停止读取 HTML 并开始解析。解析过程会阻塞渲染

这种行为可能会影响浏览器首次绘制页面的时间。例如，如果浏览器在<head>中检测到<script>标签，它会暂停下载和解析脚本的操作。此时，浏览器会将页面渲染放在次要位置。在客户网站的代码中，jquery.min.js 和 behaviors.js 的<script>标签位于文档的<head>标签中，会导致渲染阻塞。可以通过检查文档的首次绘制时间来测量此效果。第 4 章描述过测量方法，下面回顾一下这个过程。

要测量首次绘制客户端网站所需的时间，请选择 Regular 3G 节流配置，以模拟在较慢的连接上加载页面。然后转到 Performance 选项卡并打开 http://localhost:8080。加载页面并填充时间线时，转到 Performance 窗格的底部，并切换到 Event Log 选项卡。过滤除绘制事件之外的所有事件类型。列表中出现的第一个事件就是首次绘制的时间，效果应该如图 8-2 所示。

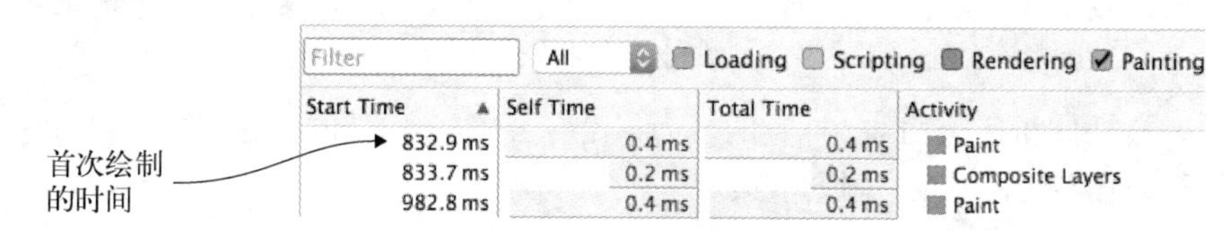

图 8-2 在文档的<head>中使用<script>标签时，科伊尔家电维修网站在 Chrome 中首次绘制的时间

<script>标签位于<head>中时，首次绘制客户网站的平均时间约为 830 毫秒。似乎经历了很长一段时间，页面才开始绘制。可以试着将这些脚本移动到 index.html 的末尾，</body>闭合

标签之前，并查看图表是如何变化的，如图 8-3 所示。

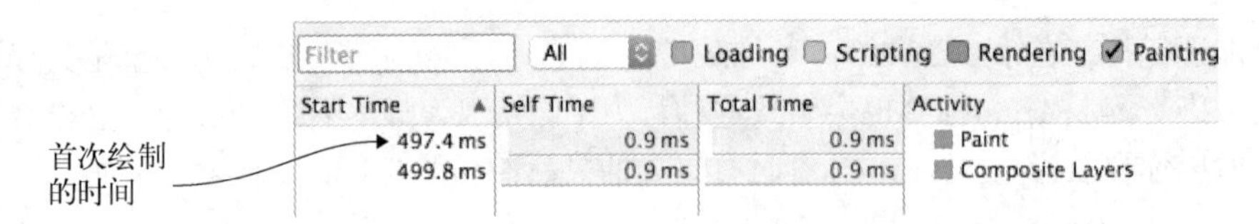

图 8-3　在文档末尾使用<script>标签时，科伊尔家电维修网站在 Chrome 中首次绘制的时间

在我的测试中，首次绘制的时间大约能够达到 500 毫秒，约等于减少了 40%，是的，至少在这个例子中是这样的。与大多数优化一样，你的测量结果会有所不同。脚本的大小和数量以及 HTML 文档的长度都会产生影响。

好消息是，这种方法在几乎所有浏览器中都能起作用，而且是一个非常简单的修复方法。还可以通过<script>标签以其他方式影响脚本的加载，例如 async 属性。

8.1.2　使用异步脚本加载

现代浏览器支持一种改变外部脚本加载行为的方法，这种改变是通过修改<script>标签的 async 属性实现的。async（asynchronous 的缩写）告诉浏览器加载脚本后立即执行该脚本，而不是按顺序加载每个脚本并等待它们依次执行。图 8-4 比较了这两种行为。

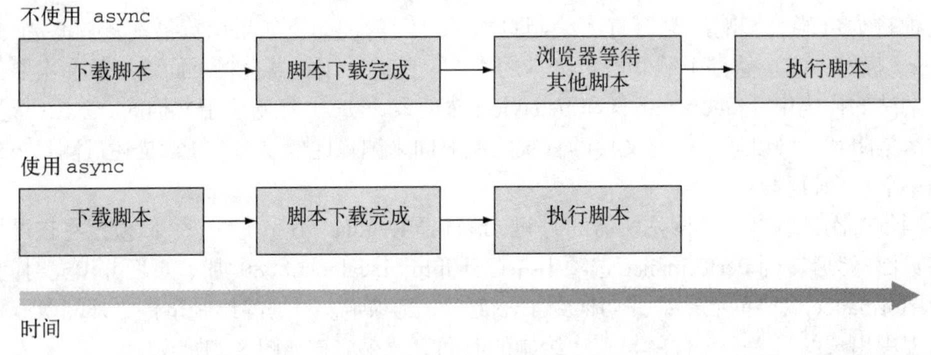

图 8-4　使用与不使用 async 属性加载脚本的比较。主要区别在于：使用 async 加载的脚本不会等待其他脚本加载完成后再执行

带有 async 属性的<script>标签的行为与没有 async 属性的标签不同，因为它们会在下载时立即执行，且不会在下载时阻塞渲染。

8.1.3　使用 async

要使用 async，需将其添加到要异步执行的<script>标签。在这个例子中，这种做法将使得客户网站的首次绘制时间减少约 40%。我们在 jquery.min.js 和 behaviors.js 脚本上试一试，如以下代码中的粗体所示：

```
<script src="js/jquery.min.js" async></script>
<script src="js/behaviors.js" async></script>
```

看起来很容易，对吧？你可以重新加载页面，并检查是否生效了。答案是否定的。重新加载后，你将看到一个控制台错误，如图 8-5 所示。

```
▶Uncaught ReferenceError: $ is not defined   behaviors.js:1
```

图 8-5　async 属性会导致 behaviors.js 报错，因为它在依赖项 jquery.min.js 可用之前执行

这太糟糕了，不是吗？如果 async 中断了一些东西，那么它又有什么意义呢？使用 async 能够带来一些好处，但是当脚本相互依赖时，事情就会变得棘手。当你同时使用 async 与相互依赖的脚本时，它们会进入所谓的竞争条件，其中两个脚本可能会不按顺序运行。在本例中，jquery.min.js 和 behaviors.js 之间发生竞争条件。因为 behaviors.js 比 jquery.min.js 小得多，所以它总是会赢得“比赛”并先运行。但由于 behaviors.js 依赖于 jquery.min.js，behaviors.js 将始终由于 jquery 对象不可用而失败。这是因为 jquery.min.js 没有在 behaviors.js 之前加载和执行。图 8-6 说明了这种竞争条件。

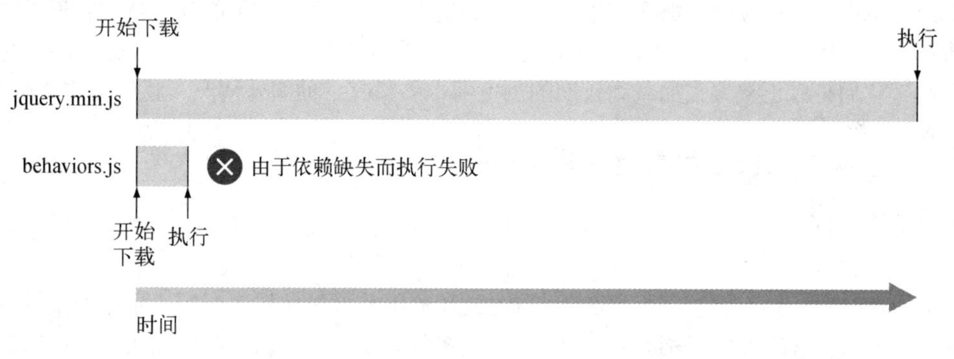

图 8-6　jquery.min.js 和 behaviors.js 之间的竞争条件总是会导致失败，因为 behaviors.js 在其依赖项可用之前加载并执行

这种情况并非总会发生。例如，如果没有任何脚本具有依赖项，则可以自由使用 async。但是当脚本具有依赖性时，事情就会变得棘手。

解决此问题的一种方法是将依赖脚本组合起来，以便将这些依赖打包为单个资源。在本例中，可以按顺序组合 jquery.min.js 和 behaviors.js。在命令行中运行此命令，将两个脚本合并为 scripts.js：

```
cat jquery.min.js behaviors.js > scripts.js
```

由于 cat 仅在类 UNIX 系统上可用，Windows 用户可以使用以下方法：

```
type jquery.min.js behaviors.js > scripts.js
```

此命令将很快完成。完成后，要在 index.html 中删除上述两个`<script>`标签，并用一个指向 scripts.js 的`<script>`标签替换：

```
<script src="js/scripts.js" async></script>
```

重新加载后，页面再次运行，但你可能会思考：“这有什么好处？”好处相当明显。图 8-7 显示了使用 async 之后，首次绘制时间的进一步改进。

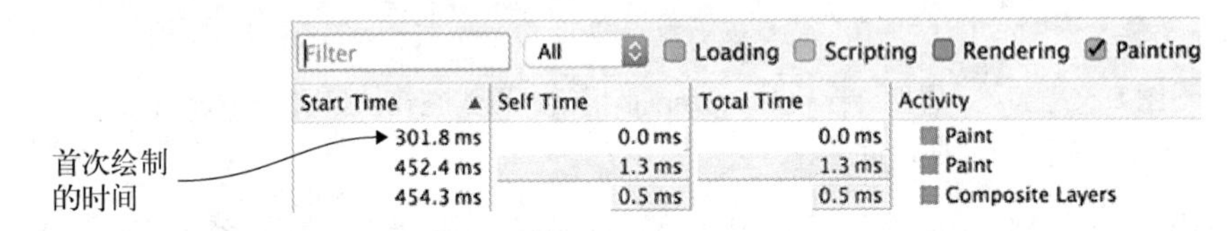

图 8-7　脚本打包后，使用 async 属性加载脚本的科伊尔家电维修网站在 Chrome 中的首次绘制时间

在我的测试中，async 在脚本打包的情况下首次绘制的平均时间约为 300 毫秒，这比在页面底部放置不带 async 的独立脚本大约减少了 200 毫秒。使用 async 的好处很明显，而且不止于此。如果没有 async，DOM 需要在页面开始加载大约 1.4 秒后才可用；而使用 async 之后，这个数字降到了 300 毫秒。

如果你可以管理依赖项，那么使用 async 是值得的。它也得到了高度支持，在所有主要浏览器中都可用，甚至在 IE10 及以上版本中也可用。如果不支持 async，可以将`<script>`标签保留在页脚，它们将以正常方式加载到较旧的浏览器中。只有一种例外情况，我们很快会讨论。

8.1.4　在多脚本加载中可靠地使用 async

你可能会对打包脚本产生疑问，但对于 HTTP/1 服务器端和客户端来说，这是一种很好的优化实践，因为它可以帮助缓解该协议版本固有的队头阻塞问题。

然而，HTTP/2 连接受益于以更细粒度的方式（而不是打包）提供资源。更细粒度的资源可以使缓存更有效。HTTP/2 能够提供比 HTTP/1 更多的并发请求，从而解决队头阻塞的问题。第 11 章会探讨这一点。而本节的重点是展示如何在维护依赖关系的同时异步加载脚本。为此，将使用名为 Alameda 的模块加载程序。

Alameda 是由 Mozilla 开发者 James Burke 编写的异步模块定义（Asynchronous Module Definition，AMD）模块加载器。尽管它能够支持具有许多依赖项的复杂项目，但它本身是一个小脚本，经过精简和压缩后，其大小仅为 4.6 KB 左右。这并没有增加太多开销，它能够确保脚本异步加载，同时遵循其依赖关系。

> **什么是 AMD 模块？**
>
> AMD 代表异步模块定义。此规范将脚本定义为模块，并提供了一种机制，用于根据彼此之间的依赖关系异步加载脚本。

使用 Alameda 完成这项任务很简单，而且因为它属于你在本节开头下载的 GitHub 仓库的一部分，所以可以直接使用。首先要做的是，从 index.html 中删除所有`<script>`标签，并在结束标签之前添加以下`<script>`：

```
<script src="js/alameda.min.js" data-main="js/behaviors" async></script>
```

此处可以看到以下三个属性。

- ❑ `src` 加载 Alameda 脚本。
- ❑ `data-main` 引入 behaviors.js 脚本。Alameda 在引用脚本时不需要.js 后缀，这是 AMD 模块的语法。
- ❑ `async` 异步加载 Alameda，防止阻塞页面渲染。

仅仅把这个脚本放在页面上不足以让其正常工作。还需要打开 behaviors.js，添加配置代码，并将 jQuery 行为定义为 AMD 模块。

代码清单 8-1 配置 Alameda 并将 behaviors.js 定义为 AMD 模块

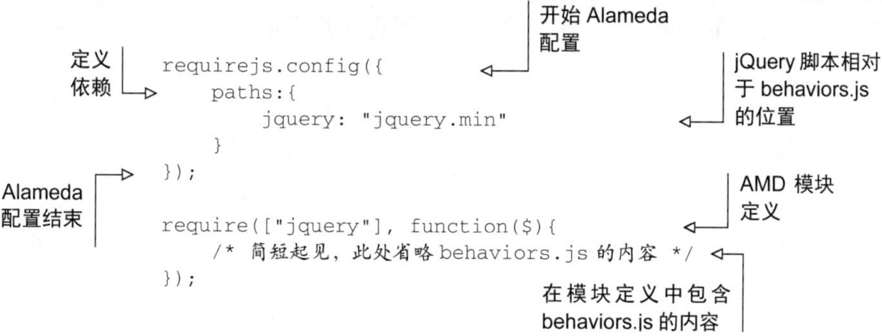


```
requirejs.config({
    paths:{
        jquery: "jquery.min"
    }
});

require(["jquery"], function($){
    /* 简短起见，此处省略behaviors.js 的内容 */
});
```

我们在此要做两件事：定义一个配置，告诉 Alameda jquery.min.js 所在的位置，然后将 behaviors.js 脚本包装在一个模块定义中，该模块定义在第一个参数中将 jQuery 指定为依赖项。然后，第二个参数中的依赖代码在满足其依赖关系时运行。

重新加载包含这些更改的页面并检查页面的首次绘制时间时，你会注意到，首次绘制时间仍然维持在与打包脚本和使用 `async` 时相同的水平。不过最大的区别在于，你在保持脚本独立的同时，遵循了 behaviors.js 对 jquery.min.js 的依赖性。

Alameda 只支持现代浏览器！

Alameda 是 RequireJS 的升级版，它需要现代浏览器特有的功能才能工作，比如 JavaScript promise。如果你需要更广泛的浏览器支持，可以使用 RequireJS 代替 Alameda。RequireJS 和 Alameda 共享了完全兼容的 API，因此你可以将其中一个替换掉。另外，当最小化并启动 gzip 时，RequireJS 只比 Alameda 大将近 2 KB。

我们已经知道如何优化脚本加载，下面看看 jQuery 的替代品。它提供了兼容的 API，并且开销更小，执行速度更快。

8.2 使用更简洁的兼容 jQuery 的替代方案

多年前，jQuery 突然出现，当时，要完成一些简单的任务，比如选择 DOM 元素和绑定事件，需要复杂的代码来检查不同浏览器上可用的方法。很少有方法是统一的，而 jQuery 利用了这一点，提供了一致的 API，使得用户可以不在意浏览器类型。

可以理解，jQuery 由于其实用性和方便的语法而持续存在。但是基于很多理由，你可以考虑使用与 jQuery 共享 API 部分的替代方案，同时可以享受更小的占用空间和更高的性能。

本节将介绍 jQuery 的替代方案。我们将比较它们的大小和性能，并在科伊尔家电维修网站上选择其中一个选项。此外还会介绍这些替代方案的注意事项。

8.2.1 比较替代方案

许多 JavaScript 库都与 jQuery 兼容。在这些备选方案中，与 jQuery 兼容并不意味着提供了每个 jQuery 方法，而是意味着 jQuery 中的许多方法在备选方案中可用，并且语法相同。其目的是用文件大小的度量来换取更少的功能。其中一些库还提供了更好的性能。

8.2.2 探索竞品

我们将比较三个兼容 jQuery 的库：Zepto、Shoestring 和 Sprint，它们各自的详细信息如下。

- Zepto 被描述为一个轻量级的兼容 jQuery 的 JavaScript 库。在所有 jQuery 备选方案中，它是最富开箱即用特性的，并且可以扩展以完成更多工作。它是这个领域最受欢迎的选择。
- Shoestring 是由 Filament Group 编写的。它提供的功能比 Zepto 少，但提供了 jQuery 提供的大多数核心 DOM 遍历和操作方法，对`$.ajax`方法的支持有限。
- Sprint 是最轻量、功能最简单的 jQuery 替代品，但其性能很高。虽然它提供的功能并没有那么多，但是当你想从很少的功能开始时，它很适合，并且在需要时可以添加一个更为强大的库。

比较这些库时，要考虑每个库的大小和等效方法的性能。

8.2.3 比较大小

使用这些替代方案的最大目的在于减小文件大小。如前所述，减少网站加载时间的最好方法就是限制发送给用户的数据量。如果在 Web 项目中使用 jQuery，那么这些库是开始精简的最佳选择。图 8-8 将这些库的文件大小与 jQuery 进行了比较，所有文件大小都经过最小化和服务器压缩。

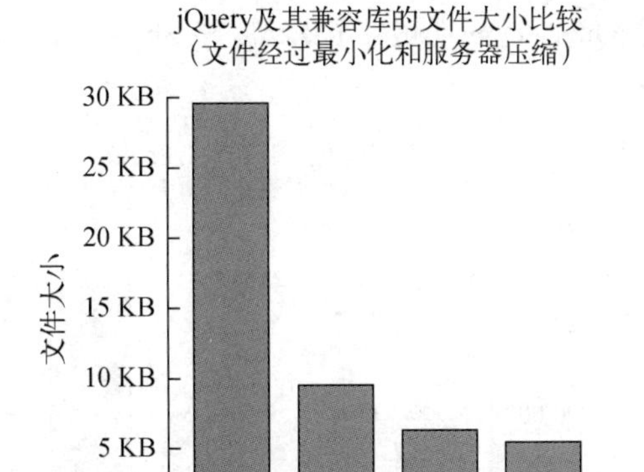

图 8-8 jQuery 及其替代方案的文件大小比较

jQuery 不是很大，而其替代品更小得多。如果可以将依赖 jQuery 的网站的负载至少降低 20 KB，何乐而不为呢？你当然会这么做。不过好处还不止于此。性能提升也会产生效益。

8.2.4 比较性能

本节将比较常见 jQuery 任务的执行时间：按类名选择元素，使用 `addClass` 和 `removeClass` 方法切换元素上的类，以及通过 `attr` 和 `removeAttr` 方法切换属性。

为了衡量这些情况下的性能，我选择了名为 Benchmark.js 的 JavaScript 库。利用这个库可以查看 JavaScript 片段每秒能够执行的次数。

我不会深入探讨 Benchmark.js 在幕后是如何工作的。我只想针对一些常用方法展示所选择的替代方法与 jQuery 相比性能如何。

在选择测试中，可以按类名在页面上选择 `div.myDiv` 的元素。图 8-9 显示了如何处理这个简单的任务。

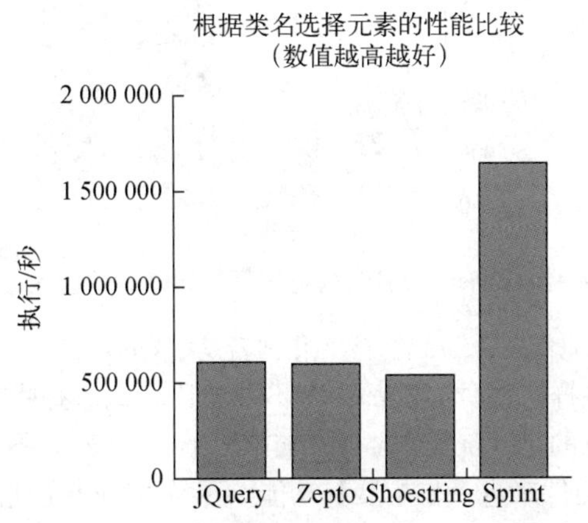

图 8-9 jQuery 及其替代方案在根据类名选择元素时的性能比较

Sprint 无疑是赢家，而 jQuery 的表现超过了 Zepto 和 Shoestring。图 8-10 显示了当你在一个元素上切换类时的测试结果。

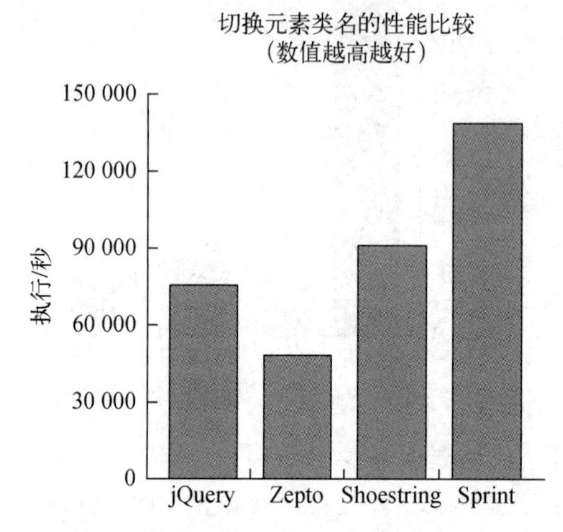

图 8-10　jQuery 及其替代方案切换元素类名时的性能比较

此时情况更微妙。Sprint 仍然明显是赢家。jQuery 排名第三，输给了 Shoestring，但仍然击败了 Zepto。切换属性时，可以在图 8-11 中看到运行的情况。

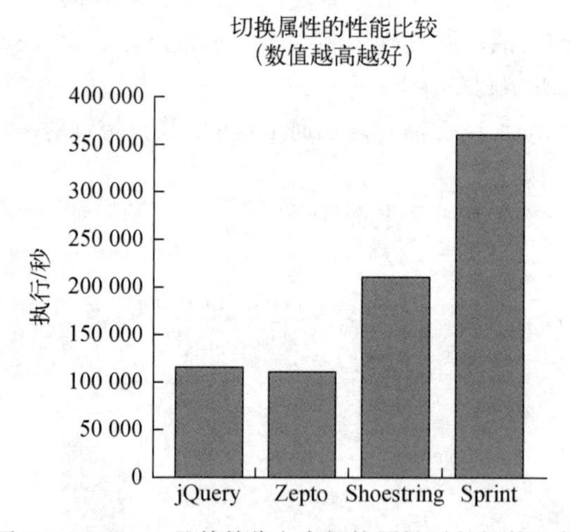

图 8-11　jQuery 及其替代方案切换属性时的性能比较

Sprint 再次占据了主导地位。Zepto 输了，第三名是 jQuery，第二名是 Shoestring。应该注意的是，这是对方法的任意抽样。每种方法都会有不同的比较，但有些趋势确实存在。Sprint 似乎是速度最快的，但值得注意的是，Sprint 的 API 与 jQuery 的 API 并不完全兼容。Zepto 覆盖了大多数 jQuery 方法，并且有插件来进一步扩展其功能。尽管 Sprint 在性能方面看起来很有吸引力，但它并不是改造以 jQuery 为中心的 Web 项目的最简单的替代方案。

我们已经体会到了这些库在大小和功能上的区别，下面更进一步，使用这些替代方案之一，对科伊尔家电维修网站进行改造。

8.2.5 实现替代方案

对于轻度使用 jQuery 的网站来说，使用 jQuery 替代品很简单：只需将替代品放到 jQuery 的位置即可。本节将做这件事。在开始之前，可能需要撤销本章前面所做的所有更改。为此，请键入 `git reset --hard`。

8.2.6 使用 Zepto

科伊尔的另一个选择是 Zepto。虽然 Zepto 不是性能最高的备选库，但它支持你需要的所有功能，而且比 jQuery 的 1/3 还小。你可以轻松地将网站的负载从 122 KB 降到 102 KB。

在本例中使用 Zepto 的另一个原因是，它需要的工作量最少，因为它与 jQuery 最兼容，而 Shoestring 和 Sprint 等库需要重构才能工作。在时间非常关键的环境中（什么时候不是呢？），你通常可以使用 Zepto，而且所需的工作比其他选择都要少。

仓库的 js 文件夹已经包含了 Zepto 的副本。要更改 jQuery 并将其替换为 Zepto，只需将 `src` 属性从 js/jquery.min.js 更新为：

```
js/zepto.min.js
```

重新加载页面时，你会注意到控制台没有错误，页面上的所有功能都应该存在，包括用于预约安排的模态框表单提交，它由 jQuery AJAX 驱动。

8.2.7 理解使用 Shoestring 或 Sprint 的注意事项

“就这样？没别的了？”这很可能是你现在的想法。在这种情况下，是的，这就差不多了。记住，我们选择 Zepto 是因为它是所有可选方案中与 jQuery 最兼容的。

如果顺便使用了 Shoestring 或 Sprint，将需要对它们进行重构。科伊尔家电维修网站使用 jQuery 的`$.ajax`方法向网站所有者发送预约计划的电子邮件，而 Shoestring 对`$.ajax`方法的实现与 jQuery 不完全兼容。Sprint 则因为没有$.ajax 实现，所以无法满足原有功能。

不仅仅是`$.ajax`方法有问题。jQuery 替代方案并不支持 `jQuery` 所做的一切。Shoestring 不支持 `toggleClass` 方法，但 Sprint 支持；Sprint 不支持 `bind` 方法，但是 Shoestring 支持。许多兼容性问题都可以通过使用变通方案或原生 JavaScript 方法来重构。

这就够了！基本思想是，如果你开始开发一个新的网站时考虑的是 jQuery，那么应该从一个最简单的库开始，比如 Sprint。如果 Sprint 最终无法满足需求，则可以尝试 Shoestring 或 Zepto。如果这些选项都不能满足需求，那么应该转而使用 jQuery。

如果一开始就采用极简主义，就可以确保尽可能保持简洁。这种心态有助于为用户提供更快的网站。这不仅适用于 jQuery，也适用于 Web 开发的所有方面。我们应当始终扪心自问：“我需要在这个网站中使用新库吗？”这很可能会引导你走上一条不同于最初预期的道路。

下一节将完全消除对 jQuery 和任何替代方案的需求，使用原生 JavaScript 实现目标。如果你已经习惯了 jQuery 的方法，那么这将是一项意义重大的任务，但它可以消除与库相关的所有开销，并为客户提供更快的体验。

8.3 脱离 jQuery 编码

jQuery 及其替代方案很好，但其中的许多方法已经实现（或正在实现）到提供相同功能的浏览器中。元素选择和事件绑定等任务曾经是跨浏览器兼容性方面的负担，但由于人们在标准化方面的努力，它们现在已经有了统一的语法。

本节介绍如何检查 DOM 是否就绪、使用 `querySelector` 和 `querySelectorAll` 选择元素、使用 `addEventListener` 绑定事件、使用 `classList` 操作元素上的类、使用 `setAttribute` 和 `innerHTML` 修改属性和元素内容，以及使用 Fetch API 进行 AJAX 调用。

> **想要跳过？**
>
> 如果你执行本节工作时遇到困难，可以在命令行键入 `git checkout -f native-js` 查看完成的工作。

开始之前，需要在命令行中输入 `git reset --hard`，在本地仓库中撤销在客户端网站上所做的所有工作。这将撤销所有本地更改。逐一转换所有代码，保留 jQuery，直到都被本地 JavaScript 替换。完成后，能够删除对 jquery.min.js 的引用，使用 `async` 属性加载 behaviors.js，并从更快的加载时间中受益。在文本编辑器中打开 behaviors.js，开始工作吧！

8.3.1 检查 DOM 是否准备就绪

熟悉 jQuery 的人知道，执行代码之前必须检查 DOM 是否准备就绪。这不仅适用于 jQuery，通常也适用于依赖 DOM 的脚本。之所以需要这样做，是因为在脚本运行之前如果 DOM 没有完全加载，就会导致事件不能绑定到元素，关键行为也无法正常工作。下面的代码清单提供了 behaviors.js 的截断版本，展示了 jQuery 如何检查 DOM 是否就绪。

代码清单 8-2 jQuery 检查 DOM 是否准备就绪

```
$(function(){                                   ◁—— 检查 DOM 是否准备就绪
    /* 简短起见，此处省略 behaviors.js 的内容 */
});
```

在 jQuery 中，任何封装在`$(function(){})`中的内容都要在加载并准备好文档后才能执行。为了在原生 JavaScript 中实现这一点，使用 `addEventListener`（稍后还将使用它绑定其他事件）检查 DOM 是否准备就绪，如代码清单 8-3 所示。

代码清单 8-3 使用 addEventListener 检查 DOM 是否准备就绪

```
document.addEventListener("readystatechange", function(){
    /* 简短起见，此处省略 behaviors.js 的内容 */
});
```

监听 readystatechange，这个事件会等待 DOM 准备就绪

就这么简单！addEventListener 方法在 IE9 及更高版本中可用，具有很高的兼容性。

获得更深入的支持

如果需要支持 IE9 之前的 IE 版本，可以使用 document.onreadystatechange 方法监听 DOM 就绪情况。这种方法也适用于较新的浏览器。

接下来研究如何使用 querySelector 和 querySelectorAll 方法选择页面上的元素，以及如何将事件绑定到这些元素，以进一步使用 addEventListener 方法。

8.3.2 选择元素并绑定事件

jQuery 最大的用处在于它能够选择元素，并将事件绑定到元素。以原生方式选择元素时，querySelector 和 querySelectorAll 方法是首选解决方案。与 jQuery 的核心$方法类似，这两个方法也接受 CSS 选择器字符串作为参数。该字符串用于返回 DOM 中符合条件的节点。两者的区别在于，querySelector 返回与表达式匹配的第一个元素，而 querySelectorAll 返回所有匹配的元素。

这两种方法在 IE9 和更高版本的浏览器中都获得了强大的支持，在 IE8 中也获得了部分支持。代码清单 8-4 比较了这两个方法与它们的 jQuery 等效方法。

代码清单 8-4 比较 querySelector、querySelectorAll 和 jQuery 的核心$方法

```
/* 选择一个元素 */
var element = document.querySelector("div.item");
var jqElement = $("div.item").eq(0);

/* 选择元素集合 */
var elements = document.querySelectorAll("div.item");
var jqElements = $("div.item");
```

代码清单 8-4 中的第一行通过 querySelector 选择了第一个匹配 div.item 的元素，第二行通过 jQuery 选择了第一个匹配 div.item 的元素，第三行通过 querySelectorAll 选择了所有匹配 div.item 的元素，最后一行通过 jQuery 选择了所有匹配 div.item 的元素。

当这些方法返回一个或多个元素时，可以使用 addEventListener 方法将事件附加到这些元素上。代码清单 8-5 显示了 addEventListener 的一个简单用法，它将 click 事件绑定到由 querySelector 返回的项。

代码清单 8-5 使用 addEventListener 为元素绑定点击事件

```
document.querySelector("#schedule").addEventListener("click", function(){
    /* 点击时执行的代码 */
});
```

组合使用这些方法，将有助于消除 behaviors.js 中大多数依赖 jQuery 的代码。代码清单 8-6 将触发预约安排的模态框。

代码清单 8-6　以 jQuery 为中心的预约安排模态框运行代码

```
// 打开预约模态框
$("#schedule").bind("click", function(){
    $("body").addClass("locked");
    openModal();
});
```

jQuery 式选中元素，并绑定点击事件

此处要重点关注的代码是第一行，它选择预约安排按钮元素（`#schedule`），并使用 `bind` 方法将点击事件绑定到该元素。使用 `querySelector` 和 `addEventListener` 的组合，可以将其转换为代码清单 8-7。

代码清单 8-7　使用原生 JavaScript 的预约安排模态框事件绑定

```
// 打开预约模态框
document.querySelector("#schedule").addEventListener("click", function(){
    $("body").addClass("locked");
    openModal();
});
```

原生式选中元素，并绑定点击事件

重新加载时，仍然可以通过单击预约按钮触发模态框。尽管事件处理程序中的代码仍然由 jQuery 驱动，但距离完全删除 jQuery 的目标越来越近了。

在文本编辑器中，将其余的 `bind` 事件切换为使用 `addEventListener`，如代码清单 8-7 所示。应该还有 3 个 `bind` 调用可以替换。

接下来，使用原生的 JavaScript `classList` 方法，替换 jQuery 的 `addClass` 和 `removeClass` 方法调用。

8.3.3　使用 classList 操作元素上的类

客户网站的 JavaScript 广泛使用 jQuery 的 `addClass` 和 `removeClass` 方法来添加和删除类。而原生方法 `classList` 也提供了相同的功能。代码清单 8-8 比较了这个方法与 jQuery 对应的方法。

代码清单 8-8　`classList` 与 jQuery 的 `removeClass` 和 `addClass` 方法

```
/* 添加类 */
$(".modal").addClass("show");
document.querySelector(".modal").classList.add("show");

/* 移除类 */
$(".modal").removeClass("show");
document.querySelector(".modal").classList.remove("show");

/* 切换类 */
$(".modal").toggleClass("show");
document.querySelector(".modal").classList.toggle("show");
```

jQuery 的 `addClass` 方法

使用 `classList` 的 `add` 方法添加类

jQuery 的 `removeClass` 方法

使用 `classList` 的 `remove` 方法移除类

jQuery 的 `toggleClass` 方法

使用 `classList` 的 `toggle` 方法切换类

尽管客户网站不使用 toggleClass 方法，但需要注意，classList 有一个 toggle 方法。不幸的是，这个方法在 IE 中的支持度不是很好。除此之外，对 classList 方法的支持总体上是好的，IE10 及更高版本都支持它。代码清单 8-9 显示打开预约模态框的 openModal 函数。

代码清单 8-9 依赖 jQuery 的 openModal 函数

```
function openModal(){
    window.scroll(0, 0);
    $(".pageFade").removeClass("hide");   ← 移除.pageFade 元素上的 hide 类
    $(".modal").addClass("open");         ← 在.modal 元素上添加 open 类
}
```

用 classList 方法实现同样的结果要复杂一些。需要将 jQuery 元素选择代码转换为使用 querySelector 方法。代码清单 8-10 展示了如何将代码清单 8-9 中的代码转换成完全独立于 jQuery 的代码。

代码清单 8-10 独立于 jQuery 的 openModal 函数

```
function openModal(){
    window.scroll(0, 0);
    document.querySelector(".pageFade").classList.remove("hide");   ← 移除.pageFade 元素上的 hide 类
    document.querySelector(".modal").classList.add("open");         ← 在.modal 元素上添加 open 类
}
```

接下来，需要搜索 behaviors.js 中所有使用 removeClass 和 addClass 的方法，并更新它们以使用 classList。执行此操作时，请确保将 jQuery $方法更新为使用 querySelector 方法。

如果不支持 classList 怎么办？

你可能需要支持 IE9 或更低版本。此时可以改用 className 属性，该属性没有用于添加、删除或切换类的方法。相反，它是一个字符串，你可以使用它将所需的类分配给目标元素。虽然它不像 classList 那么方便，但可以在紧要关头正常工作。

将所有代码更改为使用 classList 方法之后，下面将 jQuery 的属性和内容修改方法替换为原生 JavaScript 方法。

8.3.4 读取和修改元素属性与内容

客户网站依赖 jQuery 完成的另一项功能是读取和修改元素的属性，以及修改元素内容。这些行为可以很容易地被原生 JavaScript 方法替换。代码清单 8-11 比较了 jQuery 的属性操作方法及其原生 JavaScript 等效方法。

代码清单 8-11 使用 jQuery 和原生 JavaScript 修改属性

```
/* 读取属性 */
var jqAttr = $("link").attr("media");   ← 使用 jQuery 读取属性
```

```
var attr = document.querySelector("link").getAttribute("media");    ← 使用原生 JavaScript 读取属性

/* 设置属性 */
$("link").attr("media", "print");    ← 使用 jQuery 设置属性
document.querySelector("link").setAttribute("media", "print");    ← 使用原生 JavaScript 设置属性

/* 移除属性 */
$("link").removeAttr("media");    ← 使用 jQuery 移除属性
document.querySelector("link").removeAttribute("media");    ← 使用原生 JavaScript 移除属性
```

你还需要知道如何读取和修改元素的内容，因为客户网站也使用了这种方法。与 JavaScript 的 innerHTML 属性相比，jQuery 读取元素内容的方式如代码清单 8-12 所示。

代码清单 8-12　jQuery 的 html 方法与 JavaScript 的 innerHTML 属性

```
/* 读取元素的内容 */
var jqContents = $(".item").html();    ← 使用 jQuery 读取元素内容
var contents = document.querySelector(".item").innerHTML;    ← 使用 innerHTML 属性读取元素内容

/* 修改元素的内容 */
$(".item").html("Hello world!");    ← 使用 jQuery 设置元素内容
document.querySelector(".item").innerHTML = "Hello world!";    ← 使用 innerHTML 属性设置元素内容
```

jQuery 的 html 方法和原生 innerHTML 属性的语法不同，因为 html 方法是一个函数，而 innerHTML 是一个需要赋值的属性。

在客户网站的 JavaScript 中，大部分地方不需要修改属性或设置元素的内容，但关键时刻还是需要操作的：当用户提交预约请求，确认模态框出现时。这发生在 jQuery ajax 调用中的 success 回调。

代码清单 8-13　通过 jQuery 修改属性和元素内容

```
success: function(data){
    $("#status").html(data.message);    ← 消息文字被放入状态文本域
    document.querySelector(".statusModal").classList.add("show");
    document.querySelector(".modal").classList.remove("open");

    if(data.status === true){
        $("#okayButton").attr("data-status", "success");    ← 设置 okayButton 的 data-status 属性
        $("#headerStatus").html("Thank You!");    ← 更新标题以反映成功/失败状态
    }
    else{
        $("#okayButton").attr("data-status", "failure");    ← 设置 okayButton 的 data-status 属性
        $("#headerStatus").html("Error");    ← 更新标题以反映成功/失败状态
    }
}
```

在代码清单 8-13 中，来自预约安排电子邮件程序的消息文本将被放置到状态文本域。data-status 属性设置在“确定”按钮上，用于确定该按钮在成功或失败的上下文中的作用。状态模态框的标题将更新，以反映预约提交成功与否。

通过一些修改，可以将目前所学的内容转换为代码清单 8-14，它在没有 jQuery 的情况下运行。

代码清单 8-14 通过原生 JavaScript 修改属性和元素内容

```
success: function(data){
    document.querySelector("#status").innerHTML = data.message;
    document.querySelector(".statusModal").classList.add("show");
    document.querySelector(".modal").classList.remove("open");

    if(data.status === true){
        document.querySelector("#okayButton")
            .setAttribute("data-status", "success");
        document.querySelector("#headerStatus")
            .innerHTML = "Thank You!";
    }
    else{
        document.querySelector("#okayButton")
            .setAttribute("data-status", "failure");
        document.querySelector("#headerStatus")
            .innerHTML = "Error";
    }
}
```

从预约安排程序中赋值消息和状态文本

在 data-status 属性上设置预约操作的状态

还需要更新一点：使用 jQuery 的 attr 方法读取属性。这发生在用户点击状态模态中的“确定”按钮时。相关代码如代码清单 8-15 所示。

代码清单 8-15 通过 jQuery 的 attr 方法获取属性

```
$("#okayButton").bind("click", function(e){
    if($(this).attr("data-status") === "failure"){
```

jQuery 点击事件绑定

获取 data-status 的属性值

这个地方有点棘手，因为点击绑定的代码中使用了 jQuery 的$(this)对象，该对象引用 #okayButton 元素。将其转换为前面使用的 addEventListener 语法时，代码就不能这么使用了。需要使用事件对象（在函数调用中分配给 e）替换对$(this)对象的引用，并使用 getAttribute 方法检索 data-status 属性的值。代码清单 8-16 是这两种方法的有效替代品。

代码清单 8-16 通过 getAttribute 方法获取属性

```
document.querySelector("#okayButton").addEventListener("click", function(e){
    if(e.target.getAttribute("data-status") === "failure"){
```

首行是转换后的点击绑定，函数调用中包含了事件对象。而在最后一行，e.target 属性引用了点击绑定对应的元素，getAttribute 方法可以获取 data-status 属性的值。

在没有 jQuery 的$(this)对象的情况下，可以使用事件对象的 target 属性，引用事件在事件代码内部绑定的元素。常用 jQuery 的开发者可能会觉得很奇怪，但很快就会习惯。

结束工作并从项目中删除 jQuery 之前，还要替换最后一个 jQuery 相关功能，即用于向服务器发送 AJAX 请求以安排预约的$.ajax 调用。我们将使用名为 Fetch API 的原生 JavaScript 版本，替换 jQuery AJAX 功能。

8.3.5　使用 Fetch API 发起 AJAX 请求

在过去的 AJAX 请求中，必须使用 `XMLHttpRequest` 请求对象。这是一种处理 AJAX 请求的笨办法，不同浏览器需要不同的方法。jQuery 通过围绕 `XMLHttpRequest` 对象包装了自己的 AJAX 功能，使 AJAX 请求成为一个更简便的任务。到目前为止它仍然工作得很好，但有一些浏览器已经实现了名为 Fetch API 的原生资源获取 API。

8.3.6　使用 Fetch API

Fetch API 最基本的用途是资源的 `GET` 请求。一个很好的例子是与 API 交互，该 API 允许访问电影数据库并返回 JSON 数据。使用 `fetch` 的请求如代码清单 8-17 所示。

代码清单 8-17　Fetch API 驱动的 AJAX 请求，返回 JSON 格式的响应

```
fetch("https://api.moviemaniac.com/movies/the-burbs")
    .then(function(response){
    return response.json();
}).then(function(data){
    console.log(data);
});
```

在这个代码中，`fetch` 方法至少接受一个参数，即资源的 URL。成功后会返回一个 promise，它允许你使用 JSON 数据。原始响应对象有一个 `json` 方法，你可以将其返回给链中的下一个 promise。返回的下一个 promise 则带有编码的 JSON 数据。`console.log (data);`行负责将响应中的数据输出到控制台。

这只是 Fetch API 的一个基本用法。客户网站使用 jQuery 的`$.ajax` 方法以及 `POST` 请求发送表单数据。与使用 jQuery 的`$.ajax` 函数相比，完成这项工作需要更多工作，但使用的代码更少。

坦白说，你将表单提交到了一个模拟位置，该位置返回一个 JSON 响应以用于说明目的。如果你在自己的网站上用后端脚本尝试这种方法，会发现它也可以正常工作。代码清单 8-18 使用 Fetch API 代替了 jQuery。

代码清单 8-18　Fetch API 驱动的 AJAX 请求

```
fetch("js/response.json", {
    method: "post",
    body: new FormData(document.querySelector("#appointmentForm"))
}).then(function(response){
    return response.json();
}).then(function(data){
    document.querySelector("#status").innerHTML = data.message;
    document.querySelector(".statusModal").classList.add("show");
    document.querySelector(".modal").classList.remove("open");

    if(data.status === true){
        document.querySelector("#okayButton")
```

Fetch API 向预约安排程序发送请求

通过 **FormData** 对象封装请求体

请求方法

调度程序的响应实现了 promise

返回链中最后一个 promise，运行提交后的代码

JSON 响应返回给链中的下一个 promise

```
            .setAttribute("data-status", "success");
        document.querySelector("#headerStatus").innerHTML = "Thank You!";
    }
    else{
        document.querySelector("#okayButton").setAttribute("data-status",
        ➥ "failure");
        document.querySelector("#headerStatus").innerHTML = "Error";
    }
});
```

这段代码运行时，测试预约安排模态框，你应该会看到它工作正常。对原生 API 来说还不错，而且它比我们过去几年通常使用的 XMLHttpRequest 更有吸引力。

所有这些都不是针对 jQuery 的$.ajax API。这是一个很好的 XMLHttpRequest 包装器，但是随着浏览器对 Fetch API 的支持越来越多，放弃$.ajax 也可以。当然，如果要依赖 fetch，则需要能够对那些尚不支持 fetch 的浏览器进行 polyfill。

8.3.7　Fetch API 的 polyfill

如我们所料，并非每个浏览器都支持 Fetch API。此时，有如下几个选项。

- 可以不使用 fetch，并使用 jQuery 的$.ajax API 的独立实现。
- 可以在 window 对象中探查 fetch 方法。如果找到方法，就可以使用 fetch，否则，可以使用标准的 XMLHttpRequest 对象。或者不管怎样都使用 XMLHttpRequest 对象，因为它的支持度很好（尽管使用起来很痛苦）。
- 可以探查 fetch 方法，如果找不到，则异步加载 polyfill。

本节我们将选择第三种方法，因为它是最理想的。支持 Fetch API 的浏览器将依赖于原生浏览器方法，而且没有外部脚本的开销。不支持 Fetch API 的浏览器会产生 polyfill 的开销，但语法是统一的。

可以在 https://github.com/github/fetch 上找到 Fetch API 的一个健壮的 polyfill。为了简单起见，在客户网站仓库中，这个脚本的一个压缩版本已经作为 fetch.min.js 打包在 js 文件夹中。

使用前面章节中熟悉的加载 polyfill 的方法，可以基于 fetch 对象的存在，有条件地加载此脚本。可以在 index.html 的底部，闭合</body>标签之前，放置一个内联<script>。

代码清单 8-19　有条件地加载 Fetch API polyfill

```
<script>
    (function(document, window){
        if(!window.fetch){
            var fetchScript = document.createElement("script");
            fetchScript.src = "js/fetch.min.js";
            fetchScript.async = "async";
            document.body.appendChild(fetchScript);
        }
    })(document, window);
</script>
```

创建一个<script>元素，加载 Fetch API polyfill

检查 fetch 方法是否不可用

设置脚本源

异步加载脚本

添加<script>元素，从而初始化脚本加载

你可能考虑到了依赖关系的问题，因为 behaviors.js 依赖于 `fetch`。此处关键在于对 `fetch` 的调用不是在页面加载时执行的。在用户有机会打开预约模态框、填写表单，并点击提交之前，polyfill 有足够的时间加载。这是一种软依赖，所以在后台加载对你有益处，可以在图 8-12 中看到其如何运作。

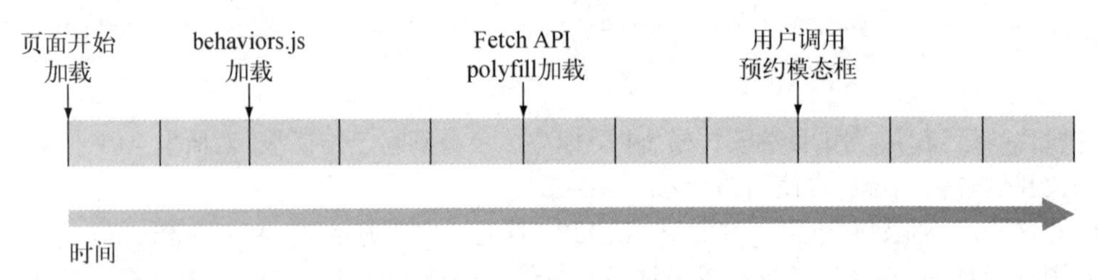

图 8-12　Fetch API polyfill 的加载及用户与预约模态框进行交互的时序图

可以在不支持 Fetch API 的浏览器（如 IE）中测试此方法，并查看其工作情况。通过在该浏览器的开发者工具中检查网络请求，判断 fetch.min.js 是否已加载。

所有 jQuery 方法都被原生 JavaScript 替换了，现在可以删除对 jquery.min.js 的引用，并使用 `async` 属性异步加载 behaviors.js。现在，客户网站正在以最佳方式运行，你可以学习如何使用 JavaScript 的 `requestAnimationFrame` 设置元素的动画了。

8.4　使用 `requestAnimationFrame` 设置动画

JavaScript 早期的动画不如现在这么完美。为了实现最终效果，通常需要使用诸如 `setTimeout` 或 `setInterval` 之类的计时器函数。随着时间的推移，浏览器的功能不断增强，出现了一种更新的、性能更高的方法，可以帮助我们用 JavaScript 制作元素的动画。

本节讨论传统的基于计时器的动画，以及如何使用 `requestAnimationFrame` 代替它们。你将看到 `requestAnimationFrame` 与其基于计时器的“前辈”和 CSS 过渡的性能比较，然后将该方法应用于科伊尔家电维修网站。

8.4.1　`requestAnimationFrame` 一览

用 JavaScript 制作动画与 CSS 是不同的。在 CSS 中，你向元素应用一个 `transition` 属性，告诉浏览器一个（或多个）特定属性将更改。属性更改时，浏览器将为起点和终点之间的过渡设置动画。运行动画的底层逻辑都由浏览器处理。而使用 JavaScript 时，你必须自己执行这项工作。下面看看传统上如何用 JavaScript 实现动画，并将其与 `requestAnimationFrame` 进行比较。

8.4.2　计时器函数驱动的动画和 `requestAnimationFrame`

在 JavaScript 中设置动画时，可以通过元素的 `style` 对象，使用计时器函数更改元素在屏幕上的外观或位置，以呈现运动迹象。可以说，`setTimeout` 和 `setInterval` 过去就是用于在一个间隔内设置元素动画的计时器函数，间隔通常为 1000 ms/60，目的是以大约每秒 60 帧的速度设置效果动画。这种动画的典型代码看起来如代码清单 8-20 所示。

代码清单 8-20 使用计时器函数设置动画（setTimeout）

```
function draw(){
    document.querySelector(".item").style.width =
        (parseInt(document.style.width) + 2)) + "px";   // 以 2 像素作为间隔修改元素的 left 属性
    setTimeout(draw, 1000 / 60);   // 以 60 帧的速率递归运行 draw 函数
}

draw();   // 初始函数调用，触发 draw 函数
```

计时器本身成本不高，但它们对于动画代码来说不是最佳选择。为了解决这一问题，人们开发了 requestAnimationFrame 方法。这个方法的用法类似于代码清单 8-20，如代码清单 8-21 所示。

代码清单 8-21 使用 requestAnimationFrame 设置动画

```
function draw(){
    document.querySelector(".item").style.width =
        (parseInt(document.style.width) + 2)) + "px";
    requestAnimationFrame(draw);   // 运行特定函数，但未指定间隔
}

draw();
```

乍一看这段代码似乎有些欠缺，因为与 setTimeout 不同，requestAnimationFrame 不允许用户以毫秒为单位指定间隔。那么它是如何工作的呢？原理很简单：间隔在 requestAnimationFrame 内部处理，它根据显示的刷新率（大多数设备上的刷新率往往为 60 Hz）起作用；requestAnimationFrame 在典型设备上的目标是 60 帧速率。如果设备具有不同的刷新率，那么 requestAnimationFrame 将相应匹配。

不可否认，这个例子并不理想，因为它在无限长的时间内为元素的 left 属性设置动画，但它说明了这个概念。稍后我将在客户网站上展示一个真实的实现，但在此之前，你需要对比 requestAnimationFrame 与传统的基于计时器的动画和 CSS 过渡的性能。

8.4.3 比较性能

如前所述，requestAnimationFrame 比其基于计时器的“前辈”setTimeout 和 setInterval 具有更好的性能。为了测试这些方法，我为每个方法编写了一个简单的动画。动画是从左到右移动 256 像素的长方体，同时其宽度和高度增加一倍，透明度提高到 50%。图 8-13 比较了使用 setTimeout、requestAnimationFrame 这两个方法和 CSS 过渡时的性能，如 Chrome 的 Performance 面板所示。

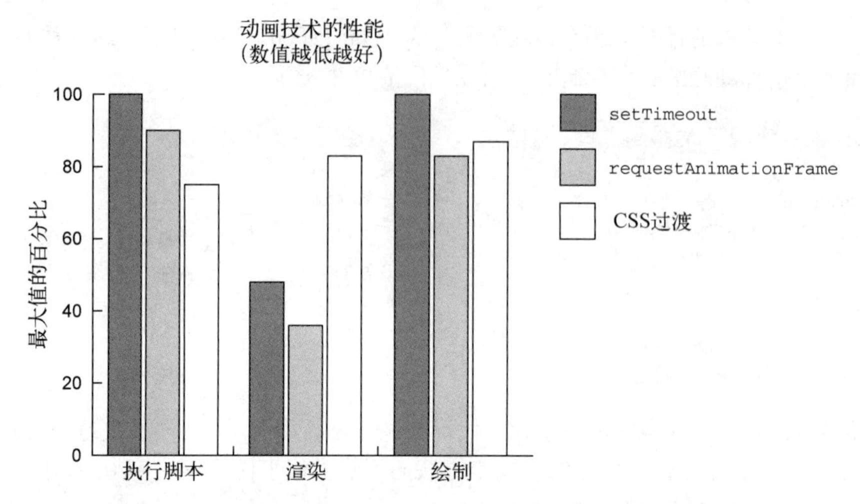

图 8-13　Chrome Performance 面板中各种动画方法的归一化性能

关于 `setTimeout` 和 `requestAnimationFrame` 需要记住的一点是，因为它们依赖于 JavaScript，所以需要比 CSS 过渡更多的脚本时间，这是正常的。但是与其他两种方法相比，`requestAnimationFrame` 在绘制和渲染方面花费的时间更少。

我们已经了解了 `requestAnimationFrame` 的用法及其性能，下面再次启动科伊尔家电维修网站，并设置预约模态框的动画。

8.4.4　实现 requestAnimationFrame

自从科伊尔家电维修网站发布以来，几乎没有停机，现在尝试使用 `requestAnimationFrame` 可能会很有趣。在科伊尔网站上，唯一出现的动画是打开预约模态框。我们使用过 CSS 过渡，但现在要尝试一个基于计时器的动画，你希望将其转换为使用 `requestAnimationFrame`。为此需要获取最新代码，因此，键入以下命令以切换到新分支：

```
git checkout -f requestanimationframe
```

我为客户的网站编写了一个灵活的函数来测试 `setTimeout` 和 `requestAnimationFrame` 在 behaviors.js 中的动画效果。

代码清单 8-22　使用 `setTimeout` 实现动画函数

效果的间隔，以 60 帧速率计算

从 DOM 中选择元素，并保存到变量

计算动画的结束时间

绘制动画

```
function animate(selector, duration, property, from, to, units){
    var element = document.querySelector(selector),
        endTime = Number(new Date()) + duration,
        interval = (1000 / 60),
        progress = function(){
            var progress = Math.abs(((endTime - +new Date()) / duration) - 1);
```

```
            return (progress * (to - from)) + from;
        },
        draw = function(){
            if(endTime > +new Date()){
                element.style[property] = progress() + units;
                setTimeout(draw, interval);
            }
            else{
                element.style[property] = to + units;
                return;
            }
        };

    draw();
}
```

检查效果的持续时间是否已过期

递增动画并递归调用 **draw** 函数

如果持续时间已过，则将元素设置为最终位置

初始调用以开始绘制动画

虽然不像 jQuery 的 `animate` 功能那样完整，但这比代码清单 8-20 所示的实现灵活得多。

在图 8-14 所示的调用中，你告诉 `animate` 选择`.modal` 元素，并在 500 毫秒的时间内将其 `top` 属性的动画从`-150%`设置为 `10%`。如果点击预约安排按钮，并启动模态框，你将看到它在 JavaScript 动画代码中可以正常打开。但是，将这个函数转换为使用 `requestAnimationFrame` 需要做什么样的工作呢？需要做的工作非常少。代码清单 8-23 显示了如何将 `animate` 函数的 `draw` 方法修改为使用 `requestAnimationFrame`，修改以粗体显示。

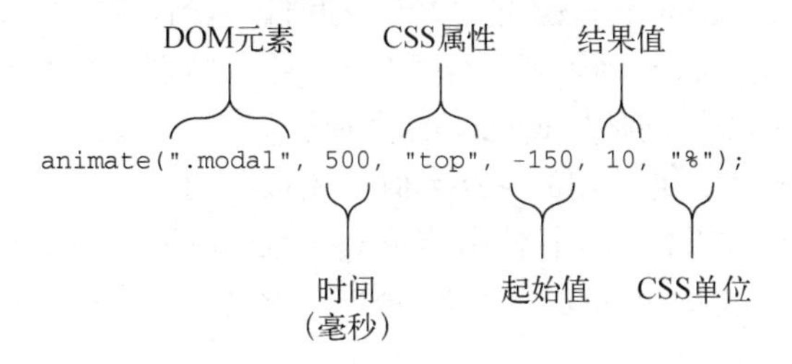

图 8-14 通过被标记的参数使用 `animate` 功能

代码清单 8-23 使用 `requestAnimationFrame` 代替 `setTimeout`

```
draw = function(){
    if(endTime > +new Date()){
        element.style[property] = progress() + units;
        requestAnimationFrame(draw);
    }
    else{
        element.style[property] = to + units;
        return;
    }
};
```

基本上就是这样。删除对 `setTimeout` 的调用，并将其替换为对 `requestAnimationFrame` 的调用。一切都应该像以前一样工作，只需要一个更高性能的动画方法。如果想做一些清理，也可以删除 `interval` 变量，因为 `requestAnimationFrame` 不需要使用它。

requestAnimationFrame 并未受到普遍支持，那么可以做什么来确保更好的支持呢？首先，可以创建一个占位符，以便优先使用 requestAnimationFrame，当它不存在时回退到 setTimeout，如代码清单 8-24 所示。

代码清单 8-24　requestAnimationFrame 回退到使用 setTimeout

```
window.raf = (function(){                                    ← 定义回退方法
    return window.requestAnimationFrame || function(callback){   ← 返回最先可用的方法
        var interval = 1000 / 60;                            ← 以 60 帧速率计算间隔
        window.setTimeout(callback, interval);               ← 如果依赖 setTimeout，则设置回调和间隔
    };
})();
```

如果使用这种方法，则需要更新代码，使用自定义的 raf 方法来代替 requestAnimationFrame 方法，但这将为应用的动画方法提供尽可能广泛的支持。使用这种方法，可以在它可用时获得 requestAnimationFrame 的好处，在不可用时回退到 setTimeout。还算不错。

接下来将简要介绍如何使用 Velocity.js，这是一个简单的 requestAnimationFrame 驱动的 JavaScript 动画库。

8.4.5　了解 Velocity.js

上述对 requestAnimationFrame 的这种尝试可能会给你留下更多问题，而不是答案。使用此方法代替 CSS 过渡或 jQuery 动画可能会很有挑战性，特别是在需求很复杂的情况下。本节简要介绍 Velocity.js，它可以使动画与 jQuery 的动画方法一样方便。

Velocity.js 是一个动画库，它使用的 API 类似于 jQuery 的 animate 方法。Velocity 最好的一点是它独立于 jQuery。但如果你的项目使用 jQuery，且严重依赖其 animate 方法，那么加入 Velocity.js 将使动画过程与 jQuery 相同。例如，考虑以下这个 jQuery 动画代码：

```
$(".item").animate({
    opacity: 1,
    left: 8px
}, 500);
```

可以更改此动画代码以使用 Velocity.js，如下所示（修改以粗体显示）：

```
$(".item").velocity({
    opacity: 1,
    left: 8px
}, 500);
```

简单地从 animate 改为 velocity，你就使用 Velocity 动画引擎代替了 jQuery，它提供了平滑的 requestAnimationFrame 驱动的性能，以及使动画具有自然运动感的简化功能。与 jQuery 的 animate 方法不同，它允许为颜色、过渡和滚动设置动画。

如果使用不带 jQuery 的 Velocity.js，语法会有一些变化。当 Velocity 加载时，它将检查是否加载了 jQuery。如果 jQuery 不存在，则示例中显示的设置同一元素动画的语法将更改为：

```
Velocity(document.querySelector(".item"), {
    opacity: 1,
    left: 8px
}, {
    duration: 500
});
```

除了语义之外，这个语法没有太大的区别。无论有没有 jQuery，Velocity.js 都可以使 JavaScript 驱动的动画更加流畅和高效，而用户不必编写自己的动画代码。

请注意，这个库经过最小化和压缩后大约是 13 KB，所以只有在网站动画和性能非常重要时才应考虑使用它。在一个没有太多动画的网站上增加 13 KB 的开销将影响用户体验。你也可以通过编写自己的动画代码或使用 CSS 过渡来更好地提供服务。

8.5 小结

本章我们学习了许多关于如何保持 JavaScript 精简和快速的概念。

- 取决于位置，`<script>`标签可以阻塞渲染，从而延迟页面在浏览器中的显示。将`<script>`标签放在文档底部可以加快页面渲染速度。
- 如果可以管理脚本的执行，则使用 `async` 属性可以进一步提供性能。
- 管理使用 `async` 的相互依赖的脚本的执行可能是一项挑战。第三方脚本加载库（如 Alameda 或 RequireJS）可以为管理脚本依赖项提供一个方便的接口，同时还能提供异步加载和执行脚本的好处。
- 尽管 jQuery 很有用，但它占用的空间相对较大。其一部分功能可以通过兼容 jQuery 的替代方案来更好地提供，这些替代方案的文件体积更小，在某些情况下性能也更好。
- 随着时间的推移，浏览器提供了更多类似于 jQuery 的功能。可以使用 `querySelector` 和 `querySelectorAll` 选择元素，并使用 `addEventListener` 将事件绑定给它们。还可以使用 `classList` 操作元素类，使用 `getAttribute` 和 `setAttribute` 获取和设置元素属性，并使用 `innerHTML` 修改元素内容。有关 jQuery 方法及其浏览器原生等价方法的清单，请参阅附录 B。
- Fetch API 提供了一个方便的原生接口，用于通过 AJAX 请求远程资源。对于不支持它的浏览器，也可以有效地 polyfill 它。
- `requestAnimationFrame` API 是一个较新的 JavaScript 函数，可以用它代替 `setTimeout` 或 `setInterval` 设置动画。它比那些旧的基于计时器的方法性能更高，渲染和绘制速度也比 CSS 过渡快。

第 9 章将学习 JavaScript 中的 Service Worker，你将看到如何使用它们为连接受限或没有互联网的用户提供离线体验，以及如何提高网站性能。

第 9 章

使用 Service Worker 提升性能

本章内容

- 了解 Service Worker，以及可以在 Service Worker 中实现的功能
- 在一个简单的网站上安装 Service Worker
- 在 Service Worker 内部缓存网络请求
- 更新Service Worker

随着 Web 的成熟，它所依赖的技术也随之成熟。浏览网页时，我们不再被束缚在办公桌上。随着移动设备的出现，人们通过 Wi-Fi 和数据网络访问内容，其质量和可靠性各不相同，这就给我们访问内容的方式带来了挑战，尤其是在互联网连接不畅或缺乏连接的情况下，用户可能会陷入困境。

有时我们会离线，例如，在没有 Wi-Fi 的飞机上，或汽车、火车通过隧道的时候。这就是现实生活。这种情况发生时，我们已经习惯于无法浏览网站。但不一定非要这样，这就是 Service Worker 出现的原因。

本章我们将了解 Service Worker，包括它的工作原理，如何使用它拦截网络请求，以及如何在设备离线时使用它缓存网站资源。除了为用户提供离线体验之外，你还将了解到使用 Service Worker 带来的性能优势，这将使用户重复访问网站时的速度比以前更快。

与你编写的任何代码一样，有时 Service Worker 也需要进行更改。但更改 Service Worker 并不像更改网站的其他组件那么简单，因此我们将介绍更改 Service Worker 时需要执行的操作。下面开始了解 Service Worker 吧！

9.1 何为 Service Worker

Service Worker 是 Worker 的一种——Worker 是在不同于普通脚本的特殊范围内运行的脚本的一种标准，并且这种标准还在不断发展中。Worker 在单独的处理线程上执行任务，而不是用使用`<script>`标签编写和引用的典型 JavaScript 代码。图 9-1 显示了一个在自己的线程上运行的 Service Worker。

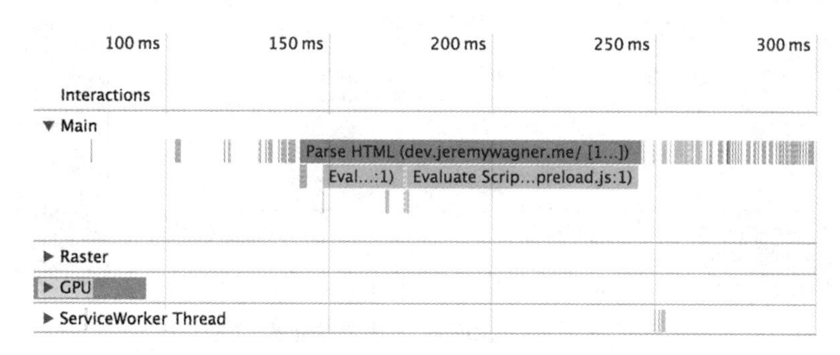

图 9-1 在 Chrome Performance 面板视图的底部，可以看到一个在自己的线程上运行的 Service Worker，这个线程被标记为 ServiceWorker Thread

因为 Service Worker 在单独的线程上操作，所以它的行为与通过`<script>`标签加载的 JavaScript 不同。Service Worker 无法直接访问父页面上的 `window` 对象。尽管它也可以与父页面通信，但必须通过中介（如 `postMessage` API）间接地进行。

Worker 解决的问题取决于我们谈论的 Worker 类型。例如，Web Worker 允许浏览器执行 CPU 密集型任务，而不会减慢或停止浏览器的 UI。本章将详细介绍 Service Worker，它允许用户拦截网络请求，并通过 `CacheStorage` API 有条件地将项目存储在一个特殊的缓存中。此缓存与浏览器本地缓存分开，使用它即可在用户离线时，从 `CacheStorage` 缓存向用户提供内容。还可以使用这个特殊的缓存提高页面的渲染性能。

一个正在使用的 Service Worker 的理论例子就是博客。如果页面在用户阅读文章时通过 `CacheStorage` 缓存文章，那么当用户失去连接时，依然可以离线查看这些文章。这在各种情况下都可能起作用，例如蜂窝或 Wi-Fi 连接较弱，或网络连接不可用时。

Service Worker 可以帮助我们解决这个问题，但不是通过克服连接质量不佳或缺少连接的问题，而是通过渲染用户已经看到的缓存内容，以便他们有东西可看（而不是什么都看不到）。它并没有解决无法访问更新内容的问题，而是解决了 Web 浏览体验中断的问题。

Service Worker 接口本身是轻量的，它由在特定实例中触发的事件组成，例如安装 Service Worker 或发出网络请求时。这些事件是用 `addEventListener` 方法监听的，第 8 章介绍过这个方法。本章将编写的 Service Worker 的主要任务是 `fetch` 事件。此事件用于拦截网络请求，并从 `CacheStorage` 缓存中存储或请求项，如图 9-2 所示。

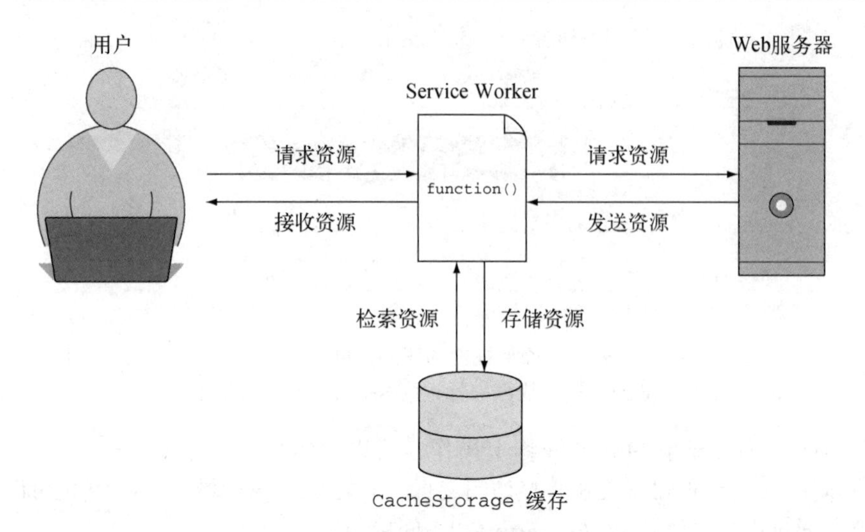

图 9-2　在用户和 Web 服务器之间作为代理进行通信的 Service Worker。Service Worker 可以拦截用户发出的请求。根据 Service Worker 代码的编写方式，可以从 Service Worker 的 `CacheStorage` 缓存中检索资源，也可以将请求传递到 Web 服务器。Service Worker 还可以在特定实例中写入缓存

有了这个事件驱动的接口，当网络连接很差或完全不存在时，Service Worker 就可以帮助你创建离线体验。具体的做法是，通过一个接口拦截网络请求并从 `CacheStorage` 缓存中读取或写入数据。下一节编写第一个 Service Worker 时，就会用到 `CacheStorage`。

我们对 Service Worker 的工作有了一点了解，下面深入了解并学习如何使用它。

9.2　编写第一个 Service Worker

本节我们将开始编写第一个 Service Worker。首先，学习如何检查浏览器是否支持 Service Worker，如果支持，就着手安装一个 Service Worker。然后，编写 Service Worker 的内在逻辑，并用它拦截网络请求。最后，衡量 Service Worker 提供的性能好处。

你将为之编写 Service Worker 的项目，是我的博客的静态版本。我一直在努力寻找新的方法来提高网站性能，同时允许读者在离线时阅读旧内容。首先，从 GitHub 获取代码副本，并在计算机上运行。为此，请输入以下命令：

```
git clone https://github.com/webopt/ch9-service-Workers.git
cd ch9-service-Workers
npm install
node http.js
```

Service Worker 需要 HTTPS！

为了方便起见，Service Worker 可以在不使用 HTTPS 的本地主机上运行。但是，由于 Service Worker 能够拦截网络请求并在后台运行，因此在产品 Web 服务器上需要使用 HTTPS。你在本地主机上有一定的回旋余地，但是进入生产环境时，你需要一个有效的 SSL 证书。

完成后，网站将在本地计算机上运行。确认站点正在运行后，即可编写第一个 Service Worker！

9.2.1 安装 Service Worker

Service Worker 的安装过程只需要很少的代码。需要检查浏览器是否支持 Service Worker。如果浏览器支持，则可以继续安装，否则什么都不会发生。这可以确保即使用户的浏览器无法使用 Service Worker，网站也能继续运行。图 9-3 体现了这种行为流程。

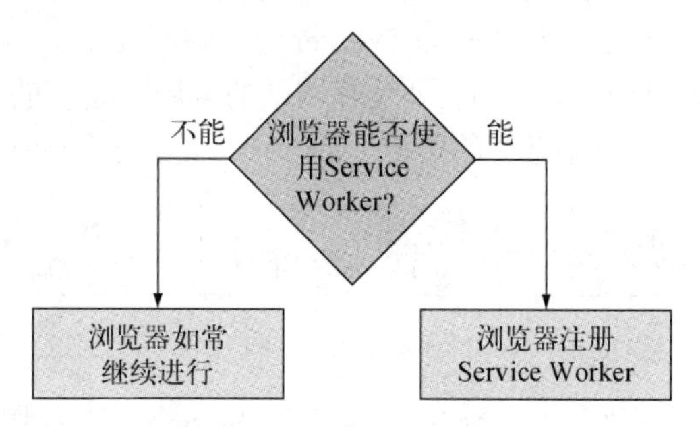

图 9-3 Service Worker 的安装过程。代码检查 Service Worker 的支持状态。如果浏览器支持它，则安装 Service Worker，否则什么都不做

安装 Service Worker 的第一部分是通过 sw-install.js 脚本注册它，这涉及在每个页面代码底部的`<script>`标签中引用这个脚本。

9.2.2 注册 Service Worker

要开始安装 Service Worker，需要 htdocs 文件夹中名为 sw-install.js 的文件。在文本编辑器中打开此文件，并在其中输入代码清单 9-1。

代码清单 9-1 检测 Service Worker 的支持情况及安装代码

```
if("serviceWorker" in navigator){
    navigator.serviceWorker.register("/sw.js");
}
```

检测 Service Worker 的支持情况很容易。第一行使用 `in` 运算符检查 `navigator` 对象中是否存在 `serviceWorker` 对象。如果支持 Service Worker，则通过 `serviceWorker` 对象的 `register` 方法注册/sw.js 中的脚本，如第二行所示。

9

关于 Service Worker

为什么 Service Worker 代码不在 js 目录中？那是因为作用域的问题。在默认情况下，Service Worker 线程仅在其所在的目录及其子目录中工作。如果你想让它在整个网站上工作，需要将其放入网站的根目录，正如你在本章的例子中所做的那样。如果要将 Service Worker 放在更符合逻辑的位置，可以通过将 `Service-Worker-Allowed` 的 HTTP 响应头设置为 / 值来解决此问题，该值允许 Service Worker 在整个域中工作。

现在还不能重新加载页面并测试你的更改！为了让 Service Worker 充分发挥作用，需要编写一些 Service Worker 行为，特别是在首次安装 Service Worker 时应该发生的行为。

1. 编写 Service Worker 的 `install` 事件

如前所述，Service Worker 接口是轻量级的，由事件组成，可以使用 `addEventListener` 方法通过代码监听这些事件。首次安装 Service Worker 时，将触发 `install` 事件。

安装第一个 Service Worker 时，需要立即缓存网站的全局资源，包括网站的 CSS、JavaScript、图像以及其他在所有页面和设备中常见的资源。图 9-4 展现了这个缓存过程。

图 9-4　触发 Service Worker 的 `install` 事件时要发生的行为

开始编写 Service Worker 的安装行为之前，请打开 htdocs 文件夹中的 sw.js。首先要缓存网站离线运行所需的页面资源，这通常包括静态部分，如 CSS、JavaScript 和图像。代码清单 9-2 显示了如何完成这一重要步骤。

代码清单 9-2　在 Service Worker 的 `install` 事件中缓存资源

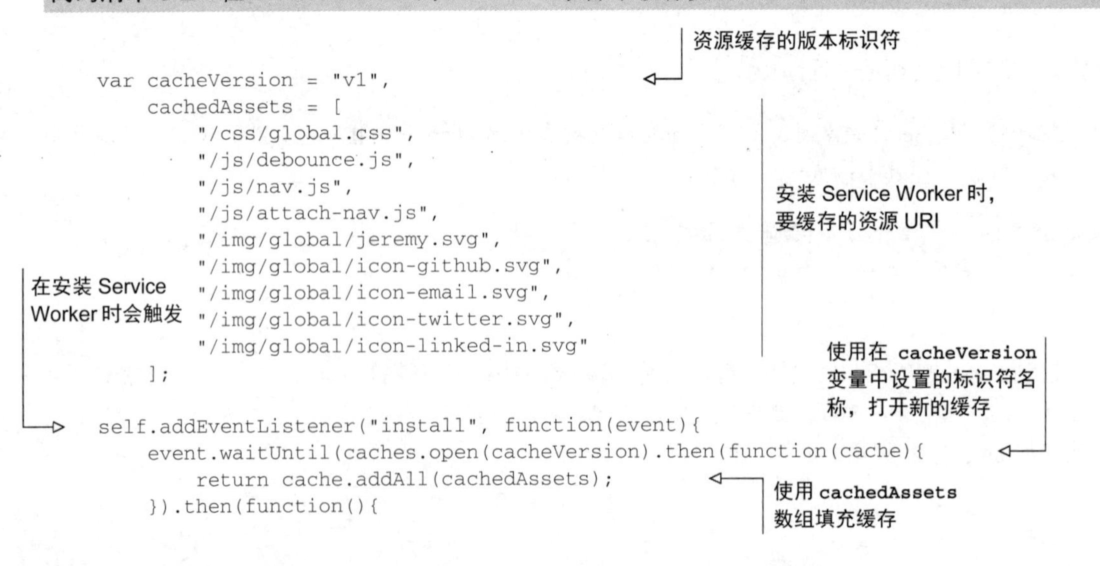


```
var cacheVersion = "v1",
    cachedAssets = [
        "/css/global.css",
        "/js/debounce.js",
        "/js/nav.js",
        "/js/attach-nav.js",
        "/img/global/jeremy.svg",
        "/img/global/icon-github.svg",
        "/img/global/icon-email.svg",
        "/img/global/icon-twitter.svg",
        "/img/global/icon-linked-in.svg"
    ];

self.addEventListener("install", function(event){
    event.waitUntil(caches.open(cacheVersion).then(function(cache){
        return cache.addAll(cachedAssets);
    }).then(function(){
```

```
        return self.skipWaiting();   ◁— 通知 Service Worker 立即生效
    }));                                 并触发 activate 事件
});

self.addEventListener("activate", function(event){     ◁— 在 Service Worker 的
    return self.clients.claim();                           skipWaiting 方法调
});                                                        用时会触发
              activate 事件触发时，Service
              Worker 将立即开始生效
```

安装代码乍看有点棘手，但浏览一遍就很容易掌握。首先，在 cacheVersion 字符串中定义缓存标识符，可以为缓存指定一个名称，并且可以在将来版本的 Service Worker 中更改缓存时对其进行更新。然后，在 cachedAssets 数组中指定要在 Service Worker 中预先缓存的资源。

接下来编写 install 事件代码，该代码会在 sw-install.js 安装 Service Worker 后立即执行。此处将返回一个 promise，即通过在 cacheVersion 变量中设置的标识符打开一个新的 caches 对象，然后将 cachedAssets 数组中指定的所有资源添加到该对象。这个 promise 连接了一个 then 调用，后者返回 Service Worker 的 skipWaiting 方法的调用结果。这指示 Service Worker 在安装事件完成后立即启动 activate 事件。然后，activate 事件代码执行 Service Worker 的 claim 方法，该方法允许 Service Worker 立即开始工作。

准备好这些代码之后，现在可以重新加载页面。页面重新加载时，似乎什么都没有发生。那怎么知道 Service Worker 是否在工作呢？在 Chrome 中，你可以打开开发者工具，并导航到 Application 选项卡进行验证。单击左窗格中的 Service Workers 项，如图 9-5 所示。

图 9-5　Chrome 开发工具中的 Application 选项卡显示当前网站激活的 Service Worker。点击左窗格中的 Service Workers 项，即可访问此面板

在 Application 选项卡中打开此面板时，能够查看页面上当前运行的 Service Worker，以及执行停止、注销 Service Worker 等操作，更重要的是，在重新加载时强制其更新。对于本章工作，

应选中 Update on reload 复选框，该复选框将强制在页面重新加载时更新 Service Worker。开发 Service Worker 时可能会遇到一些棘手的问题，而选中该选项能够简化流程。

2. 查看 Service Worker 缓存

既然已经验证安装了 Service Worker，那么如何判断指定的资源是否已缓存呢？这个问题的答案再次位于 Application 选项卡中。在左侧窗格中，展开 Cache Storage 项，然后点击网站的缓存（标记为 v1），正如 `install` 事件代码中指定的那样。你将看到如图 9-6 所示的情况。

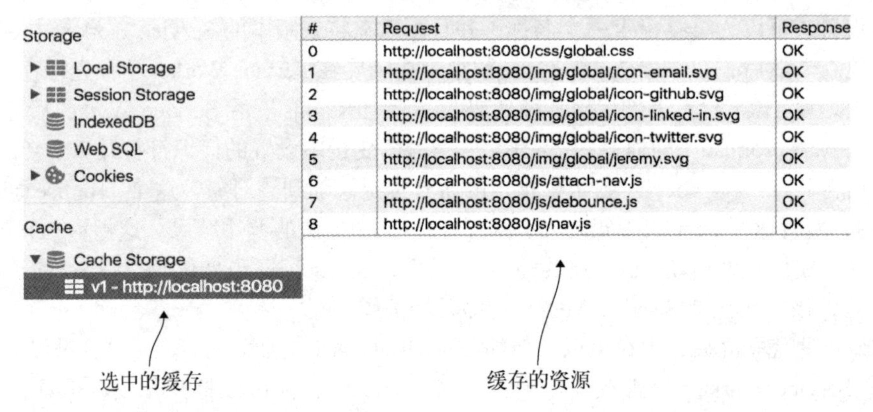

图 9-6　Service Worker 创建的 v1 缓存。从中可以看到 Service Worker 的 `cachedAssets` 数组中指定的所有资源

查看 Application 选项卡中 Cache Storage 项下的 v1 缓存时，可以看到在 `cachedAssets` 数组中指定的所有项。缓存中有了这些资源后，离线会发生什么呢？要想离线，可以关闭 Wi-Fi 或拔下网络电缆来关闭计算机上的网络连接，但有一种更简单的方法。在 Chrome 的开发者工具中，转到 Network 面板，找到 Offline 复选框，如图 9-7 所示。

图 9-7　选择 Chrome 网络面板中的 Offline 复选框，可以模拟离线环境，而无须真正禁用网络连接

选中 Offline 复选框并重新加载页面。你会注意到，尽管已经缓存了所有必要的页面资源以供离线查看，但仍然会出现连接错误而不是网站的离线版本。为什么呢？

在这个例子中，这是因为你没有缓存 HTML 文档本身。即使做到了这点，仍然需要一种拦截网络请求的机制，还需要知道如何处理它们。不分青红皂白地将每一项资源预先添加到 `CacheStorage` 中并不可行，因为它会大量加载用户可能最终不需要的东西。首先在 `install` 事件中缓存所有页面上通用的全局资源，然后按需使用 `fetch` 事件拦截和缓存资源。这就能确保访问者能够高效地缓存他们需要的所有东西。在他们发起请求后，即可通过编程方式将资源添加到缓存中。

9.2.3 拦截并缓存网络请求

要控制离线场景，需要一种介于你和服务器端之间的机制，该机制允许你缓存内容以离线查看。fetch 事件就允许通过图 9-8 中定义的行为流实现这种功能。

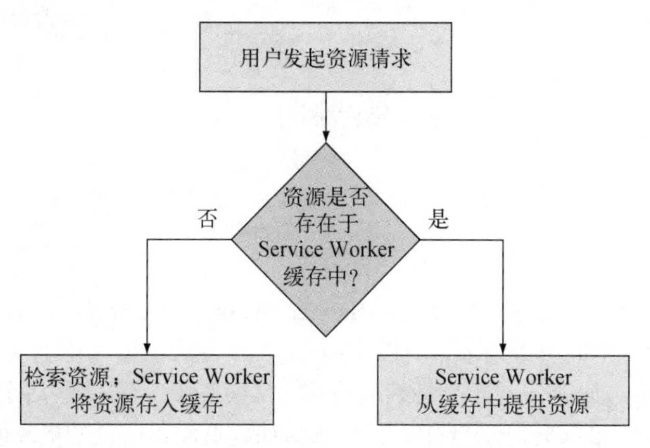

图 9-8 Service Worker 的 fetch 事件的行为。用户对资源发出请求，Service Worker 介入以拦截该资源，并查看该资源是否已经在缓存中。如果资源不在缓存中，则从网络获取资源，并由 Service Worker 缓存，反之则从缓存提取

你可能想知道，为什么要在 install 事件期间操心资源的缓存。这是因为你可以为事先知道确定需要的资源提前启动缓存。但是无论是否缓存了资源，你仍然需要为处理用户请求并缓存资源供以后使用的 fetch 事件定义行为。对于预先缓存的资源，Service Worker 将从缓存中提供它们。对于不太确定的资源，例如 HTML 文档、特定于文章的图像、字体等，需要更谨慎地检查：从网络中获取它们，然后将其放入缓存供以后使用。

这样做的一个正当理由是，你请求的资源可能在所有设备上不一致，因此不应该预先添加到缓存。具有高密度显示器的设备将下载适合该设备的图像，并根据设备的需要以编程方式缓存。而能力较低的设备，应下载并缓存适合其自身限制的资源。

你需要编写自己的逻辑来实现这个目标。这个逻辑如代码清单 9-3 所示，将其添加到 sw.js 的本地副本。

代码清单 9-3 在 fetch 事件中拦截和缓存其他资源

阻止符合这个正则表达式的资源存储到 Service Worker 缓存

fetch 事件监听器，可以拦截网络请求

拦截主机名符合这个正则表达式的请求

```
self.addEventListener("fetch", function(event){
    var allowedHosts =
        /(localhost|fonts\.googleapis\.com|fonts\.gstatic\.com)/i,
        deniedAssets = /(sw\.js|sw-install\.js)$/i;

    if(allowedHosts.test(event.request.url) === true &&
        deniedAssets.test(event.request.url) === false){
        event.respondWith(
```

在响应请求之前，请检查请求 URL 是否来自接受的主机，并且不属于黑名单中的资源之一

使用 event 对象的 respondWith 方法拦截请求。绕过这个方法就会发生默认浏览器行为

如果内容不存在于 Service Worker 缓存中，则使用 fetch API 获取

如果内容存在于 Service Worker 缓存中，则提供缓存的响应

检查请求内容是否存在于 Service Worker 缓存中

```
        caches.match(event.request).then(function(cachedResponse){
            return cachedResponse ||
            fetch(event.request).then(function(fetchedResponse){
                caches.open(cacheVersion).then(function(cache){
                    cache.put(event.request, fetchedResponse.clone());
                });

                return fetchedResponse;
            });
        })
    );
  }
});
```

获取资源后，使用 cacheVersion 标识符打开 Service Worker 缓存

将获取到的资源放入 Service Worker 缓存

缓存响应完成后，返回原始响应

通过这段代码，可以从缓存中获取已在 Service Worker 的 `install` 事件代码中准备好的资源。如果遇到不在缓存中的资源请求，可以使用 `fetch` 方法（第 8 章）从网络中检索。下载资源后，将其放置在 Service Worker 中。后续的请求将从缓存中（而不是从网络）检索资源。使用 Ctrl+Shift+R（或 Mac 上的 Cmd+Shift+R）强制重新加载页面，所做的更改即可生效。

提示：关于顽固的 Service Worker

即使在 Chrome 开发者工具的 Application 选项卡中选中了 Update on reload 复选框，Service Worker 也可能无法更新。这可能是由于缓存策略未能认真指示浏览器将 Service Worker 进程保存在缓存中。示例中，你有一个 `Cache-Control` 的头部，其值为 `no-cache`，它指示浏览器在服务器上重新验证存储的副本以进行更改。要了解有关 `Cache-Control` 及其工作原理的更多信息，请参阅第 10 章。

更新后的 Service Worker 进程运行时，打开 Network 选项卡，并检查 Size 列中的资源信息。那些被 Service Worker 截获的内容将被读取（显示为 from ServiceWorker），如图 9-9 所示。

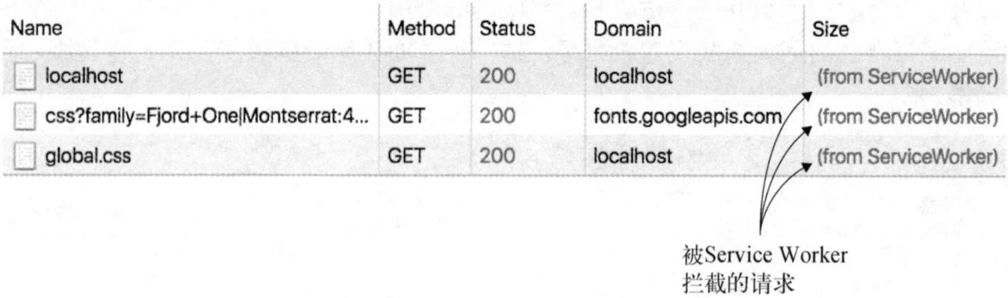

Name	Method	Status	Domain	Size
localhost	GET	200	localhost	(from ServiceWorker)
css?family=Fjord+One|Montserrat:4...	GET	200	fonts.googleapis.com	(from ServiceWorker)
global.css	GET	200	localhost	(from ServiceWorker)

被Service Worker 拦截的请求

图 9-9　Service Worker 拦截的网络请求将由 Chrome 的网络实用程序的 Size 列中的“(from servicework)”值指示

我们已经验证了 Service Worker 通过 `CacheStorage` API 缓存的内容，请在网络节流下拉列表旁边的网络实用程序中选中 Offline 复选框，然后重新加载该页面。注意，该站点现在可以离

线使用，你不会接收到网络错误提示。祝贺你！你刚刚完成了第一次离线网络体验！下面看看这些更改是如何影响页面性能的。

9.2.4 衡量性能收益

从 Service Worker 缓存检索资源时，可以获得比浏览器缓存更好的性能。这意味着可以通过降低浏览器开始绘制页面所需的时间，进一步提高用户的渲染性能。图 9-10 跟踪了三个场景下首次绘制的时间，包括浏览器的缓存中没有任何内容时、填充缓存时、使用 Service Worker 缓存而不是浏览器缓存时。

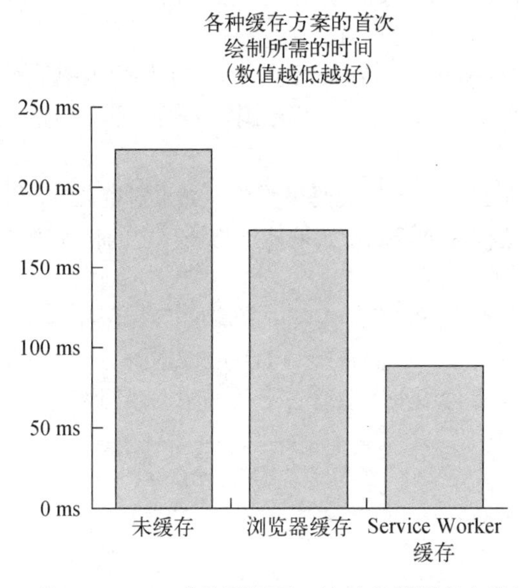

图 9-10 在 Chrome 的 Regular 3G 节流配置下，比较各种缓存方案的首次绘制所需的时间。场景包括未缓存的页面、从浏览器缓存检索到的页面，以及从 Service Worker 缓存检索到的页面

结果让我有些吃惊，但数据显示，使用 Service Worker 提高性能时，浏览器的缓存行为提高了 50%。渲染时间大大缩短了！

这并不意味着浏览器缓存已经失效。你还需要它，因为它的兼容性很好，你可以在不支持 Service Worker 的浏览器中使用。即使在支持 Service Worker 的浏览器中，你也可以将 `fetch` 事件代码配置为“忽略不想拦截的请求”，此时请求就将落入浏览器缓存。

下面再次查看 Service Worker 代码，了解如何使其更加灵活。

9.2.5 优化网络请求的拦截行为

我们完成了第一个 Service Worker，它工作得很好。但美中不足：如果你试图更改任何资源，除非强制重新加载整个页面，否则将看不到这些修改。这是有问题的。尤其重要的是，网站的 HTML 必须尽可能是最新的，这样，如果你更新对 CSS 或 JavaScript 之类的内容引用，才能够看到这些更改以及对内容的更新。

这并不是说 Service Worker 天生就有问题，也不是说使用 `CacheStorage` 代替浏览器缓存是个坏主意。如果想提供离线体验，这是唯一真正的方法。但是，当你拦截并更改网络请求的实现方式时，你正在编写取代浏览器自身内置缓存的行为。必须注意如何选择合适的策略来满足这些要求。

如何满足这些要求取决于网站的性质。本章的博客示例采取了基础策略：资源不会经常更改（如图像、脚本和 CSS），你现在不必担心。确实需要更改它们时，可以使用下一节将介绍的一种实现机制。

对于 HTML 来说，你在 Service Worker 的 `fetch` 事件代码中采用了不同的策略，这将允许你在每次联网时获取最新的页面内容。而作为回退策略的一部分，你仍然可以为用户提供离线查看功能。

当前 Service Worker 的 `fetch` 事件代码很简单：如果对资源的请求与 Service Worker 缓存中已存在的内容匹配，则从缓存提供资源；如果请求与缓存中的任何内容都不匹配，则从网络中获取最新副本，然后将其添加到缓存。

这是一个很好的性能策略，但它会对内容的新鲜度产生负面影响。我们不想完全放弃这种策略，因为有些资源几乎没有改变。我们希望对 HTML 文档采用一种新的方法。如图 9-11 所示，在 Service Worker 的 `fetch` 事件中采用双管齐下的方法拦截网络请求。

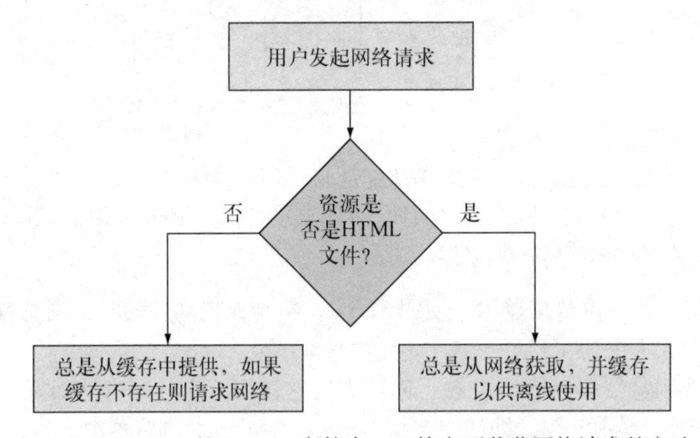

图 9-11　在 Service Worker 的 `fetch` 事件中，双管齐下截获网络请求的方法。如果请求的资源是一个 HTML 文档，则总是从网络中获取并将其放置在缓存中，并且只有在离线时才从 Service Worker 缓存提供资源。如果资源不是 HTML 文档，则始终从缓存提供；如果资源不在 Service Worker 缓存中，则从网络检索

通过这个流程，我们可以保持 Service Worker 为图像、CSS 和 JavaScript 等资源提供的性能优势，同时优先考虑 HTML 内容的新鲜度。这使你能够通过更改 URL 更新网站资源，稍后可以

在填充 Service Worker 的 `install` 事件代码中，把缓存指向这些 URL。

要实现这个新流程，需要更新 Service Worker 的 `fetch` 事件代码。首先，需要添加一个新的正则表达式，检查传入的请求是否是 HTML 文档。修改的内容在代码清单 9-4 中以粗体显示。

代码清单 9-4 添加正则表达式以检查 HTML 请求

```
var allowedHosts = /(localhost|fonts\.googleapis\.com|fonts\.gstatic\.com)/i,
    deniedAssets = /(sw\.js|sw-install\.js)$/i,
    htmlDocument = /(\/|\.html)$/i;
```

检查 URL 是否是 HTML 文档的正则表达式

稍后使用这个正则表达式检查请求 URL 是否用于 HTML 文档，你将依赖它决定网络如何拦截请求行为。从这里开始，你将使用此正则表达式创建一个新条件。如果正则表达式测试通过了当前请求，说明你正在处理一个 HTML 文档，那么将以“网络优先/离线时从缓存提供服务”模式处理该请求。如果正则表达式测试失败，将使用“缓存优先/从网络填充缓存”的初始模式。

代码清单 9-5 使用“网络优先/离线时从缓存提供服务”模式处理 HTML 请求

```
if(allowedHosts.test(event.request.url) === true &&
    deniedAssets.test(event.request.url) === false){
      if(htmlDocument.test(event.request.url) === true){
        event.respondWith(
          fetch(event.request).then(function(response){
            caches.open(cacheVersion).then(function(cache){
              cache.put(event.request, response.clone());
            });

            return response;
          }).catch(function(){
            return caches.match(event.request);
          })
        );
      }
      else{
        /* 像以前一样处理非 HTML 请求 **/
      }
}
```

使用 event.respondWith 拦截请求，并使用封装的代码进行响应

检查当前请求是否是 HTML 文档

马上从网络请求 HTML 文档

打开缓存并放入网络响应，以供后续离线使用

使用从网络检索到的资源进行响应

如果后续的请求失败，从缓存提供获得的最后一个版本

其他资源按先前的定义处理

重新加载页面并尝试新代码后，继续修改 index.html。你将注意到，它的更新会立即反映出来。

与先前的 `fetch` 事件代码相比，这个方法稍微降低了页面的渲染性能，因为文档需要从网络获取，而不是从 Service Worker 缓存读取。在 Chrome 中的 Regular 3G 节流配置下的测试显示，首次绘制的平均时间是 120 毫秒。虽然这比之前的 Service Worker 代码产生的 90 毫秒的平均时间慢，但它仍然快于浏览器缓存大约为 175 毫秒的首次绘制平均时间。

你得到的结果将取决于具体的项目。请记住，你不需要也不应该拦截每个网络请求。要记得，只有将响应对象传递给 `event` 对象的 `respondWith` 方法时，才能截获 `fetch` 事件代码中的网

络请求。如果请求未传递给此方法，浏览器的默认行为将启动。Service Worker 规范没有预先描述任何处理请求的方法，它只提供了一个接口供这样操作。可以指定是否拦截请求的逻辑。在本章示例中，你已经通过创建正则表达式过滤不想拦截的请求，完成了相当多的工作。

Service Worker 和 CDN 托管资源

CDN 托管资源是请求拦截的另一个方面，使用 `CacheStorage` 缓存它们也是如此。一般来说，你能够轻松地将 CDN 托管资源保存到 Service Worker 缓存。CDN 主机将其服务器配置为使用 `Access-Control-Allow-Origin: *`头部提供资源，它允许任何来源无限制地访问这些资源。如果无法缓存 CDN 资源，请检查此头部是否存在。所有正确配置的 CDN 都提供了这个头部，因此，在 Service Worker 中添加特殊逻辑以处理这些资源不是你需要担心的事情。有关 CDN 及其工作方式的更多信息，请参阅第 10 章。

下面回到我们的 Service Worker。尽管你因为通过网络获取 HTML 请求牺牲了一些性能，但总的来说还是比通过浏览器缓存时性能要好。更棒的是，这种方法仍然允许你在用户离线时向他们提供内容，两全其美。

当然，如果修改站点的 CSS、JavaScript 或图像，这些内容仍将从 Service Worker 缓存中提供，并且不会反映更新。有一个很好的方法可以处理这些资源，接下来将介绍如何更新 Service Worker 缓存，以引入对站点资源的更改。

9.3　更新 Service Worker

我们编写的 Service Worker 可以缓存网站资源，比如 CSS、JavaScript 和图像，并且总是从服务器获取 HTML 文件的新副本。想象一下，你已经将这个 Service Worker 代码推送到生产环境中，它工作得很好。

不幸的是，你遇到了一个障碍：你需要确保用户看到新的 CSS，但由 Service Worker 缓存的旧 CSS 文件是持久化的，只有强制重新加载整个页面才会更新。这是有问题的，因为告诉用户“强制重新加载页面以查看新样式！”不是一个好的解决方案。你需要能够引入更改的 CSS，并自动将其放入用户的 Service Worker 缓存。

本节将学习如何在网站上进行文件版本控制，以便 Service Worker 选择文件。考虑到用户设备缓存配额有限，你想要保持缓存简洁，所以我还会告诉你如何清理旧的缓存。让我们开始吧！

9.3.1　文件版本控制

回想一下，你编写过 Service Worker `fetch` 事件代码，以便始终从 Service Worker 缓存提供 CSS、JavaScript 和图像等文件，但如果用户处于在线状态，则要从网络获取 HTML。这样做的一个很好的理由是，你可以通过在 HTML 文件中对其他资源类型的引用进行版本控制，以强制更新这些资源。因为 HTML 总是从服务器获取，所以可以确保用户下载对资源的任何新引用。

关于缓存，获取一个文件并修改对它的引用时，就会进行版本控制。以 global.css 为例，它通过<link>标签包含在 index.html 中：

```
<link rel="stylesheet" href="/css/global.css" type="text/css">
```

你已经熟悉这种语法了。这行代码指示浏览器下载 global.css。但是，如果对 global.css 进行更改，会发生什么？你的 Service Worker 永远不会理会，因为它已经被缓存了。事实上，根据该文件的缓存策略，即使是原生浏览器缓存也可能永远不会获取新的修改。

此时需要引入版本控制的概念。将查询字符串添加到文件名（粗体显示），即可将资源与其以前的版本区分开来：

```
<link rel="stylesheet" href="/css/global.css?v=1" type="text/css">
```

即使资源的文件名相同，查询字符串的差异也足以使浏览器触发其再次下载文件，并与没有查询字符串的资源区别对待。

浏览器缓存中的查询字符串

查询字符串技巧不仅在尝试破坏 Service Worker 缓存时很有用，还适用于浏览器的本地缓存。第 10 章更深入地介绍了这个技巧，并自动化了这个过程，使重复更改不再那么乏味。

为了验证这一点，可以在 global.css 中做一个小而明显的改变，比如改变<body>元素的背景色。打开 index.html，给<link>标签对 global.css 的引用添加上述查询字符串，新样式会立即生效。大功告成了！如果你这么想，也许你应该看看 Chrome 开发者工具中 Application 选项卡下 Cache Storage 的 v1 cache 部分，如图 9-12 所示。

孤立缓存项 → 1

#	Request
0	http://localhost:8080/
1	http://localhost:8080/css/global.css
2	http://localhost:8080/css/global.css?v=1
3	http://localhost:8080/img/global/icon-email.svg
4	http://localhost:8080/img/global/icon-github.svg

图 9-12 更新样式表引用后的孤立缓存项。`global.css?v=1` 在缓存中，而未使用的 global.css 条目仍然存在

尽管将这个孤立的条目留在缓存中不会破坏任何人的用户体验，但忽略它并继续前进并不是一个好主意。不妨将其想象成乱扔垃圾。将一张糖纸扔在地上会杀死全世界吗？显然不会，但这是件坏事，你应该自己清理干净。

把这些孤立的缓存条目想象成高速公路旁的糖纸和瓶子。随着时间的推移，Service Worker 缓存将变得臃肿，并占用用户设备上不必要的空间。下一节将学习如何像一个正派的人一样打理自己。

9.3.2　清理旧缓存

我们已经了解了如何绕过顽固的 Service Worker 缓存，现在需要学习如何从中删除过时的缓存。首先需要将 `cacheVersion` 变量从 `v1` 提升到 `v2`，并在 `cachedAssets` 数组中，将对 global.css 的引用替换成读取 `global.css?v=1`。这些变化在代码清单 9-6 中以粗体显示。

代码清单 9-6　更新缓存名称和要缓存的资源

```
var cacheVersion = "v2",                    ← 新的缓存名称
    cachedAssets = [
        "/css/global.css?v=1",              ← 将引用修改为新
        "/js/debounce.js",                    的 CSS 文件
        "/js/nav.js",
        "/js/attach-nav.js",
        "/img/global/jeremy.svg",
        "/img/global/icon-github.svg",
        "/img/global/icon-email.svg",
        "/img/global/icon-twitter.svg",
        "/img/global/icon-linked-in.svg"
    ];
```

仅这些更改就足以使新缓存生效，但不足以删除旧的 v1 缓存。可以通过重写整个 `activate` 事件代码处理这个问题，如代码清单 9-7 所示。

代码清单 9-7　在 `activate` 事件中移除旧缓存

要保留的缓存的白名单
这个 promise 会访问所有可用的 Service Worker 缓存
在 keyList 数组中遍历缓存的名称
这个 promise 会等待多个条件的实现
检查当前的缓存键是否在白名单中
如果缓存键不在白名单中，则删除它
允许 Service Worker 立即在页面上生效

```
self.addEventListener("activate", function(event){
    var cacheWhitelist = ["v2"];

    event.waitUntil(
        caches.keys().then(function(keyList){
            return Promise.all([
                keyList.map(function(key){
                    if(cacheWhitelist.indexOf(key) === -1){
                        return caches.delete(key);
                    }
                }), self.clients.claim()
            ]);
        })
    );
});
```

使用这段新的 `activate` 事件代码后，你的 Service Worker 将处理新缓存中的所有内容。如果 Service Worker 中的任何缓存不使用 `cacheWhitelist` 变量中指定的任何名称，则它们将被删除。运行此代码后，转到 Chrome 开发者工具中 Application 选项卡左侧窗格中的 Cache Storage 部分。你应该能够看到唯一剩下的缓存是新的 v2 缓存，如图 9-13 所示。

Cache
Cache Storage
v2 - http://localhost:8080
Application Cache

图 9-13 新的 v2 缓存。点击后能够看到更新的缓存内容，尤其是 `global.css?v=1` 条目

我们已经将对 global.css 的每个引用更新为 `global.css?v=1`。如果不这样做，导航到后续页面时，将为旧 URI 存储单独的缓存条目。这不是本章工作的一部分，而是在你自己的网站上实现 Service Worker 更改时需要注意的一个步骤。

本章工作到此为止。进入下一章之前，让我们快速回顾一下本章所学的知识。

进一步了解 Service Worker

本章以性能为导向，所以无法涵盖 Service Worker 的所有功能。事实上，Service Worker 的作用不仅仅是创造离线体验和提升网站性能。尽管本章中的模式对于内容驱动的网站（如博客等）很有用，但一些资源可以帮助你进一步了解 Service Worker。

- Jake Archibald 是拥护 Google 的开发者，他写了一篇很棒的文章"The Offline Cookbook"。其中的模式可以在 Service Worker 中使用。有些模式是面向性能的，有些模式能够提升离线体验的灵活性，还有一些模式介于两者之间。如果想知道如何开始写一个对你的网站最有意义的 Service Worker，这是一个很好的起点。
- Mozilla 创建了自己的 Service Worker Cookbook，涵盖了各种可能性，包括如何使用 Service Worker 向移动设备发送推送通知。（你没看错！）

本章大量使用了 `CacheStorage` 对象，特别是 `caches.match` 和 `caches.open` 等方法，它们分别按名称匹配本地缓存并打开缓存中的项。尽管它在 Service Worker 中工作得很好，但这个 API 是一个独立的功能，它有许多方法可用。要了解有关 `CacheStorage` 的更多信息，请访问 Mozilla Developer Network。

9.1 节中提过，除非使用 `postMessage` API，否则 Service Worker 无法与其父页面进行通信。可以在 Google Chrome 的 GitHub 网站上了解这项技术。

9.4 小结

如前所述，Service Worker 可以作为提高网站性能的工具。本章我们学习了以下关键概念。

- Service Worker 是一种 JavaScript Worker，它在一个独立的线程上运行，与发生在主处理线程上的所有其他脚本活动分离。
- 在支持 Service Worker 的浏览器中安装它很容易。可以在 `navigator` 对象中检查 `serviceWorker` 成员。如果浏览器不支持该技术，则页面体验会继续，而无须 Service Worker 功能。

- 由于渐进增强是为所有用户提供一定程度的功能性所必需的，因此网站不明确**依赖**于 Service Worker 就显得尤为重要。Service Worker 仅仅是一种**增强**，而不应该是网站工作的**需求**。
- Service Worker 要求使用 HTTPS。尽管在开发过程中可以在本地主机上通过 HTTP 开发和使用 Service Worker，但将 Service Worker 推送到生产服务器时，请确保具有有效的 SSL 证书。
- 将 `CacheStorage` 与 Service Worker 的 `fetch` 事件配合使用，拦截和缓存网络请求时，你就拥有了巨大的能力和灵活性。组合这两个功能，就可以通过直接从 Service Worker 缓存中提供项目来提升页面性能，并在用户的网络连接不存在或连接不畅时回退到离线体验。
- Service Worker 可以提升渲染性能。以我的博客为例，相比于浏览器缓存，它将渲染速度提升了近 50%！
- HTML 文档的激进缓存可能导致很难更新页面上的 HTML 内容和页面上引用的资源（如 CSS、JavaScript 文件和图像）。对于内容驱动的网站（如博客）来说，从网络中获取这些资源并缓存以防用户稍后离线使用，这种做法更有意义。
- 有时网站资源会发生更改，你需要使 Service Worker 缓存失效。如果发生这种情况，可以重新命名缓存并将其放入白名单，以使 Service Worker 缓存失效。然后可以使用 Service Worker 的 `activate` 事件，删除不在白名单中的所有缓存，确保网站的资源更改时易于更新和清理。

下一章将探索可用于微调网站资源传输的方法，包括配置网站的浏览器缓存策略、提供资源提示、使用 CDN 等。

第 10 章

微调资源传输

本章内容

- 了解压缩的基础知识、不良压缩配置的影响，以及新的 Brotli 压缩算法
- 使用缓存提高回访用户的网站性能
- 探索 CDN 托管资源的好处
- 利用子资源完整性（SRI）验证CDN资源的完整性

我们已经花了很多时间讨论特定于 Web 页面组成部分的技术，比如 CSS、图像、字体和 JavaScript。而了解如何微调这些资源在网站上的传输，可以带来额外的性能提升。

本章将研究压缩的效果（无论好坏），以及一种新的 Brotli 压缩算法，还将讨论缓存资源的重要性、网站的最佳缓存计划，以及如何在更新内容或发布新代码时使顽固的缓存失效。

除了 Web 服务器配置之外，我们还将了解网站如何获益于使用托管在内容分发网络（CDN，地理位置分散的服务器）上的资源，如何在 CDN 故障的情况下（尽管这不太可能发生）回退到本地托管资源，以及如何使用子资源完整性验证 CDN 资源的完整性。

最后，我们将进入资源提示的领域。在浏览器中，这是可以通过 HTML 中的`<link>`标签或`Link` HTTP 头部来使用的增强功能。利用资源提示，你可以预取其他主机的 DNS 信息、预加载资源和预渲染整个页面。事不宜迟，我们开始吧！

10.1 压缩资源

还记得第 1 章展示过服务器压缩的性能优势吗？回顾一下，**服务器压缩**是指在服务器将内容传输给用户之前，通过压缩算法处理内容。浏览器发送一个 `Accept-Encoding` 请求头，表明浏览器支持的压缩算法。如果服务器要使用压缩内容进行回复，则 `Content-Encoding` 响应头将指定用于对响应进行编码的压缩算法，如图 10-1 所示。

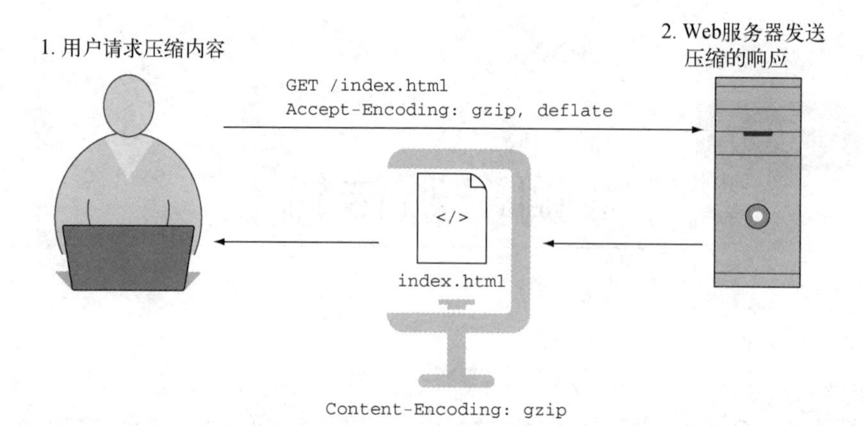

图 10-1　用户向服务器请求 index.html，浏览器在 Accept-Encoding 中指定支持的算法。此处，服务器使用 index.html 的压缩内容，以及在 Content-Encoding 响应头中使用的压缩算法进行响应

随着本节的深入研究，你将了解基本的压缩指导原则和低压缩配置的缺陷，然后学习新的 Brotli 压缩算法（该算法正在获得支持）以及它如何与久负盛名的 gzip 算法相媲美。

10.1.1　遵循压缩指导原则

压缩资源并不是"压缩一切"，你需要考虑正在处理的文件类型和应用的压缩级别。压缩错误类型的文件或应用过多的压缩，可能会产生意想不到的后果。

我有一个名为 Weekly Timber 的客户，其网站看起来是一个很好的实验对象。我们将从修改压缩级别配置开始。首先获取 Weekly Timber 的网站代码，并安装其 Node 依赖项：

```
git clone https://github.com/webopt/ch10-asset-delivery.git
cd ch10-asset-delivery
npm install
```

现在先不运行 http.js Web 服务器。你需要先对服务器代码做一些调整。

1. 配置压缩等级

你可能还记得，第 1 章中为客户网站压缩资源时，通过 npm 下载的 compression 模块。这个模块使用 gzip 算法——最常用的压缩算法。可以通过传递选项来修改此模块应用的压缩级别。在 Weekly Timber 网站的根目录中，打开 http.js 并找到以下行：

```
app.use(compression());
```

这就是 compression 模块的功能所在。你会注意到这个模块的调用是一个空参数的函数调用。可以通过 level 选项指定 0~9 的数字修改压缩级别，其中 0 代表不压缩，9 代表最大值。默认值为 6。下面是将压缩级别设置为 7 的示例：

```
app.use(compression({
    level: 7
}));
```

下面输入 node http.js 启动 Web 服务器，并开始测试此设置的效果。请注意，无论何时进行更改，都需要停止服务器（通常按 Ctrl+C）并重启。

现在，你可以尝试 level 设置，并查看它对总页面大小的影响。如果将 level 设置为 0（不压缩），则 http://localhost:8080/index.html 的总页面大小将为 393 KB；如果设置为最大值 9，那么页面大小将为 299 KB；将设置从 0 提升到 1，将使总页面大小降低到 307 KB。

将压缩级别设置为 9 并非总是最佳策略。level 设置得越高，CPU 压缩响应所需的时间就越多。图 10-2 说明了应用于 jQuery 库的压缩级别对 TTFB 和加载时间的影响。

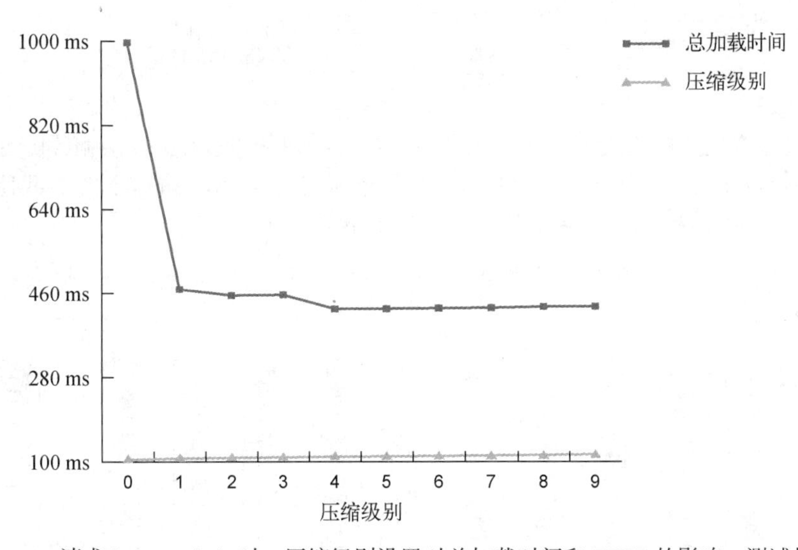

图 10-2 请求 jquery.min.js 时，压缩级别设置对总加载时间和 TTFB 的影响。测试是在 Chrome 的 Regular 3G 网络节流配置下进行的

可以看到，最显著的改进发生在打开压缩时。但是把级别提高到 9 的过程中，TTFB 似乎在稳步上升。总的加载时间似乎在 5 或 6 附近保持不变，之后开始略有增加。有一个收益递减的临界点，更糟的是，在这个临界点上，进一步提高压缩级别没有任何帮助。

同样值得注意的是，这些测试本身并不是在现实环境中，而是在本地的 Node Web 服务器上进行的，其中唯一的流量来自本地计算机。在繁忙的生产环境 Web 服务器上，压缩内容所花费的额外 CPU 时间可能会使问题复杂化，并使总体性能变差。我能给出的最好建议是：在有效载荷大小和压缩时间之间取得平衡。大多数情况下，默认压缩级别 6 是最适合的，但是你自己的测试才是最权威的信息源。

此外，任何使用 gzip 的服务器都应该提供 0~9 的压缩级别设置。例如，在运行 mod_deflate 模块的 Apache 服务器上，DeflateCompressionLevel 就是合适的设置。有关信息，请参阅 Web 服务器软件的文档。

2. 压缩适当的文件类型

在第 1 章，我针对压缩哪些类型的文件给出了两个建议：总是压缩文本文件类型（因为它们的压缩效果很好），以及避免压缩内部已经压缩的文件。你应该避免压缩大多数图像类型（SVG 除外，SVG 属于 XML 文件）和字体文件类型，如 WOFF 和 WOFF2。在 Node Web 服务器上使用的 compression 模块不会尝试压缩所有内容。如果要压缩所有资源，必须通过 filter 选项传递函数来告诉它，如代码清单 10-1 所示。

代码清单 10-1　使用 compression 模块压缩所有文件

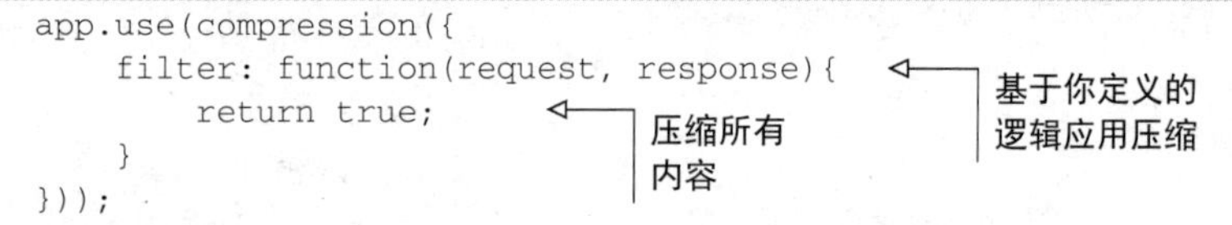

```
app.use(compression({
    filter: function(request, response){
        return true;
    }
}));
```


如果将服务器配置修改成上述代码，请重启服务器以使更改生效。导航到 http://localhost:8080，查看 Network 面板，将看到压缩现在已应用于所有内容。在我的测试中，我比较了所有压缩级别下 JPEG、PNG 和 SVG 图像的压缩比，如图 10-3 所示。

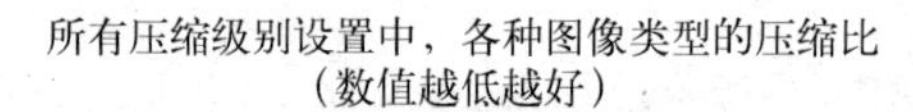

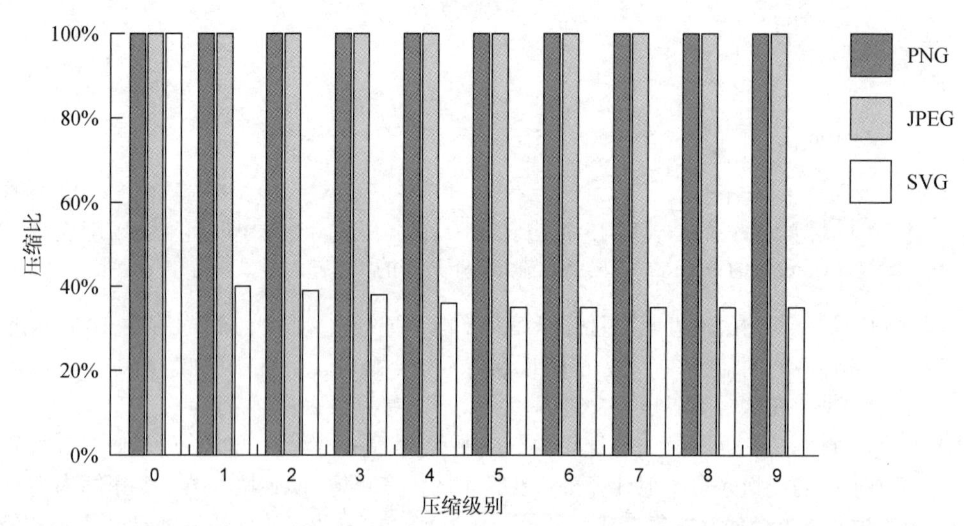

图 10-3　所有 gzip 压缩级别下的 PNG、JPEG 和 SVG 图像的压缩比

如你所见，PNG 和 JPEG 根本不能压缩。SVG 压缩得很好，因为它们是由可压缩的文本数据组成的。这并不意味着只有基于文本的资源才能得到很好的压缩。如第 7 章所述，TTF 和 EOT

字体就压缩得非常好，它们是二进制类型。因为 JPEG 和 PNG 在处理时已经被压缩了，所以压缩它们没有任何优势。涉及这些类型的图像时，可以通过第 6 章中介绍的图像优化技术来节省最大的空间。

更糟糕的是，压缩那些内部已压缩的文件类型会降低性能，因为压缩不可压缩的文件需要更多的 CPU 时间。这会延迟服务器发送响应，从而降低该资源的 TTFB。除此之外，浏览器还必须解码这些已编码的资源，在客户端花费 CPU 时间来执行没有任何好处的工作。

如果遇到不确定是否可压缩的文件类型，请进行一些基本测试。如果几乎没有收益，那么压缩这种类型的文件不太可能提高网站访问性能。

接下来学习新的 Brotli 压缩算法，并与广受认同的 gzip 算法进行比较。

10.1.2 使用 Brotli 压缩

多年来，gzip 一直是首选的压缩方法，而且这种情况似乎不会很快改变。但一个有前途的新竞争者已经登场——Brotli。尽管 Brotli 在某些方面的性能与 gzip 相当，但它显示出了良好的前景，并在不断地发展。考虑到这一点，Brotli 值得你考虑。但是查看 Brotli 性能之前，先看看如何在浏览器中检查 Brotli 支持情况。

想了解更多关于 Brotli 的信息吗？

虽然本节对 Brotli 的介绍有一定深度，但并不完整。在我为 *Smashing* 杂志撰写的文章“Next Generation Server Compression With Brotli”中，你可以了解更多关于这种新兴压缩算法的信息。

1. 检查 Brotli 支持

如何知道你的 Web 浏览器是否支持 Brotli？答案在 `Accept-Encoding` 请求头中。支持 Brotli 的浏览器将仅使用此算法，通过 HTTPS 连接压缩内容。如果有 Chrome 50 或更高版本，请打开开发者工具，转到任一启用 HTTPS 的网站上的 Network 选项卡，查看任一资源的 `Accept-Encoding` 请求头的值，如图 10-4 所示。

accept-encoding: `gzip, deflate, sdch, br`

图 10-4 Chrome 使用 `br` 令牌显示对 Brotli 压缩的支持

如果浏览器支持 Brotli，它会在 `Accept-Encoding` 请求头中将 `br` 令牌包含在接受的编码列表中。当支持它的服务器看到这个令牌时，就会用 Brotli 压缩的内容进行回复，否则它应该回退到下一个支持的编码方案。

接下来，我们将在 Node 中通过 `shrink-ray` 包编写使用 Brotli 的 Web 服务器。如果你想跳过，请在签出 `ch10-asset-delivery` 仓库的根文件夹的终端窗口中，输入命令 `git checkout -f brotli`。否则请继续！

2. 在 Node 中编写启用 Brotli 的 Web 服务器

我们之前一直在使用 compression 包压缩资源。遗憾的是，这个包不支持 Brotli。不过这个包的分叉 shrink-ray 支持 Brotli。由于 Brotli 还需要 SSL，所以还需要安装 https 包：

```
npm i https shrink-ray
```

完成后，在项目的根目录中创建一个新文件 brotli.js，并输入代码清单 10-2。

代码清单 10-2 在 Node 中编写一个支持 Brotli 的 Web 服务器

```
var express = require("express"),
    https = require("https"),
    shrinkRay = require("shrink-ray"),
    fs = require("fs"),
    path = require("path"),
    app = express(),
    pubDir = "./htdocs";

app.use(shrinkRay({
    cache: function(request, response){
        return false;
    }
}));

app.use(express.static(path.join(__dirname, pubDir)));

https.createServer({
    key: fs.readFileSync("crt/localhost.key"),
    cert: fs.readFileSync("crt/localhost.crt")
}, app).listen(8443);
```

导入 Express 框架
导入 Brotli 工作所需的 https 模块
导入包含 Brotli 压缩中间件的 shrink-ray 模块
htdocs 目录（Web 根文件夹）的相对路径
关闭 shrink-ray 模块中的缓存。这样做是为了正确测试压缩算法
指示 Express 使用 shrink-ray 压缩模块
创建静态文件服务器，以提供本地目录以外的文件
创建一个 HTTPS 服务器实例
读取本地 HTTPS 服务器工作所需的 SSL 密钥和证书
指示服务器监听 8443 端口上的请求

与常见的 Node 程序一样，脚本的第一部分将导入需要的所有内容，包括新安装的 shrink-ray 和 https 包。之后，创建一个基于 Express 的静态 Web 服务器，创建方式与以前基本相同，只是这次是在 HTTPS 服务器上。

你会注意到，此服务器有一点不一样，即你将资源单独放置在项目根目录下名为 htdocs 的子文件夹中。这样做是因为证书文件保存在项目根目录的 crt 文件夹中。如果你的网站文件来自一个允许公众访问 crt 的文件夹的文件夹，那安全性就太糟糕了。虽然这只是一个本地网站的测试，但坚持采用良好的安全措施总是好的。

编写完这段代码后，可以通过键入 node brotli.js 启动服务器。如果没有任何错误，你应该能够导航到 https://localhost:8443 并查看客户端的网站。

引发安全异常

浏览本地 Web 服务器时可能会收到安全警告，因为提供的证书不是由认可的颁发机构颁发的。此时可以忽略该警告，但要始终确保在生产 Web 服务器上使用签名的证书。

如果在 Chrome 中启用了 Brotli 编码，可以打开开发者工具中的网络请求面板，通过 Content-Encoding 列查看哪些请求正在用 Brotli 压缩，如图 10-5 所示。

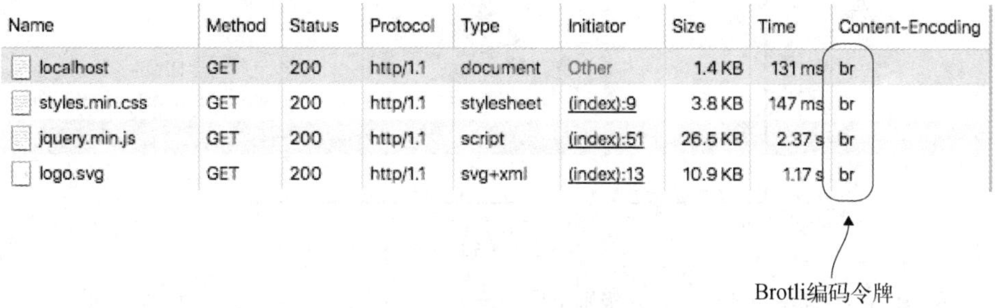

Name	Method	Status	Protocol	Type	Initiator	Size	Time	Content-Encoding
localhost	GET	200	http/1.1	document	Other	1.4 KB	131 ms	br
styles.min.css	GET	200	http/1.1	stylesheet	(index):9	3.8 KB	147 ms	br
jquery.min.js	GET	200	http/1.1	script	(index):51	26.5 KB	2.37 s	br
logo.svg	GET	200	http/1.1	svg+xml	(index):13	10.9 KB	1.17 s	br

Brotli编码令牌

图 10-5 可以在 Chrome 的网络请求面板中，通过在 Content-Encoding 列中查找 `br` 令牌查看 Brotli 编码的文件

现在你的本地 Web 服务器正在使用 Brotli 压缩内容，下面可以将其性能与 gzip 进行比较。

3. Brotli 和 gzip 的性能比较

仅比较 Brotli 和 gzip 的默认性能级别是不够的，必须在压缩级别的整个范围上比较二者。如前所述，gzip 的压缩级别可以通过指定 `0~9` 的整数来配置。使用 Brotli 时，可以执行类似的操作，但范围是 `0~11`。方法是将 `quality` 参数传递给 brotli.js 中的 `shrinkRay` 对象，如代码清单 10-3 所示。

代码清单 10-3 配置 Brotli 压缩级别

```
app.use(shrinkRay({
    cache: function(request, response){
           return false;
    },
    brotli: {
            quality: 11
    }
}));
```

压缩级别，可由 0~11 配置。值越高，文件越小

与 gzip 的 `level` 设置一样，`quality` 设置可以调整 Brotli 压缩级别。值越高，文件越小。图 10-6 比较了压缩 jQuery 最小化版本时的 gzip 和 Brotli。

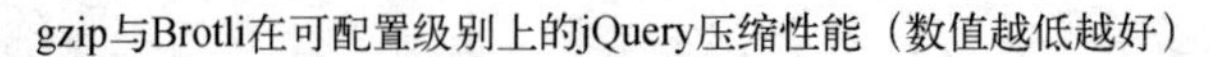

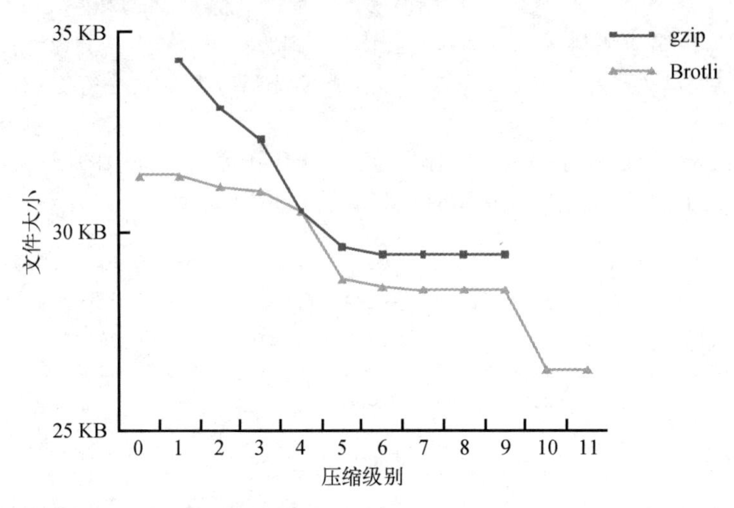

图 10-6　在所有可比较的压缩级别上使用 gzip 与 Brotli 压缩 jQuery 库的性能对比。（gzip 压缩级别为 `0` 的效果与未压缩相同，故省略。）由于 gzip 最大的压缩级别为 `9`，因此无法与 Brotli `10` 和 `11` 的 `quality` 设置进行比较

在我的测试中，Brotli 在可比较的压缩级别上提供了 3%~10%的改进（除了在 `quality` 设置为 `4` 时，其结果与 gzip 相同）。gzip 提供的最小文件大小为 29.4 KB，而 Brotli 是 26.5 KB。对于这样一个常用的资源来说，似乎是相当不错的改进，但是 Brotli 对 TTFB 的影响呢？压缩是一项 CPU 密集型任务，因此测量 Brotli 对这个重要指标的影响是有意义的。图 10-7 显示了相同的 jQuery 资源在两个算法所有压缩级别上的平均 TTFB 比较。

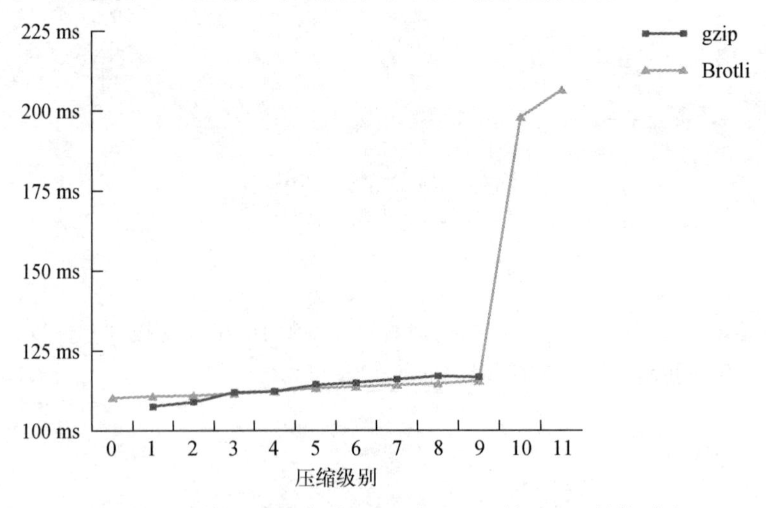

图 10-7　压缩 jQuery 库时，gzip 与 Brotli 的 TTFB 性能对比

达到 10 和 11 的 quality 设置之前，Brotli 和 gzip 的性能大致相似。在这一点后，Brotli 变得有点迟钝。虽然这两个设置产生的文件较小，但代价是让用户等待。此实例中的最佳设置是 9。

话虽如此，这只是在一个小型 JavaScript Web 服务器上的性能比较。许多 Web 服务器还不支持 Brotli。Nginx 有一个 Brotli 编码模块，Apache 正在开发一个 mod_brotli 模块，但你必须知道如何编译。

压缩缓存机制

shrink-ray 有一种缓存机制，我们禁用了该机制以测试压缩性能。如果你的 Web 服务器缓存压缩内容以加快其向浏览器的传输，那就应该利用它。不过请注意，许多压缩模块（例如流行的 Apache 模块 mod_deflate）不会缓存压缩内容。

虽然目前对这种压缩技术的支持比较有限，但它正在发展，并显示出了优于 gzip 的前景。如果决定将其提供给你的用户，需要在你的网站上做很多测试，以确保不会造成任何性能问题。还要记住，这是一个正在进行的项目，其性能在未来可能会发生变化。不过至少现在值得一看。

10.2 缓存资源

本书的大部分内容都没有直接涉及缓存，但这样做是有原因的：第一印象最重要。你应该在优化时假设网站的任何一次访问都是特定用户的首次访问。糟糕的第一印象足以阻止用户回访。

虽然这是一个很好的假设，但也要记住，你的用户中有相当一部分可能会回访或导航到后续页面。在这两种情况下，网站都将受益于良好的缓存策略。

本节将学习缓存。你将看到如何开发缓存策略来为网站提供最佳性能，以及如何在更新网站内容时使缓存的资源失效。下面开始学习缓存的工作原理。

10.2.1 理解缓存

缓存不难理解。浏览器在下载资源时，会遵循服务器指定的策略，以确定在以后的访问中是否应该再次下载该资源。如果服务器没有定义策略，浏览器默认设置就会启动——通常只缓存当次会话的文件，如图 10-8 所示。

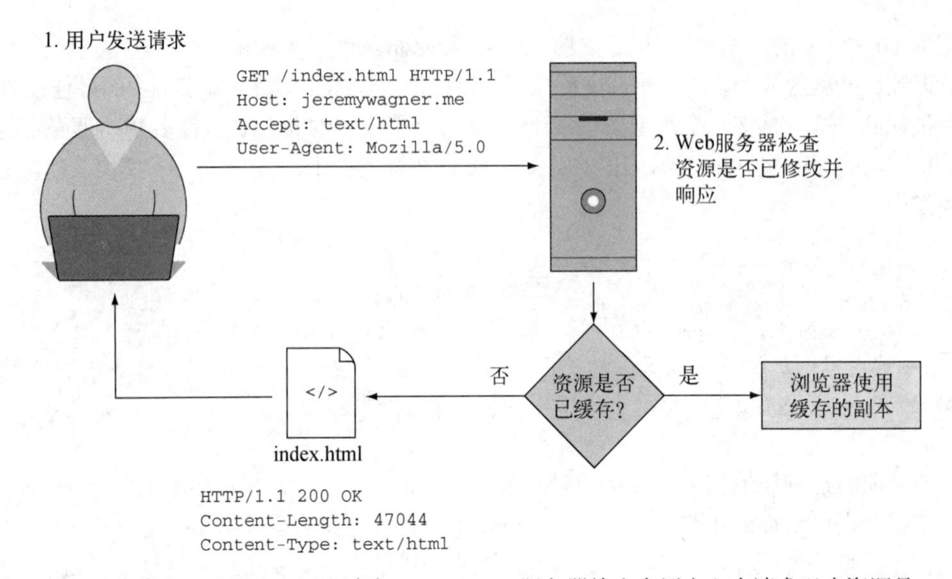

图 10-8　缓存过程概述。用户请求 index.html，服务器检查自用户上次请求以来资源是否发生更改。如果未更改，服务器将以 304 Not Modified 状态响应，并使用浏览器的缓存副本；如果已更改，服务器将以“200 OK”状态和所请求资源的新副本来响应

缓存带来了强大的性能改进，并且对页面加载时间有着巨大的影响。若要查看此效果，请打开 Chrome 的开发者工具，转到 Network 面板，然后禁用缓存。转到之前从 GitHub 下载的 Weekly Timber 网站，并加载页面。请注意加载时间和传输的数据量。然后重新启用缓存，重新加载页面，并记录相同的数据点。你将看到图 10-9 所示的内容。

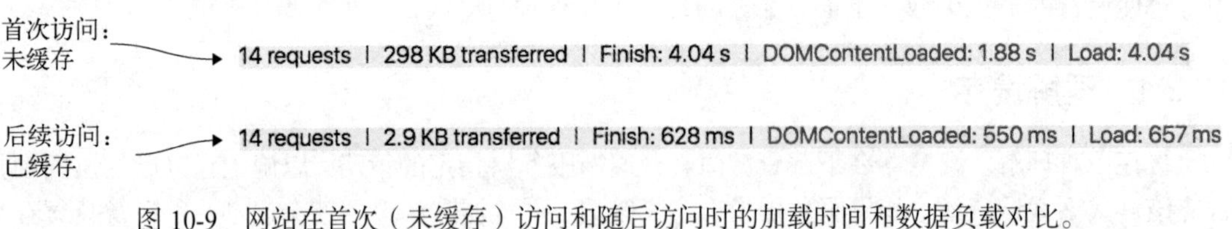

图 10-9　网站在首次（未缓存）访问和随后访问时的加载时间和数据负载对比。页面大小减小了近 98%，加载速度也快了很多，这都是缓存的缘故

此处的行为可以分为两种缓存状态：未命中和已命中。缓存**命中**时，用户正首次访问该页面。用户的浏览器缓存为空，并且必须从服务器下载所有内容才能渲染页面时，就会发生这种情况。当用户再次访问页面时，**命中**状态就会存在。在此状态下，资源位于浏览器缓存中，因此不会再次下载。

你自然会好奇是什么造成了这种行为。答案是 `Cache-Control` 头部。这个头部几乎在每一个浏览器中都指示缓存行为，其语法很容易理解。

1. 使用 Cache-Control 头部的 max-age 指令

使用 Cache-Control 的最简单方法是通过其 max-age 指令，该指令指定缓存资源的生命周期（以秒为单位）。下面是一个简单的例子：

```
Cache-Control: max-age=3600
```

假设这个响应头是在一个名为 behaviors.js 的资源上设置的。用户第一次访问页面时，behaviors.js 会被下载，因为用户缓存中没有这个文件。当用户再次访问时，请求的资源对于 max-age 指令中指定的时间量（3600 秒，或者更直观地说，一小时）之内的缓存是有效的。

要测试这个头部有一个好方法：将它设置为一个较低的值（例如 10 秒左右）。对于我们客户的网站，你可以通过修改 http.js 并编辑调用 express.static 的行，指定 Cache-Control 的 max-age 值，如下所示：

```
app.use(express.static(__dirname, {
    maxAge: "10s"
}));
```

这个值 10s 表示 10 秒。使用此修改启动/重启服务器后，请在 http://localhost:8080 重新加载页面。然后将光标放在地址栏中并按回车键（而不是再次重新加载页面），或者单击页面顶部链接到 index.html 的标识。查看网络请求列表中的 jquery.min.js 请求，你将看到类似于图 10-10 所示的内容。

Name	Method	Status	Size
jquery.min.js	GET	200	(from cache)

图 10-10　从本地浏览器缓存检索的 jQuery 副本

当你**导航**到一个页面而不是**重新加载**它时（例如单击重新加载图标时），Cache-Control 头部的 max-age 指令的值将影响浏览器是否从本地缓存中获取某些内容。如果该项存在于本地缓存中，则不会向服务器请求该项。

如果重新加载，或者 max-age 指令中指定的时间已过，浏览器将与服务器联系以重新验证缓存的资源。浏览器执行此操作时，将检查资源是否已更改。如果已更改，则下载资源的新副本，否则，服务器以 304 Not Modified 状态响应，而不发送资源。这个过程如图 10-11 所示。

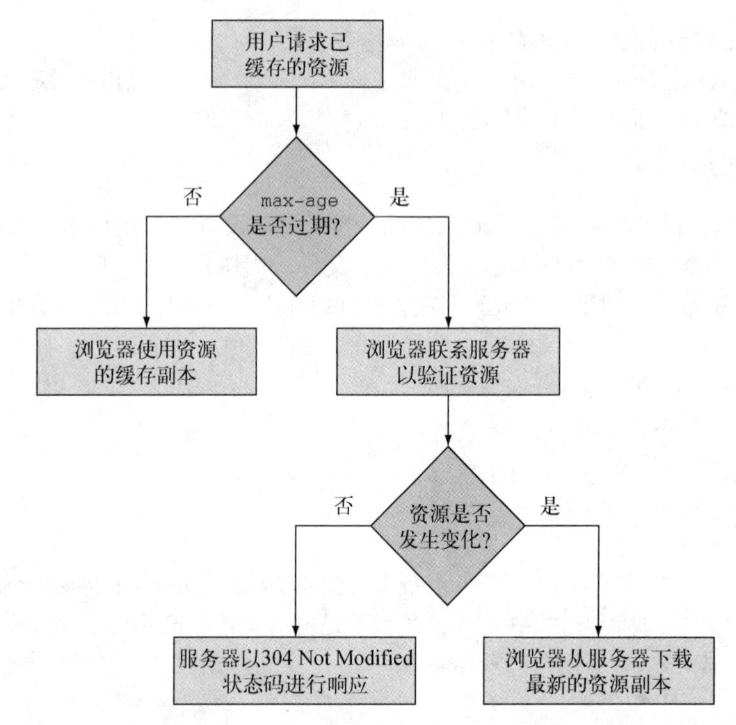

图 10-11　Cache-Control 头部的 max-age 指令带来的影响，以及使用该指令时浏览器与服务器间的交互情况

服务器检查资源是否已更改的方式可能会有所不同。流行的方法是使用**实体标记**，简称ETag。ETag 是根据文件内容生成的校验和。浏览器将这个值发送到服务器，服务器将通过验证该值来查看资源是否已更改。另一个方法是检查文件在服务器上最后修改的时间，并根据上次修改时间提供资源的副本。可以使用 Cache-Control 头部修改此行为。下面简要介绍这些选项。

2. 使用 no-cache、no-store、stale-while-revalidate 控制资源重新验证

max-age 指令对于大多数网站来说都是适合的，但有时候你需要限制缓存行为或者完全取消它。例如，你的应用可能需要尽可能新的数据，如在线银行或股市网站。此时可以使用以下3个 Cache-Control 指令来帮助限制缓存行为。

- no-cache——向浏览器表明，下载的任何资源都可以存储在本地，但浏览器必须始终通过服务器重新验证资源。
- no-store——这个指令比 no-cache 更进一步，它表示浏览器不应存储受影响的资源。这要求浏览器在每次访问页面时下载所有受影响的资源。

- stale-while-revalidate——与 max-age 类似，stale-while-revalidate 接受以秒为单位的时间。不同之处在于，当资源的 max-age 已超过并过时的时候，此头部定义了浏览器可在缓存中使用过时资源的宽限期。然后，浏览器应在后台获取过时资源的新副本，并将其放入缓存以供下次访问。虽然这种行为不受保证，但它可以在有限的场景中提高缓存性能。

显然，这些指令都会影响或消除缓存提供的性能优势，但有时你需要确保从不存储或缓存资源。请谨慎使用这些指令，若要使用，务必确保理由充分。

3. Cache-Control 和 CDN

可以在网站前使用 CDN。CDN 是一种代理服务，它位于你的网站前面，并优化内容向用户的传输。图 10-12 说明了 CDN 的基本概念。

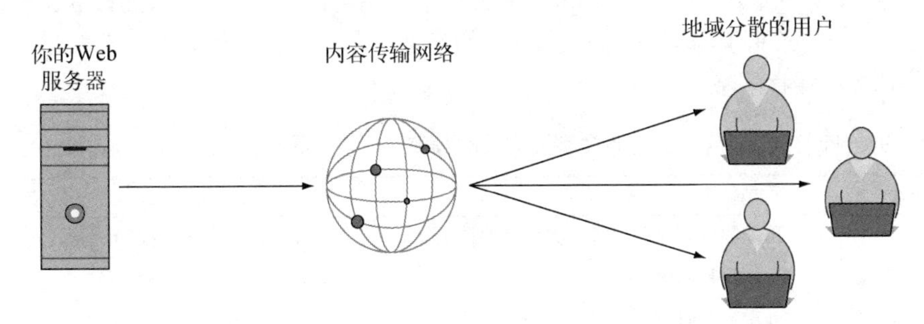

图 10-12 CDN 的基本概念。CDN 是位于网站之前的一层代理，将内容分发给世界各地的用户。CDN 可以通过地域上分散的服务器网络实现托管内容。用户的内容请求通过与其最接近的服务器完成

CDN 有能力在全球范围内分发你的内容。你可以从（比自己的主机）更靠近用户的计算机提供网站资源和内容。较短的距离可以降低这些资源的延迟，从而提高性能。

为了实现这一点，CDN 将你的资源托管在它们的服务器网络上，因此 CDN 可以有效缓存你的内容。可以将两个 Cache-Control 指令（public 和 private）与 max-age 结合使用，它们能够帮助你控制 CDN 缓存内容的方式。

将 public 的 Cache-Control 指令与 max-age 结合使用，如下所示：

```
Cache-Control: public, max-age=86400
```

这将指示所有中介（如 CDN）在其服务器上缓存资源。如果使用 Cache-Control，通常不需要显式指定 public，因为它是隐含的。

private 指令的语法与 public 相同，但它指示所有中介都不缓存资源。使用这个头部处理资源时，就像 CDN 根本不起作用一样。用户的浏览器仍然根据头部的 max-age 值缓存资源，但仅针对 CDN 后面的 Web 源服务器，而不是 CDN 本身。

下面学习 Cache-Control 头部的所有知识，并了解如何针对你的网站创建有意义的缓存策略。

10.2.2 制定最佳缓存策略

既然已经掌握了有关 `Cache-Control` 头部的所有知识，那么如何将其应用于你的网站呢？与任何新的信息一样，我们将把它应用到实际中，比如在本章前面下载的 Weekly Timber 网站。首先要对资源进行分类，为每个类别选择一个合适的 `max-age` 策略以及有意义的相关指令，然后在 Web 服务器中应用此策略。

1. 资源分类

对资源进行分类时，最好的标准是资源更改的频率。例如，HTML 文档可能经常更改，而 CSS、JavaScript 和图像等资源更改的可能性要小一些。

客户网站有基本的缓存要求，正好可以用它来介绍 `Cache-Control` 的使用。这个网站的资源分类很简单：HTML、CSS、JavaScript 和图像。字体是通过 Google Fonts 加载的，所以缓存是由 Google 的服务器处理的，你只需要考虑基础的部分。表 10-1 展示了这些资源类型的细分，以及我为它们选择的缓存策略。

表 10-1　Weekly Timber 网站的资源类型及其修改频率，以及应该使用的 `Cache-Control` 头部值

资源类型	修改频率	`Cache-Control` 头部值
HTML	可能频繁修改，但需要尽可能保持最新	`private, no-cache, max-age=3600`
CSS 和 JavaScript	可能每月修改	`public, max-age=2592000`
图像	几乎不会修改	`public, max-age=31536000, stale-while-revalidate=86400`

这些选择背后的基本原理有细微的区别，但按照资源分类时就很容易理解了。

- HTML 文件或者输出 HTML 的服务器端语言（例如 PHP 或 ASP.NET）可以受益于保守的缓存策略。你永远不会希望浏览器假定页面应该只从浏览器缓存中读取，而不去重新验证其新鲜度。
  - `no-cache` 可以确保总是重新验证资源，如果资源已更改，则下载新的副本。如果文件的内容没有更改，则重新验证资源确实会减少服务器上的负载，但是 `no-cache` 不会激进地缓存 HTML，以避免内容过时。
  - `max-age` 为一小时，可确保在 `max-age` 到期后，无论发生什么情况，都获取资源的新副本。
  - 使用 `private` 指令告诉位于 Web 源服务器前面的任何 CDN：该资源根本不应缓存在其服务器上，而应仅在用户和 Web 源服务器之间缓存。
- CSS 和 JavaScript 是重要的资源，但不需要如此积极地缓存。因此，你可以使用 30 天的 `max-age`。
  - 因为你会从为你分发内容的 CDN 中受益，所以应该使用 `public` 指令允许 CDN 缓存资源。如果需要使缓存的脚本或样式表失效，实现方式很简单。下一节将解释这个过程。

- 图像和其他媒体文件（如字体）几乎不会改变，而且这些往往是你要提供的最大的资源。因此，把 max-age 设置为较长的时间（比如一年）比较合适。
  - 与 CSS 和 JavaScript 文件一样，你会希望 CDN 能够缓存这些资源。因此此处自然也要使用 public 指令。
  - 因为这些资源不会经常变化，所以你希望有一个宽限期，在这个宽限期内可以接受某种程度的过时资源，因此，一天的 stale-while-revalidate 周期适合用来给浏览器异步验证资源的新鲜度。

最适合你的网站的缓存策略可能会有所不同。你可能决定不应该对 HTML 文件进行任何缓存，如果你的网站不断更新其 HTML 内容，这也未必是糟糕的做法。这种情况下，最好使用 no-store 指令，这是一种最激进的措施，它假定你不想缓存任何内容或不想再进行重新验证。

你也可以决定 CSS 和 JavaScript 应该拥有很长的过期时间，就像图像那样。这也很好，但是除非使缓存无效，否则进行更新时，可能会导致资源过时。你也可能会采取另一种策略，并决定让浏览器在每次请求时向服务器重新验证缓存资产的新鲜度。下一节将介绍如何正确地使缓存的资源失效，不过需要先在 Node Web 服务器上实现缓存策略。

2. 实现缓存策略

在本地 Web 服务器上实施缓存策略很简单。添加一个请求处理程序，这样你就可以在将资源发送到客户端之前设置响应头。本节将打开 http.js，使用 mime 模块检查请求的资源类型，并根据其类型设置 Cache-Control 头部。如果你想跳过，可以在终端窗口输入 git checkout -f cache-control。代码清单 10-4 以粗体显示了 http.js 的更改部分，并带有注释。

代码清单 10-4 通过文件类型设置 Cache-Control 头部

```
var express = require("express"),
    compression = require("compression"),
    path = require("path"),
    mime = require("mime"),          // 导入 mime 模块，查找请求资源的文件类型
    app = express(),
    pubDir = "./htdocs";

// 运行静态服务器
app.use(compression());
app.use(express.static(path.join(__dirname, pubDir), {   // setHeaders 回调函数允许你指定将在发送响应之前运行的行为
    setHeaders: function(res, path){
        var fileType = mime.lookup(path);   // mime 模块确定请求资源的文件类型

        switch(fileType){        // 基于 fileType 变量的值运行 switch 语句
            case "text/html":
                res.setHeader("Cache-Control",
                              "private, no-cache, max-age=" + (60*60));
            break;               // 对于 HTML 文件，设置 Cache-Control: private, no-cache, max-age=3600

            case "text/javascript":
            case "application/javascript":
            case "text/css":     // 对于 JavaScript 和 CSS 文件，设置 Cache-Control:public, max-age=2592000
```

```
                res.setHeader("Cache-Control",
                              "public, max-age=" + (60*60*24*30));
            break;

            case "image/png":
            case "image/jpeg":
            case "image/svg+xml":
                res.setHeader("Cache-Control",
                              "public, max-age=" + (60*60*24*365));
            break;
        }
    }
}));
app.listen(8080);
```

对于 PNG、JPEG 和 SVG 图像，设置 Cache-Control: public, max-age=31536000

完成后，启动或重启服务器。测试缓存策略的更改可能很棘手，但可以采用以下四步过程在 Chrome 中查看工作情况。

(1) 打开一个新选项卡，并打开 Network 面板，确保选中 Disable Cache 复选框，以获得该网页的最新副本。

(2) 导航到要测试的网页（本例中为 http://localhost:8080）。

(3) 加载完成后，取消选中 Disable Cache 框。

(4) 不要重新加载页面，因为这将导致浏览器与服务器联系以重新验证资源。正确做法是导航到页面。要在已经打开的页面上执行此操作，请点击地址栏并按回车键。

执行此操作时，可以看到 Cache-Control 头部的实际效果。图 10-13 显示了网络面板中部分资源的列表。

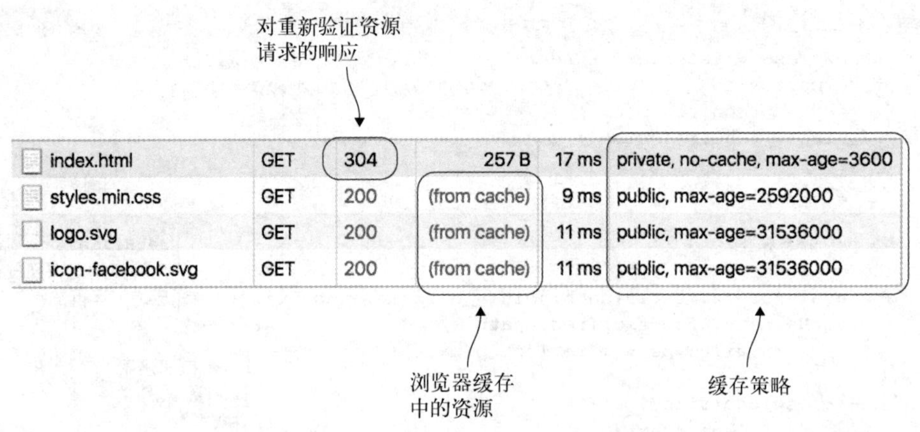

图 10-13　缓存策略对 Weekly Timber 网站的影响。每次请求时，服务器都会重新验证 HTML。如果服务器上的文档没有更改，服务器会返回 304 状态。从浏览器缓存读取的项不会返回 Web 服务器

这种缓存策略对于我们的目的来说是最佳的。缓存命中时，只会有一个请求用于在回访时向服务器验证 HTML 文件的新鲜度。如果本地缓存的文档仍然是新鲜的，则页面大小不会超过

0.5 KB。这会使得后续访问此页面的速度更快，并且所有页上共享的资源都缓存在后续页面中，从而减少这些页面的加载时间。

当然，有时你会更新你的网站，并需要使浏览器缓存中的资源失效。下一节将解释如何做到这一点。

10.2.3 使缓存资源失效

设想这样一个场景：你为 Weekly Timber 的员工们辛苦工作了几个星期，然后将网站部署到生产环境，但几小时后却发现有一个缺陷。这个缺陷可能出现在 CSS 或 JavaScript 中，也可能是图像或 HTML 中的内容问题。这些错误已经被修复并部署到生产环境，但是网站仍然没有为你的用户更新，因为浏览器缓存阻止了他们看到你的更改。

尽管“重新加载页面”或“清空缓存”等建议可能会安抚紧张的营销人员和商业客户，但这并不是用户通常与网页交互的方式。在典型情况下，用户可能不会重新加载页面。你需要找到一种方法来强制再次下载页面的资源。

我可能说得很啰嗦，但这个问题很容易解决。如果你正在使用上一节中概述的缓存策略，浏览器将始终使用服务器验证 HTML 的新鲜度。此时，你可以将更新的资源分发给在浏览器缓存中有过时资源的用户。

1. 使 CSS 和 JavaScript 资源失效

Weekly Timber 网站有一个 CSS 或 JavaScript 缺陷因为某种原因通过了 QA 并发布到了生产环境中。通过识别错误并部署修复程序，你可以验证它是否在生产中修复了，因为你重新加载了页面，但是你的项目经理坚持认为用户看不到更新的内容。这种担心是有道理的，你需要做点什么来进行验证。

解决方法很简单。请记住，使用当前的缓存策略时，浏览器总是通过服务器验证 HTML 文档的新鲜度。你可以在 HTML 中做一个小的更改，这不仅会触发它自身的再次下载，还会触发再次下载修改后的资源。为此，只需要向 CSS 或 JavaScript 的引用添加一个查询字符串。如果需要强制 CSS 更新，则可以将 CSS 的`<link>`标签引用更新为如下内容（更改用粗体标识）：

```
<link rel="stylesheet" href="css/styles.min.css?v=2" type="text/css">
```

向资源添加查询字符串将导致浏览器再次下载资源，因为资源的 URL 已经发生了变化。HTML 中的这段更改上传到服务器后，缓存中有旧版本 styles.min.css 的网站访问者，现在将收到新版本的 styles.min.css。这个方法可以使任何资源失效，包括 JavaScript 和图像。

你可能会认为这个解决方法很老套。当你需要确保某些东西不会被缓存，但又不想自己负责文件的版本控制时，这是权宜之计。解决这个问题的更简便方法是，使用服务器端语言（如 PHP）在更新文件时自动处理这个问题。代码清单 10-5 显示了处理此问题的一种方法。

代码清单 10-5 PHP 中的自动缓存验证

```
<?php $cssVersion = md5_file("css/styles.min.css"); ?>
<link rel="stylesheet" href="css/styles.min.css?v=<?php echo($cssVersion); ?>"
➥ type="text/css">
```

创建 styles.min.css 的 MD5 散列。这个值基于文件内容，是唯一的

将散列字符串添加到查询字符串中

这个解决方案可以工作得很好，因为 file_md5 函数会根据文件的内容生成一个 MD5 散列。如果文件从未更改，则散列值保持不变。但是，如果文件中哪怕只有 1 字节发生了更改，散列就会更改。

当然，你可以用其他方式实现这一点。可以使用 PHP 语言的 filemtime 函数检查文件的最后修改时间，并使用其返回值。也可以编写自己的版本控制系统。关键是，无论你使用什么语言，都有工具可以为你自动化实现。

2. 使图像和其他媒体文件失效

有时问题不在于 CSS 或 JavaScript，而在于图像等媒体文件。可以使用前面解释的查询字符串方法，但更明智的选择可能是指向一个新的图像文件。

如果运行的是 Weekly Timber 这样的小网站，那么使用查询字符串技巧与否并没有多大区别。但是，如果你的网站使用内容管理系统（CMS），则指向一个全新的文件是避免缓存问题的最简单方法。上传一个新的图像，CMS 就会指向它。以前从未被用户缓存过的新图像 URL 将反映在 HTML 中，并立即对用户可见。

我们在缓存方面的探索已结束，下面开始学习 CDN 托管资源，并了解它们如何提升网站性能。

10.3 使用 CDN 资源

前一节简要介绍了 CDN 及其对缓存的影响。但我们没有深入探讨 CDN 如何提升网站性能。本节将介绍承载常用 JavaScript 和 CSS 库的 CDN，以及它们可以提供的好处，然后解释如何在 CDN 失败时回退到这些库的本地托管副本，以及如何使用子资源完整性验证所引用资源的真实性。

10.3.1 使用 CDN 托管资源

CDN 可以在全球分发诸如 JavaScript 和 CSS 文件之类的资源，并基于地理位置将它们提供给临近的用户，以此提升性能。这些资源托管在源服务器上，然后分发到最接近潜在最终用户的服务器。这些服务器称为**边缘服务器**。

尽管 CDN 是一种综合性服务，你可以将其放在服务器前以提供和缓存内容，但这些服务的成本不等（从免费到高昂）。本书不会介绍它们不断变化的特点和产品，而是只介绍托管常用库（你可以链接到这些库，以避免从自己的服务器提供这些内容）的 CDN 的好处。这些服务是免费提供的，可以提高网站性能，而且几乎不费吹灰之力。

1. 引用 CDN 资源

使用 CDN 托管资源非常简单。jQuery 就是 CDN 托管资源的一个很好的例子。jQuery 的开发人员通过 MaxCDN（一种快速 CDN 服务）提供该资源的 CDN 托管版本。Weekly Timber 网站使用 jQuery v2.2.3 的本地副本。打开网站根文件夹中的 index.html，并找到包含 jQuery 的行：

```
<script src="js/jquery.min.js"></script>
```

可以将这个`<script>`标签的 `src` 属性更改为指向由 MaxCDN 免费提供的 CDN 托管版本的库：

```
<script src="https://code.jquery.com/jquery-2.2.3.min.js"></script>
```

现在有什么变化？这对你有什么帮助？我可以用一大段文字来讲解 CDN 如何更快地传输资源，以及与从 Weekly Timber 所在的共享主机提供服务相比延迟低了多少，但是我选择用图 10-14 来直观地展现这些内容。

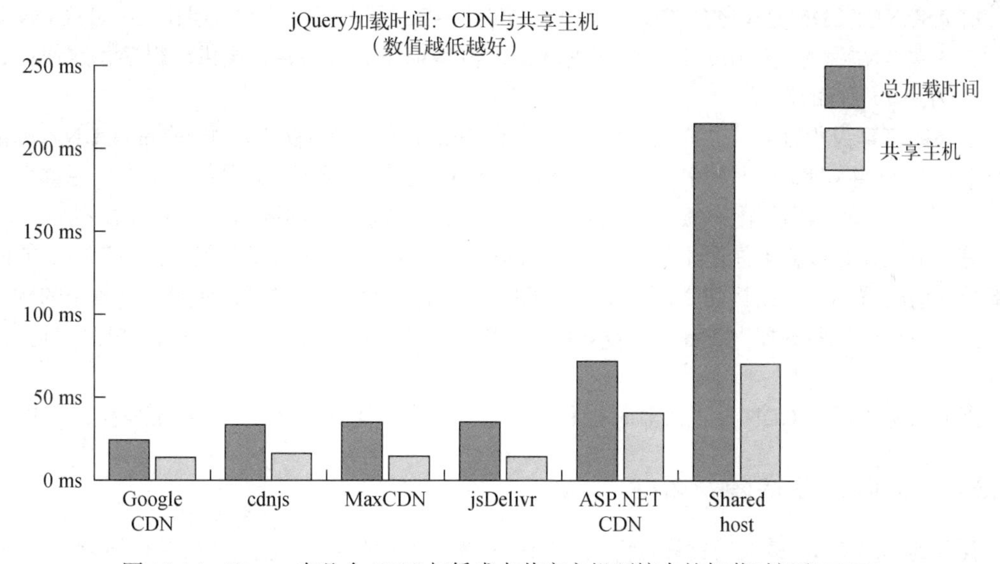

图 10-14 jQuery 在几个 CDN 与低成本共享主机环境中的加载时间和 TTFB

在 TTFB 和总加载时间两方面，任何一个 CDN 都比托管 Weekly Timber 的低成本共享主机更有能力。这个测试中需要注意两点：它是在美国上中西部的千兆光纤连接上完成的，而共享主机在西海岸运行。因此不要将这个结果作为 CDN 速度的综合评估。你必须自己进行测试。然而，尽管如此，好处也是显而易见的。现在你可能意识到了 CDN 带来的一些好处（除非你的网站背后有令人难以置信的基础设施）。尽管如此，即使是企业应用，也会使用 CDN 托管的资源，因为它们提供了速度和便利。

CDN 带来的好处不仅限于速度。CDN 还为你管理资源的缓存，让你无须担心这方面。CDN 将在需要时使资源失效，从而省去了更新代码的麻烦。此外，如果像 jQuery 这样的 CDN 资源被广泛使用，并且用户在访问你的网站之前访问过使用相同资源的网站，那么它很可能已经在该用户的缓存中了。这意味着页面的总加载时间较短。免费提升了性能！

2. 不仅仅是 jQuery

你不只是在使用 jQuery，也许你根本就没有使用 jQuery。许多 CDN 都为你提供了各种资源，而不仅仅是某一个流行的库。以下是为你提供各种资源的简短的 CDN 列表。

- cdnjs 是一个托管了几乎所有流行的（或不那么流行的）库的 CDN。它提供了干净的界面，使你能够搜索任何可以想到的常用 CSS 或 JavaScript 资源，例如广泛使用的 MVC/MVVM 框架、jQuery 插件，或项目所依赖的任何其他东西。
- jsDelivr 是另一个类似于 cdnjs 的 CDN。如果 cdnjs 没有提供你想要的内容，请尝试在这里搜索。
- Google CDN 涵盖的库比 cdnjs 或 jsDeliv 少得多，但它确实提供了流行的库（如 Angular 和其他库）。在我的测试中，这是最快的 CDN。
- ASP.NET CDN 是微软的 CDN。它比 cdnjs 或 jsDelivr 涵盖的库少，但比 Google CDN 略胜一筹。在我的测试中，这是最慢的选择，但是仍然比我的共享主机快很多，这使得它成为一个可行的选择。

如果你打算为所有的公共库引用 CDN，我有一条建议：尽可能少使用不同的 CDN。你指向的每个新 CDN 主机都将引发另一个 DNS 查询，这可能会增加延迟。如果你的所有资源都可以在一个 CDN 上找到，请使用该 CDN。如果一个 CDN 就能胜任，请不要指向三四个主机。

另一个建议是：如果你使用的库（如 Modernizr 或 Bootstrap）可以配置为提供该库功能的特定部分，请配置你自己的构建，而不要指向 CDN 上的整个库。有时候，配置一个较小的构建并将其托管在自己的服务器上，比从 CDN 引用完整的构建要快。理清你的需求，并比较哪种方法更好。

接下来深入探讨 CDN 发生故障时会发生什么，以及如何处理这一不太可能发生的事件。

10.3.2　CDN 发生故障怎么办

我看到的对 CDN 最大的批评也许是：“如果 CDN 发生故障，该怎么办？”尽管有些自鸣得意的人很快就会驳斥说这种情况不太可能发生（我自己也犯过这种错误），但确实发生过这种情况。与任何服务一样，CDN 实际上无法保证 100%的正常运行时间。它们在大多数情况下是可用的，但服务中断可能而且确实会发生。

然而，比服务中断更可能发生的是网络被配置为阻塞特定主机。这些网络可以是安全意识强的公司、公共设施、军事组织，甚至是封锁整个域名（作为互联网审查工作的一部分）的政府。需要为应对这些情况做好规划。

可以使用一个简单的 JavaScript 函数，回退到资源的本地副本。代码清单 10-6 显示了一个回退加载程序函数，可以将该函数放在 Weekly Timber 网站的 index.html 中，以便在 CDN 托管的库加载失败时提供回退副本。

代码清单 10-6 可重用的回退脚本加载器

```
<script>
    function fallback(missingObj, fallbackUrl){
        if(typeof(missingObj) === "undefined"){
            var fallbackScript = document.createElement("script");
            fallbackScript.src = fallbackUrl;
            document.body.appendChild(fallbackScript);
        }
    }
</script>
<script src="https://code.jquery.com/jquery-2.2.3.min.js"></script>
<script>
    fallback(window.jQuery, "js/jquery.min.js");
</script>
```

通过检查目标库对象是否未定义来检查其是否存在

如果测试对象未定义，则创建一个新的<script>回退元素

将回退脚本的定位设置为另一个 URL

通过将<script>回退元素添加到 body 的末尾来加载资源

jQuery 的 CDN 引用

回退脚本指定了要测试的对象，以及回退脚本指向的相对 URL

要测试这一点，可以禁用网络连接，使页面无法访问 CDN 资源，或者将 URL 更改为虚假的内容。这样做时，重新加载页面并检查 Network 面板，将会看到本地托管资源作为回退加载，如图 10-15 所示。

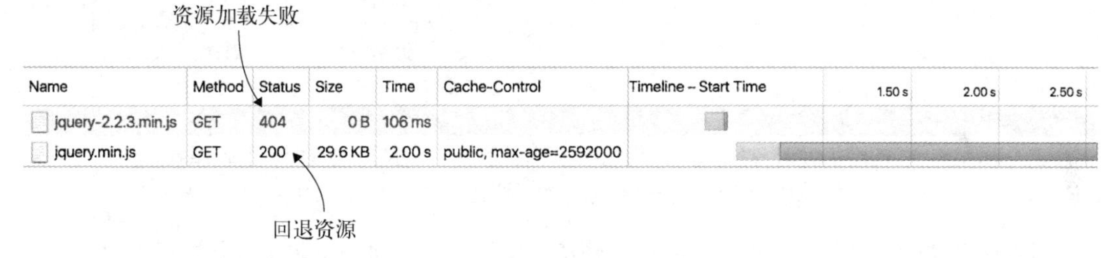

图 10-15 Chrome 中的 Network 面板显示 CDN 资源加载失败，页面返回本地托管版本

这能够起作用是因为<script>标签的性质。多个<script>标签按照它们在标记中定义的顺序解析和执行，每个标签都要等待前一个标签完成。只有在前面那个引用 jQuery 的 CDN 版本的标签加载失败时，才会运行尝试加载回退的<script>标签。

当然，这并不局限于 jQuery。要有条件地加载回退，请测试 JavaScript 库的全局对象。例如，如果需要回退到本地托管的 Modernizr 版本，则可以使用类似下面的 `fallback` 函数：

```
fallback(window.Modernizr, "js/modernizr.min.js");
```

接下来介绍如何通过子资源完整性验证 CDN 资源的完整性，这样你就能知道请求的是所期望的资源。

10.3.3 使用子资源完整性验证 CDN 资源

从网上下载软件时，可能会在下载链接附近看到一个校验和字符串。**校验和**是一种签名，可

以帮助你确保下载的文件是程序发行者希望你运行的文件。这样做是为了你自己的安全，以免你在无意中运行恶意代码。如果文件的校验和与发布服务器提供的校验和不匹配，则不能安全地使用该文件。

现在，在某些浏览器中，可以在 HTML 中执行相同的完整性检查，以确保`<script>`或`<link>`元素包含的 CDN 资源是发布者希望你使用的。这个过程称为**子资源完整性**（Subresource Integrity），如图 10-16 所示。

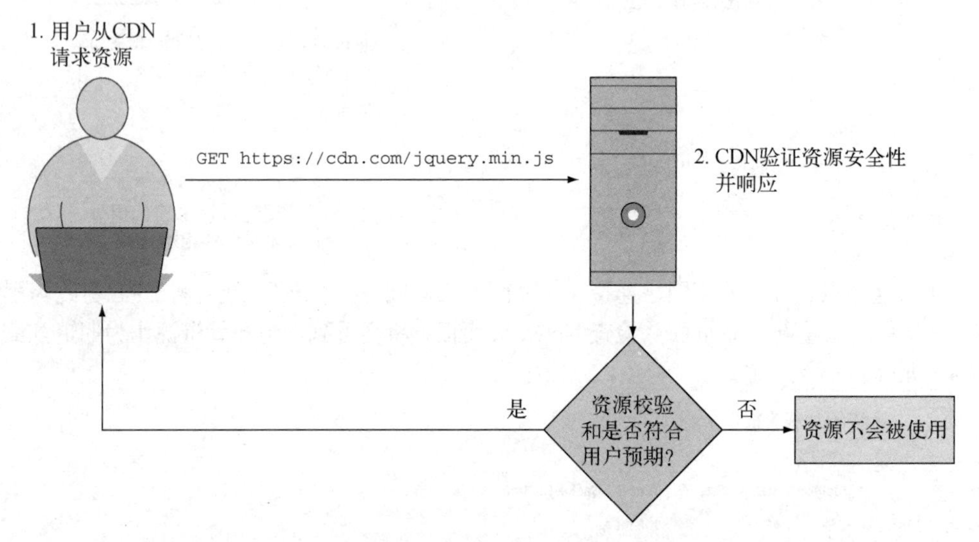

图 10-16　使用子资源完整性验证资源的过程。用户从 CDN 请求资源，而资源安全性通过校验和的验证过程来确定。如果资源安全就会被使用，否则将被丢弃

尽管这个功能不会影响网站性能，但它确实为用户提供了保护（防止下载被篡改的资源），值得在使用 CDN 资源的上下文中引入。

1. 使用子资源完整性

子资源完整性的语法使用`<script>`或`<link>`标签上的两个属性来引用另一个域上的资源。`integrity` 属性指定了用于生成预期校验和的散列算法（例如 MD5 或 SHA-256），以及校验和值本身。图 10-17 显示了这个属性值的格式。

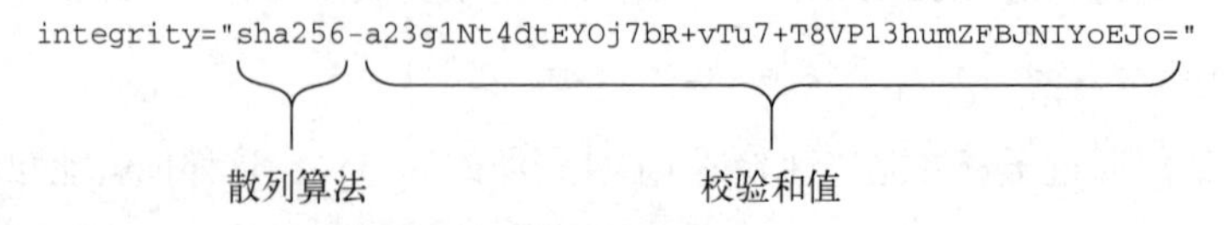

图 10-17　`integrity` 属性的格式。该值以散列算法（本例中为 SHA-256）开始，后跟引用资源的校验和值

第二个属性是 `crossorigin`，CDN 资源的值始终为 `anonymous`，以指示资源不需要任何

用户凭据就可以访问。在 jquery.min.js 2.2.3 版的`<script>`标签上组合使用这两个属性时，将如下所示：

```
<script src="https://code.jquery.com/jquery-2.2.3.min.js"
        integrity="sha256-a23g1Nt4dtEYOj7bR+vTu7+T8VP13humZFBJNIYoEJo="
        crossorgin="anonymous">
</script>
```

在兼容的浏览器中，当 CDN 资源的校验和与浏览器的期望匹配时，一切都将正常工作。如果校验和匹配失败，你将在控制台中看到一个错误消息，它警告你受影响的资源未通过完整性检查。在这种情况下，资源将不会被加载。但是，如果指定了上一节中显示的回退机制，则会加载本地副本。

并非所有浏览器都支持这种验证方法，但那些支持它的浏览器（如 Firefox、Chrome 和 Opera）得到了广泛使用。不支持子资源完整性的浏览器将忽略 `integrity` 和 `crossorigin` 属性，并加载引用的资源。

2. 生成自己的校验和

一些 CDN 提供的代码片段已经为你设置了子资源完整性，但这还不是标准做法。你可能需要生成自己的校验和，最简单的方法是使用校验和生成器，但是如果你更倾向于自己生成校验和，则可以依赖 `openssl` 命令行实用程序。要为文件生成 SHA-256 校验和，请在命令行使用以下语法：

```
openssl dgst -sha256 -binary yourfile.js | openssl base64 -A
```

这条命令将为你提供的文件生成校验和，并将其输出到屏幕。如果运行的是 Windows 系统，则可以下载 OpenSSL 二进制文件或使用 `certutil` 命令。在这两种情况下，你最好使用在线工具，因为它们更方便，并能生成相同的输出。如果决定生成自己的校验和，请使用可靠的散列算法，如 SHA-256 或 SHA-384。MD5 或 SHA-1 这样的算法对于今天的需求来说不够安全。

下一节将学习如何使用资源提示微调网站上的资源传输，它可用于 HTML 或 HTTP 头。

10.4 使用资源提示

随着浏览器的成熟，一些特性被添加到了其中，以帮助向用户提供资源。这些特性称为**资源提示**，它是由 HTML `<link>`标签或 `Link` HTTP 响应头驱动的行为集合，这些指令会执行诸如 DNS 预取、预连接到其他主机、预取和预加载资源，以及预渲染页面等任务。本节将介绍这些技术及其使用过程中的陷阱。

10.4.1 使用 `preconnect` 资源提示

正如第 1 章中所说，应用程序性能差的一个原因是延迟。限制延迟影响的一种方法是利用 `preconnect` 资源提示，该提示可以连接到托管浏览器尚未开始下载的资源的域。

当这个提示用于指向访问当前页面的主机时，并不能提供好处。这样做不能提高性能，因为加载文档并发现 `preconnect` 资源提示时，对所请求文档的 DNS 查询已经发生。

当你引用不同域（如 CDN）上的资源时，`preconnect` 最有效。因为 HTML 文档是由浏览器自上而下读取的，所以浏览器发现对资源的引用时，会建立到资源域的连接。如果此资源引用位于`<script>`标签（例如页脚），则在页眉中放置 `preconnect` 资源提示，可以为浏览器连接到托管资源的域提供一个良好的开端。

Weekly Timbe 网站有一个对托管在 code.jquery.com 上的 jQuery 库的引用。可以使用`<link>`标签，在早期建立到资源所在域的连接：

```
<link rel="preconnect" href="https://code.jquery.com">
```

或者也可以将 Web 服务器配置为将 `Link` 响应头与 HTML 文档一起发送：

```
Link: <https://code.jquery.com>; rel=preconnect
```

这两种方法可以完成相同的任务，但实现难度不同。在 HTML 中使用`<link>`标签几乎不费吹灰之力。而添加 `Link` 响应头就较为复杂，但资源提示将比在文档中更早被发现。我在 index.html 中测试了这两种方法，以指示浏览器尽快建立到 code.jquery.com 的连接。图 10-18 显示了这个测试对从 CDN 加载 jQuery 的影响。

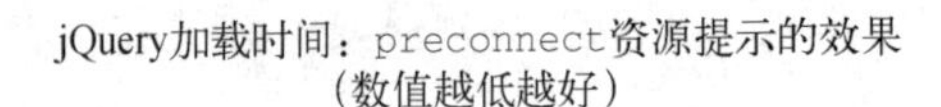

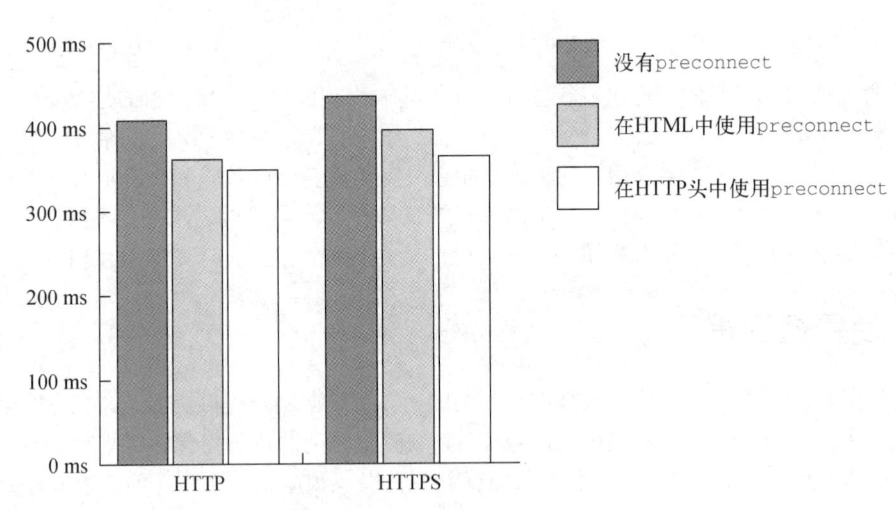

图 10-18　在 HTTP 和 HTTPS 上从 CDN 加载 jQuery 时，`preconnect` 资源提示的效果

这种技术有可能提高网站性能，但你应当一如既往地执行自己的测试，以确定对具体情况的好处。尽管 Firefox 和 Chromium 浏览器（Chrome、Opera 和 Android 浏览器）都支持 `preconnect`，但 `preconnect` 并未得到全面的支持，因此并非所有用户都能感受到它带来的好处。

dns-prefetch 资源提示

dns-prefetch 是一种效果略差但支持范围更广的资源提示。它的用法类似，唯一区别是在 rel 属性或 Link 头部中不使用 preconnect 关键字，而是使用 dns-prefetch。这个资源提示不会执行到指定域的完全连接，而是执行 DNS 查询以解析域名的 IP 地址。我在自己的测试中使用这个头部时，没有得到任何好处，但是在延迟比较严重的情况下，它可以提供一些好处。

接下来将讨论 prefetch 和 preload 资源提示的性能增强，以及如何使用它们更快地在网站上加载资源。

10.4.2　使用 prefetch 和 preload 资源提示

下载特定资源时包含两个资源提示：prefetch 和 preload。两者做的事情相似，但又有明显的不同。下面先介绍 prefetch。

1. 使用 prefetch 资源提示

在功能强大的浏览器中，prefetch 告诉浏览器下载特定资源，并将其存储到浏览器缓存中。这个资源提示可以像请求那样，用于预取位于同一页面上的资源；或者你也可以对用户下一步可能访问的页进行猜测，并请求那个页面的资源。使用第二种方法时要特别小心，因为它可能会迫使用户下载不必要的资源。prefetch 的语法与 preconnect 相同；唯一的区别是<link>标签的 rel 属性中的值：

```
<link rel="prefetch" href="https://code.jquery.com/jquery-2.2.3.min.js" as="script">
```

它也可以在 HTTP 头中指定，其使用方式与 preconnect 基本相同：

```
Link: <https://code.jquery.com/jquery-2.2.3.min.js>; rel=prefetch; as=script
```

例如，如前所示，你可以在 index.html 中针对 jQuery 包含这个资源提示，以改进 Weekly Timber 主页的加载速度。这样做可以将页面的加载时间缩短近 20%，如图 10-19 所示。

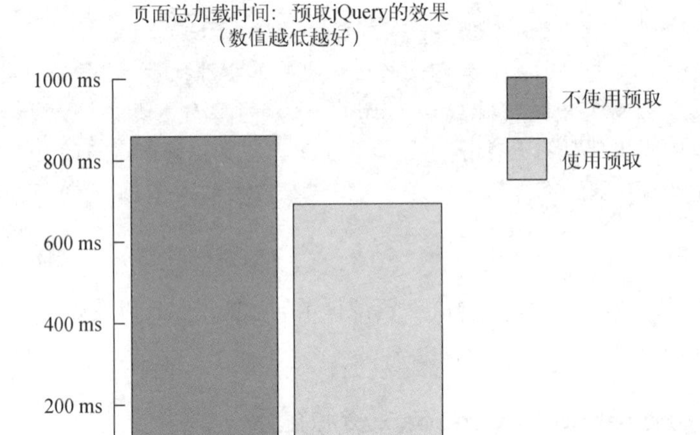

图 10-19　预取与不预取 jQuery 时 Weekly Timber 主页的加载时间。使用 Chrome 的 Regular 4G 网络节流配置

如你所见，这种情况下使用 `prefetch` 有一个明显的好处。因为包含 jQuery 的`<script>`元素位于页面底部，所以在页面几乎解析完 HTML 之前，它不会被发现和下载。通过在 HTML 的`<head>`中添加 `prefetch` 提示，浏览器可以在下载文件时获得一个良好的开始。到找到对 jQuery 的引用时，`prefetch` 提示已经将其捕获并存储在浏览器缓存中，从而缩短了网站的加载时间。

> **`prefetch` 测试提示**
>
> 测试 `prefetch` 可能很棘手。如果使用 Chrome 并在 Network 面板中选中 Disable Cache 复选框，则 `prefetch` 可能导致性能损失，因为预取的资源将下载两次。要查看和衡量其好处，需要清除并重新启用缓存，并使用未命中的缓存来监视性能。

`prefetch` 是有限制的，浏览器不能保证它会按照指定的方式预取资源。每个浏览器都有自己的 `prefetch` 规则，因此请注意，浏览器可能并不总是遵守资源提示。这个特性广受支持，但是就像任何不受支持的 HTML 特性一样，不理解它的浏览器将忽略它。这确保了不兼容的浏览器也能够正常工作。

2. 使用 `preload` 资源提示

`preload` 资源提示与 `prefetch` 非常相似，只是它保证将下载指定的资源。其行为类似于 `prefetch`，但没有歧义。不过与 `prefetch` 不同，浏览器对 `preload` 的支持较少，撰写本书英文版时，只有基于 Chromium 的浏览器支持该功能。

你可以猜到，`preload` 的使用方式与先前的资源提示相同：

```
<link rel="preload" href="https://code.jquery.com/jquery-2.2.3.min.js" as="script">
```

在 HTTP 头中的使用方式也类似：

```
Link: <https://code.jquery.com/jquery-2.2.3.min.js>; rel=preload; as=script
```

`preload` 的主要区别在于，你可以使用 `as` 属性描述请求的内容类型。`script`、`style`、`font` 和 `image` 的值可以分别用于 JavaScript、CSS、字体和图像。此属性是完全可选的，但省略它是不利的，因为如果没有 `as`，浏览器将下载该资源两次。

需要简单说明一点：名为**服务器推送**的 HTTP/2 特性在一些 HTTP/2 实现中使用了相同的 HTTP 头语法，实现在 HTML 文档响应时抢先向用户"推送"一个资源。此功能及其性能优势将在第 11 章详细介绍。

在之前的示例中，我们使用 `preload` 获取 jQuery 的 CDN 副本，就像在前面的 `prefetch` 部分中所做的那样。`preload` 的性能优势与 `prefetch` 基本相同，只是你必须依靠兼容的浏览器满足 `preload` 请求。图 10-20 显示了 Chrome Network 面板中的 `preload` 提示。

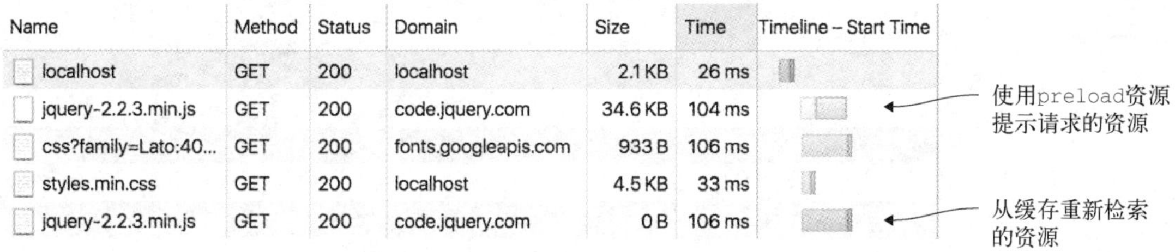

Name	Method	Status	Domain	Size	Time	Timeline – Start Time
localhost	GET	200	localhost	2.1 KB	26 ms	
jquery-2.2.3.min.js	GET	200	code.jquery.com	34.6 KB	104 ms	
css?family=Lato:40...	GET	200	fonts.googleapis.com	933 B	106 ms	
styles.min.css	GET	200	localhost	4.5 KB	33 ms	
jquery-2.2.3.min.js	GET	200	code.jquery.com	0 B	106 ms	

图 10-20 Network 面板显示 jquery-2.2.3.min.js 通过 `preload` 资源提示加载。jQuery 库的第一行来自 `preload` 提示，而第二行是在从缓存中检索项时发生的。注意第二行 jquery-2.2.3.min.js 中的大小是 0 字节

与其他资源提示一样，应该始终在添加前后测试页面性能。如果需要尽可能广泛的浏览器支持，并且必须在 `preload` 和 `prefetch` 之间进行选择，请选择 `prefetch`。如果浏览器支持没有那么重要，并且希望无论怎样请求都能够抢先加载内容，请选择 `preload`。

结束本节前，我们将研究 `prerender` 资源提示，以及如何在用户导航到整个页面之前，使用它来渲染整个页面。

10.5 小结

与前几章不同，本章在几个看似不相关的概念中曲折前进，但它们都集中于同一目标：帮助你微调网站的资源传输。下面回顾本章涵盖的内容。

- 当你应用过多压缩，或压缩已经在内部压缩的文件类型时，配置不当的压缩可能会增加用户的延迟。
- Brotli 压缩是一种新的算法，相较 gzip 有一些优点，但也会在其最高设置下增加延迟。这种压缩算法的未来看起来很光明，目前享有不错的浏览器支持。
- 使用 `Cache-Control` 头部为网站配置缓存行为，能够提高访问者回访网站时的性能。

- `Cache-Control` 设置会造成顽固的缓存。我们学会了如何在使用新内容更新网站时使缓存的资源无效。
- 使用托管在 CDN 上的资源可以缩短网站的总体加载时间。然而，有时这些服务会失败，所以最好提供到本地副本的回退，这样当不可想象的情况发生时，用户就不会陷入困境。
- 使用 CDN 托管资源意味着为了获得更好的性能，你将放弃对所加载内容的某些控制，但如果使用子资源完整性验证这些资源的完整性，则不必牺牲用户的安全。
- 资源提示可用于加快网页加载速度、微调特定页面资源的传输，以及预渲染用户尚未访问的页面。

下一章将研究新的 HTTP/2 协议。你将了解它如何为网站带来进一步的性能改进，以及该协议将对你的优化技术产生的影响。

第11章 HTTP/2 未来展望

本章内容

- 了解 HTTP/1 的历史及其问题
- 探索 HTTP/2 的演变史
- 理解 HTTP/2 的新功能：请求多路复用、头部压缩
- 探讨 HTTP/1 优化实践和 HTTP/2 优化实践之间的区别
- 使用服务器推送加快页面关键资源的传输
- 优化同一服务器上的HTTP/1和HTTP/2客户端

Web 一直在变化。多年来，用户和开发人员一直被 HTTP/1 协议的限制所困扰。尽管开发人员一直在从这个“老迈”协议中“榨取”最后一点性能，但我们必须接受一点：是时候改变并采用 HTTP/2 了。

本章将介绍 HTTP/1 本身的问题以及 HTTP/2 带来的好处，例如请求多路复用和头部压缩，还将说明这些好处如何解决 HTTP/1 客户端/服务器端交互中存在的问题。在这个过程中，我们要使用 Node 编写一个小型 HTTP/2 服务器，并实际看到这些好处。

HTTP/2 不仅提供了成本更低的请求和压缩头，还提供了一种名为“服务器推送”（Server Push）的可选功能，该功能无须访客主动发起请求，即可向他们发送特定资源。巧用服务器推送会加快网站的加载和渲染速度。你将会了解到该功能的工作原理和使用方法。

HTTP/2 还会影响网站优化方式，因此本章将介绍如何调整优化实践，以更好地适应 HTTP/2 连接。因为许多访问者可能仍在使用采用 HTTP/1 的浏览器，所以我将向你展示一个概念证明：如何从同一个 Web 服务器为 HTTP/1 和 HTTP/2 用户提供最佳内容服务。现在让我们开始吧！

11.1 理解 HTTP/2 的必要性

由于 HTTP/1 的种种缺点，所以催生了对 HTTP/2 的需求。HTTP/1 现在是一种遗留的协议，不适合处理现代网站的需求。要知道为什么需要一个新的协议，我们需要先了解 HTTP/1 中固有的问题。本节将对这些问题进行探讨，并说明 HTTP/2 如何解决它们，然后在 Node 中编写一个 HTTP/2 服务器。

11.1.1　理解 HTTP/1 中的问题

HTTP 起源于 1991 年发明的 HTTP/0.9。该协议最初是为一个更简单的电子文档 Web 而设计的，只能使用单一方法（GET）。这些用 HTML 编写的文档能够通过锚点标签链接到其他文档。HTTP/0.9 协议很好地实现了这一目标。

随着时间的推移，人们添加了两个具有额外功能和方法（例如提交表单数据的 POST）的 HTTP 新实现。其版本号是 v1.0 和 v1.1，它们在 1996 年标准化。此后不久，大多数浏览器增加了对其的支持。

从那时起，HTTP/1 就成了 Web 的主力军。然而接下来，Web 从提供简单的 HTML 文档转变为提供复杂的网站和应用程序，如图 11-1 所示。

图 11-1　1996 年（左）和 2016 年（右）的《洛杉矶时报》主页

Web 复杂度的日益提升，意味着通过更高质量的媒体和内容，用户可以获得更丰富的体验。然而问题是，自从第一个 Web 开发人员敢于相信“Web 不仅仅是为了提供静态文本文档”以来，“内容的复杂性”和“以高性能方式提供服务的能力”之间的拉锯战一直在加剧。尽管开发人员已经想出了巧妙的方法来解决 HTTP/1 中常见的性能问题，但是仍然有三个严重的问题困扰着 HTTP 协议：队首阻塞、未压缩头部和缺少 HTTPS 的授权。

1. 队首阻塞

困扰 HTTP/1 客户端/服务器端交互的最大问题是一种被称为**队首阻塞**的现象。这体现在 HTTP/1 协议无法同时处理超过一小批的请求（通常一次处理 6 个请求，但因浏览器而异）。请求按接收顺序响应，在初始批处理中的所有请求完成之前，无法开始下载内容的新请求，如图 11-2 所示。

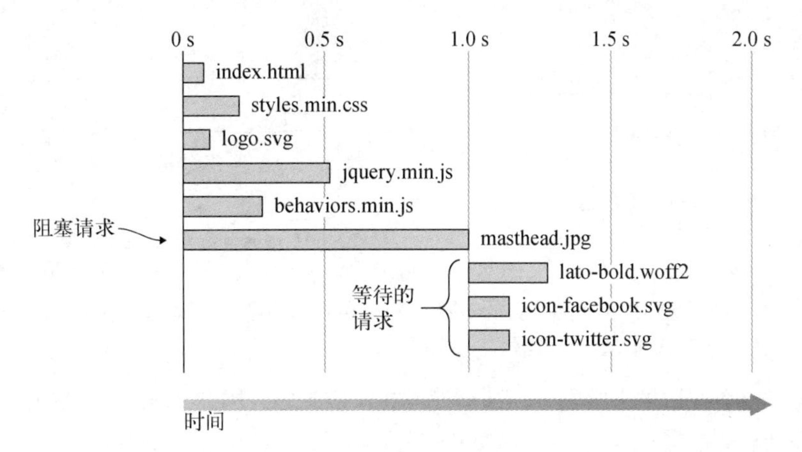

图 11-2 批处理 9 个请求中的队首阻塞问题。第一批 6 个请求并行完成，但在第一批中最大的文件（masthead.jpg）完成下载之前，其余批次无法开始下载。此问题可能导致加载时间延迟

在前端解决这个问题的一种方法是捆绑文件。减少请求可以最大限度地减轻队首阻塞问题的负面影响，但这是一种反模式，因为当捆绑内容的一部分发生更改时，必须再次下载整个捆绑资源，而不是只下载已更改的部分。

绕过这个请求限制的另一个方法是，使用一种名为**域名分片**的技术。这种技术通过跨域分布请求绕过最大的并发请求限制。有了两个域提供服务，就可以同时满足两倍的请求。尽管这项技术是有效的，但需要大量的时间和经费投入。并不是每个组织都适合采用它。

此问题在服务器端也取得了一些进展。例如，持久的 HTTP 连接（保持活动的连接）通过重用单个连接满足多批请求，以减轻负载。然而这种方法的不足之处在于：它不能解决队首阻塞问题。一种名为 **HTTP 管道**的技术旨在通过并行（而不是批量）满足所有请求来解决这个问题，但是它的实现遇到了巨大的挑战，成功之路步履维艰。

2. 未压缩头部

我们知道，从 Web 服务器请求资源时，头部会伴随着 Web 服务器的请求和响应。这些头部信息描述了资源的请求和响应的许多方面，其中大部分的表达方式存在冗余。

`Cookie` 请求头就是一个很好的例子。cookie 通常用于跟踪用户会话，因此包含会话 ID。想象一下，有一个包含 60 个资源的网页，每个资源都携带一个会话 ID 为 128 字节的 cookie。每个请求都必须向服务器上传另外 128 字节的数据，以表示 cookie 对其有效的域。当分布在几个请求中时，这不算多，但是想象一个有 60 个请求都附加了这个 cookie 的页面。客户机必须在所有这些请求中，总共向服务器发送 7.5 KB 的额外数据，如图 11-3 所示。

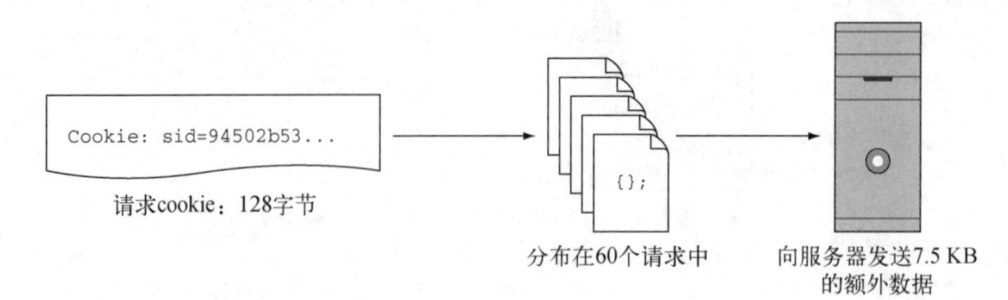

图 11-3　一个会话 ID 长 128 字节的 cookie 分布在 60 个请求中，总共有 7.5 KB 的额外数据发送到 Web 服务器

这种情况不仅会在请求头中发生，还会发生在响应头中，因此 Web 服务器的请求和响应中都有这些头部堆积的数据。

“服务器压缩不能解决这个问题吗？”经过之前的学习，你可能会提出这样的问题。答案是明确的：不可以。服务器只压缩响应体，而不压缩响应头。尽管响应体无疑是有效负载中最大的一部分，但响应头中存在的未压缩数据也无疑是值得关注的。HTTP/1 未能解决这个问题，这又成为那些想提高网站速度的 Web 开发人员的另一个困扰。

3. 不安全网站

HTTP/1 服务器不需要为其访问者实现 SSL，虽然这个问题在本质上不一定是性能问题，但在一个越来越危险的世界里，黑客经常窃取数据并用来冒充他人，所以有必要保护你的网站，以确保为访客提供隐秘而安全的网页浏览体验。

因为 HTTP/1 不要求实现 SSL，所以实现它完全是可选的。如果安全措施可选，人们很可能不会实施。除非被迫改变或发生不良事件，否则人们不会改变。虽然在首次开发 HTTP 时无法预见这种失败，但不能用这一要求强制网站所有者保护其网站的安全。可以说，用户隐私已经泄露了。

HTTP/1 引起的问题不止如此，但它们是应当关注的主要问题。幸运的是，HTTP/2 协议中内置了这些问题的解决方案。

11.1.2　通过 HTTP/2 解决常见的 HTTP/1 问题

HTTP/2 并不是凭空出现的。早在 2012 年，Google 开发了一个名为 SPDY 的协议，以解决 HTTP/1 的局限性。编写 HTTP/2 规范的初稿时，它的作者利用了 SPDY 的先进性，并将其作为起点。现在 HTTP/2 的支持度已经大幅增长，Google 已经从 Chrome 51 和更高版本中删除了 SPDY 支持，其他浏览器也将效仿。下面看看 HTTP/2 如何修复前面提到的 HTTP/1 的问题。

1. 不再有队头阻塞

HTTP/1 开始响应队列中的其他请求之前，可以满足的请求数量是有限的。HTTP/2 的不同之处在于，它可以通过实现新的通信体系结构来并行满足更多请求。与使用多个连接传输资源的 HTTP/1 不同，HTTP/2 能够使用一个连接并行处理多个请求。连接由以下层次结构中的组件构成。

- **流（stream）是服务器和浏览器之间的双向通信通道**。单个流由对服务器的请求和来自服务器的响应组成。因为流是由连接封装的，所以可以通过使用多个流，在同一连接中并行下载许多资源。
- **消息（message）由流封装**。单个消息大致相当于对服务器的一个 HTTP/1 请求或来自服务器的一个响应，提供了请求资源和从 Web 服务器接收资源内容所需的机制。
- **帧（frame）由消息封装**。帧是消息中的分隔符，表明后面的数据类型。例如，响应消息中的 `HEADERS` 帧表明以下数据表示响应的 HTTP 头。响应消息中的 `DATA` 帧表示以下数据是所请求资源的内容。还存在其他帧类型，例如用于服务器推送的 `PUSH_PROMISE` 帧，本章稍后将介绍。

将这个过程可视化后，将如图 11-4 所示。

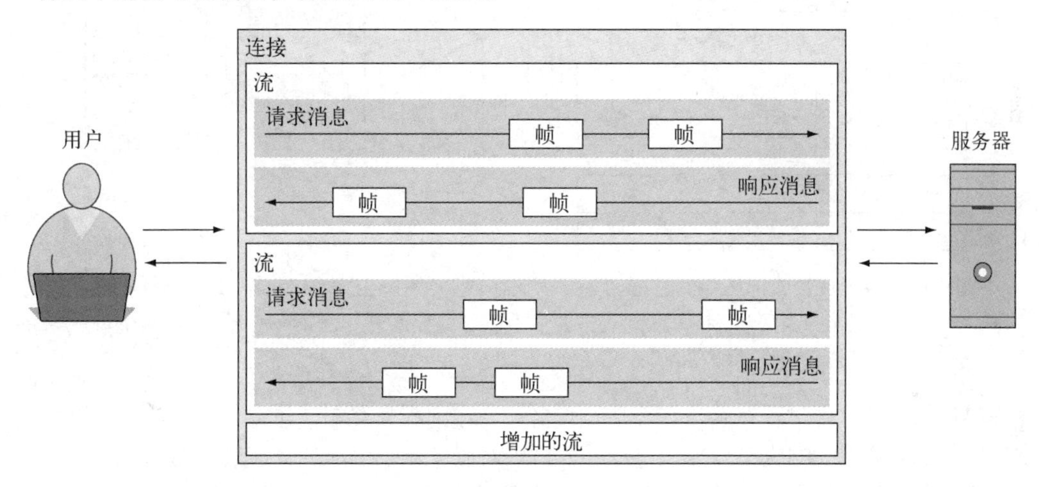

图 11-4 剖析 HTTP/2 请求。一个连接包含多个双向流，而双向流又包含多个请求和接收资源的消息。这些消息由帧分隔，帧描述了消息的内容（头部、响应体等）

这种设计降低了对 HTTP/2 服务器发起请求的成本。事实上，成本已经低到不值得再捆绑资源了，在某些情况下，捆绑甚至会导致加载速度变慢。后面将介绍细节，但重要的是，你可能不再需要使用雪碧图和捆绑资源这样的反模式。（尽管这些技术在 HTTP/1 客户端和服务器端中很有用，但很多客户端和服务器端并没有采用这些技术。）

2. 头部压缩

如前所述，即使开启了服务器压缩，HTTP/1 中的头部也是未压缩的。服务器压缩只转换资源，而不转换头部。虽然头部占页面总负载的比例不大，但它们累积起来也相当可观。

HTTP/2 引入了一个名为 HPACK 的压缩算法来解决这个问题。HPACK 不仅压缩头部数据，还通过创建一个表来存储重复的头部，以删除多余头部。在 HTTP/1 请求头中，你会注意到内容较长的头部（如 `Cookie` 和 `User-Agent`）被不必要地附加到每个请求，从而创建了一个潜在的有大量冗余的数据集，这些数据必须随请求一起传输到服务器，如图 11-3 所示。

HPACK 通过利用索引来跟踪跨请求的重复的头部数据的表，以消除重复的头部。它的结构类似于一个带有索引的典型数据库表。发现新的头部值时，会将其压缩并存储在表中，并赋予一个唯一的标识符。如果发现与以前索引的头部匹配的其他头部，则表索引中的相关标识符被引用而不是冗余地存储，如图 11-5 所示。

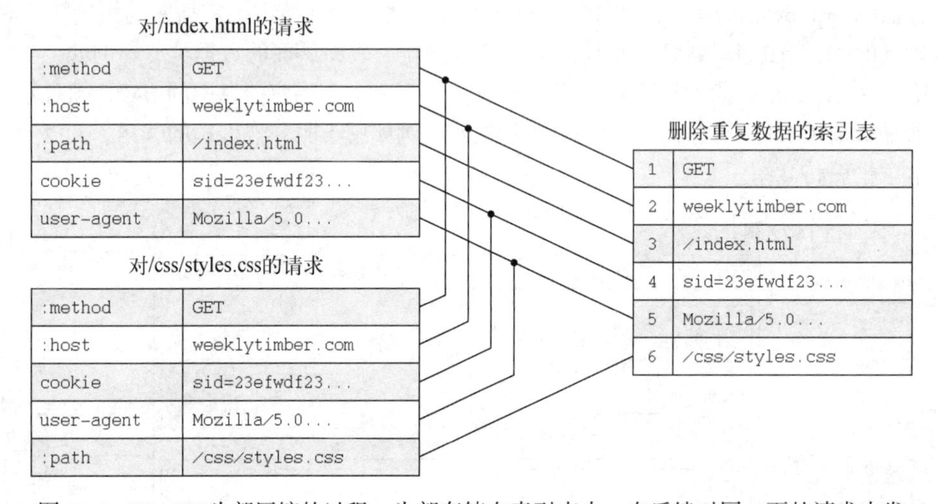

图 11-5　HPACK 头部压缩的过程。头部存储在索引表中。在后续对同一页的请求中发现相同头部时，将关联到表中的索引以避免数据重复，而具有新数据的头部将作为新条目存储在表中

发出请求时，这个过程在客户端完成，表格被传输到服务器端，并由服务器端解包以生成响应。然后，服务器端对响应头重复此过程，客户端对服务器端生成的响应表进行解包，并将这些头部应用于每个下载资源的响应。其结果是，去重的头部和压缩数据以与 HTTP/1 头部相同的方式渲染，过程是透明的。网站加载速度也因此而变快。

3. 确保 HTTPS

虽然和性能关联不大，但支持 HTTP/2 的浏览器实际上要求通过 HTTP/2 进行的任何通信都必须是安全的。这个要求存在争议，但还是有好处的。随着越来越多的服务器采用 HTTP/2 并实现 SSL，整个互联网将变得越来越安全。

> **SSL 性能开销**
>
> SSL 的一个常见问题是，由于在服务器和客户端之间建立 SSL 连接需要时间，所以它对 TTFB 性能的影响是可测量的。因为 HTTP/2 通过一个（而不是多个）连接传递所有数据，所以这个过程只需要发生一次，而不是像 HTTP/1 那样多次发生。如今的硬件性能也使得这个过程变得轻松。结果如何？你不必再担心 SSL 性能，只要考虑为用户提供安全的浏览体验即可。

SSL 证书的成本再低不过了。证书提供商提供可靠的签名证书，一个域名一年只要 5 美元。如果这个价格对你来说仍然太高，可以通过 Let's Encrypt 获得免费证书。我发现这个获取证书的过程比设置已购买的证书还要复杂一些（取决于主机环境）。

关键是，你再无借口拒绝为用户提供安全的浏览体验，如果你想使用 HTTP/2，也没有选择的余地。采用 HTTPS 加密吧！

接下来，我们将在 Node 中编写自己的 HTTP/2 服务器，从而加深对 HTTP/2 的理解。

11.1.3 在 Node 中编写一个简单的 HTTP/2 服务器

Weekly Timber 的客户联系人问你是否可以做些工作以使网站更快。虽然无法保证，但你有强烈的预感：HTTP/2 可能是一个选择。

当然，在本地下载和安装 Apache 或 Nginx 这样的 HTTP/2 服务器有点麻烦，而且你当前的主机提供商没有提供该服务。既然 HTTP/2 服务器不能快速获得，又该如何在这个服务器上测试 Weekly Timber 网站呢？答案很简单：可以使用 `npm` 中的 `spdy` 包，在 Node 中编写一个简单的 HTTP/2 服务器！

"等等，为什么是 SPDY？"我明白你的意思，别担心！这个包的名字有点不太恰当。虽然 SPDY 是这个包支持的协议之一，但它也支持 HTTP/2，这才是你需要的。首先，正如本书中已经多次做过的那样，需要使用 `git` 下载一些代码，：

```
git clone https://github.com/webopt/ch11-http2.git
cd ch11-http2
npm install
```

这将下载所有源代码，并安装要编写的 HTTP/2 服务器所需的 Node 依赖包，其中包括了 `spdy` 包。一切就绪后，打开文本编辑器，在网站的根文件夹中创建一个名为 http2.js 的新文件。在这个文件中输入代码清单 11-1。

代码清单 11-1 导入 HTTP/2 服务器所需的模块

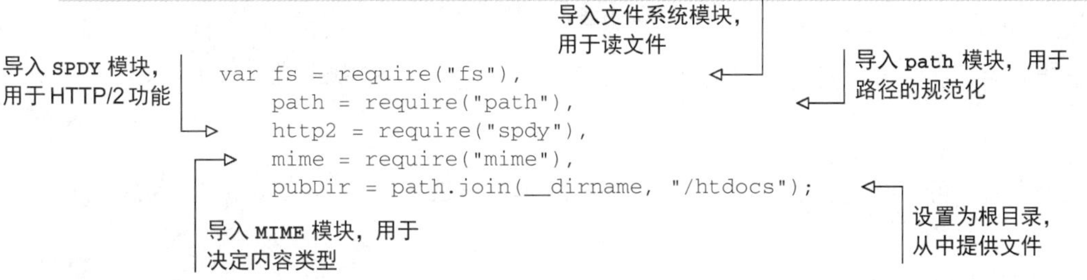

可以在此导入编写服务器行为所需的 Node 模块。还可以建立根目录，从中提供文件。与过去的示例不同，我们将从一个名为 `htdocs` 的单独嵌套文件夹提供这些文件，该文件夹包含 Weekly Timber 的网站。导入模块后，需要设置 SSL 证书，因为 HTTP/2 需要 SSL。下载的代码已经包含了 crt 文件夹所需的证书文件。代码清单 11-2 显示了如何配置服务器以指向这些证书文件。

代码清单 11-2　设置服务器的 SSL 证书

创建一个 HTTP/2 服务器示例

SSL 所需的密钥和证书文件

```
var server = http2.createServer({
    key: fs.readFileSync(path.join(__dirname, "/crt/localhost.key")),
    cert: fs.readFileSync(path.join(__dirname, "/crt/localhost.crt"))
```

此处编写的 JavaScript 将证书文件的位置发送给 HTTP/2 服务器，使其能够与浏览器安全通信。代码清单 11-3 提供了服务器将要做的大部分工作。

代码清单 11-3　编写 HTTP/2 服务器行为

```
}, function(request, response){                          // 请求处理程序
    var filename = path.join(pubDir, request.url),        // 资源的文件系统路径
        contentType = mime.lookup(filename);              // 资源的内容类型
    if((filename.indexOf(pubDir) === 0) &&                // 判断资源是否存在
        fs.existsSync(filename) &&
        fs.statSync(filename).isFile()){
    response.writeHead(200, {                             // 发送 200 响应到客户端
            "content-type": contentType,                  // 设置 Content-Type 响应头
            "cache-control": "max-age=3600"               // 缓存资源 1 小时
        });

        var fileStream = fs.createReadStream(filename);   // 发送资源给用户
        fileStream.pipe(response);
        fileStream.on("finish", response.end);
    }
    else{
        response.writeHead(404);                          // 如果找不到资源，则发送 404 响应
        response.end();
    }
});

server.listen(8443);                                      // 在 8443 端口上启动服务器
```

将以上代码输入文本编辑器后，使用以下命令在终端中运行这个脚本：

```
node http2.js
```

运行该脚本后，可以浏览器中转到 https://localhost:8443/index.html，并查看客户网站是否正常加载。

> **破　例**
>
> 从 GitHub 下载的源代码中提供的证书是未签名的，因此，查看本地服务器上的客户网站时，浏览器将发出 SSL 警告。破例或忽略这个警告后，即可顺利进行。请记住，应该始终在 Web 生产服务器上使用有效的签名证书。

一切顺利，但是你怎么知道协议是 HTTP/2 呢？这很容易！在 Chrome 的开发者工具中，打开 Network 选项卡，右键单击列头，选中 Protocol 列，然后可以看到图 11-6 所示的内容。

Name	Method	Status	Protocol	Scheme
index.html	GET	200	h2	https
styles.min.css	GET	200	h2	https

显示通过HTTP/2传输的资源

图 11-6 Chrome 开发者工具中的 Network 面板表明了通过 HTTP/2 传输的资源。通过 HTTP/1 传输的资源在这个字段中对应的值是 http/1.1

11.1.4 观察收益

在 Weekly Timber 这样的网站上，起初收益似乎不明显。要识别收益很难，甚至在没有遇到任何网络瓶颈的本地机器上也是如此。可以看到，现在请求是并行执行的，而不是串行批处理，如图 11-7 所示。

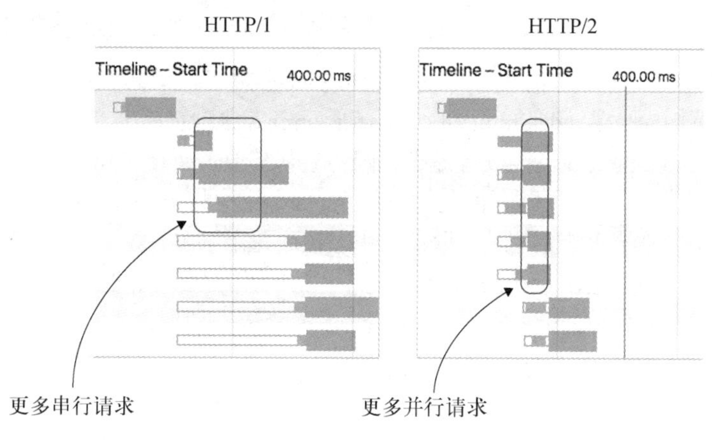

图 11-7 HTTP/1（左）与 HTTP/2（右）上对资源下载的影响：HTTP/2 中的下载比 HTTP/1 中的并行程度高，这意味着它们能够大致在同一时间开始

你可以自己观察到这种现象：运行网站根文件夹中的 http1.js 脚本，导航到 https://localhost:8080/index.html，并将其在 Network 选项卡中的行为与刚刚编写的 HTTP/2 服务器进行比较。你可能会发现，如果使用节流配置比较本地机器上两个协议的性能，那么客户网站的加载时间是一样的。这是因为创建人工瓶颈对于测试一些场景来说是好的，但它不是比较协议性能的好工具。这两个服务器都在本地机器上运行，而不是在某个远程服务器上；除了你的请求以外，没有为其提供其他流量。了解 HTTP/2 与 HTTP/1 性能的最佳方法是在某个远程主机上运行两个服务器：一个运行 HTTP/2，另一个运行 HTTP/1。这样，你才能观察到差异。

这个要求不合理，所以我已经为你做了艰苦的工作。我建立了两个版本的客户网站：一个运行在 HTTP/1 上（https://h1.jeremywagner.me），另一个运行在 HTTP/2 上（https://h2.jeremywagner.me）。你可以随意访问这些 URL，并进行自己的测试，以查看它们在真实环境下（而不是在本地机器相对简陋的环境中）的表现。图 11-8 显示了我在每个协议上对客户网站全部 5 个页面的测试。

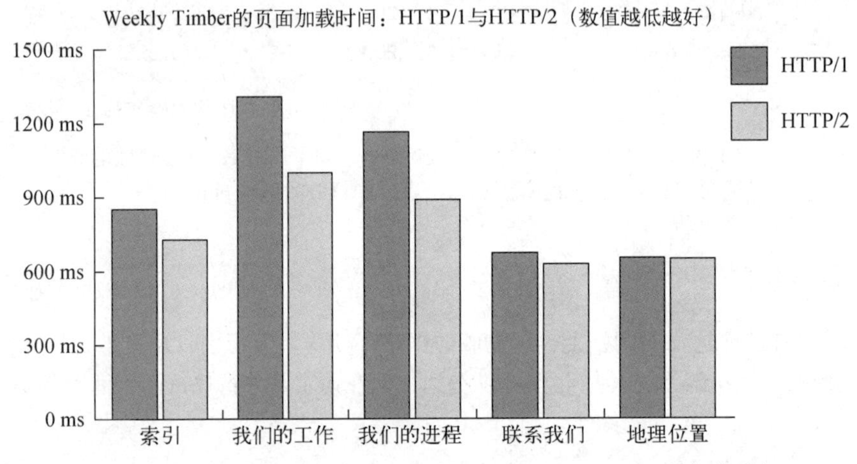

图 11-8　比较 Weekly Timber 网站在 HTTP/1 和 HTTP/2 上的加载时间

在页面具有很多资源的情况下，总加载时间缩短了 24%，比如在 our-work.html 和 our-process.html 页面中。在 index.html 和 contact-us.html 等典型页面上，我分别看到了 15%和 7%的改进。locations.html 的页面性能没有提高，因为它与其他页面相比几乎没有资源。

头部压缩带来的收益更难量化。但是如果你在 Chrome 中打开 chrome://net-internals#timeline，可以看到头部压缩对请求大小的影响。取消选中左边的每个选项（除了 Bytes Sent），然后加载每个协议的页面，你将看到请求大小的比较。图 11-9 显示了这个工具的实际效果。

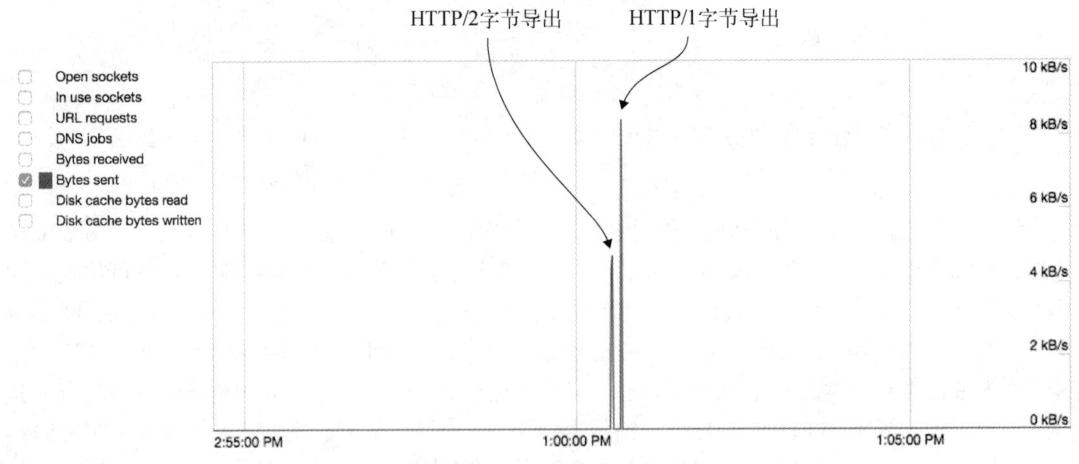

图 11-9　HTTP/2 会话与 HTTP/1 会话期间发送的字节

如图 11-9 所示，经过头部压缩后，使用 HTTP/2 发送到服务器的字节更少。尽管 net internals 面板中的工具没有显示确切的大小，但可以看到改进大约是 50%。这个较小的请求负载意味着用户将花费较少的时间等待内容的第一字节到达。

所有这些好处都是通过切换到 HTTP/2 实现的。它们不需要任何特殊的优化技术或代码修改，仅仅实现协议本身就可以。

接下来，我们将了解在 HTTP/2 上运行站点时，之前所学的优化技术是如何变化的，以及为什么你的方法需要有所变化。

11.2 探索 HTTP/2 对应的优化技术变化

你可能会想："这可好，我得到了这本关于 Web 性能的书，但从中学到的一切都是错误的。"不一定。尽管本书中介绍的一些技术在应用于 HTTP/2 客户端/服务器端交互时是反模式，但它们不一定会妨碍协议的性能——它们只会影响缓存策略的有效性。HTTP/2 的优化技术规则如下所示。

- 在 HTTP/2 上仍然要使用减小资源大小的技术。这些技术包括缩小、服务器压缩和图像优化。无论何时，减小资源的大小总有助于缩短加载时间。
- 在 HTTP/2 上，应该停止使用组合文件的技术。虽然在减少 HTTP/1 客户端/服务器端交互的延迟方面很有用，但是在 HTTP/2 中请求成本要低得多，并且合并文件可能会对缓存效率产生不利影响。

第一条规则本身就说明了问题，但是我们需要多谈谈第二条规则：合并资源对缓存的影响，以及适合合并的反模式。

11.2.1 资源粒度与缓存效率

当你尽量提升 HTTP/1 中的性能时，采用过许多技术，尽管这些技术很有效，但在 HTTP/2 环境中很难实现。影响 HTTP/2 性能的主要技术是那些依赖于连接的技术。**连接**（concatenation）是为了减少发送的 HTTP 请求的数量而组合文件的过程。如前所述，这对 HTTP/1 很好，但可能会损害 HTTP/2 上的性能。

实际原因是什么呢？答案是缓存。正如第 10 章中所说，缓存有助于减少页面在第一次访问之后的有效负载。但是，问题不在于缓存本身，因为无论我们是否连接文件，正确配置的缓存策略都将起作用。问题是，连接文件会降低资源更改时缓存的效率。对两种协议来说都是如此，但是使用 HTTP/1 时，你愿意放弃一定的效率，以尽量减少用户首次访问站点的加载时间。

我们用一个很好的例子来说明连接如何影响缓存：假设你有一个图标雪碧图，并且只需要更新集合中的一个图标。即使你只更改了其中一个图标，但由于资源是整体的，所以必须将其从浏览器缓存中清除。这会产生一个问题：即使只有一部分被更改了，整个文件依然必须失效和重新检索，如图 11-10 所示。

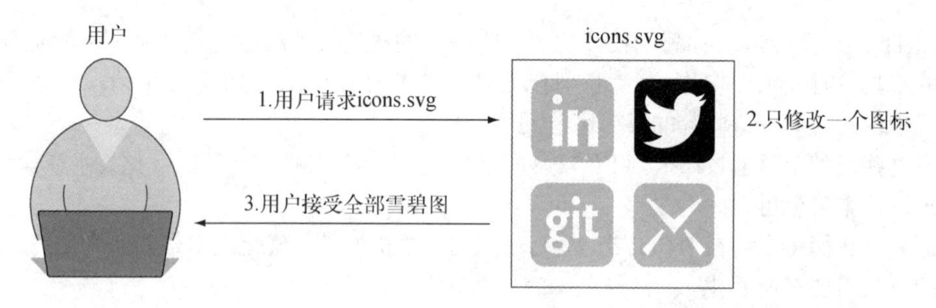

图11-10　连接会降低缓存效率。雪碧图中的4个图标之一被修改时，即使75%的文件内容未被修改，用户也将被迫下载整个资源（而不仅仅是被修改的部分）

在HTTP/1优化工作流中，为了构建快速网站，我们接受了这种局部优化。现在HTTP/2为我们提供了更低成本的连接，你不必在首次访问的短页面加载时间和高效缓存之间做出选择。鱼与熊掌可以兼得！接下来，看看站点在HTTP/2上时应该避免采用的技术。

11.2.2　识别HTTP/2的性能反模式

如前所述，以某种方式连接资源时会损害HTTP/2服务器性能，这将降低缓存策略的效率。但是这类技术并不只有连接。本节列举了此类技术，以及你应该避免使用它们的原因。

1. 构建CSS和JavaScript

连接的一个常见用法是捆绑CSS和JavaScript文件。在HTTP/1上连接，这有两个作用。第一个作用显然已经概述过了：更少的请求有利于HTTP/1客户端/服务器端交互。第二，它可以通过提前加载所有资源加快后续页面的加载速度。

第二个原因同样适用于HTTP/2驱动的网站，但是因为请求成本更低，所以让CSS和JavaScript的粒度更细会更有意义。对于CSS，这很简单：为每个唯一的页面模板创建不同的CSS文件。这样可以切割CSS，在需要的页面上加载它，并且可以限制所有CSS更新对特定模板的影响，这将最大程度提高缓存策略的有效性。

至于JavaScript文件的拆分方式，则取决于网站及其所需的功能。你可以根据应用它们的页面模板拆分这些脚本，但这可能并非适用于所有网站，因为页面可能共享公共的功能。怎样合理就怎样做。并不存在对所有网站而言都正确的答案。

2. 图像雪碧图

我确实在第6章介绍并推荐了这项技术，但前提是你要在HTTP/1服务器上托管网站，否则，图像雪碧图会产生与任何其他形式的连接相同的后果。

你可能会遇到一种奇怪的情况，即图像雪碧图可能比其单个图像文件的总和稍小。在这种情况下，在HTTP/1中，请保持图像分离，而不是合并它们。以后需要更新一个图像时，你会意识到从缓存策略中获得的好处，因为你的访问者不会被迫下载整个雪碧图来获得某个被更改的图像。

3. 资源内联

这一点解释起来略微困难一些，但它仍然属于连接的讨论范畴：资源内联发生在获取 CSS、JavaScript 或二进制资源，并将其嵌入 HTML 或 CSS 时。对于文本资源，这意味着你要在`<style>`标签中复制粘贴一些 CSS，或者在`<script>`标签中使用 JavaScript 执行相同的操作。你还可以将 SVG 图像直接内联到 HTML。

内联二进制资源可以使用**数据 URI 方案**来实现。此方法将数据编码为 base64 字符串，并将其与内容类型组合。如图 11-11 所示，该字符串可用于类似`<img>`标签的内容中。

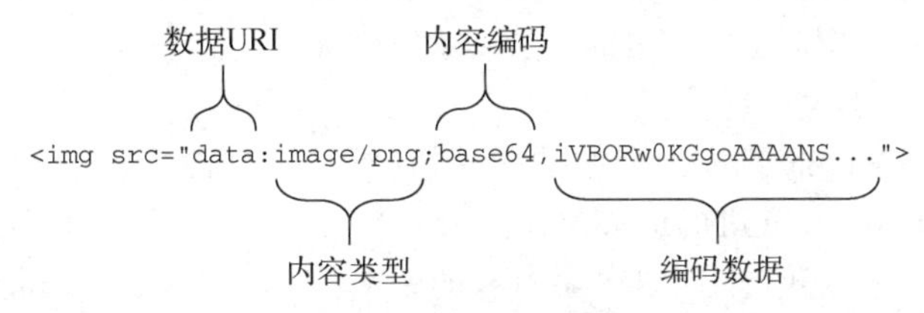

图 11-11　数据 URI 示例。该方案以数据 URI 开头，后跟编码数据的内容类型、编码方案的名称和编码数据（在本例中被截断了）

上例中，编码的字符串被截断了，但已体现出大意。数据 URI 方案应用广泛，比如`<link>`标签、`<img>`标签、CSS 的`url`引用，以及几乎任何允许你引用外部资源的地方。如果你想自己编码文件，那么 Web 上的许多网站都允许你这样做，比如 Base64 Decode and Encode 网站。

虽然使用数据 URI 方案似乎是一个好主意，在一些场景中可能有些用处，但它们效率低下。编码的字符串通常比它的源字符串大，有时超过 33%甚至更多。

更糟糕的是，所有的资源内联方法都无法有效缓存。跨多个文档使用的内联数据是冗余下载的，并且只能在包含它的文档的上下文中缓存。

第 4 章讨论关键 CSS 技术时，我们曾建议在`<style>`标签中为首屏内容内联 CSS。这仍是一项能够缩短 HTTP/1 客户端/服务器端交互中绘制时间的有效技术，并且在这些情况下应该考虑采用。但使用 HTTP/2 时，你可能不需要它。实际上，下一节要介绍的“服务器推送”HTTP/2 特性就允许在你获得内联好处的同时，保持浏览器缓存的有效性。

我知道我有些啰嗦，但不得不再次强调，你不能在 HTTP/2 中内联资源，原因和不应使用图像雪碧图或打包 CSS/JavaScript 的原因一样。解决这个问题的简单方法是：如果你的目标是减少请求，那么只对在 HTTP/1 上运行的网站这样做。对于 HTTP/2，则保持资源的粒度与工作流相匹配。

11.3　使用服务器推送抢先发送资源

过去，如果你想加快页面渲染速度，可以将资源内联到 HTML。它不会显著减小页面大小或减少总加载时间，但有可能减少网页的渲染时间。

如前所述，资源内联当然是一种反模式，虽然对运行在 HTTP/1 上的网站有效，但会破坏内联内容的良好缓存策略的有效性。在 HTTP/1 上，我们愿意接受这个缺点，以换取较短的加载时间。

所以，如果你不应该在 HTTP/2 上内联资源，那么该如何实现内联的好处呢？使用一个叫作“服务器推送”的新功能！本节将介绍此功能及其工作原理，还将说明如何在 Node 驱动的 HTTP/2 服务器中使用它，以及使用它的好处。

11.3.1　理解服务器推送及其工作原理

服务器推送是 HTTP/2 中的一个功能，它使你能够实现资源内联的好处，同时仍然保持页面资源的粒度。这种机制允许服务器“推送”用户没有明确请求但渲染页面需要的资源。

使用服务器推送时，用户会请求页面。然后根据其配置，服务器可以回复请求文档的内容，以及服务器应“推送”到客户端的资源。

假设一个用户访问 Weekly Timber 网站（在本例中运行在 HTTP/2 服务器上）并请求 index.html。可以预见，服务器接收 index.html 的请求并为其构造响应。但是，我们也可以想象 Web 服务器的所有者已经将服务器配置为还使用 styles.min.css 的副本进行响应，styles.min.css 是站点的样式表。这可以减少用户等待样式下载的时间，因为服务器不必等待客户端请求 styles.min.css，就以并行方式发送它以及 index.html 的响应。这个过程如图 11-12 所示。

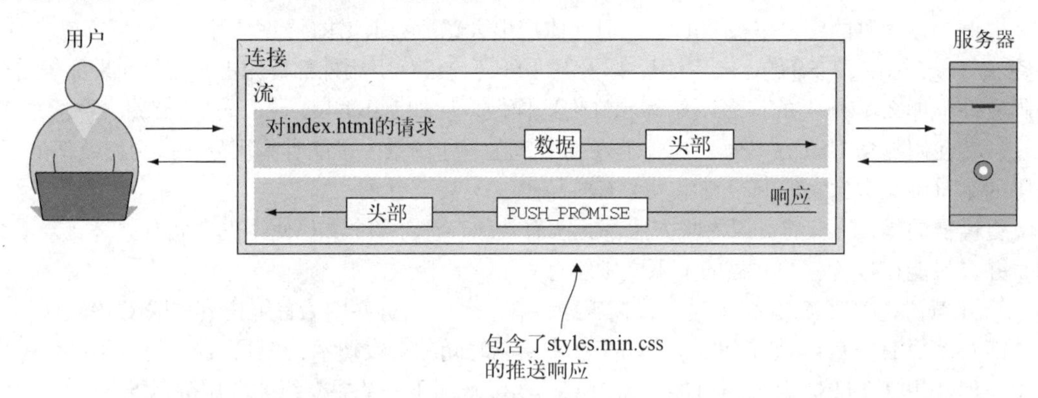

图 11-12　一个服务器推送事件的剖析：用户请求 index.html，服务器根据其配置，使用包含 styles.min.css 的副本的 PUSH_PROMISE 帧进行响应

可以看到这个特性像资源内联一样，因为当服务器用 HTML 的内容响应时，这两个资源会被同时推送到客户端。当然，这不限于一次推送一项资源。你想推送多少资源就推送多少。

对服务器推送的工作方式有了初步了解后，下面继续学习各种服务器如何实现它，包括如何在 Node HTTP/2 服务器中编写自己的服务器推送行为！

11.3.2　使用服务器推送

如果不确定 Web 服务器是如何实现服务器推送的，那么使用服务器推送可能是一个挑战。下面简单解释了如何在一些常用的 Web 服务器上使用服务器推送、如何在 Node Web 服务器上使用服务器推送，以及如何判断它是否正常工作。

1. 服务器推送的常用调用方式

对于运行 HTTP/2 的 Web 服务器（如 Apache），请求特定资源时，可以通过设置 `Link` HTTP 响应头来调用服务器推送：

```
Link: </css/styles.min.css>; rel=preload; as=style
```

如果你觉得这看起来很熟悉，那是因为第 10 章中介绍的 `preload` 资源提示 HTTP 头采用了相同的格式。也就是说，不要将此与用于资源提示的`<link>`标签混淆！你不需要修改网站的 HTML 来使用服务器推送，因为这是服务器驱动的行为。如果通过`<link>`标签修改 HTML 以添加 `preload` 资源提示，并期望服务器推送能够工作，那你就错了。它只会为用户预加载资源，而不会调用服务器推送事件。

对于以前面所示的方式实现服务器推送的 Web 服务器，它将接受尖括号内指定的资源，并与设置头部的资源（通常是 HTML 文件）同时提供。`as` 属性通知浏览器所推送内容的性质。这个例子中，使用 `style` 值指示推送的资源是 CSS 文件。

这个实现非常方便并且效果良好。代码清单 11-4 显示了如何在服务器上将 CSS 文件推送到请求 index.html 的客户端。

代码清单 11-4　用户请求 HTML 文件时，Apache 中的推送内容

```
<Location /index.html>
    Header add Link "</ch11-http2/htdocs/css/styles.min.css>; rel=preload;
    ➥as=style"
</Location>
```

这个配置指令非常简单：当用户导航到服务器上的 index.html 时，将设置 `Link` 头部，并推送 styles.min.css。在 Web 服务器实现服务器推送时，设置此头部的具体方式取决于你使用的服务器软件。例如，我们的 Node 示例做法就非常不同，你必须自己实现服务器推送行为。

2. 在 Node 中编写服务器推送行为

因为你要负责为你的 Node HTTP/2 服务器实现自己的所有行为，所以不能设置 `Link` 头部并期望服务器推送正常工作。你需要手动编写将内容推送到客户端的逻辑。

幸运的是，这种逻辑与你向用户提供资源的典型方式并没有太大区别。唯一的区别是，要对特定资源的请求创建单独的推送响应。例如，Weekly Timber 网站有一个名为 styles.min.css 的样式表，在客户端请求 HTML 文件时，将该 CSS 推送到客户端可能是有意义的，尤其是当 Weekly Timber 网站上的每个 HTML 文件都引用这个 CSS 的时候。

所以我们这么做吧！打开本章前面编写的 http2.js Web 服务器，跳到为客户端提供资源的请求处理程序函数，并在 `response.writeHead` 调用将 200 响应发送到客户端之前，输入代码清单 11-5。

代码清单 11-5　在 Node HTTP/2 服务器中编写服务器推送响应

```
if((filename.indexOf(pubDir) === 0) &&
    fs.existsSync(filename) &&
    fs.statSync(filename).isFile()){

    if(filename.indexOf(".html") !== -1 && response.push){
        var pushAsset = "/css/styles.min.css",
            pushAssetFSPath = path.join(pubDir, pushAsset),
            pushAssetContentType = mime.lookup(pushAssetFSPath);

        response.push(pushAsset, {
            response:{
                "content-type": pushAssetContentType,
                "cache-control": "max-age=3600",
                "link": "<" + pushAsset + ">; rel=preload; as=style"
            }
        }, function(error, stream){
            if(error){
                return;
            }

            pushStream = fs.createReadStream(pushAssetFSPath);
            pushStream.pipe(stream);
            pushStream.on("finish", stream.end);
        });
    }
```

判断资源是否存在
判断是否请求HTML文件
发起指定CSS文件的推送
定义 Link 头部所需的变量
资源的 Link 响应头
推送响应的回调函数
CSS 文件的响应头内容类型缓存策略
如果在推送过程中遇到错误则终止
关闭流，并表明推送响应的结束
创建CSS的可读流并推送它

使用以上代码，可以在用户请求 HTML 文件时将 styles.min.css 推送给用户。判断资源是否被推送可能有点难办。Chrome 自版本 53 以来，在 Network 面板的 Initiator 列中指明被推送的资源。重启服务器并转到 https://localhost:8443/index.html，将看到图 11-13 所示的内容。

Name	Status	Protocol	Type	Initiator	Size
index.html	200	h2	document	Other	4.7 KB
css?family=Lato:400,700,300,900	200	h2	stylesheet	index.html:9	933 B
styles.min.css	200	h2	stylesheet	Push / index.html:10	18.5 KB
icon-facebook.svg	200	h2	svg+xml	index.html:22	301 B

被推送的资源

图 11-13　Chrome 中的 Network 选项卡，通过资源 Initiator 列中的 Push 关键字指示被推送的资源

其他浏览器对推送的指示则不太明显。Firefox 将资源显示为从浏览器缓存中读取，而 Edge 显示资源时省略了 TTFB 度量。这些表示在技术上是正确的，但并不明显。这些浏览器可能会在将来进行更新，以明确指示是否已推送资源。

通过命令行分析 HTTP/2 服务器推送

可以使用 nghttp 命令行客户端准确判断正在推送的资源，这个客户端能够显示 HTTP/2 会话中的所有帧。如果看到 PUSH_PROMISE 帧和推送资源的内容，即可确定服务器推送是有效的。

服务器推送成功地在客户网站的 CSS 上运行之后，下面来测量性能。

11.3.3 测量服务器推送性能

测量服务器推送性能比较麻烦。在本地环境，这可能很困难。测量性能的可行方法包括：禁用节流或在远程 HTTP/2 服务器上托管网站，以及在实际网络条件下进行测量。在没有节流的情况下进行本地测试的问题是，这个场景是不现实的。

在我的例子中，我将远程 HTTP/2 服务器上的网站设置为测试服务器推送。为了测试，我在 https://serverpush.jeremywagner.me 上设置了一个启用服务器推送的客户网站版本，该版本将网站的 CSS 推送到所有 HTML 页面上的用户。我在 https://h2.jeremy-wagner.me 上设置了同一网站没有服务器推送的版本，以便对二者进行比较。测试结果如图 11-14 所示。

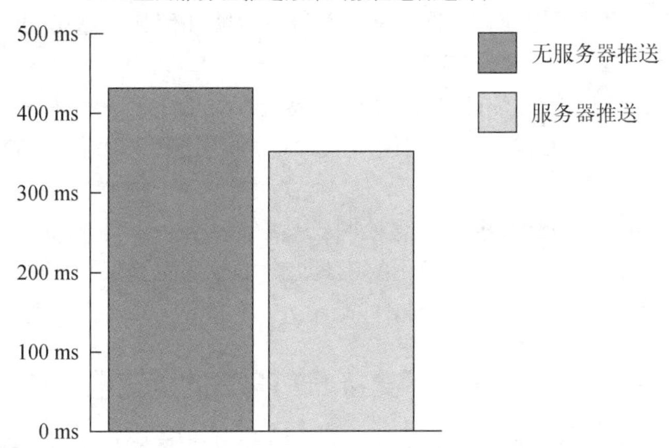

图 11-14 启用与不启用服务器推送的客户网站 CSS 的首次绘制时间

当 CSS 被推送给用户时，页面绘制的速度比没有推送时要快 19%。在我的宽带连接上，这意味着渲染时间缩短了大约 80 毫秒。这不可小觑，特别是当你考虑到在网络较慢的移动设备上渲染速度将成比例地增长时。鉴于在大多数服务器上使用它不需要太多改造，对于注重性能的 Web 开发人员来说，这其实很容易实现。

尽管服务器推送很难“用错”，但使用它时，仍需要记住一些基本准则。

- **不局限于推送一种资源**。修改 Node HTTP/2 服务器代码，即可推送多个资源；为其他 HTTP/2 服务器添加多个 `Link` 头部，即可实现一次推送多个资源。

- **不要推送不需要的东西**。有道理，对吧？你可能会想把所有东西都推送给客户，但应该只推送有意义的内容。一个经验法则是：推送网站所有页面上都使用的资源。
- **可以推送不在当前页面上的资源**。是的，你甚至可以推送当前 HTML 文档不需要的资源。你可以这样做，以便在预计用户可能会导航到的页面上预加载一个资源。当然这可能有些冒险，你可能会浪费用户的带宽。如果没有理由，那就不要这么做。

关于服务器推送和浏览器缓存的说明

有时，服务器推送可能会推送已由客户端缓存的内容。一种服务器端机制或许可以帮助你解决这个潜在的问题，请参阅我在 CSS-Tricks 上写的文章："Creating a Cache-aware HTTP/2 Server Push Mechanism"。

我们已经使用服务器推送并看到了它的好处，下面学习在同一服务器上同时优化 HTTP/2 和 HTTP/1！

11.4　同时优化 HTTP/1 和 HTTP/2

你已经听过"鱼与熊掌可以兼得"这句话。本节将说明如何让网站访问者从优化技术中充分获益，无论他们的浏览器是否支持 HTTP/2。

本节介绍当访问者使用不支持 HTTP/2 的浏览器访问你的 HTTP/2 站点时会发生什么。我们将学习如何使用 Google Analytics 确定无法使用 HTTP/2 的用户，以及如何转换 Node 服务器以适应两种协议的优化技术。

开始之前我要声明，本节旨在演示概念证明。其中的方法不一定是解决此问题的可靠方法，但此问题存在解决方案。如果除了这里使用的工具之外，你还发现了更有效的方法，可以试试看它是如何工作的。我们开始吧！

11.4.1　HTTP/2 服务器如何处理不支持 HTTP/2 的浏览器

目前，你可能对不支持 HTTP/2 的浏览器如何与 HTTP/2 服务器通信感到好奇。事实上，每个 HTTP/2 服务器的底层都有一个 HTTP/1 服务器在等待一个不支持 HTTP/2 的客户端出现。

就像你在高楼大厦里看到的警示标语"紧急情况下，敲碎玻璃"一样，这里更准确的说法是："如果是不支持 HTTP/2 的浏览器，可以降级到 HTTP/1。"

使用较旧浏览器的用户访问支持 HTTP/2 的站点时，连接最初以 HTTP/2 对话开始。但是，如果客户机提示服务器将连接降级到 HTTP/1，服务器将遵守并使用旧版本的协议。这个过程如图 11-15 所示。

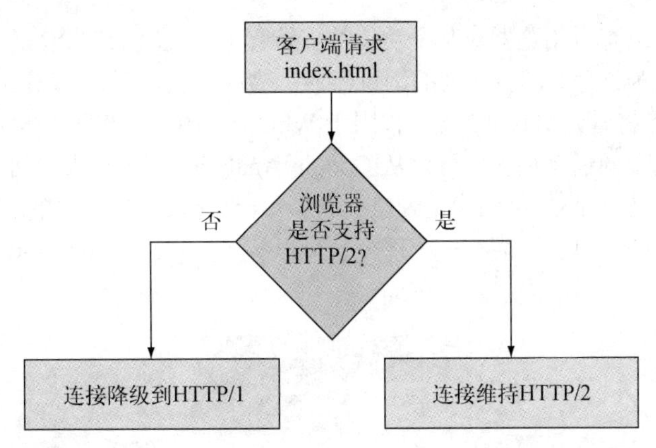

图 11-15　HTTP/2 协商的剖析。客户端请求一个资源，然后服务器检查浏览器是否能够使用 HTTP/2，如果能，将继续执行，否则连接降级为 HTTP/1

你可以使用双重性质的这种设计，为两类用户（可以/不能使用 HTTP/2 的用户）提供优化的 Web 体验。可以认为这样做法是可靠的，因为这是 HTTP/2 规范的一部分。服务器要想被视为完全符合规范，它需要能够为旧浏览器降级协议。

当然，你需要知道双管齐下的努力是否值得。毕竟为这两个协议版本进行优化并不是一件小事。要做到这一点，需要依靠 Google Analytics 的数据来帮助你做决定。

11.4.2　划分用户

统计数据是我们的好帮手，特别是当你想知道是否值得采用两组优化实践时。我们可以合并两个来源：Can I Use 和 Google Analytics。

Can I Use 资源详尽，可用来确定浏览器对某些功能的支持情况，而 HTTP/2 就是其中之一。导航到该网站，并在顶部搜索框中输入 HTTP/2，然后单击 Usage Relative Toggle 按钮，将看到类似于图 11-16 所示的内容。

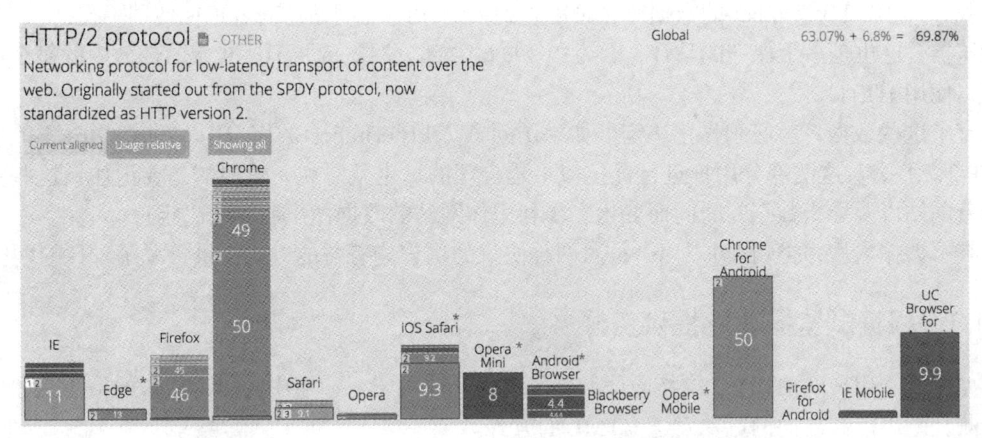

图 11-16　Can I Use 网站显示了浏览器对 HTTP/2 的支持程度

使用此工具，可以查看浏览器对某个功能的支持程度。支持 HTTP/2 的浏览器显示为绿色，不支持的浏览器显示为红色，部分支持的浏览器显示为淡绿色。例如，IE11 部分支持。将鼠标悬停在 IE11 条目上时，将看到 HTTP/2 支持仅限于 Windows 10 上的 IE11。

利用这个工具能做的还有很多。可以从 Google Analytics 账户导入访问者数据，看看有哪些访问者支持或者不支持某个功能（比如 HTTP/2!）。若要导入数据，请单击页面顶部的 Settings 按钮，打开页面左侧的菜单。下面有一个部分，可以从 Google Analytics 导入数据，如图 11-17 所示。

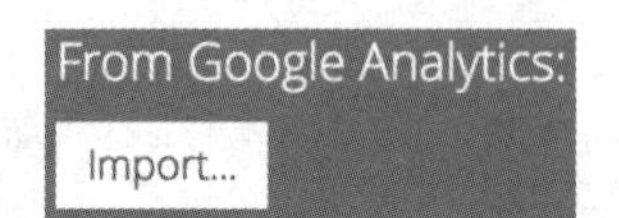

图 11-17　从 Google Analytics 导入数据的部分

点击 Import 按钮后，必须授权 Can I Use 访问你的分析数据。授权后，选择要从中导入数据的网站。执行此操作时，表示功能支持程度的视觉效果将发生变化，以反映网站访问者情况。本例中，可以看到支持 HTTP/2 的那部分用户。在包含这些数据的框的右上角，可以看到一个百分比，它表示支持程度，如图 11-18 所示。

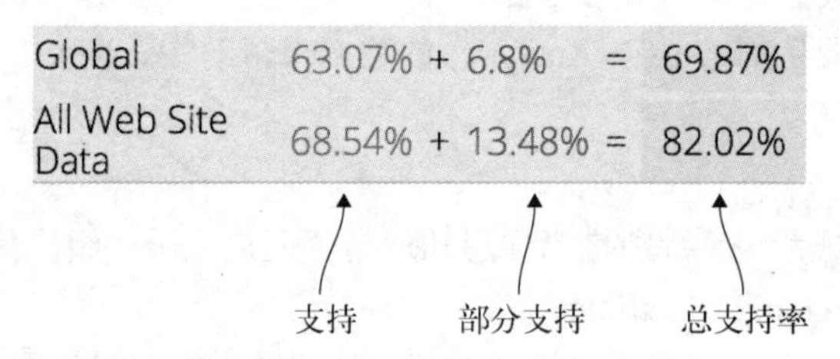

图 11-18　导入 Google Analytics 数据后，Can I Use 的功能的支持公式。所有网站数据都是从 Google Analytics 导入的

我导入 Weekly Timber 的数据时，可以看到大约 18%的网站访问者正在使用不支持 HTTP/2 的浏览器。这也是一个保守的估计，因为本例中的“部分”支持并不意味着该部分中的每个用户都可以使用 HTTP/2。

有了这些数据，就必须做出决定。如果访问 Weekly Timber 的用户中大约有 20%不能使用 HTTP/2，那么对这两部分用户进行优化似乎是合理的。也就是说，重要的是要记住：这些数据会随着网站以及导入数据的时间而变化。要利用你网站的数据做出明智的决定！

有了数据之后，你现在可以以一种对两种协议的用户均有益的方式提供资源了。开始优化吧！

11.4.3　根据浏览器功能提供资源

如何基于用户的 HTTP/2 支持向他们提供内容，取决于对使用中的协议版本的检测。如果可以检测，就可以修改向浏览器发送 HTML 的方式。

请记住，HTTP/1 和 HTTP/2 在优化技术上的唯一真正区别是，前者在资源合并时性能更好，后者在资源粒度更细时性能最好。当可以更改包含正在运行的 HTML 的 HTTP 响应并修改资源加载方式时，你就能完全控制为每个用户部分传输的资源。

开始之前，需要为 Node 安装一个名为 `jsdom` 的包。这个包允许你在 Node 中修改服务器上的 HTML 内容，就像在浏览器中使用 `window.document` 对象提供的熟悉的方法一样。若要安装此插件，请转到客户网站的根文件夹，并键入 `npm i jsdom`，然后键入 `git checkout -f protocol-detection` 以更新代码，之后即可开始解决这个问题。如果想跳转到完成后的代码，可以在终端中键入 `git checkout-f protocol-detection-complete`。

1. 检测协议版本

所有操作的第一步，是确定在请求中运行的协议版本。要测试这一点，需要一个支持 HTTP/2 的现代浏览器，如 Chrome 或 Firefox，以及另一个不能使用 HTTP/2 的旧浏览器。我获取了安装 IE10 的免费 Windows 7 虚拟机。如果没有像 VMWare 这样的付费虚拟机程序，可以获取名为 virtualbox 的免费虚拟机程序。如果你的计算机上安装了较旧的 Web 浏览器，请使用该浏览器进行测试。

检测协议版本很简单。用于在 Node 中创建 HTTP/2 服务器的 `spdy` 包，其 `request` 对象中有一个名为 `isSpdy` 的成员属性。虽然这个属性的名称并不像你想象中的那样简单，但它可以指示当前连接是否使用 HTTP/2。在文本编辑器中打开 http2.js，在 `contentType` 变量声明之后，添加代码清单 11-6 中粗体显示的行。

代码清单 11-6　检查 HTTP 版本

```
var filename = path.join(pubDir, request.url),
    contentType = mime.lookup(filename),
    protocolVersion = request.isSpdy ? "http2" : "http1";
```

从此，你将使用这一行代码逻辑来确定如何调整 HTML，以便容纳这两种协议的用户。我们检查 `request.isSpdy` 对象成员的值，并基于其布尔值，分配一个字符串值`"http2"`或`"http1"`。接下来，当用户降级到 HTTP/1 时，使用 `jsdom` 包向`<html>`标签添加一个类。

为什么要这样做？原因很简单：当你在`<html>`标签中添加一个类来标识用户的协议何时降级时，即可更改在 CSS 中传输资源的方式。默认情况下，你编写的 CSS 是为了优先以对 HTTP/2 最佳的方式传输资源，因此仅当协议降级时才需要修改。

2. 添加 HTTP/1 类

要使用 `jsdom` 将 HTTP/1 类添加到文档，需要对 HTTP/2 服务器的代码进行一些调整。切换到代码的 `protocol-detection` 分支时，服务器推送的逻辑应该已被删除，这将使事情比你希望容纳所有内容时简单得多。

在为每个请求设置头部的代码中，查找 `response.writeHead` 调用。可以在此之后插入代码清单 11-7。

代码清单 11-7 在 HTTP 版本降级时，向<html>标签添加类

```
if(protocolVersion === "http1" && filename.indexOf(".html") !== -1){
    fs.readFile(filename, function(error, data){
        jsdom.env(data.toString(), function(error, window){
            window.document.documentElement.
            classList.add(protocolVersion);
            var newDocument = "<!doctype html>" + window.document.
                                documentElement.outerHTML;
            response.end(newDocument);
        });
    });
}
```

从文件系统读取资源

检查是否使用 HTTP/1，以及请求的资源是否是 HTML 文件

为 <html> 标签添加 http1 类

jsdom 读取文件内容，并创建一个 window 对象供使用

修改后的文档内容被发送到浏览器

前进方向是正确的，但需要对服务器代码做进一步修改。如果请求降级为 HTTP/1 并且请求的资源是 HTML 文档，将截取并修改请求的内容，但当传入的请求与该条件不匹配时，会出问题。需要用 else 条件隔离其他请求，如代码清单 11-8 所示。

代码清单 11-8 隔离不需要修改的其他请求

```
else{
    var fileStream = fs.createReadStream(filename);
    fileStream.pipe(response);
    fileStream.on("finish", response.end);
}
```

确保将 else 条件放在检查协议版本和 HTML 资源请求的初始 if 条件之后，否则将触发服务器错误。

完成后，使用 Node 运行服务器，并在现代浏览器中打开网站。你将看到响应不变。但是如果在不支持 HTTP/2 的浏览器中打开网站，你会注意到<html>标签添加了 http1 类，如图 11-19 所示。

```
<!DOCTYPE html PUBLIC "">
<html class="http1">
```

图 11-19 Web 服务器降级到 HTTP/1 时，<html>标签会在服务器上被修改

实现这个逻辑后，现在可以基于这个协议版本类的存在，完全控制传输资源的方式。打开 htdocs/css 文件夹中的 styles.min.css 并滚动到底部，将看到某些样式是在协议版本为 HTTP/1 时使用雪碧图（sprite.svg）编写的。打开 https://localhost:8443/index.html，并比较能够使用 HTTP/2 的现代浏览器（如 Chrome）与不能使用 HTTP/2 的浏览器（如 IE10）的请求数，你会注意到支持 HTTP/2 的浏览器处理了另外 4 个对 SVG 图像的请求。不支持 HTTP/2 的浏览器将改为使用雪碧图，使得图像的请求数量减少 3 个。

这不是减少服务器端请求的唯一方法。接下来，我们将使用 jsdom 进一步减少对 HTTP/1 客户机的请求，方法是将多个脚本替换为一个连接版本，该版本将能够满足 HTTP/1 的优化要求。

3. 将多个脚本替换为 HTTP/1 用户的连接脚本

Weekly Timber 网站有很多脚本——实际上是 7 个。其中一个是 jQuery 的 CDN 托管副本，因此你真正应该优化的脚本传输只有 6 个。

假设在 HTTP/1 服务器端/客户端通信中，客户端发起的最大并行请求数通常为 6。如果可以将这 6 个脚本替换为 HTTP/1 用户的一个连接版本，就可以为这些用户改进网站资源的传输。代码清单 11-9 显示了每个页面上的`<script>`标签。

代码清单 11-9 Weekly Timber 网站上的脚本

```
<script src="https://code.jquery.com/jquery-2.2.4.min.js"
integrity="sha256-BbhdlvQf/xTY9gja0Dq3HiwQF8LaCRTXxZKRutelT44="
crossorigin="anonymous">
</script>
<script src="js/jquery.colorbox.min.js"></script>
<script src="js/colorbox-init.min.js"></script>
<script src="js/scooch.min.js"></script>
<script src="js/carousel.min.js"></script>
<script src="js/lazyload.min.js"></script>
<script src="js/collapsible-content.min.js"></script>
```

以下是在 HTTP/1 连接上适合连接的脚本

第一个脚本是 jQuery 的 CDN 托管副本，我们希望继续从 CDN 引用它。而后面 6 个脚本可以连接起来，以方便 HTTP/1 访问者。我已经在 js 文件夹 scripts.min.js 中提供了这些脚本的连接版本。我们的目标是使用 `jsdom` 在服务器上转换这个标记，使其通过 HTTP/1 访问站点时，内容如代码清单 11-10 所示。

代码清单 11-10 Weekly Timber 网站上针对 HTTP/1 脚本的最佳处理

```
<script src="https://code.jquery.com/jquery-2.2.4.min.js"
        integrity="sha256-BbhdlvQf/xTY9gja0Dq3HiwQF8LaCRTXxZKRutelT44="
        crossorigin="anonymous">
</script>
<script src="js/scripts.min.js"></script>
```

代码清单 11-9 中所有脚本的连接版本

看起来很简单，但是首先需要编写一些代码来更改服务器上的标记。因为代码是 HTTP/2 优先的，也就是说脚本在默认情况下会被更细粒度地引用，所以需要将代码清单 11-9 所示的标记转换为代码清单 11-10 所示的标记。这将在服务器代码部分完成：当用户通过 HTTP/1 连接请求 HTML 文档时，可以在这部分代码中转换响应。这段代码显示在代码清单 11-11 中，添加的行以粗体显示。

代码清单 11-11 基于 HTTP 版本转换脚本的传输

获取所有非 CDN 托管的脚本

```
jsdom.env(data.toString(), function(error, window){
    window.document.documentElement.classList.add(protocolVersion);

    var scripts = window.document.
                    querySelectorAll("script:not([crossorigin])"),
        jQueryScript = window.document.
                        querySelector("script[crossorigin]"),
```

获取引用 CDN 托管版 jQuery 的`<script>`元素

```
        concatenatedScript = window.document.createElement("script");
        concatenatedScript.src = "js/scripts.min.js";

    for(var i in scripts){
        scripts[i].remove();
    }

    jQueryScript.parentNode.
    insertBefore(concatenatedScript, jQueryScript.nextSibling);

    var newDocument = "<!doctype html>" +
                     window.document.documentElement.outerHTML;
    response.end(newDocument);
});
```

创建一个新的<script>元素，引用连接脚本

移除所有非CDN托管的元素

添加新的<script>元素，指向连接脚本

进行此更改后，重启服务器。然后在支持 HTTP/2 的浏览器中打开该网站，会看到脚本粒度不变。如果在较旧的浏览器（如 IE10）中打开该网站，将看到如图 11-20 所示的内容。

https://code.jquery.com/jquery-2.2.4.min.js	GET	200
/js/scripts.min.js	GET	200

图 11-20　客户网站为 HTTP/1 浏览器传输连接脚本

这种方法虽然不可靠，而且只是概念证明，但它说明：你可以以一种对每个人都有利的方式提供资源。如果这正是你想采取的方法，那么需要考虑一些问题。

4. 一些考虑事项

如果你决定开始这项工作，就必须为如何为各种协议版本定制优化做出一些决定。

第一个决定取决于你是否需要调整网站以适应不同用户的能力。有些网站非常简单，两个协议版本都能很好地为它们服务；而有些网站显然更复杂。另一个需要考虑的方面是用户浏览器的能力，之前已经介绍过。

第二个决定取决于你可使用的技术。例如，在 PHP 服务器上，可以使用`$_SERVER["SERVER_PROTOCOL"]`环境变量发现协议版本。代码清单 11-12 展示了如何使用这个变量来影响资源的提供方式。

代码清单 11-12　PHP 根据协议提供资源

```
<script src="https://code.jquery.com/jquery-2.2.4.min.js"
        integrity="sha256-BbhdlvQf/xTY9gja0Dq3HiwQF8LaCRTXxZKRutelT44="
        crossorigin="anonymous">
</script>
<?php if($_SERVER["SERVER_PROTOCOL"] == "HTTP/1.1"){ ?>
    <script src="js/scripts.min.js"></script>
<?php }else{ ?>
    <script src="js/jquery.colorbox.min.js"></script>
    <script src="js/colorbox-init.min.js"></script>
    <script src="js/scooch.min.js"></script>
```

无论哪种协议版本都要加载的脚本

协议版本是HTTP/1 时加载的脚本

协议版本是HTTP/2 时加载的脚本

```
        <script src="js/carousel.min.js"></script>
        <script src="js/lazyload.min.js"></script>
        <script src="js/collapsible-content.min.js"></script>
    <?php } ?>
```

如何做到这一点取决于使用的服务器端语言。根据语言的不同，这种逻辑的实现难度也有所区别。

我们已经了解了 HTTP/2 及其与 HTTP/1 的不同之处，以及具体的实现方式，下面回顾在本章学到的知识。

11.5 小结

本章介绍了一些关于 HTTP/2 的概念，以及它与 HTTP/1 的区别。本章介绍了以下关键概念。

- HTTP/1 的设计初衷是提供简单的功能，而且远比 Web 开发人员最终强迫它做的要简单。结果，缺少连接多路复用和未压缩头部等问题，导致其性能下降。
- HTTP/2 从 Google 的实验性 SPDY 协议演变而来，并逐渐解决了并行连接和未压缩头部的限制问题。
- 你编写了一个 Node 驱动的 HTTP/2 服务器，并亲身体验了 HTTP/2 的好处。
- HTTP/2 需要对我们的优化方式进行一些更改。在这个新版本的协议中，曾经鼓励开发人员将捆绑资源、雪碧图和资源内联等组合起来的优化实践，现在变成了反模式。
- 服务器推送让你能够享受资源内联的性能优势，但不会出现内联带来的任何问题，如可维护性和缓存问题。
- 如果你运行的是 HTTP/2 服务器，并且相当一部分用户使用的浏览器只支持 HTTP/1，那么可以调整资源传输，使其对每个人都是最佳的。

本书已经接近尾声，在正式结束之前，我们将花点时间讨论如何使用名为 gulp 的 JavaScript 任务运行器，自动化之前学到的许多优化实践。等你合上这本书的时候，你将不仅拥有让网站快速运行的技术知识，而且能够自动化这些技术！

第 12 章 使用 gulp 自动化优化任务

12

本章内容

- ❑ 了解 gulp 的工作原理以及应使用它的原因
- ❑ 构建项目以使用 gulp
- ❑ 安装 gulp 插件
- ❑ 理解 gulp 任务的工作原理
- ❑ 为项目编写任务
- ❑ 在客户网站上测试基于gulp的构建系统

网站性能优化中最糟糕的部分就是其重复性。缩小这个 CSS、丑化那个 JavaScript、优化那些图像等，所有这些重要（但让人麻木）的工作都可能影响你的工作热情。

令人欣慰的是，有一个工具可以自动完成所有这些乏味的任务——gulp。gulp 是一个基于 Node 的构建系统，它可以使你的工作流更加高效，为你节省时间。

本章将学习 gulp 及其工作原理。我们将创建一个最适合在前端开发项目中使用 gulp 的文件夹结构。定义好这个结构之后，还将安装自动化优化任务所需的 gulp 插件。

说到任务，我们将剖析 gulp 任务，然后编写任务来帮助你将从本书中学到的优化技术自动化，包括缩小 HTML、从 LESS 文件中编译和缩小 CSS、丑化 JavaScript 和优化图像。我们还将编写监听项目文件更改的任务，并在文件更改或添加到项目中时，自动运行相关任务。最后编写一个构建任务来编译项目并部署。

一旦编写并定义完这些任务，你就可以启动所有任务，并在 Weekly Timber 网站上进行尝试，看看它们是如何工作的。最后，我们将介绍 gulp 生态系统中存在的其他 gulp 插件，以及如何找到更多插件来自动化各种任务（即使它们可能与改善网站性能无关）。现在让我们开始 gulp之旅吧！

12.1 关于 gulp

Node 成为主流后，就成了 Web 开发人员创建各种有用工具的“渠道”。不久以后，它就被用于创建复杂的工具，如单元测试软件、包管理器，甚至是构建系统。gulp 是一个基于 Node 的构建系统。本节将学习为什么应该考虑使用 gulp，以及 gulp 的工作原理。

注意：本章假设你在使用 gulp 4

事实证明，写一本技术书可能面临有趣的挑战。撰写本书时，gulp 4 还处于待发布状态，最新发布的是 gulp 3。你读到本章时，也许依然是这个状态。这可能会改变用 `npm` 安装 `gulp` 包的方式。不过，别担心，到时候我会为你提供指导。

12.1.1 为什么要使用构建系统

gulp 自称是流式构建系统。它能为你自动完成任务，否则你必须自己完成。使用构建系统后，你就可以专注于提高生产效率。

"但我为什么要使用构建系统呢？现在做事的方式对我来说已经足够好了！"当这样的工具开始变得越来越普遍时，我就这样对自己说，而且多数情况下，我过去工作的方式还不错。

只是重复性很强。我在许多项目中使用 LESS 资源，每当修改 LESS 文件时，我都会经历一个如图 12-1 所示的过程。

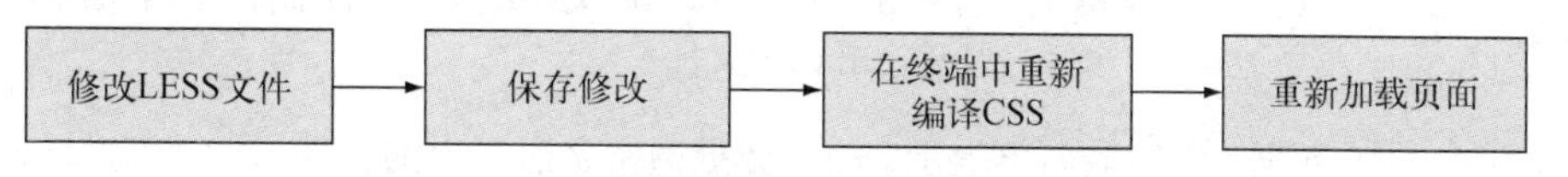

图 12-1 用于将 LESS 编译为 CSS 的手动工作流

这有用吗？当然！但是当你第 500 次这样做时，你难道不会发疯吗？当然会！虽然这个过程不需要很长时间，但是想想吧，当你无限次重复这个过程时，浪费了多少时间：你修改一处、保存文件、切换到终端并运行命令来编译 CSS，再切换到浏览器并重新加载页面。一直重复，直到你的手在你 30 岁时就已皮肤粗糙。好吧，虽然这个形容有些夸张，但它确实是重复的。使用构建系统，你就可以更改工作流，如图 12-2 所示。

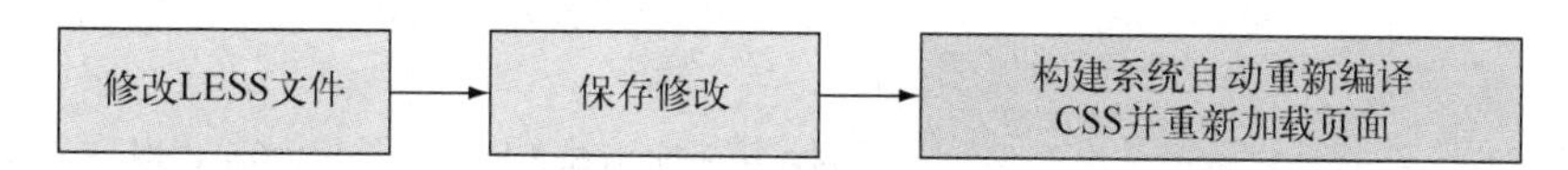

图 12-2 将 LESS 编译成 CSS 的一种自动化工作流。开发人员唯一要执行的任务是更改并保存，而构建系统则为我们构建 CSS 并重新加载页面

这个新的工作流可以使你集中精力提高工作效率。你不必在终端中不断地重新运行命令，而只需启动一次构建系统，然后集中精力编辑 CSS，并且在更改时就能看到其显示在浏览器窗口。

当然，构建系统不仅可以用来将 LESS 文件编译为 CSS，而且你还可以使用它在这个过程中缩小 CSS 和其他资源、优化图像，以及执行构建系统的插件生态系统允许你执行的任何操作。使用 gulp 时，你几乎可以自动化各种任务。在我编写本书时，gulp 生态系统有大约 2500 个插件可供下载和使用。

现在你已经知道了构建系统（如 gulp）可以为工作流带来的一些好处，可能想知道 gulp 是如何工作的。让我们一起来探个究竟！

12.1.2　gulp 的工作原理

如前所述，gulp 自称是一个**流式构建系统**，但这意味着什么呢？流是 gulp 构建过程中转换数据的核心。你可以链接多个流来创建任务。我们先看看流是如何工作的。

1. 流的工作原理

流是 I/O 的一个旧概念，在 gulp 中，它允许你通过插件转换数据的输入，然后将转换的输入作为输出进行管道传输。图 12-3 展示了流中与编译 LESS 文件相关的单点处理。

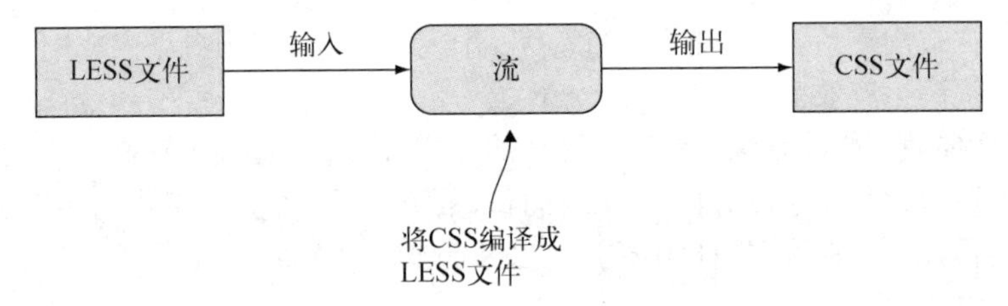

图 12-3　流的概念。本例中，输入由导入流的 LESS 文件组成，然后流将 LESS 文件编译为 CSS，并通过管道输出 CSS 文件

这是 gulp 中的数据 I/O 的最简单表示。输入数据通常是磁盘上的文件，通过管道传输到一个由某种插件转换的流。转换后的数据随后从流中输出，然后被写入磁盘，或在写入之前被传递到其他流。图 12-4 展示了一个多次转换数据的链式流。

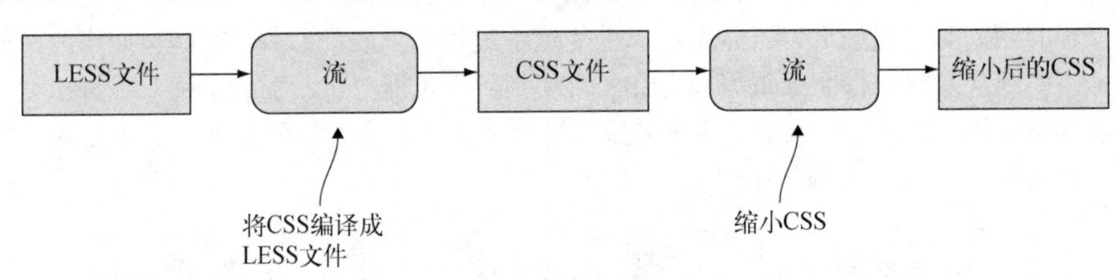

图 12-4　数据通过管道进出多个流的示例。第一个流将 LESS 文件编译成 CSS，然后将 CSS 通过管道传输到另一个流中并缩小它

链式流允许我们获取相同的输入并多次转换。可以根据需要链接任意多个流，完成后，将其传递给将输出写入磁盘上文件的处理程序。在前面的例子中，你接受一个 LESS 文件作为输入，并将其传递给一个流以将其编译成 CSS，然后将该输出作为输入导入另一个流进行缩小。

你已经理解了流的概念，下面我们谈谈 gulp 任务。

2. 任务的工作原理

任何数量的流都是所谓的**任务**的构建块。在 gulp 中，任务负责完成从磁盘读取数据开始的特定事情（或一组事情）。图 12-5 概述了具有单个流的简单任务。

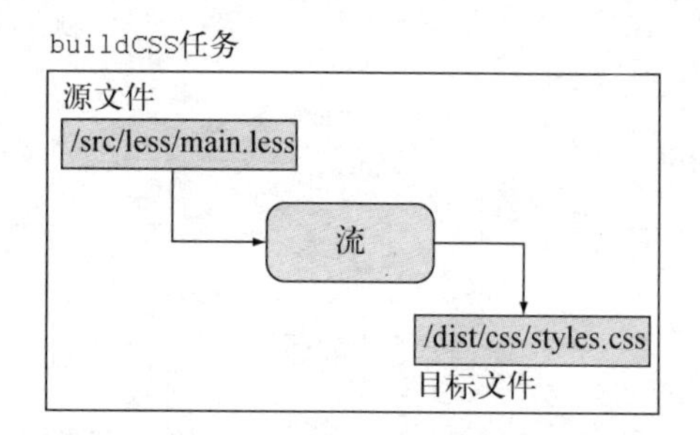

图 12-5 任务概述。该任务由其名称 `buildCSS` 标识，并以磁盘上名为 main.less 的 LESS 源文件开始。此文件通过管道传输到一个流，该流将 main.less 编译为一个 CSS 文件，然后该 CSS 文件从流中输出并作为 styles.CSS 保存到磁盘

这就是整个任务。它是一个流的包装器，始于来自文件系统的输入，终于把流输出回写到文件系统的另一个位置。

一项任务通常归为一个关注点。本例中，图 12-5 所示的 `buildCSS` 任务处理项目中与 CSS 相关的部分。为了缩小 HTML，需要编写另一个单独的任务。其他任务也一样，比如优化图像和丑化 JavaScript。

可以为项目定义任意数量的必备任务。组合这些任务的代码时，需要创建项目的构建系统，这也称为 gulpfile。然而，在开始编写 gulpfile 之前，需要先为项目创建一个文件夹结构，然后安装 gulp 和相应的插件。

12.2 奠定基础

开始为项目编写 gulpfile 之前，需要为项目建立一个文件夹结构，然后安装需要的所有插件。我们先整理一下文件夹。

12.2.1 组织项目文件夹

创建一个新项目时，第一件事就是为其设置一个文件夹结构。即使在使用构建系统时也是这样，但它确实有些不同。

如前所述，任务从源文件的输入数据开始，以写入磁盘的输出数据结束。根据这个工作流程，你要编辑的是源目录中的文件，并使用构建系统将所有内容编译到发行目录。图 12-6 展示了这一流程。

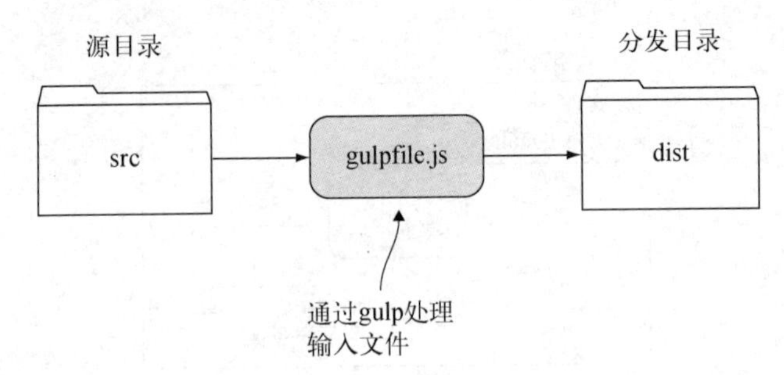

图 12-6　构建系统从源目录（本例子中是 src）获取文件进行处理，并将输出写入发行目录（名为 dist）

开始前，请在计算机上创建一个新文件夹（名字随意）。然后进入该文件夹并创建一个名为 src 的文件夹，它是你编辑文件的地方。你可能没有自己的项目，所以将使用 Weekly Timber 网站的文件填充这个文件夹。要实现这一点，可以使用 `git` 命令从远程存储库拉取网站：

```
git clone https://github.com/webopt/ch12-weekly-timber.git ./src
```

这个操作将为构建系统提供一些可构建的内容。此命令完成后，需要在项目的根目录下创建一个名为 dist 的文件夹。完成后，你将拥有一个如下所示的文件夹结构：

```
/
 src
  img
  js
  less
 dist
```

文件夹结构如此设置时，你就可以正式开始了。请注意，你的项目不一定非要遵循这种精确的结构，一般将工作所在的文件夹与构建系统输出文件的文件夹分开即可。接下来，安装 gulp 及其工作所需的插件。

12.2.2　安装 gulp 及其插件

使用 gulp 进行任何操作之前，需要在系统上全局安装 gulp 的命令行界面。这样即可通过 `gulp` 命令处理 gulpfile。使用如下命令进行安装：

```
npm install -g gulp-cli
```

以后不必再次运行此命令，因为 `gulp` 程序将能够在系统上全局访问。然后，使用 `npm` 初始化项目目录：

```
npm init
```

执行此命令时，程序将询问项目名称、版本号和其他信息。就本章工作而言，这里输入的内容并不十分重要，因此请输入你认为必要的值，省略那些不确定或不关注的值。它们主要与你自己的项目或打算在 npmjs.com 上发布的 `npm` 模块相关。

不过这条命令的作用是创建一个名为 package.json 的文件，该文件负责记录项目安装的所有模块。这使得项目可移植，因此就不需要分发那些使用 npm 安装的模块。在 npm 的安装命令中使用--save 标志时，它会将模块信息写入 package.json。下面可以开始安装 gulp 了！

1. 安装 gulp

之前说过，根据 gulp 的状态，版本 3 可能是最新的版本（但将来可能会升级）。万一当你阅读本书的时候 gulp 已经更新，你需要确保自己用的是 gulp 4 而不是 gulp 3。首先使用 npm 检查远程包存储库中可用的 gulp 的最新版本：

```
npm show gulp version
```

这个命令完成后，你将得到包的版本号。如果收到一个以 4 开头的响应（例如，4.0.0 或类似的），那就正好，可以使用 npm 正常安装 gulp 包：

```
npm install gulp --save
```

如果收到一个以 3 开头的响应（例如，3.9.1），事情就有点棘手了。需要使用 npm 从 GitHub 安装 gulp 包，并指向存储库的 4.0 分支。使用以下命令可以轻松完成此操作：

```
npm install gulpjs/gulp#4.0 --save
```

这种语法可能看起来有点陌生，但此处所做的是指向一个 GitHub 用户（gulpjs）、一个存储库（gulp）和特定分支（#4.0）。这允许你从 GitHub 安装 gulp 包的版本 4，而不要求可通过 npm 提供 gulp 包。你阅读本章时，这个仓库的#4.0 分支可能已经在 gulp 4 被标记为最新版本之后不再存在。本例中，只需像往常一样使用 npm install gulp 命令安装 gulp 包。

下面开始安装项目所需的插件。我们将根据插件提供的功能对其安装进行分类，并描述每个插件将做什么。

2. 基本插件

这类插件是在 gulp 中进行基本工作所必需的。要安装这些插件，请键入以下命令：

```
npm install gulp-util del gulp-livereload gulp-ext-replace --save
```

这些插件实现了表 12-1 所示的功能。

表 12-1 基本 gulp 插件

插 件 名	功 能
gulp-util	某些插件会用它向终端输出错误和诊断信息等信息
del	删除文件和文件夹。执行“清理”构建（包括删除分发文件夹和从头开始构建）时非常有用
gulp-livereload	更改文件时自动重新加载浏览器。这涉及为浏览器安装 LiveReload 插件，我们将在编写完构建系统后介绍
gulp-ext-replace	允许为源输出指定一个与源输入不同的文件扩展名。使用 imagemin-webp 将 PNG 和 JPEG 文件转换为 WebP 时，需要使用此插件以保存扩展名为.webp 的文件

3. 缩小 HTML 的插件

缩小 HTML 就是一个可以自动化的优化任务。这只需要安装名为 gulp-htmlmin 的插件，如下所示：

```
npm install gulp-htmlmin --save
```

安装完成后，缩小 HTML 插件可供 gulpfile 使用。该插件将所有的空白和不必要的字符从 HTML 中取出，这将减少传输到客户端的字节数。更少的字节意味着更快的页面加载速度。

4. CSS 相关插件

Weekly Timber 网站使用 LESS 作为构建 CSS 的首选预编译程序，还使用 PostCSS 和一组以 PostCSS 为中心的插件。要安装这些插件，请输入以下内容：

```
npm install gulp-less gulp-postcss autoprefixer autorem cssnano --save
```

表 12-2 描述了这些插件的功能。

表 12-2　CSS 相关的 gulp 插件

插　件　名	功　　能
gulp-less	将 LESS 内容编译成浏览器可以理解的 CSS。如果你是 SASS 用户，不要绝望！如果你的项目依赖于 SASS（12.4 节），那么可以使用 gulp-sass 插件。Weekly Timber 使用 LESS，因此你将在本章使用这个插件
gulp-postcss	一个转换 CSS 的库。PostCSS 通过 PostCSS 生态系统中的插件来完成大量任务
autoprefixer	自动添加浏览器厂商前缀到 CSS 的 PostCSS 插件。在不使用 LESS/SASS mixin 或糟糕的复制/粘贴工作流的情况下，这对向后兼容非常有用。只需编写无前缀的 CSS，autoprefixer 将负责浏览器厂商前缀的细节
autorem	另一个 PostCSS 插件（我写的！），它将 `px` 单位转换成 `rem` 单位。这有助于使页面更易于访问，而不必手动将每个 `px` 单元转换为 `rem`
cssnano	一个 PostCSS 插件，可以缩小 CSS 并对其进行许多有针对性的优化，从而缩小文件

5. JavaScript 相关插件

优化 JavaScript 需要两个插件。要安装它们，请输入以下命令：

```
npm install gulp-uglify gulp-concat --save
```

表 12-3 描述了这两个插件的功能。

表 12-3　JavaScript 相关的 gulp 插件

插　件　名	功　　能
gulp-uglify	丑化 JavaScript 文件。如果不熟悉丑化，可以将其想象为类似于最小化，因为它从 JavaScript 文件中删除了所有不必要的空白，也缩短了代码，同时保留了功能，从而产生更小的文件
gulp-concat	连接 JavaScript 文件。虽然对于 HTTP/2 连接，连接文件是一个反模式，但是你很容易生成可有条件地用于 HTTP/1 连接的网站脚本的连接版本

6. 图像处理插件

你可能还记得，在第 6 章中，最大的资源类型往往是图像。因此，我们需要找到一种自动化图像优化的方法。事实证明，为了实现这一点，gulp 提供了很多工具。你需要安装以下插件：

```
npm install gulp-imagemin imagemin-webp imagemin-jpeg-recompress
➥imagemin-pngquant imagemin-gifsicle imagemin-svgo --save
```

表 12-4 描述了这些插件的功能。

表 12-4 图像优化相关插件

插 件 名	功 能
gulp-imagemin	提供基本 imagemin 功能。你还记得在第 6 章中，这是一个用于优化图像的 Node 模块。可以使用这个 gulp 扩展为我们自动化这个行为
imagemin-webp	可将图像转换为 WebP。WebP 通常小于 PNG 和 JPG 格式的图像。Chromium 及其衍生浏览器中的 WebP 支持，意味着很大一部分用户可以使用它们
imagemin-jpegrecompress	imagemin 插件，用于优化 JPEG 图像
imagemin-pngquant	imagemin 插件，用于优化 PNG 图像
imagemin-gifsicle	imagemin 插件，用于优化 GIF 图像
imagemin-svgo	imagemin 插件，用于优化 SVG 图像

安装所有这些插件之后，即可编写 gulpfile。

12.3 编写 gulp 任务

gulp 任务的组成很简单。它由许多相互链接的部分组成，这些部分将数据从一个流传送到另一个流。本节将剖析一个 gulp 任务，然后着手建立 gulpfile。

12.3.1 剖析 gulp 任务

gulp 任务是构建过程要实现的目标的简洁表达。可以将任务看作所寻求的功能的包装器。每个任务都由 gulp.task 方法封装。此方法通常接受一个参数，即指向执行任务的函数的指针。以下代码显示了一个任务的框架：

```
function minifyHTML(){
    // 任务代码
}

gulp.task(minifyHTML);
```

我们看到名为 minifyHTML 的函数。可以在其中设置任务代码，然后将其绑定到将定义它的 task 方法。task 方法还有其他用法，但这是它最简单的用法。稍后将介绍其他场景，例如以串行或并行方式运行任务。

1. 读取源文件

如前所述，gulp 中的流需要一个输入源。向流提供输入的方法是 gulp.src。此方法接受一个参数，该参数接受要作为输入读取的文件字符串（或字符串数组）。下面是 gulp.src 方法的一个示例：

```
function minifyHTML(){
  return gulp.src("src/*.html");
}
```

此处使用 gulp.src 方法读取 src 文件夹中的所有 HTML 文件(其位置是相对于 gulpfile 的)。此处使用的 src/*.html 文件模式称为 flie glob。如果在终端上处理文件已经有很长的时间了，那么你一定接触过这个概念；如果不太熟悉 glob，下面这些示例模式能够帮助你快速理解。

- img/*匹配 img 文件夹中的所有内容。
- img/**匹配 img 文件夹及其子文件夹中的所有内容。
- img/*.png 匹配 img 文件夹中的所有 PNG 图像。
- img/**/*.png 匹配 img 文件夹及其子文件夹中的所有 PNG 图像。
- img/**/*.{png, jpg}匹配 img 文件夹及其子文件夹中的所有 PNG 和 JPEG 图像。
- !img/**/*.svg 排除 img 文件夹及其子文件夹中的所有 SVG 图像。

在 Node 中所做的大多数工作将使用与这些模式大体相似的模式，但是 file glob 比仅使用这些模式要强大得多。

2. 在流中移动数据

通过 gulp.src 从磁盘读取输入后，需要一种机制来帮助我们将数据传送到插件。这通过 pipe 方法完成。下面的示例使用 pipe 方法，将数据从源移动到 htmlmin 插件，该插件负责缩小 HTML：

```
function minifyHTML(){
    return gulp.src("src/*.html")
        .pipe(htmlmin());
}
```

这个例子更抽象，因为它没有显示 htmlmin()实例是在哪里或如何创建的，但是我们很快就会介绍。此处最重要的是 pipe 方法。操作流时，我们使用了 pipe 方法，并将其链接在 gulp.src 之后。pipe 方法为你要向其传递数据的函数接受一个参数。本例将使用 gulp.src 读取数据，然后将该数据用 pipe 传递到 htmlmin()。htmlmin()完成它的工作后，将返回缩小的 HTML 数据，然后可以再次将其用 pipe 传递到流中的另一点，例如将缩小的输出写入磁盘上的文件。

3. 将数据写入磁盘

任务的最后一部分是获取从源文件转换的数据，并将其写入磁盘上的文件。要做到这一点，需要使用 pipe 并将 gulp.dest 传递给它。

gulp.dest 方法接受一个参数，该参数指定转换数据的目的地。这个参数不是 glob，而是一个字符串，用于标识要在磁盘上写入的特定文件夹或文件。以下是 pipe 方法的一个示例，该方法将缩小后的 HTML 输出到 gulp.dest：

```
function minifyHTML(){
    return gulp.src("src/*.html")
        .pipe(htmlmin())
        .pipe(gulp.dest("dist"));
}
```

这个示例任务完成了以下工作：使用 gulp.src 从磁盘读取 HTML 文件，然后将数据用 pipe 传递到 htmlmin()，之后通过 gulp.dest 将缩小的 HTML pipe 到 dist 文件夹。看出 gulp 任务有多简单了吧？大多数任务通常很短，几乎不需要配置。了解了关于 gulp 方法的新知识后，你就可以写一个 gulpfile 了。

12.3.2 编写核心任务

gulp 通过 gulp 命令工作，本章前面安装 gulp-cli Node 包时，已经将该 gulp 安装在系统上。执行 gulp 命令时，会在当前工作目录中查找名为 gulpfile.js 的文件。如果没有找到 gulpfile，什么事情都不会发生，gulp 将退出。但是，如果找到 gulpfile，gulp 将运行你在其中指定的任何任务。

想要跳过？

如果你遇到困难了，想要跳过，或者想拿到已完成的 gulp 样板文件并立即开始使用，请在终端窗口中键入 git clone https://github.com/webopt/ch12-gulp.git，复制包含已完成的构建系统的 GitHub 存储库。

本节将首先导入模块，然后完成每个核心任务。完成后，即可编写 gulpfile 了。

1. 导入模块

首先在项目的根文件夹中创建名为 gulpfile.js 的新文件。在使用 gulp 以及为其安装的大量插件之前，需要将它们导入 gulpfile。使用文本编辑器，将代码清单 12-1 输入 gulpfile。

代码清单 12-1 在 gulpfile 中导入所有需要的模块

```
var gulp = require("gulp"),
    util = require("gulp-util"),
    del = require("del"),
    livereload = require("gulp-livereload"),
    extReplace = require("gulp-ext-replace"),
    htmlmin = require("gulp-htmlmin"),
    less = require("gulp-less"),
    postcss = require("gulp-postcss"),
    autoprefixer = require("autoprefixer"),
```

构建系统工作所需的基础模块

缩小 HTML 的模块

构建 LESS 所需的模块，以及 PostCSS 插件

```
autorem = require("autorem"),
cssnano = require("cssnano"),
uglify = require("gulp-uglify"),
concat = require("gulp-concat"),
imagemin = require("gulp-imagemin"),
jpegRecompress = require("imagemin-jpeg-recompress"),
pngQuant = require("imagemin-pngquant"),
svgo = require("imagemin-svgo"),
gifsicle = require("imagemin-gifsicle"),
webp = require("imagemin-webp");
```

丑化和连接 JavaScript 所需的插件

图像优化所需的模块

这段代码导入了 gulp 实现其功能所需的所有模块。完成此步骤后，可以创建第一个 gulp 任务了。

2. 探索任务的总体结构

本节编写的大多数任务将遵循一个可预测的模式。有些任务可能略有不同，但随着学习的深入，你应该会熟悉基本结构。图 12-7 显示了任务将遵循的一般结构。

图 12-7　你将为本章的 gulpfile 编写的 gulp 任务的一般结构

本章编写的任务几乎总是始于从磁盘读取源文件。随后通过 `pipe` 将数据传输到与任务目标相关的插件。这些行为包括缩小 HTML、优化图像等。完成后，使用 `gulp.dest` 方法将文件写入磁盘。

并不是每个任务都一成不变地遵循这种模式。例如，用于清理构建和监听文件更改的实用程序任务将明显不同。我们会处理这些问题并根据需要进行解释。

你准备好开始编写 gulp 任务了吗？下面从编写 HTML 缩小任务开始。

3. 缩小 HTML

缩小是 Web 开发工具箱中的基本优化方法之一。虽然缩小 HTML 并非在所有场景中都能节省大量带宽，但很容易做到，而且 gulp 能使它变得更加容易。

在代码清单 12-1 中，将 gulp-htmlmin 插件导入 `htmlmin` 变量。之后，你就可以编写 HTML 缩小任务。在 gulpfile 中，输入代码清单 12-2。

代码清单 12-2　HTML 缩小任务

```
function minifyHTML(){
var src = "src/**/*.html",
dest = "dist";

return gulp.src(src)
    .pipe(htmlmin({
        collapseWhitespace: true,
        removeComments: true
```

```
        }))
        .pipe(gulp.dest(dest))
        .pipe(livereload());
}

gulp.task(minifyHTML);
```

将缩小的 HTML 传送到目标目录

告诉 LiveReload 重新加载浏览器窗口

将 minifyHTML 任务绑定到 gulp

有一点内容需要特殊处理，但大多数是你将要编写的其他任务所共有的。首先，使用 gulp.src 读取磁盘上的HTML文件。然后，数据通过 pipe 管道传送到 gulp-htmlmin 插件，该插件将缩小 HTML。你向它传递了两个选项：removeComments 删除 HTML 中的所有注释；collapseWhitespace 安全地删除文件中的所有空白，而不会影响内容的完整性。

完成缩小工作后，要通过 gulp.dest 将更改写入 dist 目录，然后将流通过 pipe 传输到 livereload 模块，该模块会向正在监听的 livereload 实例发送信号，以重新加载浏览器页面。（本节稍后将讨论如何设置浏览器以监听更改。）最后，需要将 minifyHTML 函数绑定到 gulp 的 task 方法，这个方法负责设置 HTML 缩小任务。保存 gulpfile，如果你还没有的话。在 gulpfile 所在目录的命令行中，运行以下命令：

```
gulp MinifyHTML
```

这将运行你编写的 minifyHTML 任务。它运行时，你应该能看到如下输出：

```
[13:47:33] Using gulpfile /var/www/ch12-gulp/gulpfile.js
[13:47:33] Starting 'minifyHTML'...
[13:47:33] Finished 'minifyHTML' after 64 ms
```

你的输出会有一些变化，但总体看起来应该与此类似。任务完成后，你会注意到 src 目录中的所有 HTML 都已被缩小，并保存到 dist 文件夹。

祝贺你！你完成了第一个任务。其余任务的工作量与此基本相同，但复杂程度有所不同。接下来处理与 CSS 相关的任务。

4. 构建 LESS 文件并使用 PostCSS

下一个任务比编写 HTML 的缩小任务更复杂。我们将使用 gulp-less 插件从 src/less 文件夹编译 LESS 文件，并通过 gulp-postcss 插件转换/优化编译的 CSS，然后将其写入 dist/css 文件夹。此任务中涉及的模块有 gulp-less、gulp-postcss、autoprefixer、autorem 和 cssnano。要继续，请在 gulpfile 中输入代码清单 12-3。

代码清单 12-3 LESS 编译和 CSS 优化任务

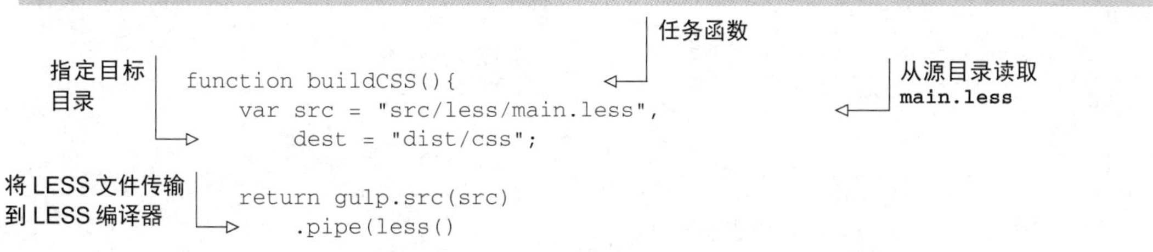

```
        .on("error", function(err){          <-- 拦截错误的回调
            util.log(err);                   发生错误则上报
            this.emit("end");                <-- 结束错误处理过程
        }))
        .pipe(postcss([                      将编译生成的 CSS 传输到 PostCSS
            autoprefixer({                   <-- 自动将浏览器厂商前缀添加到相关 CSS 属性
                browsers: ["last 4 versions"]   为最近的 4 个浏览器版本添加前缀
            }),
            autorem(),                       <-- autorem 将 px 单位转换为 rem 单位
            cssnano()                        <-- cssnano 缩小并优化 CSS
        ]))
        .pipe(gulp.dest(dest))
        .pipe(livereload());
}

gulp.task(buildCSS);                         <-- 将 buildcss 任务函数绑定到 gulp
```

这个任务虽然比之前编写的缩小 HTML 更复杂，但还算简单。Weekly Timber 的所有样式都是用 LESS 编写的，主文件是 main.less 文件。可以从磁盘读取该文件，并通过 `pipe` 将其传输到 gulp-less 插件实例。这会将 LESS 编译成 CSS。此外，错误处理程序用于捕获发生的错误，并通过 gulp-util 插件的 `log` 方法将它们记录到控制台。

接下来事情变得更加复杂了。我们在这个项目中使用了 3 个 PostCSS 插件，它们都被传递到 gulp-postcss 插件实例，分别是 autoprefixer、autorem 和 cssnano。这些插件分别会自动为 CSS 添加浏览器厂商前缀，将 `px` 单位转换为 `rem` 单位，缩小/优化 CSS。这一切结束时，缩小后的 CSS 将被写入 dist/css 目录。完成此任务后，即可通过如下方式运行该任务进行测试：

```
gulp buildCSS
```

打开 dist/css 文件夹，将看到优化后的 css 文件 main.css。现在，你已经完成了 CSS 优化任务！接下来执行 JavaScript 任务。

5. 丑化并连接脚本

构建系统的 JavaScript 优化任务包含两个方面：丑化 JavaScript 以减小其大小，然后将它们连接起来。如果有能力同时为 HTTP/1 和 HTTP/ 2 提供最佳的资源传输，就要分别提供连接和未连接版本的脚本集合。先将代码清单 12-4 输入 gulpfile，开始编写 `uglify` 任务。

代码清单 12-4　JavaScript 丑化任务

```
function uglifyJS(){                        任务函数
    var src = "src/js/**/*.js",             源 file glob
    dest = "dist/js";                       <-- 丑化后的脚本将写入的目标目录

    return gulp.src(src)
        .pipe(uglify())                     <-- 源文件被传输到 uglify 插件
        .pipe(gulp.dest(dest))
```

```
            .pipe(livereload());
    }

    gulp.task(uglifyJS);
```

将 uglifyJS 任务函数绑定到 gulp

这个任务会在src/js文件夹中递归查找JavaScript文件，并将它们传输到gulp-uglify模块实例。完成后，它将把丑化后的脚本写入 dist/js 目录。

接下来，编写捆绑脚本的连接任务。这和 `uglifyJS` 任务一样简单。在 gulpfile 中，输入代码清单 12-5。

代码清单 12-5 脚本连接任务

```
function concatJS(){
    var src = ["dist/**/*.js", "!dist/js/scripts.js"],
    dest = "dist/js",
    concatScript = "scripts.js";

    return gulp.src(src)
        .pipe(concat(concatScript))
        .pipe(gulp.dest(dest))
        .pipe(livereload());
}

gulp.task(concatJS);
```

任务函数

源 file glob

连接脚本要放置的目标位置

连接脚本的目标名称

将脚本数据传送到 gulp-concat 插件

将 concatJS 任务函数绑定到 gulp

`concatJS` 任务的用法稍后将变得很有趣，因为它依赖于首先由 `uglifyJS` 任务处理的文件。之后定义监听和构建任务时，我们将使用一个特殊函数，该函数将确保在 `concatJS` 任务之前运行 `uglifyJS` 任务，因为它们相互依赖。

另一个关注点是，你需要在 src file glob 中排除 scripts.js，它将包含连接的脚本。如果不排除，`concat` 任务将在每次运行时递归捆绑 scripts.js。这显然不是最优结果，所以要避免这种情况。

这个任务接下来的工作与以前编写的任务类似：通过 `pipe` 传输从 src file glob 读取的数据，使用 gulp-concat 处理，并将其命名为 scripts.js，输出到 dist/js 目录。下面执行图像处理任务。

6. 处理图像优化

回忆一下第 6 章的内容，如果愿意优化图像，就可以节省空间。在大多数情况下，你可以做到这一点，而视觉质量不会有明显的下降。由于手动完成图像优化会非常乏味，所以 `imagemin` 的 gulp 插件实例 gulp-imagemin 提供了第 6 章中的所有功能。

本节将编写两个与 `imagemin` 相关的任务：优化 PNG、JEPG 和 SVG 的图像处理主任务，以及将 PNG 和 JPEG 转换为 WebP 图像的一个单独的任务。让我们从编写图像优化主任务开始，该任务将代码清单 12-6 输入 gulpfile，以处理标准图像类型。

代码清单 12-6　使用 `imagemin` 优化 PNG、JPEG 和 SVG

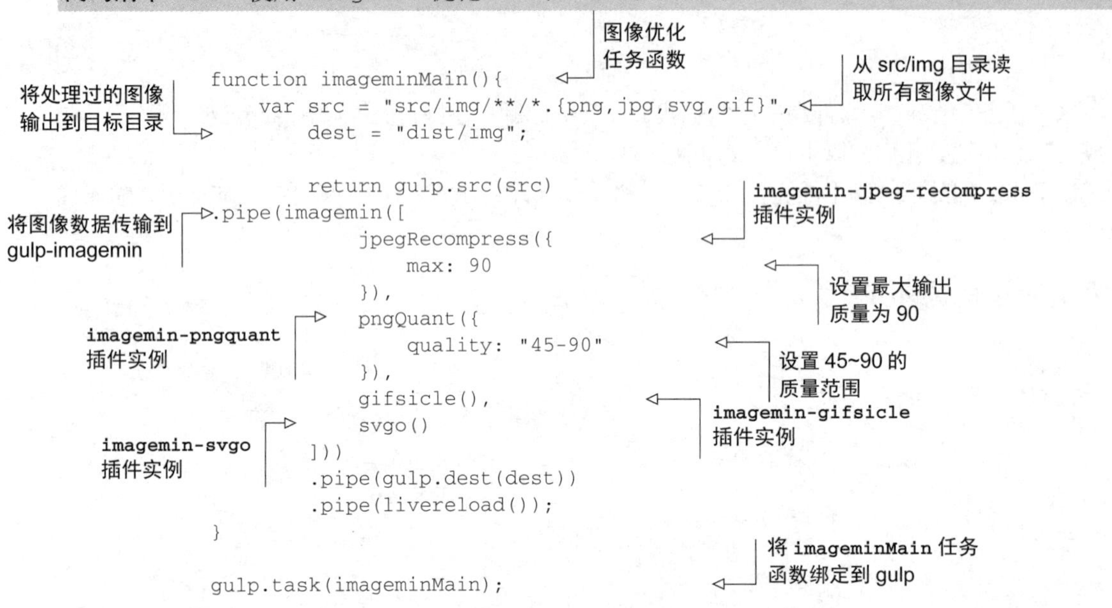


```
function imageminMain(){
    var src = "src/img/**/*.{png,jpg,svg,gif}",
        dest = "dist/img";

        return gulp.src(src)
        .pipe(imagemin([
            jpegRecompress({
                max: 90
            }),
            pngQuant({
                quality: "45-90"
            }),
            gifsicle(),
            svgo()
        ]))
        .pipe(gulp.dest(dest))
        .pipe(livereload());
}

gulp.task(imageminMain);
```

这项任务比其他一些任务更为复杂，但仍然相对简单。读取 src/img 目录中的所有 PNG、JPEG、SVG 和 GIF 文件，并将它们传递给 gulp-imagemin 插件实例。`imagemin` 有自己的插件默认值，如果没有提供插件，它将使用这些默认值；但是由于有大量的 `imagemin` 插件，我选择了一些性能比默认值稍好的插件。

> **`imagemin` 插件数量众多**
>
> 谈到用 `imagemin` 优化图像时，你可以想象的每种图像格式都有大量插件。每种格式都有丰富的选择，你可以用它们提升性能。

在这个任务中，你依赖 imagemin-jpeg-recompress、imagemin-pngquant、imagemin-svgo 和 imagemin-gifsicle 插件优化图像。图像被优化后，将写入 dist/img 文件夹。

以上代码处理了常见的图像格式，但是如果想利用 WebP 格式呢？你已经安装了这个插件：imagemin-webp。可以用它把现有的 PNG 和 JPEG 图像转换成 WebP。若要将此任务添加到构建系统，请将代码清单 12-7 添加到 gulpfile。

代码清单 12-7　WebP 转换任务

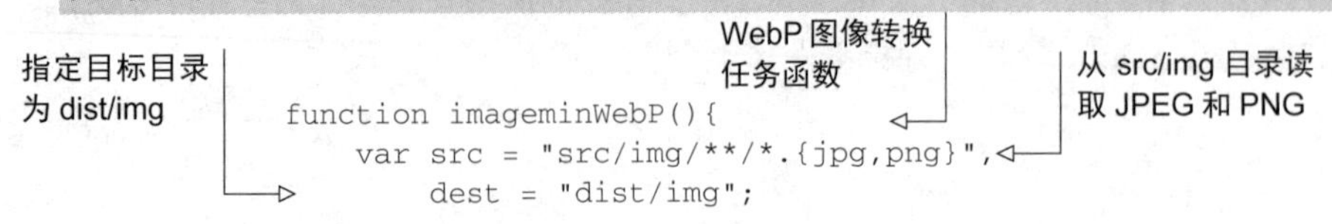


```
function imageminWebP(){
    var src = "src/img/**/*.{jpg,png}",
        dest = "dist/img";
```

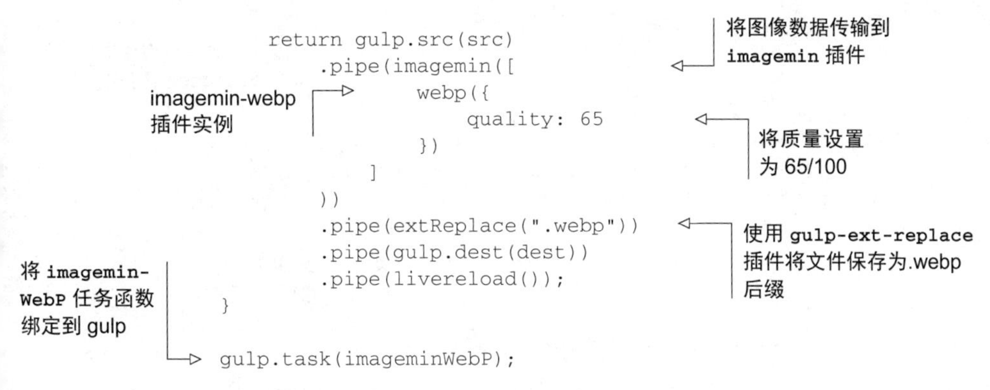

要同时尝试这两个任务，请运行以下命令：

```
gulp imageminMain imageminWebP
```

完成这些任务后，查看 dist/img 文件夹，不仅可以看到优化的图像，而且还可以看到它们的 WebP 版本。祝贺你！你已经编写了一个可以为你转换所有图像的任务，这也是 gulpfile 中的最后一个核心任务。

下一节将编写 `build` 任务（构建 src 目录中的所有内容）和 `watch` 任务（监视文件的更改）。

12.3.3　编写实用程序任务

我们已经为构建系统编写了所有核心任务。这些任务为你执行了繁重的工作：缩小、丑化、图像优化和构建 CSS——所有你需要的重要工作。

当然，你还没有真正实现自动化。这些任务虽然有用，但仍然要求你在终端运行特殊命令来执行所有操作。你还需要完成两项任务：

- 监听文件更改，并在发生更改时，自动运行任务并重新加载浏览器页面的任务；
- 项目完成并准备好投入生产时，对 dist 文件夹执行清理已构建的所有网站功能的任务。

让我们从编写 `watch` 任务开始吧！

1. 编写 watch 任务

`watch` 任务与其他任务一样，通过 `gulp.task` 方法定义。不过要在里面使用 `gulp.watch` 新方法。这个方法有两个参数：指定要监视的文件的 file glob 模式，以及检测到文件更改时应运行的一个或多个任务的数组。代码清单 12-8 显示了 `watch` 任务的全部内容，你将其定义为 `default` 任务。

代码清单 12-8　watch 任务

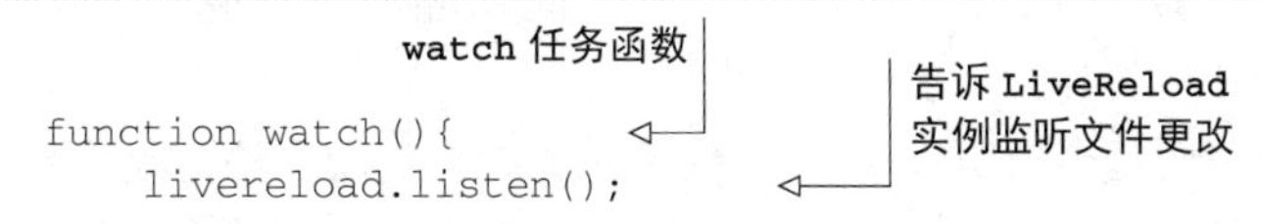

12

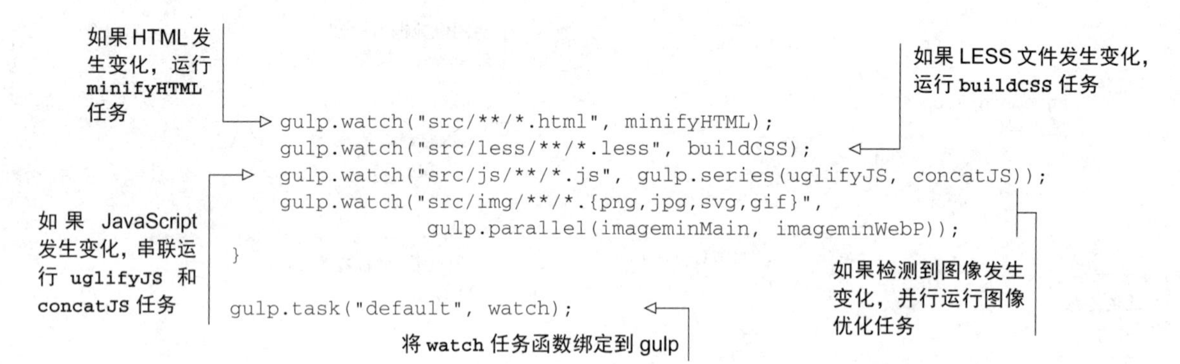

```
    gulp.watch("src/**/*.html", minifyHTML);
    gulp.watch("src/less/**/*.less", buildCSS);
    gulp.watch("src/js/**/*.js", gulp.series(uglifyJS, concatJS));
    gulp.watch("src/img/**/*.{png,jpg,svg,gif}",
               gulp.parallel(imageminMain, imageminWebP));
}

gulp.task("default", watch);
```

如果 HTML 发生变化，运行 minifyHTML 任务
如果 LESS 文件发生变化，运行 buildcss 任务
如果 JavaScript 发生变化，串联运行 uglifyJS 和 concatJS 任务
如果检测到图像发生变化，并行运行图像优化任务
将 watch 任务函数绑定到 gulp

这项任务比你以前写的要线性得多。首先要注意的是，这个任务被绑定到一个 `default` 标签，这是 gulp 中保留的标签。具有此标签的任何任务都不需要由 `gulp` 命令显式调用。用户在定义它的 gulpfile 的目录下的终端输入 `gulp` 时，它就会被执行。

接下来，告诉 gulp-livereload 插件实例启动一个监听文件更改的服务器。当配置了 LiveReload 插件的浏览器从该服务器接收到文件已更改的信号时，将重新加载页面。

为浏览器配置 LiveReload 的方式取决于你使用的浏览器。Chrome 有一个 LiveReload 扩展，可以通过在 Chrome 的 Web 商店中搜索它来进行安装。安装此插件后，可在地址栏旁边看到一个小工具栏图标，如图 12-8 所示。

单击以启用
LiveReload
Other Bookmarks

图 12-8　Chrome 工具栏上的 LiveReload 扩展图标。点击这个图标会启用 LiveReload 监听器，用于接收本地 LiveReload 服务器在文件变化时发出的重新加载信号

LiveReload 也可用于 Firefox、Opera 和 Safari。可以搜索浏览器的扩展存储库，或转到 livereload.com 以获取有关不支持的浏览器的其他安装方法的详细信息。

编写完 `watch` 任务，并为浏览器安装 LiveReload 扩展后，可以在终端中输入 `gulp` 命令启动 `watch` 任务。你将在终端窗口中看到如下输出：

```
[22:36:46] Using gulpfile /private/var/www/ch12-gulp/gulpfile.js
[22:36:46] Starting 'default'...
```

任务不会返回到命令行，而是会监听在 `watch` 任务函数中指定的文件更改。要测试这一点，可以如前几章一样，在根文件夹中运行一个 http.js Web 服务器，从 dist 提供内容，并为该页面启

用 LiveReload 浏览器扩展。要实现这一点，可以从本书前面的任何示例 Web 服务器获取代码，或者从 GitHub 复制存储库。然后，在文本编辑器中修改 src 目录中的文件，你将看到任务在你进行更改时自动运行。任务完成时，对每个任务中的 gulp-livereload 插件实例的 `pipe` 进行调用，向浏览器发出重新加载页面的信号。

你可能会对这个任务有异议，因为它会阻碍你在终端上做其他事情。你当然可以在后台运行，但是可能看不到任何程序输出（取决于你的终端），如果遇到错误，这对开发可没好处。需要做其他事情的话，请打开另一个终端窗口；如果需要退出 gulp，请按 Ctrl+C，程序将停止。

你会注意到两个新方法 `series` 和 `parallel`。两者都接受要运行的任意数量的任务，区别仅限于：`series` 一个接一个地运行指定的任务，而 `parallel` 并联运行所有指定任务。发生更改时，你会注意到你在并行运行与 `imagemin` 相关的任务，串行运行 `uglifyJS` 和 `concatJS` 任务，因为 `concatJS` 任务依赖于 `uglifyJS` 任务的结果。

现在，我们有了一个完全自动化的工作流。更改会实时发生，而浏览器会自动重新加载页面以显示更改内容。这不仅可以为你生成优化的网页，而且还可以提高开发人员的效率。剩下的工作就是为执行构建定义两个剩余的任务，然后就准备就绪了。

2. 编写 `build` 任务

`build` 任务是目前编写的所有任务中最简洁的。它只有一小段代码，接受任务的名称，并指定一组要串联运行的任务。`build` 任务如下所示：

```
gulp.task("build", gulp.parallel(minifyHTML, buildCSS, uglifyJS,
➥imageminMain, imageminWebP, gulp.series(uglifyJS, concatJS)));
```

代码就这么一点。通过在命令行输入 `gulp build` 调用构建任务时，数组中指定的所有任务都将运行。这个任务将从 src 目录生成完整的文件构建，并将优化后的文件输出到 dist 目录。

3. 编写 `clean` 任务

有时需要在执行构建之前销毁 dist 文件夹。这可能是因为你曾经在 src 中创建过资源，但后来删除了，因此 dist 中仍然有一些源于之前的构建的文件，这些文件是孤立的。此时需要调用一个任务，清除 dist 文件夹以执行**清除构建**。

之前，我们使用 `npm` 安装了一个名为 del 的插件。它本身不是一个 gulp 插件，而是一个删除文件夹的 Node 模块。gulp 的特性使我们可以编写任何有效的 Node 代码并运行它。唯一需要注意的是，编写的任何代码都需要返回一个 Vinyl 文件对象。不过本章不会深入探索 Vinyl。

`clean` 任务也简便、易操作：

```
function clean(){
    return del(["dist"]);
}

gulp.task(clean);
```

del 模块接受一个参数，该参数是要删除的一个或多个目录的数组。因此，现在要生成干净、原始的构建，只需在终端窗口中输入两个命令：

```
gulp clean
gulp build
```

这个操作会在 dist 文件夹中提供一个洁净的构建，并且可以投入生产了。有了它，你就完全自动化了，并且为任何新的 Web 项目做好了准备。然而，结束本书之前，我想谈谈 gulp 插件的生态系统，并介绍一些其他的插件，它们可能会对你和你的公司有用。

12.4　深入理解 gulp 插件

尽管你可以在 gulp 任务中执行任何有效的 Node 代码，但很明显，gulp 的便利性和功能都是由许多可用的 gulp 插件提供的。我只向你展示了一小部分可用的插件，还有更多插件可供你考虑。本节重点介绍几个吸引了我的注意力的插件。

- gulp-changed 插件允许你只处理自上次构建以来发生更改的文件。这对于那些往往长时间运行的任务（例如执行图像优化的任务）特别有用。只处理更改的文件可以减少构建时间，特别是在你工作的时候。
- gulp-nunjucks 是 Mozilla Nunjucks 模板引擎的插件。可以用它做一些简单的事情，比如把 HTML 分成可重用的部分，并以编程方式导入（设想一些类似于 PHP 的 `include` 和 `require` 函数的东西）。你也可以通过使用类似 Handlebars 的语法，用它来模板化并将内容插入 HTML 文件。这个插件对于以下开发者非常有用：想要提供静态站点文件，但希望拥有一些类 CMS 特性的灵活性。
- gulp-inline 可以自动内联文件。虽然对于支持 HTTP/2 的服务器来说，并不推荐做法，但是大量的 HTTP/1 客户端和服务器端仍然可以从这种有用（尽管有点老套）的性能改进中获益。此插件让你能够维护用于内联资源的可编辑性和模块化，并为你处理该过程中那些乏味的部分。
- gulp-spritesmith 插件可以从不同的图像文件生成雪碧图，并为其生成 CSS。尽管雪碧图是一个 HTTP/2 反模式（因为它实际上是图像连接），但是这种实践为 HTTP/1 提供了性能优势。
- gulp-sass 从 SASS 文件生成 CSS。我们在这个例子中使用的是 LESS，也许你并不喜欢它，而是更喜欢 SASS。这完全没问题。这个插件可以满足你的愿望。gulp-sass 使用的语法与 gulp-less 类似，因此一旦你熟悉其中一个的用法，自然就会熟悉另一个。
- gulp-uncss 是第 3 章中使用的 `uncss` 工具的封装。它将从项目中删除未使用的 CSS，只不过这次是以自动化的方式！

你能想到的任何工具都可能有一个插件。要想说明每一个有用的 gulp 插件，可能需要一本书的篇幅，显然我们做不到。

找不到适合任务的插件怎么办？如果你知道如何在 Node 中使用 JavaScript 编写任务，那么可以将它包装成 `gulp.task` 并运行。gulp 不限制插件的使用。如果你想帮助社区并为你认为有用的任务编写插件，那就去做吧！可以在 gulp 文档中找到 gulp 插件编写指南。现在你已经在 gulp 生态系统中看到一些其他有用的插件了。我们已经到了本章和本书的结尾，下面总结一下我们学到的东西。

12.5　小结

本章是将优化知识应用于项目的学习过程的里程碑。现在，你可以自动执行常见的优化任务了，否则需要花费大量时间来手动执行。以下是你在本章学到的概念。

- gulp 是一个流式构建系统。流从磁盘上的源读取数据，并进行处理和转换，然后将结果写回磁盘。这些流是 gulp 任务的基础。
- 文件夹结构有助于组织项目，从而提高工作效率。适当使用 gulp 的文件夹结构，可以确保将源文件与部署到生产服务器的文件分开。这样，你就可以在实现最高级别优化的同时，保持可编辑性。
- gulp 并没有明确依赖于插件来完成常见任务，但是它们有助于完成这些任务。了解如何为项目安装插件，你就可以访问整个工具生态系统，从而提高生产力。
- 编写 gulp 任务不用费什么力气，而且代码通常很短。你可以用它们实现各种各样的目标，比如构建 CSS、缩小 HTML、丑化 JavaScript、优化图像，以及任何你能想到的事情。除了这些基础性任务之外，你还可以编写监听文件更改的任务，以便在文件更改时自动重新加载浏览器。
- 可以编写为你构建项目文件的实用程序任务。这些构建任务可以帮助你创建网站的整洁版构建，并可用于生产环境。
- gulp 的插件生态系统非常广阔，有 2500 多个插件。无论想完成什么任务，gulp 的插件都很有可能会对你有所帮助！

通过对本书的学习，你了解了许多主题。你学会了很多提升网站性能的方法，从精简 CSS 到编写更简洁的 JavaScript，再到优化图像和字体的传输等。

提高网站性能不仅仅是为了方便，对用户体验也至关重要。通过提升网站性能，你可以使网站更易于访问，用户也会因此留下来看看你要提供什么。无论目标是什么——获取更大的读者群或为你的电子商务网站带来更多销售额——更快的网站都能帮助你实现目标。

无论你的目标是什么，你都要知道，这本书只是你追求更高性能网站的起点。这个话题非常广泛，任何一本书都无法涵盖其全部内容，但是其中某些方面从来没有真正改变过。你要尽可能减小网站资源的体积，采用最新的技术（例如 HTTP/2），并依赖能够带来高性能感受的技术。

祝你好运。希望你的网站总是精简的，你的网络延迟总是很低，你的渲染快速总是很快，你的目标总近在眼前。

附录 A

工具参考

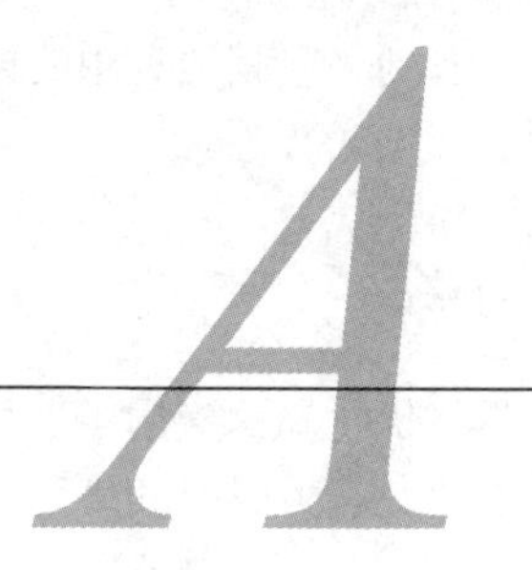

本书中使用了许多工具，本附录对它们进行了归纳，以方便大家查阅。当你读完本书后，若仍然需要使用工具参考，可参考本附录。

说明 本附录未列出基于浏览器的开发工具。你可以在大多数浏览器中调用这些工具，方法是在 Windows 系统上按 F12 键，在 Mac 系统上按 Cmd+Alt+I 键。所有工具根据在书中出现的先后顺序列出。

A.1 基于 Web 的工具

本节汇总了本书中使用的所有基于 Web 的工具。

- TinyPNG
  Web 版本的图像优化工具。通过用户友好的界面压缩 PNG 和 JPEG。
- PageSpeed Insights
  分析 URL，并给出提升页面性能的建议。
- Google Analytics
  提供关于网站访问者的数据。
- Jank Invaders
  与其说是工具，不如说是游戏，可以帮助你了解 jank 的效果。非常适合训练眼睛捕捉迟缓的动画。
- Mobile-Friendly Test
  分析 URL 并给出报告：网页设计是否适合移动端。
- mydevice.io
  提供设备、屏幕分辨率和像素密度的综合列表。
- VisualFold!
  书签工具（我开发的！），将辅助线放在页面上的指定位置。
- Grumpicon
  从 SVG 雪碧图生成 PNG（以及其他很多格式）。

- Can I Use
  提供浏览器功能及其支持级别的综合列表。

A.2 基于 Node.js 的工具

本节汇总了所有依赖 Node.js 的包。你可以使用 `npm install <package-name>`语法安装这些工具。

A.2.1 Web 服务器和相关中间件

- `express`
  一个小型的 Web 服务器框架，在本书中用于在本地主机上启动服务器以执行示例代码。
- `compression`
  为基于 Express 的 Web 服务器提供 gzip 压缩。
- `shrink-ray`
  基于 `compression` 修改、支持 Brotli 压缩的 Express 中间件。
- `mime`
  用于检测本地文件系统上文件内容类型的模块。
- `spdy`
  启用 HTTP/2 的 Web 服务器模块。

A.2.2 图像处理器和优化器

- `svg-sprite`
  在命令行生成 SVG 雪碧图。
- `imagemin`
  图像优化库。
- `imagemin-jpeg-recompress`
  `imagemin` 插件，用于减小 JPEG 文件大小。
- `imagemin-optipng`
  `imagemin` 插件，用于减小 PNG 文件大小。
- `svgo`
  用于减小 SVG 大小的命令行实用程序。
- `imagemin-webp`
  `imagemin` 插件，用于将图像转换成 WebP 格式。
- `imagemin-svgo`
  `svgo` 的 `imagemin` 封装。

- imagemin-pngquant
  另一个 imagemin 插件，用于减小 PNG 文件大小。
- imagemin-gifsicle
  imagemin 插件，用于减小 GIF 文件大小。

A.2.3 缩小程序

- html-minify
  在命令行缩小 HTML 文件。
- minifier
  在命令行缩小 CSS 和 JavaScript 文件。
- uncss
  通过分析网站，删除 CSS 文件中未使用的规则。

A.2.4 字体转换工具

- tt2eot
  将 TrueType 字体转换为 Embedded OpenType。
- tt2woff
  将 TrueType 字体转换为 WOFF。
- tt2woff2
  将 TrueType 字体转换为 WOFF2。

A.2.5 gulp 和 gulp 插件

- gulp
  流式 JavaScript 任务运行器。
- gulp-cli
  gulp 的命令行界面。
- gulp-util
  gulp 插件的实用程序。
- gulp-changed
  用于检查文件更改的 gulp 插件。
- del
  删除文件和目录。
- gulp-livereload
  当磁盘上的文件更改时，自动重新加载浏览器。

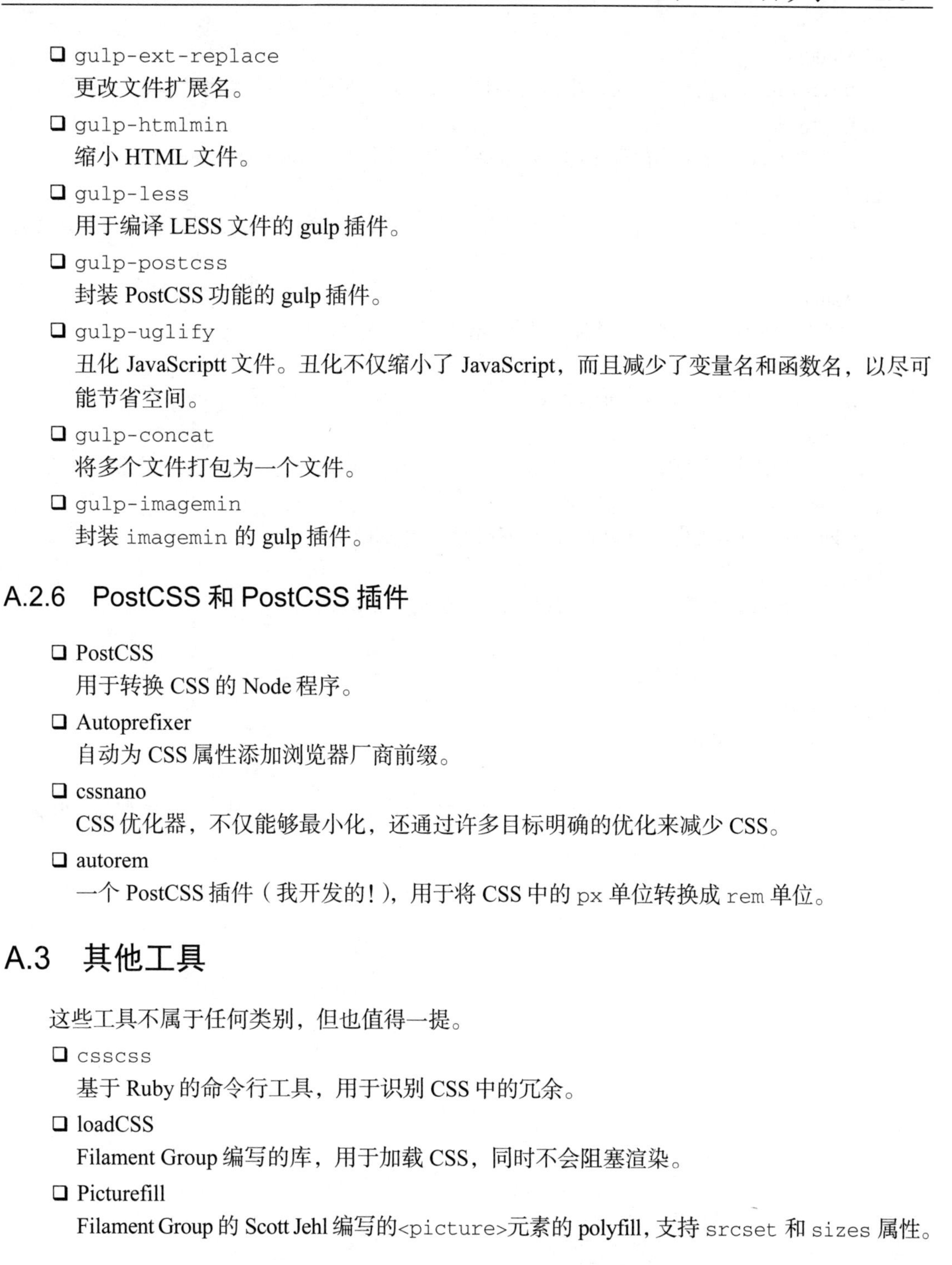

- `gulp-ext-replace`
  更改文件扩展名。
- `gulp-htmlmin`
  缩小 HTML 文件。
- `gulp-less`
  用于编译 LESS 文件的 gulp 插件。
- `gulp-postcss`
  封装 PostCSS 功能的 gulp 插件。
- `gulp-uglify`
  丑化 JavaScriptt 文件。丑化不仅缩小了 JavaScript，而且减少了变量名和函数名，以尽可能节省空间。
- `gulp-concat`
  将多个文件打包为一个文件。
- `gulp-imagemin`
  封装 `imagemin` 的 gulp 插件。

A.2.6　PostCSS 和 PostCSS 插件

- PostCSS
  用于转换 CSS 的 Node 程序。
- Autoprefixer
  自动为 CSS 属性添加浏览器厂商前缀。
- cssnano
  CSS 优化器，不仅能够最小化，还通过许多目标明确的优化来减少 CSS。
- autorem
  一个 PostCSS 插件（我开发的！），用于将 CSS 中的 `px` 单位转换成 `rem` 单位。

A.3　其他工具

这些工具不属于任何类别，但也值得一提。

- `csscss`
  基于 Ruby 的命令行工具，用于识别 CSS 中的冗余。
- loadCSS
  Filament Group 编写的库，用于加载 CSS，同时不会阻塞渲染。
- Picturefill
  Filament Group 的 Scott Jehl 编写的`<picture>`元素的 polyfill，支持 `srcset` 和 `sizes` 属性。

- Modernizr
  JavaScript 特性检测库。可以根据需要自定义，以检测尽可能多（或尽可能少）的功能。
- fontTools
  基于 Python 的字体实用程序库。包含字体子集设置工具 `pyft-subset`。
- Font Face Observer
  Bram Stein 编写的库，用于控制字体的加载和显示，其功能类似于基于浏览器的字体加载 API。
- Alameda
  小型的 AMD 模块/脚本加载器，使用 JavaScript promise。
- RequireJS
  Alameda 的旧版本（虽然兼容性更好）。
- Zepto
  一个轻量级兼容 jQuery 的替代方案。这个库是所有 jQuery 替代方案中功能最丰富的。
- Shoestring
  Filament Group 提供的兼容 jQuery 的替代品，更加轻量。
- Sprint
  另一个轻量级的兼容 jQuery 的替代方案，速度非常快。
- `$.ajax` 的独立实现
  jQuery `$.ajax` 方法的独立实现。
- Fetch API
  Fetch API 的 polyfill。
- Velocity.js
  基于 `requestAnimationFrame` 驱动实现的 jQuery `animate` 方法。以类似的 API 提供更快的动画。

附录 B 常用 jQuery 功能的原生等价实现

第 8 章讨论了在网站 JavaScript 中采用极简主义的重要性。其中一种方法是完全删除 jQuery，并使用浏览器中可用的函数。本附录重点介绍一些常见的 jQuery 函数，然后展示如何使用原生方法完成相同的任务。由于篇幅有限，本附录并不是一个完整的参考手册，只是提供一个起点。

B.1 选择元素

jQuery 的`$`核心方法使用 CSS 选择器字符串选择 DOM 元素，如下所示。

```
$("div");
```

这个操作将选择页面上的所有`<div>`元素。一般来说，在`$`方法中工作的任何有效 CSS 选择器，都能兼容 `document.querySelector` 和 `document.querySelectorAll`（jQuery 特有的自定义选择器除外）。它们的区别在于：`document.querySelector` 只返回第一个匹配的元素，而 `document.querySelectorAll` 则返回数组对象中所有匹配的元素（即使只返回一个元素）。以下代码示例中注释了返回值。

代码清单 B-1 使用 `querySelector` 和 `querySelectorAll`

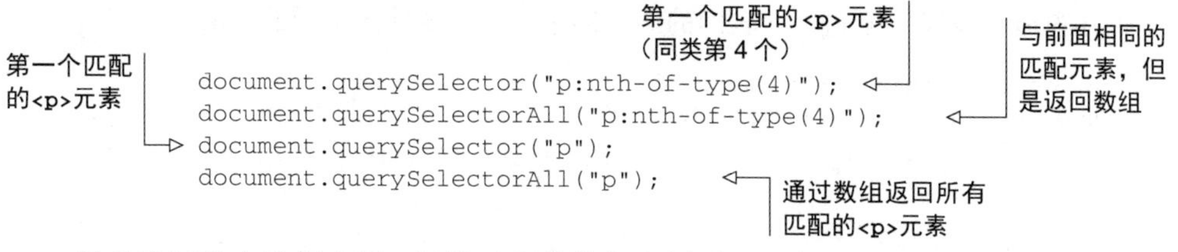

虽然这两种方法很有用，但是还有其他方法得到了更广泛的支持，并且在选择元素时速度更快，如表 B-1 所示。

表 B-1　jQuery 与原生元素选择方法

选择器	jQuery 代码	原生等价实现
ID	`$("#element");`	`document.getElementById("element");`
标签	`$("div");`	`document.getElementsByTagName("div");`
类名	`$(".element");`	`document.getElementsByClassName("element");`

几乎所有浏览器都支持这些核心元素选择方法，当元素在 DOM 中的存在已知且可预测时，这些方法非常适合用于选择元素。要进行更复杂的选择，应该使用前面提到的 `querySelector` 方法。

B.2　检查 DOM 是否就绪

第 8 章中介绍过这一点，我将在此复述，以供参考。在 jQuery 中执行任何操作之前，必须检查 DOM 是否就绪，否则 jQuery 代码将无法正确执行。在 jQuery 中，检查 DOM 是否就绪的常用方法如下所示。

```
$(document).ready(function(){
    // 具体代码
});
```

如果想要节省几字节，也可以使用等效的简写方法。

```
$(function(){
   // 具体代码
});
```

如果你喜欢使用普通的旧 JavaScript，而不是 jQuery，那么可以通过 `addEventListener` 监听 `DOMContentLoaded` 事件，以检查 DOM 是否就绪，如下所示。

```
document.addEventListener("DOMContentLoaded", function(){
    // 具体代码
});
```

这种方式从 IE9 开始支持。不过，在较旧的浏览器中，你需要使用不同的方法。

```
document.onreadystatechange = function(){
    if(document.readyState === "interactive"){
        // 具体代码
    }
};
```

如果不使用 jQuery，并且不知道要使用哪个 DOM 就绪方法，请使用 `document.onreadystatechange`。它具有广泛的支持，其工作方式与使用 `addEventListener` 监听 `DOMContentLoaded` 事件的方式大致相同。

B.3　绑定事件

除了元素选择之外，jQuery 最大的优点是它的事件绑定语法。本节展示了常见的 jQuery 事件绑定方法，以及如何在不使用 jQuery 的情况下实现类似的功能。

> **本节不是事件参考手册！**
>
> 本节不会详细介绍 jQuery 或原生 JavaScript API 中可以使用的所有事件。要了解可插入 `addEventListener` 的可用事件，请查看 MDN 中的事件参考。

B.3.1　简单事件绑定

jQuery 使用 `bind` 方法监听元素上的事件（自 jQuery v3 以来，`bind` 方法被弃用，取而代之的是 `on`，详情参见后文）。下面是单击元素时执行某些代码的简单示例。

```
$(".click-me").bind("click", function(){
    // 放置点击事件代码
});
```

jQuery 还有一些简写方法比使用 `bind` 更简洁。以下代码能够完成相同的任务。

```
$(".click-me").click(function(){
    // 放置点击事件代码
});
```

使用 `querySelector` 和 `addEventListener` 可以实现相同功能，如下所示。

```
document.querySelector(".click-me").addEventListener("click", function(){
    // 放置点击事件代码
});
```

大多数情况下，你应该能够将 jQuery `bind` 语法中的事件名放入 `addEventListener` 使用，但除了最基本的事件之外，不要假设一定可以这么处理。请查看 Mozilla Developer Network 的 Web 事件参考，以获取可使用的事件列表。

B.3.2　以编程方式触发事件

在 JavaScript 代码中，有时你会以编程方式触发绑定在元素上的事件代码。假设你仍然具有绑定到 `.click-me` 元素的相同 `click` 事件代码，并且希望根据需要运行绑定在该元素上的 `click` 事件代码。为此，可以使用 jQuery 的 `trigger` 方法。

```
$(".click-me").trigger("click");
```

这个语句将运行绑定在 `.click-me` 元素上的 `click` 事件代码。如果你需要按需运行绑定在元素上的事件代码，这是办法之一。另外，通过 `dispatchEvent` 方法，你可以在不使用 jQuery

的情况下完成相同的任务。

代码清单 B-2　脱离 jQuery，以编程方式触发事件

```
var clickEvent = new Event("click");      ← 创建新的 click 事件对象
document.querySelector(".click-me").dispatchEvent(clickEvent);      ← 触发事件
```

这种语法不像 jQuery 那么紧凑，但它确实是有效的。你可以通过创建一个辅助函数来避免新建 `Event` 对象。

代码清单 B-3　触发事件的辅助函数

```
function trigger(selector, eventType) {
    document.querySelector(selector).dispatchEvent(new Event(eventType));
}
trigger(".click-me", "click");
```

代码中的 `trigger` 函数使用给定的选择器选择元素，并触发指定的事件。虽然并不经常需要在事件绑定元素的上下文之外触发事件，但是确实可以在不使用 jQuery 的情况下实现此功能。

B.3.3　尚不存在的目标元素

jQuery 可以通过使用 `on` 方法绑定不存在的元素。当你需要给现在不存在但将来可能存在的元素赋予功能时，这个方法就能派上用场。下面是此方法在`<ul>`中的`<li>`元素上执行代码的示例。

```
$(".list").on("mouseover", ".list-item", function(){
    // 放置 mouseover 事件代码
});
```

借助这段代码，将来添加到`.list` 元素的任何`.list-item` 元素，仍将执行绑定在 `mouseover` 事件上的代码。你可以想象适用这种方法的各种场景。可以通过以下代码，在不使用 jQuery 的情况下执行相同的操作。

代码清单 B-4　不使用 jQuery，对不存在的元素绑定行为

```
document.querySelector(".list").addEventListener("mouseover", function(event){   ← 事件绑定在目标元素的父节点上
    if(event.target.className === "list-item"){   ← 检查目标元素是否存在期望的类名
        // 放置 mouseover 事件代码
    }
});
```

上述代码同样不像 jQuery 那样紧凑，但功能是一致的。当然，如果你要使用类名以外的其他对象来定位子元素，则可能需要在 `event.target` 对象中寻找其他方法。例如，可以使用 `event.target.id` 属性，根据 ID 定位元素；或使用 `event.target.tagName` 属性，按标签名定位元素。虽然它不像 jQuery 的语法那么方便或紧凑，但确实有效。

B.3.4　移除事件绑定

jQuery 可以使用 unbind 和 off 方法从元素中移除绑定，如下所示。

```
$(".click-me").unbind("click");
$(".list").off("mouseover", ".list-item");
```

unbind 与 bind 一样，从 jQuery 的第 3 版开始就被弃用了，所以以后最好使用 off。无论哪种情况，都可以在 JavaScript 中使用 removeEventListener 移除元素上的事件绑定。

```
$(".click-me").removeEventListener("click", boundFunctionReference);
```

使用 removeEventListener 移除事件绑定时，必须首先提供绑定到它的函数。本示例中，boundFunctionReference 就是使用 addEventListener 绑定到元素上的函数的占位符。

B.4　在一组元素上迭代

jQuery 提供了一个特别实用的方法，来以 each 方法的形式迭代一组匹配的元素。你可以在任何匹配元素集上运行它。

```
$("ul > li").each(function(){
    $(this); // 迭代中的当前元素
});
```

在没有 jQuery 的情况下，实现相同功能也很容易。只需使用 for 循环即可，如下所示。

代码清单 B-5　不使用 jQuery，在一组元素上迭代

```
var listElements = document.querySelectorAll("ul > li");   ← 选择所有直接子级
for(var i = 0; i < listElements.length; i++){ /   ← 迭代 listElements 中的所有元素
    listElements[i];   ← 迭代中的当前元素
}
```

另一种迭代一组匹配元素的方式也使用 for 结构，但操作不同。

```
for(var i in listElements){
    listElements[i]; // 迭代中的当前元素
}
```

但是，请注意这种语法：它不仅会循环集合中的所有元素，还会循环对象成员，如 length 属性。我们通常不想使用这种语法，但你可以想象出需要这种语法的场景。

B.5　在元素上操作类

jQuery 允许使用 addClass、removeClass 和 toggleClass 方法操作元素上的类。

代码清单 B-6 使用 jQuery 操作元素类

```
$(".item").addClass("new-class");        ← 添加 new-class 类
$(".item").removeClass("new-class");     ← 移除 new-class 类
$(".item").toggleClass("new-class");     ← 切换 new-class 类
```

一个名为 classList 的原生类操作 API 提供了很多这种功能。下面是 classList 驱动的方法，等价于前面所示的 jQuery 方法。

代码清单 B-7 不使用 jQuery，操作元素类

```
var item = document.querySelector(".item");
item.classList.add("new-class");          ← 添加 new-class 类
item.classList.remove("new-class");       ← 移除 new-class 类
item.classList.toggle("new-class");       ← 切换 new-class 类
```

还可以将条件作为 toggle 方法的第二个参数。如果条件的计算结果为 true，则添加类；如果结果为 false，则移除类。

代码清单 B-8 使用 classList，有条件地切换类

```
var enabled = true;
item.classList.toggle("enabled", enabled);    ← 添加 enabled 类
enabled = false;
item.classList.toggle("enabled", enabled);    ← 移除 enabled 类
```

然而，classList 并没有得到普遍的支持，而且自 IE10 以来，所有 IE 版本都只能部分支持它。例如，前面代码中显示的 toggle 方法的第二个参数，在任何版本的 IE 中都得不到支持。此时，你始终可以操作选定元素的 className 属性。只需将字符串连接到该属性，就可以轻松地将类添加到元素中。

```
item.className += " new-class";
```

移除/切换类更为复杂，通常涉及使用正则表达式，或者将 className 属性扩展到数组中，并以数组方式对其进行操作。如果需要在没有类代码的情况下进行比添加类更复杂的操作，请考虑使用 polyfill。

有时，你可能需要检查元素是否具有特定的类，此时可以借助 jQuery 的 hasClass 方法。

```
$(".item").hasClass("item"); // 返回 true
```

而最简单的方法是使用 classList 的 contains 方法。

代码清单 B-9 使用 classList.contains，检查类是否存在

```
document.querySelector(".item").classList.contains("item");    ← 返回 true
```

对于不支持 classList 的浏览器，请使用前面提到的 polyfill，否则就需要自己编写代码来检查类是否存在。

B.6 访问和修改样式

jQuery 允许通过 css 方法访问和修改元素样式。可以在 jQuery 中获取或设置单个 CSS 属性。

代码清单 B-10　使用 jQuery 设置样式

```
$(".item").css("font-size");              <—— 获取 item 的当前字体大小
$(".item").css("font-size", "1.5rem");    <—— 将 item 的字体大小设置为 1.5 rem
```

还可以使用 css 方法在元素上设置多个 CSS 属性。

```
$(".item").css({
    color: "#f00",
    border: "1px solid #0f0",
    fontSize: "24px"
});
```

说明　在元素上设置 CSS 属性时，请记住，在对象上下文中使用带连字符的属性时，其表示方式需要发生变化。font-size 变为 fontSize，border-bottom 变为 borderBottom，以此类推。连字符在变量名中不是合法字符，因为它是语言运算符。这个约定也存在于原生 JavaScript 中，而不仅仅是 jQuery，请务必谨记。

在不使用 jQuery 的情况下，获取/设置样式更为复杂。如果要检索元素上的 CSS 属性集，则需要使用 getComputedStyle 方法。

代码清单 B-11　不使用 jQuery，获取元素样式

```
var item = document.querySelector(".item");
getComputedStyle(item).fontSize;          <—— 返回元素的字体大小
```

设置样式需要使用 style 对象。

```
item.style.fontSize = "24px";
```

如果要设置多个样式怎么办？可以通过 HTML style 属性一次性设置。

```
item.setAttribute("style", "font-size: 24px; border-bottom: 1px solid #0f0;");
```

对某些人来说，这种代码可能有点不美观，但它的性能很好。如果你不介意，并且仍然希望看到更美观的内容，那么可以创建一个类似于以下代码所示的辅助函数，该函数的语法类似于 jQuery 的 css 方法，可以设置多个 CSS 规则。

代码清单 B-12　不使用 jQuery，通过辅助函数设置多个 CSS 属性

```
function setCSS(element, props){
    for(var CSSProperty in props){        <—— 迭代 props 对象中的 CSS 属性
```

```
        element.style[CSSProperty] = props[CSSProperty];   ◁— 使用对象的键设置关联的属性
    }
}

setCSS(document.querySelector(".item"), {   ◁— 元素被传递给辅助函数
    fontSize: "24px",
    border: "1px solid #0f0",
    borderRadius: "8px"
});
```

CSS 属性及其关联值的对象将传递给辅助函数

可以读取由 style 对象设置的属性，但只有在以前设置过这些属性时，才会填充它们，否则会得到一个空字符串。此时可以使用 getComputedStyle，如前所示。

B.7　获取和设置属性

利用 jQuery 的 attr 属性可以获取和设置属性，如下所示。

代码清单 B-13　使用 jQuery 设置属性

```
$(".item").attr("style");
$(".item").attr("style", "color: #0f0;");   ◁— 设置 style 属性
```

获取 style 属性的当前值

使用古老的 JavaScript 设置它们就更简单了。

代码清单 B-14　不使用 jQuery，设置属性

```
var item = document.querySelector(".item");
item.getAttribute("style");                   ◁— 获取 style 属性的当前值
item.setAttribute("style", "color: #0f0;");   ◁— 设置 style 属性
```

如果要一次性设置多个属性，可以使用与代码清单 B-8 类似的代码。

```
function setAttrs(element, attrs){
    for(var attr in attrs){
        element.setAttribute(attr, attrs[attr]);
    }
}

setAttrs(document.querySelector(".item"), {
    style: "color: #333;",
    id: "uniqueItem"
});
```

setAttribute 和 getAttribute 方法几乎能够提供全方位支持，可以放心使用，不必太过关注兼容性。

B.8　获取和设置元素内容

jQuery 有两种获取和设置元素内容的方法：html 和 text。两者的区别在于：html 检索元

素内容时包含标记，用于设置元素内容时，将直接处理标记；text 检索元素内容时去掉标记，用于设置元素内容时，将按字面意思处理文本，并将任何与标记相关的字符编码为 HTML 实体。jQuery 使用这些方法获取和设置元素内容的过程如下所示。

代码清单 B-15　使用 jQuery 获取和设置元素内容

```
$(".item").html();
$(".item").html("<p>Hello!</p>");
$(".item").text();
$(".item").text("<p>Hello!</p>");
```

取元素内容，含 HTML

设置 HTML 内容

获取元素内容，去除 HTML 标记

设置元素内容，进行 HTML 编码处理

这些方法在原生 JavaScript 中有类似的等价物：innerHTML 和 innerText，它们的使用方式如下所示。

代码清单 B-16　不使用 jQuery，获取和设置元素内容

```
var item = document.querySelector(".item");
item.innerHTML;
item.innerHTML = "<p>Hello!</p>";
item.innerText;
item.innerText = "<p>Hello!</p>";
```

取元素内容，括 HTML

设置 HTML 内容

获取元素内容，去除 HTML 标记

设置元素内容，并进行 HTML 编码处理

注意：innerHTML 被视为标准属性，但 innerText 不是（尽管很多浏览器都支持它）。innerText 关注样式，如果 CSS 隐藏了其中的另一个元素，innerText 将不会在其返回值中包含这个隐藏元素的内容。如果这会对你造成影响，可以改用 textContent 属性。

代码清单 B-17　设置元素的文本内容

```
item.textContent;
```

获取所有元素文本，甚至包含隐藏元素的文本

innerHTML 是获取或设置元素内容的“黄金标准”（如果你希望包含 HTML），但如果你对使用哪个属性来获取或设置元素文本有疑问，我建议默认使用 textContent，它得到了很好的支持（除了 IE8 和更低版本）。IE6 及更高版本支持 innerText。

B.9　替换元素

jQuery 有一个 replaceWith 方法。该方法与 html 不同，它允许将整个元素本身替换为所需的任何内容，而不仅仅是其内部内容。

```
$(".list").replaceWith("<p>I don't like lists.</p>");
```

使用此代码，.list 元素将替换为新的<p>元素。实际上，浏览器支持 outerHTML 元素已经有一段时间了，它也能完成同样的任务。

```
document.querySelector(".list").outerHTML = "<p>I don't like lists.</p>";
```

真的太简单了。从 IE4（是的，Internet Explorer 4）开始就支持 outerHTML 了。其他浏览器要么从一开始就支持它，要么很久以前就支持它，所以可以放心大胆地使用。outerText 属性的工作方式与 innerText 类似，但它将元素替换为你提供的任何文本。

```
document.querySelector(".list").outerText = "<p>I don't like lists.</p>";
```

这将使用提供的文本完全替换元素，并将对 HTML 字符进行编码，以便它们直接显示，而不需要浏览器进行解析。然而与 outerHTML 不同的是，outerText 不是标准属性。除了 Firefox 之外的每个浏览器都支持它，所以要小心使用。

B.10　隐藏和显示元素

这个操作非常简单。jQuery 有两种隐藏和显示元素的方法，分别命名为 hide 和 show，它们的工作方式如下。

```
$(".item").hide();
$(".item").show();
```

通过使用元素的 style 对象，可以实现相同的功能。

代码清单 B-18　使用 style 对象隐藏和显示元素

```
document.querySelector(".item").style.display = "none";    ← 隐藏元素
document.querySelector(".item").style.display = "block";   ← 显示元素
```

当然，你应该记住，将 display 设置成 block 未必是最合适的。也许你正要切换的是使用 flex、inline-flex、inline 或 inline-block 显示类型的元素（而不是 block）。在这种情况下，最好有一个全局实用类来隐藏元素，如下所示。

```
.hide{
    display: none;
}
```

然后你就可以使用 classList 方法来添加或删除这个类。将 hide 类添加到元素时，它将隐藏该元素。当 hide 类被移除时，元素的原始 display 属性值将恢复。这样可以防止意外的布局问题。

B.11　删除元素

有时需要元素消失。jQuery 提供了一个很好的方法 remove，其工作方式如下。

```
$(".item").remove();
```

这个操作将从 DOM 中删除具有 item 类的每个元素。原生 JavaScript 中的方法使用了相同的名称，工作方式也类似。请试试以下代码。

```
document.querySelector(".item").remove();
```

这里的问题是，querySelector 只返回与查询匹配的第一个项。你可以使用 querySelectorAll，但它的返回值是一个对象数组。因此，如果要删除与查询匹配的所有项，则需要遍历匹配的元素集，如下面的代码清单所示。

代码清单 B-19　不使用 jQuery，从 DOM 中删除多个元素

```
var items = document.querySelectorAll(".item");    ◁ 所有具有 item 类的元素都将被选中
for(var i = 0; i < items.length; i++){             ◁ 使用 for 循环迭代元素集合
    items[i].remove();                             ◁ 迭代中的当前项已从 DOM 中移除
}
```

这段代码可以用于任何返回对象数组的元素选择方法（例如 getElementsByTagName 和 getElementsByClassName），而不仅仅是 querySelectorAll。如果只需要使用 getElementById 或 querySelector，事情会简单得多，因为可以直接对所选元素调用 remove 方法，而不必在一组元素上迭代。

B.12　更进一步

通过原生 JavaScript 方法代替 jQuery，可以实现更多功能。我推荐一个很好的网站：You Might Not Need jQuery。该网站上有很多常见（和不常见）jQuery 行为的代码片段，及其原生等价方法。它还允许你指定所需的浏览器兼容性级别。如果本附录未提及你想知道的内容，可以看看这个网站。如果依然无法解决，就使用 Google 搜索吧！总有人会发现解决方案的！

版权声明

TURING
图灵教育
站在巨人的肩上
Standing on the Shoulders of Giants

站在巨人的肩上

Standing on the Shoulders of Giants